AF671503

EUL VERLAG

KUNDENORIENTIERTE UNTERNEHMENSFÜHRUNG

Herausgegeben von Prof. Dr. Hendrik Schröder, Essen

Band 1
Nadine Berghaus
Eye-Tracking im stationären Einzelhandel – Eine empirische Analyse der Wahrnehmung von Kunden am Point of Purchase
Lohmar – Köln 2005 • 310 S. • € 52,- (D) • ISBN 3-89936-366-3

Band 2
Silvia Zaharia
Multi-Channel-Retailing und Kundenverhalten – Wie sich Kunden informieren und wie sie einkaufen
Lohmar – Köln 2006 • 424 S. • € 57,- (D)
ISBN-13: 978-3-89936-508-5 • ISBN-10: 3-89936-508-9

Band 3
Annette Bohlmann
Multi-Channel-Retailing und Kaufbarrieren – Wie Kunden Kaufrisiken wahrnehmen und überwinden
Lohmar – Köln 2007 • 464 S. • € 59,- (D) • ISBN 978-3-89936-580-1

Band 4
Gregor Zimmermann
Videobeobachtung im stationären Einzelhandel – Eine empirische Analyse zum Kundenverhalten am Point of Purchase
Lohmar – Köln 2008 • 320 S. • € 52,- (D) • ISBN 978-3-89936-654-9

Band 5
Andreas Rödl
Kundenbewertung im Lebensmitteleinzelhandel – Die Analyse von Kundenpotenzialen mit Haushaltspaneldaten
Lohmar – Köln 2010 • 344 S. • € 63,- (D) • ISBN 978-3-89936-936-6

JOSEF EUL VERLAG

Kundenbewertung im Lebensmitteleinzelhandel – die Analyse von Kundenpotenzialen mit Haushaltspaneldaten

Dissertation

zur Erlangung des akademischen Grades eines
Doktors der Wirtschaftswissenschaften
(Dr. rer. pol.)

durch die Fakultät für Wirtschaftswissenschaften der
Universität Duisburg-Essen
Campus Essen

vorgelegt von

Andreas Rödl

aus Krefeld

Essen 2009

Tag der mündlichen Prüfung: 23.12.2009

Erstgutachter: Univ.-Prof. Dr. Hendrik Schröder

Zweitgutachter: Univ.-Prof. Dr. Rainer Elschen

Reihe: Kundenorientierte Unternehmensführung · Band 5
Herausgegeben von Prof. Dr. Hendrik Schröder, Essen

Dr. Andreas Rödl

Kundenbewertung im Lebensmitteleinzelhandel

Die Analyse von Kundenpotenzialen mit Haushaltspaneldaten

Mit einem Geleitwort von Prof. Dr. Hendrik Schröder,
Universität Duisburg-Essen

EUL VERLAG

Bibliografische Information der Deutschen Nationalbibliothek

Die Deutsche Nationalbibliothek verzeichnet diese Publikation in der Deutschen Nationalbibliografie; detaillierte bibliografische Daten sind im Internet über <http://dnb.d-nb.de> abrufbar.

Dissertation, Universität Duisburg-Essen, 2009

ISBN 978-3-89936-936-6
1. Auflage Juni 2010

© JOSEF EUL VERLAG GmbH, Lohmar – Köln, 2010
Alle Rechte vorbehalten

JOSEF EUL VERLAG GmbH
Brandsberg 6
53797 Lohmar
Tel.: 0 22 05 / 90 10 6-6
Fax: 0 22 05 / 90 10 6-88
E-Mail: info@eul-verlag.de
http://www.eul-verlag.de

Bei der Herstellung unserer Bücher möchten wir die Umwelt schonen. Dieses Buch ist daher auf säurefreiem, 100% chlorfrei gebleichtem, alterungsbeständigem Papier nach DIN 6738 gedruckt.

Geleitwort des Herausgebers

Mehr Kundenorientierung und mehr Kundennähe brauchen mehr Kundenwissen. Seit geraumer Zeit verfeinern Wissenschaft und Praxis die Methoden der Gewinnung und Analyse von Kundendaten, um die Effektivität und die Effizienz von Maßnahmen der Marktbearbeitung zu verbessern.

Da sind zum einen Daten, die uns mehr Einblicke in das Umfeld und das Innere der Kunden erlauben: mikrogeographische, soziodemographische und psychographische Daten. Da sind zum anderen Daten, die den Blick in die Zukunft richten und der Frage nachgehen: Wie verhalten sich die Kunden in zwei, fünf, zehn oder mehr Jahren? Die Antworten sind hilfreich, um Aussagen darüber zu erhalten, welchen Wert die Beziehung zu bestimmten Kunden und Kundengruppen hat. Es geht vor allem darum, Kundenwerte zu prognostizieren.

Mit der Berechnung von Kundenwerten haben sich bislang vor allem Branchen befasst, die über personalisierte Kundendaten verfügen. Für den Lebensmitteleinzelhandel gab es das nicht. Andreas Rödl betritt daher Neuland. Erstmals gelingt es, mit Daten aus dem Haushaltspanel der GfK aufzuzeigen, wie sich die Einnahmen der Händler entwickeln können. Damit sind Längsschnittanalysen aus verschiedenen Perspektiven möglich, aus Warengruppen, Regionen und Vertriebsschienen des Handels. Im Mittelpunkt steht jeweils das Ausgabeverhalten und damit der Wert der Kunden, gemessen an den Einnahmen des Händlers.

Die Ergebnisse, und das ist das Verdienst der methodisch und analytisch ansprechenden Arbeit von Andreas Rödl, sind für Industrie und Handel gleichermaßen relevant. Sie zeigen frühzeitig auf, wo Handlungsbedarf entsteht und wo Ansatzpunkte sind, um drohende Schwächen aufzufangen und bislang nicht genutzte Potenziale auszuschöpfen.

Ich bin mir sicher, dass dieses Buch viele interessierte Leser finden wird.

Essen, im Mai 2010 Univ.-Prof. Dr. Hendrik Schröder

Vorwort

Die Kundenbewertung ist ein beliebtes Thema in betriebswirtschaftlichen Dissertationen der letzten Jahre. Insofern lag es nicht nahe, genau dieses Thema ebenfalls aufzugreifen. Allerdings stellten mein Doktorvater, Hendrik Schröder, und ich uns in den häufigen Diskussionen über betriebswirtschaftliche Steuerungsgrößen im Lebensmitteleinzelhandel und im Category Management die Frage, wie sehr sich das Bemühen um einzelne Kunden vor dem Hintergrund magerer Umsatzrenditen lohnt, wie viel ein Kunde denn wert ist und ob man den Wert nicht in Einnahmen und Ausgaben messen kann.

Es war schließlich ein Bericht in der Lebensmittelpraxis (Nr. 9/2002) der Kundenwerte für Betriebstypen des Lebensmitteleinzelhandels nannte und uns Anlass gab, genauer nachzufragen. Daraus entwickelte sich eine Zusammenarbeit mit GfK Panel Services, die das Ziel hatte, den sogenannten Customer (Lifetime) Value der Kunden im Lebensmitteleinzelhandel zu bestimmen.

Großer Dank gilt Herrn Wolfgang Twardawa und seinem Team bei den GfK Panel Services für die Bereitstellung der Daten aus dem GfK Haushaltspanel der Jahre 2003 und 2004, für die anregenden Diskussionen, für die Freiheit, die uns in der Forschung gelassen wurde, und vor allem für das Vertrauen bei der Überlassung einer einzigartigen Datenbasis.

Für die wissenschaftliche Begleitung meiner Arbeit danke ich meinem Doktorvater, Univ.-Prof. Dr. Hendrik Schröder, der mir in meiner Zeit als Lehrstuhlmitarbeiter, Forscher und Berater die lange Leine gelassen hat, mir dabei aber immer als Coach, Türöffner und wissenschaftlicher Kopf mit den richtigen Fragen zur Seite gestanden hat. Die gemeinsame Zeit hat nicht nur diese Arbeit, sondern auch meine persönliche Entwicklung wesentlich geprägt. Herrn Univ.-Prof. Dr. Rainer Elschen, danke ich für die Übernahme des Zweitgutachtens. Ebenfalls danke ich ihm herzlich für das lehrreiche Hauptstudium, seine Förderung des interdisziplinären Denkens und die hilfreichen Tipps, die in die Arbeit eingeflossen sind. Herrn Univ.-Prof. Dr. Volker Clausen, mit dem mich die Leidenschaft für den (aktiven!) Fußball und den Alumni WiWi Essen e.V. verbindet, danke ich dafür, dass er sich als dritter Prüfer zur Verfügung gestellt hat.

Das dieser Arbeit zugrundeliegende Projekt wurde in meiner Zeit als wissenschaftlicher Mitarbeiter am Essener Lehrstuhl für Marketing und Handel durchgeführt. Mein Dank gilt dem gesamten Lehrstuhlteam, und das waren einige über diesen Zeitraum. Stellvertretend möchte ich das Team herausheben, das bei diesem Projekt mitgearbeitet hat: Julian Mennenöh, Stefan Rödde, Armin Assai-Ardekan und Mathias Pechmann, seinerzeit noch Studenten der Wirtschaftsinformatik bzw. Wirtschaftswissenschaften, sind mit großem Engagement und Sachverstand Herren der GfK Daten geworden und haben ein Projekt ermöglicht, das eine Person alleine nicht hätte bewältigen können.

Den Kollegen des Lehrstuhls danke ich für die gemeinsamen Projekte, Publikationen und inspirierenden Kolloquien. Den Kollegen bei der adidas Group danke ich für die Unterstützung durch Gespräche und Korrekturlesen in der Endphase der Promotion.

Großer Dank gilt schließlich meinen Freunden und meiner Familie, die mich immer wieder aufgemuntert und unterstützt haben. Besonderer Dank gebührt meinen Eltern. Sie sind für mich Vorbilder, Motivatoren und kritische Diskussionspartner gewesen. Ihnen widme ich diese Arbeit.

Nürnberg, im Mai 2010 Andreas Rödl

Inhaltsverzeichnis

Abkürzungsverzeichnis

Abb. .... Abbildung

ADR .... Acquisition, Development and Retention

AfG .... Alkoholfreie Getränke

AhG .... Alkoholhaltige Getränke

B2B .... Business to Business

B2C .... Business to Consumer

BCNF .... Boyce-Codd-Normalform

BDQ .... Bedarfsdeckungsquote

BHC .... Beauty & Health Care

BOGOF .... Buy one get one free

bzw. .... beziehungsweise

C&C .... Cash & Carry (Betriebstyp)

CLV .... Customer Lifetime Value

CM .... Category Management

CMW .... Continuous Mass Weight

CRM .... Customer Relationship Management

D .... Deutschland

DINKS .... Double income no kids

Disc. .... Discounter (Betriebstyp)

DM .... Drogeriemarkt (Betriebstyp)

DVA .... Douglas Value Added

ED .... Electronic Diary

EKS .... Einkaufsstätte

et al. .... et alii

etc. ..... et cetera
EVA ..... Economic Value Added
EZÜ ..... Einzahlungsüberschuss
f. ..... folgende
ff. ..... fortfolgende
FLW ..... Familien-Lebenswelt
FMCG ..... Fast moving consumer goods
FS ..... Fremdschlüssel
GAM ..... Getränkeabholmarkt (Betriebstyp)
GE ..... Geldeinheiten
GfK ..... Gesellschaft für Konsumforschung
GWB ..... Geschäftswertbeitrag
HH ..... Haushalt
HHGR ..... Haushaltsgröße
HHID ..... Haushaltsidentifikationsnummer
I ..... Ausgabenintensität
ID ..... Identifikationsnummer
Kap. ..... Kapitel
KNN ..... Künstliche Neuronale Netze
KRW ..... Käuferreichweite
KWH ..... Kauf-/Warenhäuser (Betriebstyp)
LEH ..... Lebensmitteleinzelhandel
LTV ..... Lifetime Value
M ..... männlich
mK ..... mit Kindern
Mopro ..... Molkereiprodukte

NRW .... Nordrhein-Westfalen

o.S. .... ohne Seitenangabe

o.V. .... ohne Verfasserangabe

oK .... ohne Kinder

p.a. .... per annum

PKW .... Personenkraftwagen

PS .... Primärschlüssel

R .... Retention Rate

RFMR .... Recency, Frequency, Monetary Ratio

S. .... Seite

SB .... Selbstbedienung

SBW .... SB-Warenhaus (Betriebstyp)

SM .... Supermarkt (Betriebstyp)

u.a. .... unter anderem

usw. .... und so weiter

vgl. .... Vergleiche

VM .... Verbrauchermarkt (Betriebstyp)

W .... weiblich

WACC .... Weighted Average Cost of Capital

WG .... Warengruppe

WPR .... Wasch-, Putz- und Reinigungsmittel

WSK .... Wahrscheinlichkeit

WWW .... World Wide Web

z.B. .... zum Beispiel

zfbf .... Schmalenbachs Zeitschrift für betriebswirtschaftliche Forschung

1 Einleitung

1.1 Problemstellung

Kostensenkung, Budgetallokation, Erfolgsmessung, Return on Marketing Investment – diese in der Unternehmenspraxis aktuellen Schlagworte weisen darauf hin, dass nicht nur in schwierigen wirtschaftlichen Zeiten die Frage gestellt wird, ob Marketingmittel sinnvoll eingesetzt werden. Dabei stellt sich meistens die Frage nach der **Messbarkeit der Marketingeffizienz**. Marktorientierte Maßnahmen haben die Absatzsteigerung zum Ziel und rücken damit die Kunden einer Unternehmung in den Fokus. Insofern liegt die Idee nahe, die Kunden aus der Sicht einer Unternehmung zu bewerten und ihr Potenzial zu analysieren.

„Gute Kunden" sind die Ursache für den vergangenen und den aktuellen Ertrag einer Unternehmung und lassen auf den zukünftigen Erfolg schließen. Zum Zwecke der Unternehmensbewertung, z.B. bei Börsengang, Fusion oder Verkauf einer Unternehmung, ist es sinnvoll, den **Wert des gesamten Kundenstamms** zu ermitteln. Da diese Anlässe selten sind, reicht die fallweise Messung des Wertes aller Kunden. Einzahlungen und Auszahlungen fließen aggregiert über alle Kunden in die Bewertung ein.

Doch was hilft die Kenntnis des vergangenen Erfolges? Entstehen nicht alle Einzahlungen und Auszahlungen einer Unternehmung – sofern der gewöhnlichen Geschäftstätigkeit zuzurechnen – letztlich mit dem Zweck der Marktbearbeitung? Wie unterscheidet sich dann dieser Wert aller Kunden vom Gesamterfolg der Unternehmung? Und inwiefern nützt die Kenntnis des Wertes aller Kunden, vor dem Hintergrund von vermehrt vorgeschlagenen Konzepten der differenzierten Marktbearbeitung?

Eine Antwort auf diese Fragen lautet, dass die Kundenbewertung in aggregierter Form über alle Kunden als Steuerungsgröße für das Marketing bzw. die gesamte Unternehmung wenig geeignet ist. Benötigt wird eine differenziertere Form der Kundenbewertung. Ist das Ziel die **kundenorientierte Ausrichtung des Angebotes** einer Unternehmung, so interessiert weniger der Gesamtwert des Kundenstamms als vielmehr der Wert einzelner Kunden oder zumindest Kundengruppen. Kunden sind nicht gleich, sie haben nicht die gleichen Bedürfnisse, sondern verhalten sich individuell und verursachen somit unterschiedlich hohe Einzahlungen und Auszahlungen einer Unternehmung. Eine Gesamtbewertung aller Kunden berücksichtigt diese Heterogenität nicht und bietet somit keine Basis zur differenzierten Marktbearbeitung.

Hierfür sind Informationen zum Status und zur Entwicklung einzelner Kunden oder Kundensegmente notwendig, die andere Anforderungen an Analysen stellen als eine Globalbewertung. Daraus leiten sich zwei **Themenkomplexe der Kundenbewertung** ab:

1. die differenzierte Betrachtung der **Auszahlungen** einer Unternehmung für einzelne Kunden und
2. die differenzierte Analyse der **Einzahlungen** einer Unternehmung durch einzelne Kunden.

Zusammen führen die beiden Komponenten zum Kundenwert im Sinne eines Überschusses pro Kunde (oder „Customer Profit“). Jede Komponente für sich weist allerdings Besonderheiten in der Ermittlung auf, die eine Trennung der Themen sinnvoll erscheinen lassen. Ein Problem der Betrachtung der **kundenbezogenen Auszahlungen** ist die Zurechnung der durch einzelne Kunden verursachten Auszahlungen. Die kundenbezogenen Einzahlungen sind vermeintlich leichter zu ermitteln, da die Kunden durch einen Vertragsabschluss mit der Unternehmung in Erscheinung treten.

Dieser einfachen **Zurechnung von Einzahlungen** sind allerdings branchen- und wirtschaftsstufenspezifische Grenzen gesetzt. Solange die Kundenbeziehung – z.B. durch die Unterzeichnung von Versicherungsverträgen, Kontoeröffnung, Autokauf oder Bestellung im Distanzhandel – auf einer **personalisierten Basis** stattfindet, besteht die Möglichkeit, den Kunden Einzahlungen zuzurechnen. Voraussetzung ist der Einsatz von Customer Relationship Management (CRM)-Systemen, die Transaktionsdaten kundenbezogen speichern. Im Falle **anonymer Kundenbeziehungen** fließen die Einzahlungen auch ohne die persönliche Kenntnis einzelner Kunden. Ein typisches Beispiel ist der stationäre Einzelhandel, soweit keine Kundenkarten vorhanden sind und eingesetzt werden. Gerade im komplexen Geschäft des Lebensmitteleinzelhandels (LEH) mit vielen Transaktionen über viele Artikel bei relativ niedrigen Preisen verfügt eine Unternehmung in der Regel nicht über Detaildaten zu einzelnen Kunden.

Bislang fehlt es an wissenschaftlichen Arbeiten, die das Thema **Kundenbewertung und den Lebensmitteleinzelhandel** zusammenführen. Der Fokus liegt bisher entweder auf anderen Branchen oder Wirtschaftsstufen oder der Entwicklung allgemeiner Konzepte der Kundenbewertung. Die praktische Umsetzung, konkrete Ergebnisse und der Nachweis der Praktikabilität kommen oft zu kurz. Gerade hier herrscht Forschungsbedarf, denn die meisten Konzepte haben noch nicht Einzug in die Praxis gehalten, obwohl gerade der Einzelhandel mit häufig geringer Umsatzrendite und schwacher Eigenkapitalausstattung operieren muss.[1] Die Gründe mögen in der Praxisferne der Konzepte, insbesondere aber in der schwierigen Datenlage vieler Branchen liegen, die sich im Normalfall auch für die Wissenschaft nicht einfacher darstellt.

Die Kernfrage bleibt folglich offen: Wie viel ist ein Kunde im Lebensmitteleinzelhandel wert? In Beraterschriften der letzten gut 20 Jahre finden sich **konkrete Kundenwerte**, deren Ergebnisse allerdings auseinanderklaffen. Die Angaben für den Wert eines Supermarktkunden über einen Zeitraum von zwölf Jahren hinweg liegen zwischen 250.000 DM[2] und 350.000 DM[3], für einen SB-Warenhauskunden bei 290.000 DM[4]. Bezogen auf einzelne Anbieter finden sich ebenfalls Angaben, die meist von der Dauer der Kundenbeziehung abhängige „Daumenwerte" liefern. Sie liegen bei 23.000 DM für einen Supermarktbetreiber[5] und 63.000 DM für einen SB-Warenhausanbieter.[6]

Aktuelle Werte stammen von der GfK und waren nicht zuletzt ein Anlass, das Thema Kundenbewertung im Rahmen dieser Arbeit näher zu beleuchten. Zur Begründung, dass sich **Kundenorientierung** lohnt, hat die Zeitschrift „Lebensmittel Praxis" Zahlen der GfK veröffentlicht, nach denen ein einzelner Verbrau-

---

1 Vgl. Rödl (2009), S. 6 f.
2 Vgl. Peters (1987), S. 98.
3 Vgl. Oetinger (1990), o.S.
4 Vgl. o.V. (1995), o.S.
5 Vgl. Oetinger (1990), o.S.
6 Vgl. o.V. (1995), o.S.

cher über sein gesamtes Leben hinweg in SB-Warenhäusern 150.000 € und bei Discountern 77.000 € ausgibt.[7] Dabei bleiben die Kunden einem einzelnen Anbieter in beiden Fällen jeweils durchschnittlich zwölf Jahre treu und geben während dieser Periode beim SB-Warenhaus 32.000 € und beim Discounter 17.000 € aus.[8]

1.2 Ziele und Fragestellungen der Untersuchung

Das Ziel der vorliegenden Arbeit ist, den monetären **Wert von Kunden im Lebensmitteleinzelhandel** zu berechnen, um das **Gesamtpotenzial eines Kunden** zu messen und die bislang publizierten, voneinander abweichenden Werte zu beurteilen. Dabei sind die Rahmenbedingungen der Kundenbewertung und des Lebensmitteleinzelhandels zu beachten. Die Zielsetzung lässt sich weiter in vier Themengruppen mit jeweils eigenen Fragstellungen unterteilen.

Das **methodenbezogene Ziel** ist, auf den vielfältigen Methoden basierend, ein für den Lebensmitteleinzelhandel geeignetes Kundenbewertungsmodell zu entwickeln, das in der Lage ist, die Komplexität des Lebensmitteleinzelhandels zu verarbeiten. Hierzu zählen u.a. die Erscheinungsformen des Handels, die Varianten der Marktbearbeitung, umfangreiche Sortimente, Regionalitäten und Verhaltensweisen der Kunden. Im Einzelnen ergeben sich folgende methodenbezogene Fragestellungen:

- Welche Methoden zur Kundenbewertung gibt es in der Literatur?
- Wie muss eine Methode zur Ermittlung des Kundenwertes im Lebensmitteleinzelhandel beschaffen sein?
- Wie sieht das Modell eines Kundenwertes im Lebensmitteleinzelhandel aus?
- Wie funktioniert die Prognose zur Ermittlung des Kundenpotenzials?

Die Daten zur Messung von Einzahlungen und Auszahlungen der Kunden sind der Dreh- und Angelpunkt der Kundenbewertung. Daher ist das **Datenziel** der Untersuchung, mindestens eine in der Praxis vorliegende Datenquelle zu

---

[7] Vgl. Mihr (2002), S. 11.
[8] Vgl. Mihr (2002), S. 11.

identifizieren, die kompatibel mit der Methode zur Kundenbewertung im Lebensmitteleinzelhandel ist. Die datenbezogenen Fragestellungen lauten:

- Welche Datenquellen existieren für den Lebensmitteleinzelhandel?
- Wie sind diese Daten beschaffen?
- Inwiefern sind diese Daten für die Kundenbewertung geeignet?

In der Kombination von Modell und Daten wird das Oberziel der Arbeit erreicht, einen monetären Wert pro Kunde zu messen. **Ziel der Messung** ist, den Wert für die im Lebensmitteleinzelhandel relevanten Bezugsgrößen zu ermitteln. Die messungsbezogenen Fragestellungen lauten im Einzelnen:

- Wie viel ist ein Kunde im Lebensmitteleinzelhandel durchschnittlich wert?
- In welchen Merkmalen unterscheiden sich mehr oder weniger wertvolle Kunden?
- Wie wertvoll sind die Kunden verschiedener Betriebstypen, Händler oder Warengruppen?
- Wie unterscheiden sich kurz- und langfristige Kundenwerte?
- Wie groß ist das Kundenpotenzial einzelner Händler und welchen Anteil kann der Händler bereits abschöpfen?

Zur Erreichung des **Umsetzungsziels** soll schließlich die Praxisrelevanz der Untersuchung gezeigt und Wissenschaftlern und Praktikern ein Eindruck vom Nutzen der Kundenbewertung gegeben werden. Die Fragestellungen zur Umsetzung lauten:

- Wie hoch ist die kurz- bzw. langfristige Ausschöpfung des Kundenpotenzials eines Händlers?
- Welche Maßnahmen dienen einer besseren Ausschöpfung?
- Welchen Maximalwert kann man mittels internem bzw. externem Benchmarking für einen Händler berechnen?

1.3 Gang der Untersuchung

Die Arbeit beginnt mit der **begrifflichen Erfassung des Kundenwertes** in Kap. 2. Neben der grundsätzlichen Einordnung der Perspektiven des Kundenwertes erfolgt hier ein strukturierter Literaturüberblick, der die unterschiedlichen Interpretationen des anbieterorientierten Kundenwertes zeigt. Ziel ist es, die begriffliche Komplexität aufzuzeigen und in einer für die vorliegende Arbeit praktikablen Definition zu enden.

Kap. 3 behandelt die **Verfahren der Kundenbewertung**. Es hat sich gezeigt, dass nicht nur die Begriffe der Kundenbewertung, sondern auch die Methoden eine erhebliche Komplexität aufweisen. Als Grundlage der weiteren Arbeit ist es daher nötig, auch hier einen Überblick der Vorschläge aus der Literatur zu geben, um später eine eigenen Methode abzuleiten. Der Schwerpunkt liegt auf dem **Customer Lifetime Value** in Kap. 3.6, da das Ziel der Arbeit die Berechnung des Gesamtpotenzials von Kunden im Lebensmitteleinzelhandel ist und der Customer Lifetime Value eine geeignete methodische Basis der empirischen Studie zu sein verspricht. Das Kapitel beginnt mit einer Erklärung der im Rahmen der Kundenbewertung häufig verwendeten Größen des betrieblichen Rechnungswesens und endet in Kap. 3.7 mit einer Übersicht ausgewählter empirischer Studien.

Auf der Basis des Customer Lifetime Value entwickelt Kap. 4 ein **Kundenbewertungsmodell** für den Lebensmitteleinzelhandel. Dafür werden werden vorab die Anforderungen und Messgrößen der Kundenbewertung aus den Kriterien der Marktsegmentierung abgeleitet.

Kap. 5 setzt die geforderten Messgrößen in konkreten **Informationsbedarf** zur Kundenbewertung im Lebensmitteleinzelhandel um. Die möglichen Datenquellen zur Deckung dieses Informationsbedarfs werden beschrieben, verglichen und auf ihre Eignung zur Kundenbewertung hin überprüft.

Der **empirische Teil** in Kap. 6 bildet das Herzstück der Arbeit. Nach einer ausführlichen Beschreibung der Datenbasis und Datenverarbeitung in Kap. 6.1 wird das in Kap. 4 entwickelte Kundenbewertungsmodell mit Daten aus dem **GfK**

Haushaltspanel gespeist. In Kap. 6.2 werden dafür zunächst die Abhängigkeiten zwischen dem 2-Jahres-Kundenwert und den soziodemografischen Merkmalen der Kunden ermittelt. Auf dieser Basis wird eine Methode entwickelt, um die Werte der Kunden über die gesamte Lebenszeit fortzuschreiben und somit die Customer Lifetime Values zu berechnen, die im weiteren – wie auch die statischen 2-Jahres-Kundenwerte – auf ausgewählte Betriebstypen, Händler, Warengruppen und Regionen heruntergebrochen werden. Kap. 6.3 zeigt, wie die Ergebnisse der Kundenbewertung in der Praxis eingesetzt werden können. Hierfür wird das Gesamtpotenzial einzelner Händler ermittelt und mittels Benchmarks beurteilt. Anschließend werden für unterschiedliche Fälle und Aggregationsstufen Möglichkeiten gezeigt, das Potenzial zu erschließen.

Den Abschluss bildet das **Fazit** in Kap. 7, das die Ergebnisse zusammenfasst, Besonderheiten und Grenzen der Arbeit hervorhebt und den weiteren Forschungsbedarf aufzeigt.

2 Begriffliche Einordnung des Kundenwertes

2.1 Perspektive des Kundenwertes

Der Kundenwert ist bereits umfangreich in der wissenschaftlichen und wissenschaftsnahen Literatur bearbeitet worden. Entsprechend liegen viele Definitionen des Begriffes vor. Diese werden zur Erfassung des Diskussionsstands systematisch aufgegriffen und auf das für die vorliegende Arbeit Wesentliche reduziert, um eine **Arbeitsdefinition** zu entwickeln, die dem Stand der Forschung Rechnung trägt.

Der Begriff **Kundenwert** (oder englisch: **Customer Value**) kann – wie Abb. 2-1 zeigt – aus zwei **Perspektiven** gesehen werden: aus Kundensicht und aus Sicht der Unternehmung. Aus Kundensicht handelt es sich um den Nutzen der Leistungen einer Unternehmung für deren Abnehmer.[9] Aus Sicht der Unternehmung handelt es sich umgekehrt um den Nutzen der Leistungen des Kunden für die Unternehmung.

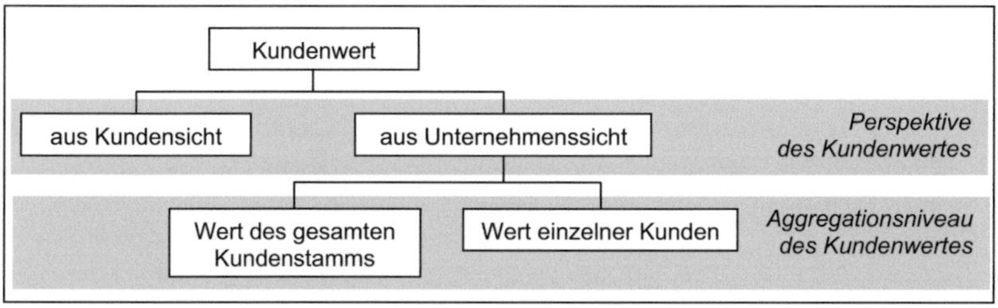

Abb. 2-1: Perspektive und Aggregationsniveau des Kundenwertes

Im angloamerikanischen Schrifttum hat sich für die Kundenperspektive im Sinne des **Nutzens für den Kunden**[10] der Begriff Customer Value durchgesetzt,[11] obwohl kein sachlicher Grund für diese Konkretisierung bekannt ist. Auch sprachlich leuchtet nicht ein, dass unter Customer Value vielfach ***„customer (percei-***

---

[9] Vgl. Cornelsen (2000), S. 33 ff.; Eggert (2006), S. 48 ff.; Sebastian/Lauszus (1994), S. 27; Tewes (2003), S. 53 f.
[10] Vgl. Friedrichs-Schmidt (2003), S. 19.
[11] Vgl. u.a. Gale (1994); Guolla (1992); Naumann (1995).

ved) value“[12] verstanden wird, da dieser Begriff intuitiv ebenso gut mit der Unternehmensperspektive **„Wert des Kunden“** verbunden werden kann.

Vergleicht man den Begriff Customer Value mit verwandten Begriffen, so erkennt man die fehlende Sprachregelung. Einige angloamerikanische Wertbegriffe tragen ihr **Bezugs- oder Wertobjekt** im Namen. Beispiele sind der sog. Brand Value bzw. **Brand Equity**, der Wert einer Marke, oder **Channel Equity** für den Wert von Absatzkanälen, resultierend aus dem Engagement einer Unternehmung in Richtung Absatzmittler.[13] Andere Wertbegriffe tragen nicht das Bezugsobjekt, sondern den **Adressaten** im Namen. Beispiele sind der Stakeholder Value und der **Shareholder Value**, der Marktwert des Eigenkapitals einer Unternehmung[14] und nicht der Wert der Anspruchsteller bzw. Anteilseigner für die Unternehmung.

Die Behandlung der Kunden als **Anspruchsgruppe** analog zu den Anteilseignern ist denkbar. Allerdings sind inhaltliche Unterschiede zu beachten. So wird die Bewertung einer Unternehmung aus der Perspektive der Anteilseigner vor allem vorgeschlagen, weil diese Gruppe in der Regel die **gleichen Ziele** – z.B. Steigerung des Börsenwertes – verfolgt, deren Erfüllung mit ähnlichen Kriterien gemessen wird. Die Bewertung der Leistungen einer Unternehmung individuell für jeden Kunden ist hingegen eine höchst **subjektive** Angelegenheit, die sich aus der Perspektive jedes einzelnen Kunden hinsichtlich der für ihn relevanten Kriterien sowie der Operationalisierung und der Messung dieser Kriterien unterscheidet.

2.2 Aggregationsniveau des Kundenwertes

Die Unternehmensperspektive kann – wie in Abb. 2-1 ersichtlich – wiederum zwei Ausprägungen annehmen: die Bewertung des gesamten **Kundenstamms** oder die individuelle Bewertung **einzelner Kunden** einer Unternehmung. Unterscheidungskriterium ist das **Aggregationsniveau** des Untersuchungsobjektes.

---

[12] Eggert (2006), S. 43.
[13] Vgl. Srivastava/Shervani/Fahey (1998), S. 5.
[14] Vgl. Boersch/Elschen (2007), S. 315.

Die Eignung einer der beiden Varianten hängt von der Zielsetzung einer Kundenbewertung ab. Ist das Ziel z.B. eine **Unternehmensbewertung** im Rahmen einer Unternehmensakquisition oder -fusion, so ist eine Bewertung des gesamten Kundenstamms sinnvoll. Zur Ermittlung des Wertes einer Unternehmung ist der Wert einzelner Kunden oder Kundengruppen zunächst nicht relevant.

Eine hohe **Aggregation** erfordert ein methodisch anderes Vorgehen als die Bewertung einzelner Kunden. Hier kann man anhand verallgemeinerbarer Muster im Kaufverhalten und der Bedürfnisstruktur aller Kunden oder weniger Kundengruppen über den Gesamtertrag auf das Ertragspotenzial aller Kunden schließen. Das Augenmerk solcher Ansätze liegt häufig stark auf der Ermittlung der den Kunden zurechenbaren Kosten. Für den Wert des gesamten Kundenstamms taucht der Begriff **Customer Equity** gehäuft auf.[15] Hier herrscht allerdings ebenso wenig Einigkeit wie hinsichtlich der Begriffe für den Wert einzelner Kunden oder Kundengruppen.

Die Zielsetzung für **Individualanalysen** oder – je nach Größe des Kundenstamms – **Segmentanalysen** ist kundenorientiert. Sinn ist dann nicht eine Unternehmensbewertung, sondern die Identifikation mehr oder weniger profitabler Kunden oder Kundengruppen, um das Angebot entsprechend auszurichten.[16]

Die vorliegende Arbeit behandelt die Bewertung von Kunden auf niedrigem Aggregationsniveau bis hin zur **Einzelkundenebene**. Je nach Datengrundlage und Geschäftsmodell kann die individuelle Analyse durch die Betrachtung von **Kundensegmenten** ergänzt oder ersetzt werden. Entscheidend ist die kundenorientierte Analyse des Konsumentenverhaltens, um wertvolle von weniger wertvollen Kunden zu unterscheiden, und nicht die Unternehmensbewertung auf Basis des Kundenstamms.

---

[15] Vgl. Blattberg/Deighton (1996), S. 137 f.; Blattberg/Deighton (1997), S. 25 f.; Blattberg/Getz/Thomas (2001), S. 3 ff.; Krafft (2002), S. 33; Kumar/Ramani/Bohling (2004), S. 61; Thomas (1997), S. 2 f.

[16] Vgl. Krafft/Albers (1999), S. 1 f.

2.3 Definitionen des Kundenwertes und verwandter Begriffe

In der Literatur finden sich viele verschiedene Begriffe für den Kundenwert und verwandte Konstrukte, die Uneinigkeit über Begriff und Inhalt des Kundenwertes erkennen lassen. Nach HAX muss die Betriebswirtschaftslehre als angewandte Wissenschaft die **in der Praxis existierenden Begriffe** verwenden. Allerdings kann sie *„nur dann zur Lösung praktischer Probleme beitragen [...], wenn sie das notwendige Handwerkszeug klarer und **aussagefähiger Begriffe** zur Verfügung hat“*[17].

Die vorgefundenen Begriffe und Definitionen unterscheiden sich in der Regel hinsichtlich folgender Merkmale: dem **Aggregationsniveau**, also Einzel- oder Gesamtkundensicht, dem **Zeitbezug**, also einer statischen Einmalbetrachtung oder einer dynamischen Berechnung über mehrere Perioden, und dem **Dateninput**. Dabei können sich sowohl Begriffe als auch Definitionen unterscheiden, weil es vorkommen kann, dass vergleichbare Definitionen mit verschiedenen Begriffen belegt werden und umgekehrt.

Abb. 2-2 zeigt Kundenwertbegriffe, die eine **aggregierte Perspektive** vertreten, also auf den Wert des Kundenstamms und nicht einzelner Kunden abzielen. Innerhalb dieser und der weiteren Definitionstabellen wird die Datenbasis jedes Begriffes genauer hinsichtlich der **Messbarkeit** (**quantitativ** (*quant.*) und/oder **qualitativ** (*qual.*)) beschrieben.

Abb. 2-2 macht deutlich, dass der Begriff **Customer Equity** für den Wert des gesamten Kundenstamms gebräuchlich ist.[18] Der ursprünglich aus dem Rechnungswesen stammende Begriff „Equity“ signalisiert, dass sich auch im Finanzwesen und Controlling die Erkenntnis durchsetzt, neben dem **Markenwert** (Brand Equity) auch den Wert der gesamten Kundenbasis (Customer Equity) als einen wesentlichen Vermögensgegenstand einer Unternehmung anzuerkennen. Man könnte hier auch von einer Art **Kundenkapital** sprechen.

---

[17] Hax in: Wittmann (1956), o.S.

[18] Vgl. Blattberg/Deighton (1996), S. 137 f.; Blattberg/Deighton (1997), S. 25 f.; Blattberg/Getz/ Thomas (2001), S. 3 ff.; Krafft (2002), S. 33; Kumar/Ramani/Bohling (2004), S. 61; Thomas (1997), S. 2 f.

Quelle	Begriff	Definition	Messbarkeit
Dorsch, Carlson (1996), S. 253	Customer Equity	„[...] customer equity [...] is conceptualized as the value of the tangible and intangible resources the customers invest in a retailer."	quant., qual.
Wayland, Cole (1997), S. 103	Customer Equity	„As we mentioned in the introduction, the asset value of customer relationship is called customer equity. Like any asset, the value of customer equity depends on the net cash flow over time."	quant.
Rust, Zelthaml, Lemon (2000), S. 4.	Customer Equity	„A firms Customer Equity is the total of the discounted lifetime values of all of its customer."	quant.
Krafft, Bromberger (2001), S. 162.	Ökonomischer Kundenwert (Customer Equity)	„Der ökonomische Kundenwert oder Customer Equity (analog zum Markenwert bzw. Brand Equity) stellt aus Sicht des Unternehmens einen Vermögensgegenstand dar und ist im Gesamtwert langfristig zu maximieren."	quant.
Kumar, Ramani, Bohling (2004), S. 61	Customer Equity	„Customer equity is the sum of the CLVs of all the customers of a firm."	quant.

Abb. 2-2: Ausgewählte Begriffe und Definitionen für den Wert des Kundenstamms

Als Entscheidungsgrundlage und Steuerungsgröße ist vor allem der Kundenwert im Sinne einer **zukunftsorientierten Kennzahl** hilfreich, um Informationen über Potenziale von **Einzelkunden** oder Kundengruppen zu erhalten. Die aggregierte Sichtweise eines Customer Equity liefert hierfür nicht die notwendige Tiefe. Dass sich nicht alle Autoren in der Verwendung der Begriffe einig sind, zeigt im weiteren Verlauf dieses Kapitels Abb. 2-4, die sich dem Wert einzelner Kunden widmet und dennoch den Begriff Customer Equity enthält.[19]

Zunächst zeigt Abb. 2-3 Begriffe und Definitionen für Kundenwerte auf **Einzelkundenebene** und beschränkt sich in Abgrenzung zu Abb. 2-4 auf **statische** Begriffe oder solche, die sich nicht eindeutig als statisch oder dynamisch identifizieren lassen.

[19] Vgl. Blattberg/Thomas (2000), S. 448.

Quelle	Begriff	Definition	Messbarkeit
Knöbel (1995), S. 9	Ertragskraft des Kunden	„Die gesamten Kosten, die durch einen Kunden verursacht wurden, kann eine Unternehmung über einen bestimmten Zeitraum den Umsätzen des Kunden gegenüberstellen und so die Ertragskraft des Kunden messen."	quant., qual.
Cornelsen (1996), S. 6	Kundenwert	„Der Kundenwert ist ein kundenindividueller Wert, der die ökonomische Gesamtbedeutung eines aktuellen oder potentiellen Kunden, d.h. dessen direkten und indirekten Beitrag zur Zielerreichung der Anbieterunternehmung, ausdrückt."	qual.
Cornelsen (2000), S. 38	Kundenwert	„Der Kundenwert (aus Anbietersicht) ist der Indikator des Ausmaßes, in dem ein Kunde dazu beiträgt, die monetären bzw. nicht-monetären Ziele eines Anbieters zu erfüllen."	quant., qual.
Krüger-Stromayer (2000), S. 114	Kundenwert	„Somit soll im folgenden unter Kundenwert die Gesamtheit aller monetären und nicht-monetären, qualitativen Wirkungen, die von einem Kunden ausgehen und den Nutzen dieses Kunden für ein Unternehmen determinieren, verstanden werden."	quant., qual.
Rudolf-Sipötz (2001), S. 23	Kundenwert	„Allgemein ausgedrückt, kann der Kundenwert als die kundenindividuelle Einstufung auf einer (unternehmens-) spezifischen Messskala für die ökonomische Gesamtbedeutung eines Kunden, d.h. dessen direkten und indirekten Beitrag zur Zielerreichung eines Anbieterunternehmens bezeichnet werden."	quant., qual.
Eberling (2002), S. 36	Kundenwert	„Der Kundenwert ist eine Größe zur Beurteilung der eingesetzten Mittel für eine und des resultierenden Nutzens aus einer Kundenbeziehung hinsichtlich ihres Beitrages zur Erfüllung des Zielsystems des bewertenden Unternehmens."	quant., qual.
Friedrichs-Schmidt (2003), S. 23	Kundenwert	„Der Kundenwert ist die kundenindividuelle oder auch segmentbezogene Einstufung auf einer unternehmensspezifischen Messskala. Er drückt die ökonomische Gesamtbedeutung eines Kunden oder eines Kundensegments, d.h. dessen bzw. deren direkten und indirekten Beitrag zur Zielerreichung eines Anbieterunternehmens, aus."	quant., qual.
Tewes (2003), S. 68	Kundenwert	„In der vorliegenden Arbeit soll daher unter dem anbieterspezifischen Kundenwert die Gesamtheit aller monetären und nicht-monetären Beiträge eines Kunden zur Zielerreichung eines Anbieters verstanden werden."	quant., qual.
Helm, Günter (2006), S. 7	Kundenwert	„Als Kundenwert wird hier der vom Anbieter wahrgenommene, bewertete Beitrag eines Kunden bzw. des gesamten Kundenstamms zur Erreichung der monetären und nicht-monetären Ziele des Anbieters verstanden."	quant., qual.
Reckenfelderbäumer, Welling (2006), S. 339	Kundenwert	„Für die Zwecke der vorliegenden Untersuchung wird als Kundenwert der Beitrag eines betrachteten Kunden zur (situationsspezifischen) Zielerreichung der betreffenden Unternehmung, d.h. als Summe aller positiven Einflüsse abzüglich der Summe aller negativen Einflüsse auf den Zielerreichungsgrad, verstanden."	quant., qual.

Abb. 2-3: Ausgewählte Begriffe und Definitionen für den Wert einzelner Kunden ohne Zeitbezug oder zeitpunktbezogen

Die meisten der in Abb. 2-3 genannten Begriffe weisen nicht explizit auf ein statisches Verständnis des Kundenwertes hin, sondern lassen den **Zeitbezug** offen. Demgegenüber zeigt Abb. 2-4 Kundenwertbegriffe, die explizit auf die **Dynamik** von Kundenbeziehungen abstellen und dies in der Definition berücksichtigen.

Quelle	Begriff	Definition	Messbarkeit
Dwyer (1989), S. 9	Lifetime Value (LTV)	„LTV represents the present value of the expected benefits (e.g., gross margin) less the burdens (e.g., direct costs of serving and communicating) from customers."	quant.
Jackson (1989), S. 60	Customer Lifetime Value	„The net present value of future streams of contributions to overhead and profit."	quant.
Reichheld, Sasser (1991), S. 112	Kundenwert	„[…] der Kapitalwert der Gewinnflüsse, die ein Kunde im durchschnittlichen Lauf einer Kundenbeziehung erzeugt."	quant.
Deighton, Peppers, Rogers (1994), S. 65	Lifetime Value (LTV)	„As we have discussed, a customer's LTV is the annual incremental profit attributable to the customer (usually the product of the margin on each transaction and the frequency of repeat purchase for the customer's buying life, plus referral profits) discounted at a rate to reflect the riskiness of the cash flow."	quant., qual.
Keane, Wang (1995), S. 59	Lifetime Value (LTV)	„Simply defined, the LTV calculates the cost of attaining and servicing customers, and weighs that cost against the customer's likelihood to remain or grow loyal over time."	quant., qual.
Lube (1997), S. 185	Kundenwert (Customer Value)	„Der Kundenwert ergibt sich aus den erwarteten Profiten über die Lebensdauer einer Kundenbeziehung."	quant.
Berger, Nasr (1998), S. 20	Customer Lifetime Value	„To compute CLV, we discount the difference between the revenues and both cost of sale and promotion expenses incurred to retain customers."	quant.
Bacuvier, Peladeau, Trichet, Zerbib (1999), S. 2	Customer Lifetime Value	„Customer Lifetime Value is defined as the sum of cumulated cash flows – discounted using the Weighted Average Cost of Capital (WACC) – of a customer over his or her entire lifetime with the company."	quant.
Hoekstra, Huizingh (1999), S. 266	Lifetime Value (LTV)	„LTV is the total value of direct contributions (transactions) and indirect contributions (e.g., recommendations, new product ideas) to overhead and profit of an individual customer during the entire customer life cycle, that is from the start of the relationship until its projected ending."	quant., qual.
Krafft (1999), S. 527	Kundenwert (Customer Lifetime Value)	„Wenn man der Argumentation aus Abschnitt 2 folgt, sind zukünftige Erlöse, aber auch Kosten zu berücksichtigen und zu diskontieren, um den Nettogegenwartswert von Kundenbeziehungen ermitteln zu können. [...] Diese Größen können dann zur Vorhersage des Kundenwerts (oder Customer Lifetime Value) herangezogen werden."	quant., qual.

Quelle	Begriff	Definition	Messbarkeit
Mulhern (1999), S. 26	Customer Profitability	„Customer Profitability is the net dollar contribution made by individual customers to an organization."	quant.
Peter (1999), S. 269	Kundenwert	„Darunter versteht man den abgezinsten Ertrag, den ein Unternehmen aus einer Beziehung zu einem Kunden über deren gesamte Dauer oder eine bestimmte Anzahl von Jahren hinweg generiert, also den Nettogewinn, der dem Lieferanten zufließt."	quant.
Blattberg, Thomas (2000), S. 448	Customer Equity	„Customer Equity is defined as the value associated with a customer based on: the customer's lifetime economic value and the indirect economic return from influencing other prospective or current customers."	quant., qual.
Bruhn, Georgi, Treyer, Leumann (2000), S. 170	Customer Lifetime Value	„Der Customer Lifetime Value [...] hat die Bestimmung der dem Kunden direkt zurechenbaren Ein- und Auszahlungen während der gesamten Lebensdauer (Beziehungsdauer) zum Gegenstand. Insbesondere die Berücksichtigung einer Retention Rate (Wiederkaufwahrscheinlichkeit) und die Erweiterung des monetären Wertes durch nichtmonetäre Wertkomponenten erhöhen die Aussagekraft des CLV."	quant., qual.
Dittmar (2000), S. 11	Unternehmensspezifischer Kundenwert	„[...] Barwert aller Aufwendungen und Erträge, die ein durchschnittlicher Kunde in Abhängigkeit der durchschnittlichen Markentreue zu einem Unternehmen erzeugt."	quant.
Fischer, Herrmann, Huber (2000), S. 90	Kundenwert	„Der Kundenwert als Summe aller abdiskontierten Gewinne über eine Kundenbeziehung steigt mit Zufriedenheit kontinuierlich bis zu einem optimalen Niveau."	quant.
Meffert (2000), S. 948	Kundenwert	„Der Kundenwert ist dabei der diskontierte Einzahlungsüberschuss, den ein Kunde im gesamten Verlauf seiner Kundenbeziehung für das Unternehmen erzeugt."	quant.
Reinartz, Kumar (2000), S. 18.	Customer Lifetime Profits	„Individual customer lifetime profits are modeled as a function of a customer's lifetime duration, revenue flows over the course of a customer's lifetime, and firm costs associated with the marketing exchange."	quant.
Weiber, Weber (2000), S. 485	Customer Lifetime Value	„[…] Customer Lifetime Value (CLV) als Differenz aus dem Barwert der Erlöse abzüglich des Barwertes der Investitionen in eine Geschäftsbeziehung […]"	quant.
Zezelj (2000), S. 12	Customer Lifetime Value	„Der Customer Lifetime Value ist demnach der Wert eines Kunden über die gesamte Geschäftsbeziehung und bestimmt sich aus allen dem Kunden oder der Kundengruppe zurechenbaren Umsätzen und Kosten."	quant.,
Andon, Baxter, Bradley (2001), S. 261	Customer Lifetime Value	„It estimates the net present value of current and future cash flows driven by a particular customer or segment."	quant.

Quelle	Begriff	Definition	Mess-barkeit
Gelbrich (2001), S. 103	Kundenwert (operationale Begriffs-bestimmung)	„Der Kundenwert als komplexes, nicht direkt messbares Konstrukt ist aus Sicht eines akquirierenden Unternehmens das Verhältnis aller künftigen Nutzen- und Kostenbestandteile, die sich dem Kunden direkt zurechnen lassen. Diese sind heterogen; sie können sowohl monetärer als auch nicht-monetärer Natur sein."	quant., qual.
Stahl, Hinterhuber, von den Eichen, Matzler (2002), S. 205	Kunden-kapitalwert (KKW)	„Der KKW ergibt sich durch Abzinsung aller künftig aus einer Geschäftsbeziehung erwarteten Zahlungsströme auf den Gegenwartszeitpunkt."	quant.
Bruhn (2002), S. 198	Customer Lifetime Value	„Der Customer Lifetime Value (CLV) als dynamisches Verfahren hat die Bestimmung der dem Kunden zurechenbaren Ein- und Auszahlungsströme während der gesamten (geschätzten) Beziehungsdauer zum Gegenstand."	quant.
Rehbach (2003), S. 39	Customer Lifetime Value (CLV)	„Der CLV ist ein investitionsrechnerischer Kapitalwert, der anhand der Ein- und Auszahlungen des Unternehmens über den gesamten Kundenlebenszyklus berechnet wird."	quant.
Kumar, Ramani, Bohling (2004), S. 61	Customer Lifetime Value	„We define Customer Lifetime Value (CLV) as the sum of cumulated cash flows – discounted using the weighted average cost of capital – of a customer over his or her entire lifetime with the firm."	quant.
Ausschuss für Definitionen zu Handel und Distribution (2006), S. 95 f.	Kundenwert	„Unter Kundenwert wird der Beitrag verstanden, den ein Kunde über die Dauer der Kundenbeziehung zu einem Unternehmen für das Unternehmen erzeugt. Dabei richtet sich der Kundenwert zunächst auf den direkten ökonomischen Erfolg, der in Umsatz oder unter Einbezug von Kostengrößen in Gewinn, Deckungsbeitrag usw. gemessen wird."	quant.
Gupta et al. (2006), S. 141	Customer Lifetime Value	„CLV is generally defined as the present value of all future profits obtained from a customer over his or her relationship with a firm."	quant.
Schirmeister, Kreuz (2006), S. 317	(investitionsrechnerischer) Kundenwert	„Den Kundenwert bringt demnach jedes investitionsrechnerische Vorteilhaftigkeitskriterium zum Ausdruck, welches den Zahlungsstrom zwischen Unternehmung und Kunde zu einem Erfolgsmaßstab – beispielsweise zum Kapitalwert – verdichtet."	quant.

Abb. 2-4: Ausgewählte Begriffe und Definitionen für den dynamischen Wert einzelner Kunden

Im Vergleich der Abb. 2-3 und Abb. 2-4, die beide ausschließlich Definitionen der Einzelkunden- und Kundensegmentbewertung zeigen, wird deutlich, dass die **dynamischen Kundenwertbegriffe** häufig mit einer **quantitativen Messung** der Kriterien einhergehen, während die weiteren Verfahren der Kundenbewertung teilweise explizit **qualitative Kriterien** berücksichtigen.

Im Prinzip kann man zwei Arten von **begrifflichen Abweichungen** feststellen: Zum einen werden gleiche Begriffe unterschiedlich definiert (inhaltliche Abweichung), zum anderen werden vergleichbare Sachverhalte unterschiedlich benannt (nominale Abweichung). Ein Grund für die begriffliche Unschärfe liegt in den unterschiedlichen **Forschungszielen** der Quellen. Einigen Autoren geht es um das methoden- und determinantenunabhängige Verständnis des Begriffes. Anderen geht es eher um Messmethoden oder Determinanten, die dann in den Definitionen berücksichtigt werden.[20] Die Hinzunahme dieser Aspekte erweitert die Definitionsmöglichkeiten um die Anzahl aller denkbaren Kundenwertfaktoren und führt zu einer außerordentlichen Definitionsvielfalt, fördert also die **inhaltliche Abweichung**.

Eine weitere Folge sind umfangreiche Definitionen, die durch die Einbeziehung vieler Detailinformationen entstehen. Ein anschauliches Beispiel ist die *„operationale Begriffsbestimmung"*[21] von GELBRICH, die durch Erweiterung der in ihrer Arbeit zunächst vorgestellten *„Nominaldefinition"*[22] um ausgewählte **Determinanten** des Kundenwertes entsteht. Die Definition ist umfangreich und konkret zugeschnitten auf das spezielle Feld der betreffenden Arbeit. Sie erweitert das Definitionenspektrum und stiftet – wie viele ähnlich strukturierte Definitionen – nur in der konkreten Untersuchung Nutzen.

Nominale Abweichungen sind auf den persönlichen Geschmack oder die Herkunft des Autors zurückzuführen und haben oft keine inhaltlichen Auswirkungen. Sie können aber zu Verwirrung führen, wenn sich der Leser keinen Gesamtüberblick über die einschlägige Literatur verschafft. Als Beispiel kann man die häufig verwendeten Begriffe CLV, Customer Value (aus Unternehmungssicht) und Kundenwert betrachten. Der **CLV** unterscheidet sich vom **Customer Value** durch die Konkretisierung des Kundenwertes über die gesamte Dauer einer Kundenbeziehung.[23] Dabei zeigt Abb. 2-4, dass nicht alle dynamischen Konzepte CLV heißen und auch der Dateninput nicht immer

---

[20] Vgl. Cornelsen (2000), S. 38; Reckenfelderbäumer/Welling (2001), S. 319.
[21] Gelbrich (2001), S. 103.
[22] Gelbrich (2001), S. 5.
[23] Vgl. Hoekstra/Huizingh (1999), S. 266; Homburg/Daum (1997a), S. 97; Homburg/Daum (1997b), S. 400; Homburg/Werner (1998), S. 140.

quantitativ ist. Die Meinung, ein „Lifetime Value" spiele vor allem auf die **Dynamik einer Kundenbeziehung** an und könne nach Bedarf auch für kürzere Dauern als die der gesamten Kundschaft berechnet werden, erscheint in Anbetracht der Schwierigkeiten einer Prognose der potenziellen **Kundendauer** sinnvoll.[24]

Zur Definition des Begriffes „Kundenwert" ist zunächst der **Begriff des Wertes** an sich zu diskutieren. Die Schwierigkeit liegt darin, den Begriff „Wert" nicht mit sich selbst zu definieren. Einige Autoren verwenden den Begriff „Wert" selbst zur Definition des Kundenwertes wahrscheinlich vor dem Hintergrund, dass Wert ein feststehender Begriff ist und es nicht Ziel der Arbeiten sein soll, hier Klarheit zu schaffen.[25] Um eine Definition des Kundenwertes mit dem Begriff Wert zu umgehen, umschreiben einige Autoren den Wert mit Formulierungen wie „Beitrag der Kunden zur **Erreichung der Ziele** eines Anbieters" o.Ä.[26] Weitere **Substitute** und Erklärungen für den Wert sind: Nutzen[27], Bedeutung[28], Vermögenswert[29], Einstufung auf einer Messskala[30], Vorteilhaftigkeitskriterium[31], Gewinn[32] und ökonomische Gesamtbedeutung[33].

Wert kann grundsätzlich aus einer soziologischen und einer ökonomischen Perspektive gesehen werden.[34] Die hier maßgebliche **ökonomische Sicht** unterscheidet weiter zwischen objektivem und subjektivem Wert. Unter dem **objektiven Wert** wird z.B. der „Tauschwert" verstanden *„als die Menge eines Gutes, für die man im Austausch eine bestimmte Menge eines anderen Gutes erhält"*[35].

---

[24] Vgl. Günter (2006), S. 245.
[25] Vgl. Homburg/Daum (1997a), S. 97; Homburg/Daum (1997b), S. 400; Homburg/Werner (1998), S. 140; Maas (2001), S. 45; Zezelj (2000), S. 12.
[26] Vgl. Cornelsen (1996), S. 6; Cornelsen (2000), S. 38; Cornelsen (2006), S. 188; Eberling (2001), S. 36; Friedrichs-Schmidt (2003), S. 23; Helm/Günter (2006), S. 7; Meyer/Kantsperger/Schaffer (2006), S. 69; Reckenfelderbäumer/Welling (2001), S. 319; Rudolf-Sipötz (2001), S. 23; Rudolf-Sipötz/Tomczak (2001), S. 14; Tomczak/Rudolf-Sipötz (2006), S. 129.
[27] Vgl. Eberling (2001), S. 36; Günter (2006), S. 244; Krüger-Stromeyer (2000), S. 114.
[28] Vgl. Plinke (1997), S. 121.
[29] Vgl. Link/Hildebrand (1997), S. 164.
[30] Vgl. Friedrichs-Schmidt (2003), S. 23; Rudolf-Sipötz (2001), S. 23; Rudolf-Sipötz/Tomczak (2001), S. 14; Tomczak/Rudolf-Sipötz (2006), S. 129.
[31] Vgl. Schirmeister/Kreuz (2006), S. 317.
[32] Vgl. Fischer/Herrmann/Huber (2000), S. 90; Lube (1997), S. 185; Peter (1999), S. 269; Ploss/Augustinov (2001), S. 46.
[33] Vgl. Cornelsen (1996), S. 6; Cornelsen (2000), S. 38; Cornelsen (2006), S. 188.
[34] Vgl. Honecker (1993), S. 1256 f.
[35] Chiwitt (2000), S. 176.

Objektivität ergibt sich durch den so genannten intersubjektiven Vergleich, also die gleiche Einschätzung vieler und nicht nur einzelner Personen.[36] Der Wert wird in diesem Fall im Wesentlichen mit dem Preis gleichgesetzt.[37]

Die **subjektive Perspektive** stellt demgegenüber auf die Bedeutung der Dinge für den Menschen und dessen Bedürfnisse ab.[38] Innerhalb dieser Kategorie existieren diverse Spezialformen des Wertes, die auf den subjektiven Nutzen, die Einschätzung, den erwarteten Preis eines Gutes oder den erwarteten Ertrag abzielen.[39] Da **Kunden** nicht direkt am Markt gehandelt werden, kann eine Preisfindung durch Angebot und Nachfrage im Sinne des objektiven Wertes nicht zur Definition beitragen. Der Kundenwert muss also dem subjektiven Ansatz folgend als **Bedeutung** oder **Schätzung des Kunden** aus Sicht der Unternehmung verstanden werden und zielt auf den **erwarteten Ertrag** ab, da nicht nur vergangener, sondern auch zukünftiger Nutzen des Kunden maßgeblich ist.

Ergänzt um das Ziel, den Wert in **monetären Größen** zu bestimmen, ergeben sich folgende **Definitionen** für die Begriffe Kundenwert und Kundenbewertung als Grundlage dieser Arbeit:

> Als **Kundenwert** wird der erwartete pagatorische Gewinn eines Kunden oder einer Kundengruppe für eine Unternehmung bezeichnet.
>
> **Kundenbewertung** ist die Messung des erwarteten pagatorischen Gewinns einzelner Kunden oder Kundengruppen einer Unternehmung.

Die Kundenbewertung wird nach **Branchenerfordernissen**, individuellen **Rahmenbedingungen** und Zielsetzungen ausgestaltet und erfolgt auf **Einzel- oder Gesamtkundenebene** für einen begrenzten **Zeitraum** oder die gesamte Dauer der Kundschaft. Sie umfasst bei Bedarf auch die Messung des Nutzens von Mundpropaganda, Weiterempfehlungen und sonstigem Verhalten von Kunden, durch das indirekt zum Erfolg der Unternehmung beigetragen wird.

---

[36] Vgl. Osbahr (1923), S. 14.
[37] Vgl. Chiwitt (2000), S. 176; Lichtblau (2004), S. 586 f.
[38] Vgl. Nicklisch (1920), S. 28; Wittmann (1956), S. 11.
[39] Vgl. Wittmann (1956), S. 33.

3 Verfahren der Kundenbewertung

Die Definitionen des Begriffes Kundenwert lassen bereits auf unterschiedliche **Typen** von Kundenbewertungsverfahren schließen. Diese Verfahren können z.B. anhand der einbezogenen **Daten** systematisiert werden als Methoden, die qualitative Daten, quantitative Daten oder beide Arten verwenden. Unter **qualitativen Daten** versteht man indirekt messbare Größen, die durch Operationalisierung von Konstrukten gemessen werden. Beispiele für qualitative Kundenwertkomponenten sind etwa das Loyalitätspotenzial, das Informationspotenzial oder das Kooperationspotenzial.[40] **Quantitative Daten** sind direkt messbar. Beispiele für quantitative Daten sind Preise und Absatzmengen sowie der hieraus resultierende Umsatz.[41]

Zur tieferen Systematisierung von Verfahren der Kundenbewertung werden zwei Quellen herangezogen. BRUHN ET AL. unterscheiden in Abb. 3-1 zunächst **heuristische** von **quasi-analytischen Methoden** und unterteilen diese dann jeweils nach der Verwendung **monetärer Größen** und dem **Zeitbezug** in statische und dynamische Methoden.[42]

<table>
<tr><td rowspan="4">heuristisch</td><td rowspan="2">nicht monetär</td><td>statisch</td><td>demografische und ökonomische Segmentierung
Klassifikationsschlüssel
Positivcluster
Kundenportfolio</td></tr>
<tr><td>dynamisch</td><td>Loyalitätsleiter</td></tr>
<tr><td rowspan="2">monetär</td><td>statisch</td><td>ABC-Analyse</td></tr>
<tr><td>dynamisch</td><td>ABC-Analyse mit dynamischen Werten
Kundenlebenszyklusanalyse</td></tr>
<tr><td rowspan="4">quasi-analytisch</td><td rowspan="2">nicht monetär</td><td>statisch</td><td>Scoring-Tabelle</td></tr>
<tr><td>dynamisch</td><td>Scoring-Tabelle mit Potenzialwerten (RFMR-Tabelle)</td></tr>
<tr><td rowspan="2">monetär</td><td>statisch</td><td>Kundendeckungsbeitragsrechnung
Customer Costing
Kundenbezogene Rentabilitätsrechnung (ROI)</td></tr>
<tr><td>dynamisch</td><td>Customer Equity Test
Customer Lifetime Value</td></tr>
</table>

Abb. 3-1: Verfahren der Kundenbewertung
Quelle: Bruhn et al. (2000), S. 170

40 Vgl. Tomczak/Rudolf-Sipötz (2006), S. 130 ff.
41 Vgl. Schröder (2002), S. 71.
42 Vgl. Bruhn et al. (2000), S. 169 f.

Unter heuristischen Verfahren werden Methoden verstanden, die Hinweise zur Kundenbewertung geben, aber nicht – wie die quasi-analytischen Verfahren – auf mathematischen Berechnungen beruhen und damit den quantitativen Vergleich von Kunden ermöglichen.[43]

Ein anderes Vorgehen findet sich in der Arbeit von RUDOLF-SIPÖTZ, die zwar ebenfalls auf den Zeitbezug abstellt, dem aber die **Komplexität** der Methode gegenüberstellt. Abb. 3-2 zeigt, dass die Komplexität daran gemessen wird, ob ein Verfahren mehr als ein Kriterium verwendet oder nicht.

Zeitbezug / **Komplexität**	**statisch**	**Dynamisch**
Monokriteriell	Kundendeckungsbeitrags-rechnung	Customer Lifetime Value
Multikriteriell	Scoring-Modelle Kundenportfolio-Analyse	Kundenwert (Customer Equity)

Abb. 3-2: Systematisierung ausgewählter Verfahren zur Kundenbewertung

Quelle: Rudolf-Sipötz (2001), S. 32

Für die Darstellung der Verfahren der Kundenbewertung sind hier vor allem die verwendeten Kriterien wichtig, weniger die im Beispiel von RUDOLF-SIPÖTZ gewählte Zuordnung von Methoden. So muss z.B. der Customer Lifetime Value – wie die Definitionen des Kap. 2.3 gezeigt haben – nicht zwingend auf nur einem Kriterium beruhen. Zusammengefasst können die Verfahren mit qualitativen oder quantitativen Kriterien arbeiten, wobei **monetäre Kriterien** quantitativ und **nicht monetäre Kriterien** oft qualitativ gemessen werden, können nur ein Kriterium oder mehrere Kriterien berücksichtigen und im Zeitbezug entweder **statisch** oder **dynamisch** angelegt sein.

Im weiteren Verlauf dieses Kapitels werden fünf typische Methoden der Kundenbewertung vorgestellt, die sich auch in der in Abb. 3-2 vorgestellten Systematisierung finden: Scoring-Modelle, Kundendeckungsbeitragsrechnung, ABC- und Portfolioanalyse als **statische Verfahren** sowie der Customer Lifetime Value als **dynamisches Verfahren**. Diese Vorstellung von Bewertungsansätzen hat nicht den Anspruch, eine vollständige Übersicht zu geben. Sie soll

[43] Vgl. Bruhn et al. (2000), S. 169.

das Prinzip der Kundenbewertung und Methoden zeigen, die sich häufig in abgewandelter Form auch in neu entwickelten Ansätzen wiederfinden.

Da der Fokus dieser Arbeit auf der Entwicklung eines Verfahrens liegt, das der Dynamik und Dauer einer Kundenbeziehung Rechnung trägt, wird der **Customer Lifetime Value** als dynamisches Verfahren die Basis des empirischen Teils dieser Arbeit bilden. Seine Eignung ergibt sich auch aus der monetären Beurteilung, die ein direktes **Ausschlusskriterium** bietet, das die anderen statischen und vor allem nicht allein auf monetären Größen basierenden Methoden nicht haben. Da die meisten Kundenbewertungsmodelle auch auf monetären Größen basieren, werden im folgenden Kapitel die im weiteren Verlauf verwendeten Grundbegriffe des Rechnungswesens erklärt.

3.1 Grundbegriffe des betrieblichen Rechnungswesens

Die Begriffe und Methoden der quantitativen Kundenbewertung ziehen zur Ermittlung des Kundenwertes **ökonomische Rechnungsgrößen** heran. Als Komponenten des Kundenwertes werden dabei Begriffe wie Umsatz[44], Profit[45], Gewinn[46], Cash Flow[47], Kosten[48], Ein- und Auszahlungen[49] oder Aufwendungen und Erträge[50] verwendet. Diese Begriffe stammen aus verschiedenen **Teilgebieten** des betrieblichen Rechnungswesens und werden im Folgenden hinsichtlich ihrer Bedeutung und zeitlichen Eingrenzung beschrieben.

Die wesentlichen Begriffspaare sind Einzahlungen und Auszahlungen, Einnahmen und Ausgaben, Ertrag und Aufwendungen sowie Kosten und Leistungen.[51] **Einzahlungen** nennt man den Zufluss von liquiden Mitteln (also Bar- oder Buchgeld), **Auszahlungen** stehen für den Abfluss von liquiden Mitteln.[52] Unter **Einnahmen** versteht man den Wert aller veräußerten Leistungen, unter **Aus-**

[44] Vgl. Knöbel (1995), S. 9; Zezelj (2000), S. 12.
[45] Vgl. Deighton/Peppers/Rogers (1994), S. 65; Lube (1997), S. 185.
[46] Vgl. Fischer/Herrmann/Huber (2000), S. 90.
[47] Vgl. Andon/Baxter/Bradley (2001), S. 261; Bacuvier/Peladeau/Trichet/Zerbib (1999), S. 2; Kumar/Ramani/Bohling (2004), S. 61.
[48] Vgl. Keane/Wang (1995), S. 59; Krafft (1999), S. 527.
[49] Vgl. Bruhn (2002), S. 198; Rehbach (2003), S. 39.
[50] Vgl. Dittmar (2000), S. 11.
[51] Vgl. Haberstock (2008), S. 17; Perridon/Steiner/Rathgeber (2009), S. 9.
[52] Vgl. Heinhold (2007), S. 10.

gaben den Wert aller zugegangenen Güter und Dienstleistungen, unabhängig davon, ob die verbundenen Zahlungen bereits geflossen sind oder nicht.[53] Während die Zahlungen ausschließlich den Zahlungsmittelbestand behandeln, geht es bei Einnahmen und Ausgaben um die Veränderungen des Geldvermögens, das neben der Kasse auch den Kreditbereich umfasst.[54]

Oft sind Einnahmen gleichzeitig Einzahlungen, wenn z.B. Waren oder Dienstleistungen in der gleichen Periode bezahlt werden. Analog sind Ausgaben gleichzeitig Auszahlungen, wenn ein Zugang von Waren oder Dienstleistungen in derselben Periode ausgeglichen wird.[55] Falls die Zahlung **nicht** in derselben Periode erfolgt, wurden die fraglichen Leistungen auf Ziel erbracht und Forderungen bzw. Verbindlichkeiten aufgebaut.

Die Begriffe Aufwendungen und Erträge werden in der Gewinn-und-Verlustrechung verwendet. **Aufwand** ist der aufgrund gesetzlicher Bestimmungen in der Finanzbuchhaltung verrechnete Wert aller in einer Periode verbrauchten Güter oder Dienstleistungen.[56] Als **Ertrag** bezeichnet man den Wert aller erbrachten Leistungen einer Periode.[57] Erträge, Einnahmen und Einzahlungen sind deckungsgleich, wenn eine Unternehmung z.B. in einer Periode Umsatzerlöse durch Barverkauf erzielt. Verkäufe auf Ziel – wie oben beschrieben – sind Einnahmen und Erträge, aber keine Einzahlungen. Erträge, aber weder Einnahmen noch Einzahlungen sind z.B. Produkte, die in einer Periode produziert aber erst in in einer Folgeperiode verkauft werden und somit in der Produktionsperiode den Lagerbestand erhöhen.[58]

Kosten ergeben sich aus dem Wert aller für die Erstellung der betrieblichen Leistungen verbrauchten Güter und Dienstleistungen einer Periode. **Erlöse** entsprechen dem Wert aller erbrachten Leistungen einer Periode.[59] Ein Beispiel für Aufwendungen, denen keine Kosten gegenüberstehen, sind Spenden. Man

---

[53] Vgl. Haberstock (2008), S. 17.
[54] Vgl. Heinhold (2007), S. 10; Zimmermann (2001), S. 16 f.
[55] Vgl. Heinhold (2007), S. 11.
[56] Vgl. Haberstock (2008), S. 17.
[57] Vgl. Haberstock (2008), S. 17.
[58] Vgl. Heinhold (2007), S. 12.
[59] Vgl. Haberstock (2008), S. 17.

spricht hierbei von betriebsfremdem Aufwand.[60] Analog spricht man von betriebsfremdem Ertrag, wenn keine Erlöse entstehen. Dies geschieht z.B. durch die Einnahme von Subventionen oder Schadensersatzzahlungen.[61]

Als Messfaktoren der **Kundenbewertung** sind die liquiditätsorientierten Stromgrößen Einzahlungen und Auszahlungen oder Einnahmen und Ausgaben geeignet. Sie haben gegenüber den periodisierten Größen der Erfolgsrechnung den Vorteil, Zahlungsströme unmittelbar oder mittelbar zum Zeitpunkt ihrer Realisierung zu erfassen. Dies ist bei **Kosten und Leistungen** nicht immer der Fall. Hier besteht erstens die Möglichkeit, nicht pagatorische Vorgänge abzubilden. Beispiele sind kalkulatorische Wagnisse, kalkulatorische Abschreibungen und kalkulatorische Zinsen auf das Eigenkapital.[62] Zweitens können die Vorgänge zeitlich weit entfernt von ihrer Entstehung verbucht werden, wie z.B. Abschreibungen für eine Investition. Eine über einen längeren Zeitraum gehende Betrachtung, wie die eines CLV, kann auf die Periodisierung von Größen und auf kalkulatorische Berechnungen verzichten. Oder anders ausgedrückt: Die Kosten- und Leistungsrechnung ist gerade auf die kurzfristige Betrachtung von Erfolgsgrößen ausgerichtet.

Innerhalb der Kategorie der liquiditätsorientierten Stromgrößen bleibt zu diskutieren ob **Einzahlungen und Auszahlungen** oder **Einnahmen und Ausgaben** die geeigneten Rechnungsgrößen sind. In der Kundenbewertung würden sich nur Unterschiede ergeben, wenn Kauf und Zahlung nicht in derselben Periode erfolgen. Für die Verwendung von Einnahmen spricht, dass sie nicht nur tatsächlich realisierte Zahlungsströme, sondern z.B. auch Verkäufe auf Ziel erfassen,[63] da zur Kundenbewertung der Kaufzeitpunkt zählt. Im Lebensmitteleinzelhandel fallen Kauf und Zahlung in der Regel zusammen. Somit ist im Branchenfokus der vorliegenden Arbeit nur bei Verkäufen zum Jahresende mit Unterschieden zwischen Einzahlungen und Einnahmen zu rechnen. Zudem ist in diesen Fällen Kartenzahlung üblich, die in den zu erwartenden Größen-

---

[60] Vgl. Haberstock (2008), S. 20.
[61] Vgl. Heinhold (2007), S. 20.
[62] Vgl. Haberstock (2008), S. 25.
[63] Vgl. Heinhold (2007), S. 21.

ordnungen als hinreichend sicher und folglich wie eine Barzahlung behandelt werden kann.

Analog ist bei den Ausgaben anzunehmen, dass von einem Händler veräußerte Waren auch in der gleichen Periode bezahlt werden. Die Verwendung der Rechnungsgrößen Einzahlungen und Auszahlungen für die Kundenbewertung im Lebensmitteleinzelhandel erscheint also sinnvoll.

3.2 Scoring-Modelle

Als erste Methode der Kundenbewertung werden im Folgenden Scoring-Modelle vorgestellt. **Scoring-Modelle** arbeiten sowohl mit qualitativen als auch mit quantitativen Faktoren.[64] Scoring-Modelle werden in verschiedenen Bereichen eingesetzt. Im Rahmen der Kundenbewertung ist es das Ziel dieser Verfahren, bestimmte Eigenschaften oder Verhaltensweisen eines Kunden zu beurteilen und mit **Punktwerten** zu versehen, aus denen ein **Gesamtscore** gebildet wird.[65] Dabei gibt die Höhe der Punktzahl den (nicht monetären) Kundenwert an. Je höher die Gesamtpunktzahl ist, desto wertvoller ist der Kunde für den Anbieter.[66]

Ein **kundenwertorientiertes Scoring** durchläuft im Prinzip folgende Schritte:[67]

(1) Identifikation relevanter Eigenschaften für den Kundenwert

(2) Definition der Punkteskalen dieser Eigenschaften

(3) Bewertung der Eigenschaften bei jedem untersuchten Kunden

(4) Bestimmung von Gewichtungsfaktoren für die Eigenschaften entsprechend ihrer Bedeutung für den Kundenwert

(5) Gewichtung der einzelnen Scores/Punktzahlen für jede Eigenschaft

(6) Summierung zu einem Gesamtscore/einer Gesamtpunktzahl

Dieser Vorgehensweise folgend ergibt sich nachstehende allgemeine **Berechnungsformel** für ein Scoring-Modell:

---

[64] Vgl. Tewes (2003), S. 144.
[65] Vgl. Weiber/Weber (2000), S. 493.
[66] Vgl. Link/Hildebrand (1997), S. 166.
[67] Vgl. Weiber/Weber (2000), S. 494.

$$GS_c = \sum_{e=1}^{E} S_{ce} \bullet G_e$$

mit:

GS_C	=	Gesamtscore des Kunden c
S_{Ce}	=	Score des Kunden c bei der Eigenschaft e
G_e	=	Gewichtungsfaktor der Eigenschaft e

Ein z.B. im **Versandhandel** populäres Scoring-Modell zur Kundenbewertung ist das so genannte RFM- (Recency, Frequency, Monetary Value) oder auch RFMR-Modell (Recency, Frequency, Monetary Ratio).[68] Das **RFMR-Modell** basiert auf quantitativen Daten des beobachtbaren Kaufverhaltens.[69] Als Recency (R) wird der Zeitraum seit dem letzten Kauf eines Kunden bewertet. Kunden, deren letzter Kauf kürzer zurückliegt, wird ein höherer Punktwert zugewiesen als Kunden, deren letzter Kauf länger zurückliegt. Frequency (F) steht für die Kaufhäufigkeit. Je häufiger Kunden bestellen, desto mehr Punkte werden ihnen zugeordnet. Monetary (M) beurteilt den Umsatz der bisherigen Bestellungen des Kunden und verteilt je nach Höhe entsprechende Punkte.[70]

In Erweiterung können für Investitionen in den Kunden (z.B. für den Katalogversand) oder für **wertmindernde Verhaltensweisen** des Kunden (z.B. späte Zahlung auf Rechnung) Punkte abgezogen werden.[71] Abb. 3-3 zeigt ein Beispiel zum RFMR-Modell im Versandhandel. In weiterentwickelten, verfeinerten Varianten bezieht das RFMR-Modell **weitere Faktoren** in die Bewertung ein. Dies können u.a. die gekauften Produktkategorien sein, um auf zukünftige Bedürfnisse zu schließen. Weitere Faktoren für den Versandhandel sind z.B. die Adressquelle, um qualitative Unterschiede von Adresslisten für **Direct Mailings** aufzudecken, oder die Zahlungsweise eines Kunden, an der unterschiedliche Verhaltensweisen von z.B. Bar-, Scheck- und Kreditkartenzahlern festgemacht werden.[72] So entstehen in der Praxis komplexe Modelle, die bis zu 1000 Faktoren einbeziehen.[73]

---

[68] Vgl. Krafft/Albers (2000), S. 520; Schulz (1995), S. 144 ff.
[69] Vgl. Kumar/Ramani/Bohling (2004), S. 65.
[70] Vgl. Krafft/Albers (2000), S. 520.
[71] Vgl. Link/Hildebrand (1997), S. 166.
[72] Vgl. Schulz (1995), S. 154 f.
[73] Vgl. Höschel (2000), S. 14.

Startwert	25 Punkte					
Letztes Kaufdatum	Bis 6 Monate +40 Punkte	Über 6 bis 9 Monate +25 Punkte	Über 9 bis 12 Mon. +15 Punkte	Über 12 bis 18 Monate +5 Punkte	Über 18 bis 24 Monate -5 Punkte	Über 24 Monate -15 Punkte
Häufigkeit des Einkaufs in 1½ Jahren	Zahl der Aufträge multipliziert mit dem Faktor 6					
Ø Umsatz bei den letzten drei Einkäufen	Bis 50 € +5 Punkte	50 bis 100 € +15 Punkte	100 bis 200 € +25 Punkte	200 bis 300 € +35 Punkte	300 bis 400 € +40 Punkte	Über 400 € +45 Punkte
# Retouren (kumuliert)	0 – 1 0 Punkte	2 – 3 -5 Punkte	4 – 6 -10 Punkte	7 – 10 -20 Punkte	11 – 15 -30 Punkte	Über 15 - 40 Punkte
# Anstöße seit letztem Einkauf	Je Hauptkatalog -12 Punkte		Je Sonderkatalog -6 Punkte		Je Mailing -2 Punkte	

Abb. 3-3: Beispiel zum RFMR-Modell im Versandhandel

Quelle: Krafft/Albers (2000), S. 521

Ein **Vorteil** von Scoring-Modellen ist die Möglichkeit, qualitative und quantitative Bestimmungsfaktoren zu kombinieren und damit auch qualitative Faktoren vergleichbar einzubringen.[74] Scoring-Modelle sind somit offen für vielfältige Kriterien der Kundenbewertung sowie deren Quantifizierung und Gewichtung.[75] Ein weiterer Vorteil liegt in der plausiblen Vorgehensweise und dem leichten Verständnis von Scoring-Modellen.[76]

Andererseits sind Scoring-Modelle auch kritisch zu würdigen. So liegt ein Problem in der richtigen **Auswahl** der zur Kundenbewertung heranzuziehenden Eigenschaften. Diese sollten u.a. vollständig, entscheidungsrelevant und voneinander unabhängig sein, um aussagekräftige Ergebnisse zu erzielen.[77] In der Praxis findet eine entsprechende Auswahl von Eigenschaften häufig willkürlich statt.[78] Diese **Subjektivität** lässt sich auch in Bezug auf die Bestimmung der Gewichtungsfaktoren und der Punktwerte der Kunden bemängeln.[79]

---

[74] Vgl. Homburg/Schnurr (1999), S. 14; Rieker (1995), S. 69; Tewes (2003), S. 146.
[75] Vgl. Köhler (2000), S. 428.
[76] Vgl. Homburg/Schnurr (1999), S. 14.
[77] Vgl. Weiber/Weber (2000), S. 494; die Anforderungen an Bewertungskriterien werden ausführlich in Kap. 4.1 behandelt.
[78] Vgl. Rudolf-Sipötz (2001), S. 37.
[79] Vgl. Homburg/Schnurr (1999), S. 13.

Das in der Literatur oft zitierte RFMR-Modell aus Abb. 3-3 zeigt z.B. eine typische **Schwäche** von Scoring-Modellen, denn ihm unterliegt die Annahme, dass z.B. **Retouren** per se kundenwertmindernd sind. Allerdings hat sich gezeigt, dass gerade die kulanten Rückgabemöglichkeiten Kunden dazu veranlassen, im Distanzhandel zu kaufen, und dass die Wichtigkeit dieses **risikoreduzierenden Instruments** für den Kunden von den jeweiligen Produkten oder Warengruppen abhängt.[80]

Eine undifferenzierte Beurteilung von Retouren wie im vorgestellten RFMR-Beispiel hat also aller Wahrscheinlichkeit nach keine allgemeine Gültigkeit. Ein Ansatz zur **differenzierten Behandlung** von Retouren wäre die Berücksichtigung des Retourenumfangs in Relation zum Bestellumfang, also z.B. negative Scores für die Rücksendung einer kompletten Bestellung zu geben.

Ein weiteres Problem von Scoring-Modellen ergibt sich durch die **additive Verknüpfung** der einzelnen Teilscores. So können Eigenschaften, die für sich genommen weniger bedeutend sind, eine elementare Eigenschaft kompensieren. Dem kann man mit Gewichten der mehr oder weniger wichtigen Eigenschaften begegnen. Durch die Methodik ergibt sich ferner das Problem, dass ein Scoring-Modell unterschiedlich zu messende Eigenschaften aggregiert, was zu einer erheblichen **Vergröberung** und entsprechendem Informationsverlust führt.[81] Hinsichtlich des **Zeitbezugs** arbeiten Scoring-Modelle statisch. Veränderungen im Zeitverlauf werden i.d.R. nicht berücksichtigt.

Um der Bedeutung zentraler Eigenschaften gerecht zu werden, wird die Einführung von so genannten **„Knock-out-Kriterien"** vorgeschlagen, die durch Einführung der Null und multiplikative Verknüpfung operationalisiert werden.[82] Wird für ein Knock-out-Kriterium also der Wert null gemessen und multiplikativ im Scoring-Modell eingebunden, so ergibt sich ein Gesamtkundenwert von null.

Trotz der damit verbundenen Mängel werden Scoring-Modelle vor allem eingesetzt, um qualitative Faktoren in die Kundenbewertung einfließen zu lassen.[83]

---

[80] Vgl. Bohlmann (2007), S. 347 f.; Schröder/Bohlmann (2009), S. 439 f.
[81] Vgl. Rieker (1995), S. 68; Tewes (2003), S. 145.
[82] Vgl. Rieker (1995), S. 69.
[83] Vgl. Tewes (2003), S. 147.

Sie gelten als einfach, robust und praktikabel, wenn die Nachteile nicht außer Acht gelassen werden und die Aussagekraft der Ergebnisse von Scoring-Modellen ihren genannten Schwächen entsprechend gewürdigt wird.[84]

3.3 Kundendeckungsbeitragsrechnung

Die Kundendeckungsbeitragsrechnung stellt die einem Kunden zurechenbaren Erlöse den durch einen Kunden verursachten Kosten gegenüber.[85] Relevant ist die **Zurechenbarkeit** der Kosten, die per se bei Einzelkosten und auf Kunden geschlüsselten Gemeinkosten gegeben ist.

Dies können dabei sowohl variable als auch fixe Kosten sein. Die Kundendeckungsbeitragsrechnung arbeitet mit quantitativ messbaren monetären Daten und kann ein- oder mehrstufig erfolgen.[86] Abb. 3-4 zeigt ein Beispiel einer mehrstufigen Kundendeckungsbeitragsrechnung in Mehrkanalsystemen des Einzelhandels.

Durch die Berücksichtigung von kundenzurechenbaren Kosten ist der Kundendeckungsbeitrag der reinen **Umsatzanalyse** überlegen und kann z.B. in ABC-Analysen zur Untersuchung der **Kundenstruktur** genutzt werden.[87] Voraussetzung für eine individuelle Zurechnung der Erlöse und Kosten in einer Kundendeckungsbeitragsrechnung ist ein gut entwickeltes Rechnungssystem,[88] das in vielen Fällen ein Hinderungsgrund des Einsatzes dieser Methode sein dürfte.

Weiterhin werden nicht alle in einer Unternehmung anfallenden Kosten verrechnet, wenn die Berücksichtigung von Gemeinkosten, die unabhängig von einer bestimmten Kundenbeziehung sind, unterbleibt.[89] Der Nutzen einer Kundendeckungsbeitragsrechnung nimmt mit zunehmendem Anteil nicht zurechenbarer Gemeinkosten ab. Aus geringen Einzelkosten resultieren **hohe Deckungsbeiträge**, die als Entscheidungsgrundlage nur bedingt geeignet sind.[90] Dies ist

---

[84] Vgl. Plinke (1997), S. 140 f.
[85] Vgl. Köhler (2000), S. 423.
[86] Vgl. Homburg/Schnurr (1999), S. 8 f.
[87] Siehe Kap. 3.4.
[88] Vgl. Köhler (2000), S. 423; Link/Hildebrand (1997), S. 163.
[89] Vgl. Homburg/Schnurr (1999), S. 9.
[90] Vgl. Meyer/Kantsperger (2004), S. 8.

besonders im Einzelhandel und in der Dienstleistungsbranche der Fall.[91] Abhilfe kann die Schlüsselung von Gemeinkosten im Rahmen einer Prozesskostenrechnung schaffen.[92]

Kunde 321 654 987, Müller, Hans	Kanal 1 (z. B. Ladengeschäft)	Kanal 2 (z. B. Online-Shop)	Kanal 3 (z. B. Katalog)
Brutto-Umsätze			
– kanalbezogene Rabatte			
= Netto-Umsatzerlöse			
– Warenkosten			
= Rohertrag			
– Werbekosten			
= Deckungsbeitrag 1			
– Beratungskosten			
= Deckungsbeitrag 2			
– Transportkosten			
= Deckungsbeitrag 3			
– Kosten für Umtausch, Reklamation, Gewährleistung, Garantie			
= Deckungsbeitrag 4			
– kanalbezogene Gemeinkosten (z. B. kundenbezogener, kanalübergreifender Umsatzrabatt)			
= Deckungsbeitrag 5			
– kundenbezogene Gemeinkosten (sind auf andere Bezugsobjekte als Einzelkosten zu verteilen)			
= Gewinn			

Abb. 3-4: Ermittlung des kundenbezogenen Deckungsbeitrages für ein Mehrkanalsystem auf der Basis relativer Einzelkosten

Quelle: Schröder/Schettgen (2006), S. 45

Ein weiteres Manko ist der **Zeitbezug**. Ein mittels Deckungsbeiträgen berechneter Kundenwert wird zumeist über einen bestimmten Zeitraum, in der Regel ein Jahr, bestimmt. Es handelt sich also um eine **statische Rechnung**. Prob-

---

[91] Vgl. Reckenfelderbäumer/Welling (2000), S. 326 f.

[92] Vgl. Schröder/Schettgen (2006), S. 45 f.

leme können auftreten, wenn z.B. **Akquisitionskosten** über mehrere Zeiträume hinweg erlöswirkend sind und deshalb nicht in eine periodenbezogene Deckungsbeitragsrechnung einbezogen[93] oder nur in der ersten Periode berücksichtigt werden und dem Kunden somit ein zu niedriger Deckungsbeitrag zugewiesen wird, der den in der Zukunft liegenden Wert außer Acht lässt.[94]

3.4 ABC-Analyse zur Klassifikation von Kunden

Methoden wie Scoring-Modelle und die Kundendeckungsbeitragsrechnung berechnen einen Wert für Kunden oder Kundengruppen durch die Messung der Ausprägungen einzelner wertbestimmender **Faktoren**. Die Kundenklassifikation bringt die Kunden auf Basis solcher Ergebnisse zueinander in **Relation**, z.B. durch Bildung von Kundenrangfolgen.

Eine Methode auf der Basis quantitativer Faktoren ist die **ABC-Analyse**, auch **Anteilsstrukturanalyse** genannt.[95] Eine ABC-Analyse bringt Untersuchungsobjekte – im vorliegenden Fall die Kunden – in eine fallende Rangordnung, gemessen an einem Erfolgskriterium, z.B. Einzahlungen pro Kunde. Ziel des Verfahrens ist die Identifikation umsatzstarker und umsatzschwacher Segmente im Kundenstamm.

Die Verwendung z.B. des **Umsatzes** als Erfolgskriterium könnte zu kurz greifen, da die umsatzstärksten Kunden nicht die rentabelsten sein müssen.[96] Denkbar ist z.B., dass ein Anbieter bei einem umsatzschwachen Kunden höhere Spannen erzielt, wenn dieser weniger Rabatt einfordert.[97] ABC-Analysen auf der Grundlage von **Deckungsbeiträgen** oder Kundengewinnen können Abhilfe schaffen, wenn die notwendigen Kosten und Erlösinformationen auf Einzelkundenebene vorliegen.[98] Weiteren Nutzen bietet die ABC-Analyse auf der Basis der Customer Lifetime Values.[99]

---

93 Vgl. Reckenfelderbäumer/Welling (2003), S. 370.
94 Vgl. Link/Hildebrand (1997), S. 163; Schirmeister/Kreuz (2006), S. 321 f.
95 Vgl. Gelbrich (2001), S. 85 f.
96 Vgl. Homburg/Schnurr (1999), S. 12.
97 Vgl. Scheiter/Binder (1992), S. 18.
98 Vgl. Kap. 3.3.
99 Vgl. Kap. 3.6.

Nachdem die Kunden in eine Rangfolge gebracht sind, werden sie in A-, B-, und C-Segmente eingeteilt. Für die **Einteilung der Segmente** gibt es keine einheitlichen Vorgaben im Sinne allgemeingültiger Grenzen. Die willkürliche Einteilung von Kundensegmenten erschwert unternehmensinterne oder -externe Vergleiche (Benchmarking), die in zwei Richtungen laufend folgende Fragen beantworten sollten:

- Wie viel Umsatz machen die besten 20 % meiner Kunden oder
- wie viel Prozent meiner Kunden sind für 80 % meines Umsatzes verantwortlich?

Empirische Untersuchungen bestätigen regelmäßig die so genannte **Pareto-Regel**, die besagt, dass 20 % der Kunden 80 % des Umsatzes erwirtschaften.[100]

Abb. 3-5 zeigt eine grafische Darstellung der ABC-Analyse in ihrer typischen Form einer so genannten **Konzentrationskurve**. Darin gibt die Abszisse den kumulierten Anteil der Kundengruppen am Kundenbestand an, die Ordinate den kumulierten Anteil des Umsatzes der Kundengruppen. Das abgebildete Beispiel zeigt eine Kundenstruktur, in der 17 % der Kunden 80 % des Umsatzes generieren.

Anstelle der **Einteilung** in ABC-Segmente gibt es die Möglichkeit, auch mehr als drei Segmente zu bilden, so z.B. beim Vorschlag von RUST/ZEITHAML/LEMON, die Blei-, Eisen-, Gold- und Platinkunden unterscheiden.[101] Weiterhin muss die **Erfolgsgröße** – wie oben erwähnt – nicht Umsatz sein. Stattdessen kann z.B. aus der Perspektive eines Einzelhändlers auch der Deckungsbeitrag, der Rohertrag oder die Handelsspanne stehen.

Zur ABC-Analyse werden mehrere **Kritikpunkte** vorgetragen. So wird bemängelt, dass lediglich bereits bestehende Kunden bewertet, potenzielle Kunden hingegen nicht betrachtet werden.[102] Diese Kritik gilt allerdings für die meisten derartigen Ansätze.

---

[100] Vgl. Homburg/Daum (1997b), S. 395; Plinke (1997), S. 117; Stahl et al. (2002), S. 199.
[101] Vgl. Helm/Günther (2003), S. 16 f.; Rust/Zeithaml/Lemon (2000), S. 191.
[102] Vgl. Friedrichs-Schmidt (2003), S. 38.

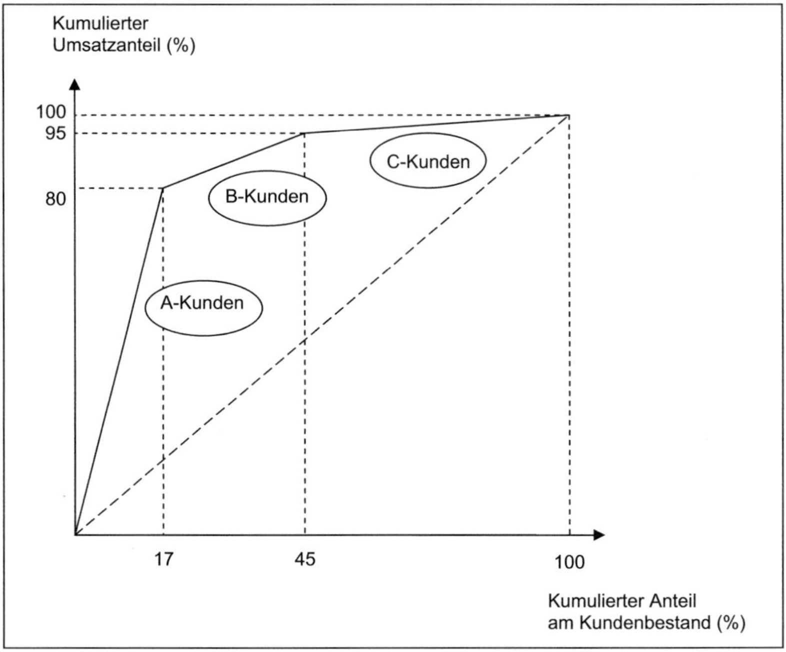

Abb. 3-5: ABC-Analyse der Kundenstruktur eines Kosmetikherstellers

Quelle: In Anlehnung an Homburg/Krohmer (2003), S. 1011

Zudem werden in diesem statischen Ansatz **Entwicklungsmöglichkeiten** außer Acht gelassen; so könnte z.B. ein derzeitiger C-Kunde in Zukunft zu einem A-Kunden wachsen[103] oder es ergeben sich Verschiebungen der Kunden z.B. durch saisonalen Bedarf, der in einer Zeitpunktmessung nicht erfasst wird. Gerade die beiden letzten Punkte werden durch die Verwendung des Customer Lifetime Value anstelle des Kundenumsatzes verbessert. Die Bewertung des zukünftigen Kaufverhaltens kann saisonale Bedarfsspitzen mildern und die **Entwicklungsmöglichkeiten** von Kunden berücksichtigen.

---

[103] Vgl. Stahl et al. (2002), S. 199.

3.5 Kundenportfolio-Analyse

Eine weitere Variante der Beurteilung von Kundenwerten ist deren Darstellung in Kundenportfolios.[104] Portfoliomodelle stellen zwei oder drei Dimensionen eines Messobjektes grafisch gegenüber.[105] Eine Dimension misst in der Regel die **Attraktivität** des untersuchten Objektes, die andere Dimension die **Position des Anbieters** bezogen auf das Objekt.[106] Allgemein bekannte Beispiele für zweidimensionale Portfoliomodelle sind das Marktwachstums-/Marktanteils-Portfolio der Boston Consulting Group (BCG) und das Marktattraktivitäts-/Wettbewerbspositions-Portfolio von McKinsey & Company.

Diese beiden Modelle beurteilen die individuelle Marktposition des Untersuchungsobjektes **„strategische Geschäftseinheit"** und die Attraktivität der jeweiligen Märkte. Beide Konzepte speisen sich aus Erkenntnissen der PIMS-Studie (Profit Impact of Marketing Strategies).[107] Während das BCG-Portfolio die zwei quantitativ messbaren Faktoren Marktanteil und Marktwachstum einander gegenüberstellt, bedient sich das Modell von McKinsey komplexerer Dimensionen, wobei es dem Analysierenden selbst obliegt, die Faktoren der Marktattraktivität und der Wettbewerbsposition zu definieren.[108]

Für die **mehrdimensionale Kundenbeurteilung**[109] werden z.B. bei einem zweidimensionalen Portfolio die Kundenattraktivität und die Position des Anbieters bei seinen Kunden gegenübergestellt.[110] Die Kundenattraktivität kann sich aus verschiedenen qualitativen und quantitativen Faktoren zusammensetzen[111],

---

[104] Vgl. Homburg/Daum (1997a) S. 64 ff.; Plinke (1997), S. 141 ff.
[105] Vgl. Plinke (1997), S. 141.
[106] Vgl. Homburg/Krohmer (2003), S. 436.
[107] In der PIMS-Studie wurden die Zusammenhänge zwischen charakteristischen Eigenschaften von strategischen Geschäftseinheiten und Erfolgsgrößen wie dem ROI (Return on Investment) untersucht und damit „Erfolgsfaktoren" ermittelt, die in verschiedene Modelle eingeflossen sind (vgl. ausführlich Homburg/Krohmer (2003), S. 351 ff.).
[108] Vgl. Homburg/Krohmer (2003), S. 439.
[109] Einen Überblick über einfaktorielle Kundenportfolio-Modelle gibt Schulz (1995), S. 131 ff.; weitere Übersichten verschiedener Kundenportfolios liefern Cornelsen (2000), S. XLIX ff., und Rudolf-Sipötz (2001), S. 39.
[110] Anstelle des Begriffes „Position des Anbieters" werden z.B. auch die Begriffe „Wettbewerbsposition", „Marktposition", „Position des eigenen Unternehmens beim Kunden" oder „(relative) Lieferantenposition" verwendet (vgl. Köhler (2000), S. 430).
[111] Vgl. Homburg/Schnurr (1999), S. 14; Köhler (2000), S. 430.

deren Messung nach dem in Kap. 3.2 erklärten Scoring-Prinzip erfolgt[112]. Dazu können Kriterien wie der relevante Bedarf, das Referenz-, das Ausstrahlungs- oder das Kooperationspotenzial des Kunden zählen.[113] Neben diesen teilweise schwer messbaren Kriterien kann – wie auch zur ABC-Analyse – der Customer Lifetime Value ein Indikator der Attraktivität des Kunden für den Anbieter sein.

Typische Kundenportfolios für den **B2B-Bereich** sind das Kundenattraktivitäts-Lieferantenpositions-Portfolio[114] und das „Difficulty to Manage – Strategic Importance-Portfolio".[115] Bei Letzterem setzt sich die Dimension **„strategische Wichtigkeit"** aus den Faktoren Umsatzpotenzial, zukünftige Kapazitätserweiterungen, Verbindungen zu Exportmärkten sowie Image des Kunden zusammen. Die zweite Dimension **„Schwierigkeit im Umgang"** besteht aus dem Grad der Bindung des Kunden an einen Wettbewerber und dessen Zahlungsproblemen, Beschwerde- sowie Kaufverhalten.

Das **Geschäftsbeziehungsportfolio** misst die Bedeutung zweier Partner einer Geschäftsbeziehung füreinander anhand des Schadens, der für den einen Partner eintritt, falls der andere Partner die Beziehung beendet.[116] Wichtig bei der Entwicklung eines Kundenportfolios ist die **Unabhängigkeit der Dimensionen.**[117] Insbesondere die Verwendung vieler Faktoren für die jeweiligen Dimensionen kann zu Überschneidungen und damit zu Verzerrungen der Ergebnisse führen.[118] Darüber hinaus sind die bekannten Probleme bei der Operationalisierung und Messung von qualitativen Faktoren zu nennen.[119] Weiterhin führt die **Verdichtung** mehrerer Faktoren zu einem Informationsverlust. So lassen sich die einzelnen Werttreiber der Dimensionen nicht mehr identifizieren, was die Ableitung konkreter Handlungsempfehlungen erschwert.[120]

---

[112] Vgl. Homburg/Daum (1997a), S. 66 ff.; Köhler (2000), S. 430 ff.; Plinke (1997), S. 146.
[113] Vgl. Homburg/Daum (1997a), S. 65; Homburg/Schnurr (1999), S. 14; Plinke (1997), S. 146.
[114] Vgl. Homburg/Daum (1997a), S. 65.
[115] Vgl. Yorke/Droussiotis (1994), S. 9 ff.
[116] Vgl. Plinke (1997), S. 146 ff.
[117] Vgl. Rudolf-Sipötz (2001), S. 40.
[118] Vgl. Homburg/Daum (1997a), S. 66; Rudolf-Sipötz (2001), S. 40.
[119] Siehe z.B. Kap. 3.2.
[120] Vgl. Rudolf-Sipötz (2001), S. 41.

Die meisten der vorgestellten Kundenportfolios basieren auf Kriterien, die eher im **B2B-Bereich** zu messen sind. Unternehmungen des Einzelhandels haben mit einer großen Anzahl von Kunden zu tun, die häufig im Einzelnen nicht bekannt sind.[121] Der Nutzen des Portfolioverfahrens liegt in der Darstellung der Ergebnisse anderer Methoden der Kundenbewertung. So können verschiedene Perspektiven der Kundenbewertung, z.B. Referenzwert und CLV, in den jeweiligen Dimensionen gegenübergestellt und beurteilt werden.

3.6 Customer Lifetime Valuation

3.6.1 Das Konzept des Customer Lifetime Value

In der Diskussion der Kundenwertbegriffe wurde der Customer Lifetime Value (CLV) im Sinne einer Begriffsdefinition beurteilt. Im Methodenkapitel nimmt der CLV mehr Platz ein, weil sein Ansatz der Kundenbewertung den in Kap. 2.3 gewählten Definitionen der Begriffe **Kundenwert** und **Kundenbewertung** am ehesten gerecht wird.

Der CLV wird stellvertretend für die **dynamischen Modelle** der Kundenbewertung erläutert, mit denen er meist in Verbindung steht. Im Prinzip bewertet der CLV einzelne Kunden anhand der ihnen zurechenbaren Einzahlungen und Auszahlungen über die gesamte Dauer der Kundschaft.[122] Andere Begriffe für diese Methode sind die Kundenlebenszyklusrechnung[123] oder der Kundenkapitalwert.[124]

Da die gesamte Dauer der Kundschaft und damit auch zukünftige Transaktionen betrachtet werden, bedient man sich zur analytischen Darstellung des CLV **finanzwirtschaftlicher Methoden** der Investitionsrechnung. In der moder-

---

[121] Vgl. Homburg/Werner (1998), S. 134.
[122] Vgl. Andon/Baxter/Bradley (2001), S. 261; Dwyer (1989), S. 9; Hansotia/Wang (1997), S. 8 ff.; Homburg/Daum (1997a), S. 97; Homburg/Daum (1997b), S. 400; Jackson (1989), S. 60; Link/Hildebrand (1997), S. 164; Reinartz/Kumar (2000), S. 18; Weiber/Weber (2000), S. 485.
[123] Vgl. Cornelsen (1996), S. 13.
[124] Vgl. Stahl/Hinterhuber/von den Eichen/Matzler (2002), S. 204.

nen Investitionsrechnung existieren vielfältige Modelle zur dynamischen Beurteilung von Investitionen unter Berücksichtigung verschiedener Marktgegebenheiten und steuerlicher Aspekte.

Zur Darstellung des Wesens eines CLV reicht es jedoch aus, auf die **Kapitalwertmethode** zurückzugreifen, da weniger das methodische Problem als vielmehr die Ermittlung der notwendigen **Daten** im Vordergrund steht: *„Den Kapitalwert einer Zahlungsreihe erhält man, indem man alle zeitlich nach dem Bezugszeitpunkt liegenden Zahlungen auf diesen abzinst und addiert. In den Kapitalwert gehen also nur Zahlungen ein, die vom Bezugszeitpunkt aus gesehen in der Zukunft liegen [...].“*[125]

Die Literatur bringt die Berechnung des Customer Lifetime Value gelegentlich mit dem **Kundenlebenszyklus** in Verbindung, der analog zum Produktlebenszyklus die Kundenbeziehung in die Phasen des Werdens und Vergehens einteilt.[126] Im Falle häufiger Käufe, teilweise kleiner Kaufsummen und nicht vertraglicher Kundenbeziehungen, wie wir sie z.B. im Lebensmitteleinzelhandel vorfinden, ist die Identifikation einer sich entwickelnden oder einer endenden Kundenbeziehung kaum möglich. Der Kunde tritt in der Regel durch seinen ersten Kauf in Erscheinung und muss die Beziehung nicht explizit kündigen, sondern beendet sie – bis auf Weiteres – durch **„Nichtkaufen“**.

Dieses Verhalten muss auch nicht pauschal für einen Händler oder eine Einkaufsstätte gelten, sondern kann von Warengruppe zu Warengruppe variieren. Handelsunternehmungen können Kunden also **warengruppenweise** gewinnen oder verlieren. Für den Lebensmitteleinzelhandel ist eher – wie sich später zeigt – der „Haushaltslebenszyklus“ von Kunden relevant.

---

[125] Hax (1993), S. 13.

[126] Vgl. z.B. Homburg/Daum (1997b), S. 400; Kirchner (2003), S. 272; Stauss (2000), S. 15 ff.

3.6.2 Die Bewertungsfaktoren des Customer Lifetime Value

In der Literatur finden sich verschiedene Vorschläge zur **Systematisierung** der Bewertungsfaktoren, die etwa in monetäre/nicht monetäre[127] bzw. direkt-/indirekt-monetäre[128], quantitative/qualitative[129], markt-/ressourcenbezogene[130] und ökonomische/vorökonomische[131] Faktoren unterschieden werden. Diese Unterscheidungsmerkmale zielen, von einer Ausnahme abgesehen, auf die Messbarkeit des Bewertungsfaktors ab. Daher werden im Folgenden zunächst quantitative Faktoren als direkt messbare Größen und qualitative Faktoren als indirekt messbare Größen unterschieden.

Da die Zielgröße CLV einen **monetären Wert** einzelner Kunden ausweist, werden die quantitativen Größen in Geldeinheiten gemessen. In seiner Grundform berücksichtigt der CLV die einem Kunden direkt zurechenbaren Einzahlungen und Auszahlungen. Innerhalb der quantitativen Faktoren ist also die **Zurechenbarkeit zu Kunden** ein weiteres Unterscheidungsmerkmal. Die Transaktionen des zu bewertenden Kunden sind direkt zurechenbar. Indirekt zurechenbar sind z.B. Zahlungsströme anderer Kunden, die durch den analysierten Kunden verursacht wurden. Abb. 3-6 zeigt eine Systematisierung von Bewertungsfaktoren.

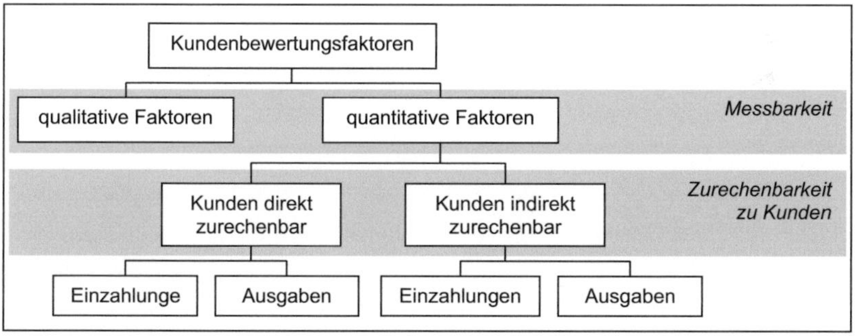

Abb. 3-6: Systematisierung von Kundenbewertungsfaktoren

[127] Vgl. u.a. Gelbrich (2001), S. 54; Gust (2001), S. 60; Krüger-Stromayer (2000), S. 114.
[128] Vgl. Cornelsen (2000), S. 172.
[129] Vgl. Homburg/Schnurr (1999), S. 2; Rieker (1995), S. 50; Schulz (1995), S. 23.
[130] Vgl. Rudolf-Sipötz/Tomczak (2001), S. 15.
[131] Vgl. Eberling (2002), S. 130; Friedrichs-Schmidt (2003), S. 24.

Die zentrale Variable der meisten Ansätze zur Kundenbewertung ist der **Umsatz** eines Kunden bei einem Anbieter.[132] Dieser einem Kunden direkt zurechenbare quantitative Faktor wird in der Literatur auch als Umsatzwert bezeichnet.[133] Er ergibt sich als absoluter Umsatz aus der Absatzmenge und dem erzielten Preis. Dabei sind Erlösschmälerungen wie z.B. Rabatte oder Sonderkonditionen zu beachten, weil in diesen oft ein entscheidender Unterschied zwischen den Kunden liegt.[134]

Die **Auszahlungen** für einen Kunden schmälern den Umsatzwert.[135] Wo allerdings der Umsatz seinem Verursacher in der Regel relativ leicht zuzurechnen ist, ergeben sich Probleme in der verursachungsgerechten Zuordnung der Auszahlungen zu einzelnen Kunden.[136] Die einschlägige Literatur zum Thema Kundenbewertung wird oft mit einem Marketingfokus angefertigt und konzentriert sich dabei auf die so genannten „Marketingausgaben", die dem Umsatzwert gegenüberstehen. WAYLAND/COLE gehen von einem bekannten **Stückdeckungsbeitrag** aus, von dem die Customer *„acquisition, development and retention (ADR) costs"*[137] abgezogen werden. Die Zuordnung von Kosten in die „ADR"-Kategorien kann in manchen Branchen problematisch sein. Im Einzelhandel z.B. sind die meisten Auszahlungen vor dem Hintergrund hoher Gemeinkosten kaum solchen Kategorien zuzuordnen.

In seiner Arbeit zur Ermittlung zukünftiger Kundenwerte im E-Commerce bezieht REHBACH auch **Fixkosten** in die Analyse ein, da mit Hilfe der **Prozesskostenrechnung** auch fixe Gemeinkosten einzelnen Kostenträger zuzurechnen sind.[138] Hierunter fallen z.B. so genannte Marketingkosten als periodenabhängige, einzelnen Kunden zurechenbare Fixkosten.[139] Auch RUST/ZEITHAML/LEMON beschreiben eine Bewertung von Kunden anhand von Deckungsbeiträgen (also

---

[132] Vgl. Cornelsen (1996), S. 7; Gelbrich (2001), S. 55; Homburg/Schnurr (1999), S. 2; Rieker (1995), S. 50; Tewes (2003), S. 80.
[133] Vgl. Cornelsen (1996), S. 7; Gelbrich (2001), S. 55; Homburg/Schnurr (1999), S. 2; Rieker (1995), S. 50; Tewes (2003), S. 80.
[134] Vgl. Krüger-Stromayer (2000), S. 114 f.; Rödl (2003), S. 202.
[135] Vgl. Krüger-Stromayer (2000), S. 115.
[136] Vgl. Weiber/Weber (2000), S. 485.
[137] Wayland/Cole (1997), S. 103.
[138] Vgl. Rehbach (2003), S. 39.
[139] Vgl. Rehbach (2003), S. 49.

Customer Profit) und nicht reinen Umsätzen pro Kunde.[140] Für das Problem der Gemeinkostenallokation schlagen sie eine „contribution to profit“ vor. Hier werden die dem Kunden direkt zurechenbaren Kosten vom durch den Kunden verursachten Umsatz abgezogen. Diese Daten müssen allerdings pro Transaktion oder zumindest für abgegrenzte Zeiträume gesammelt werden.[141]

KRAFFT befasst sich mit der Berechnung eines CLV im Handelsumfeld anhand echter Transaktionsdaten eines **Versandhändlers**.[142] Das zentrale Problem einer Datenbasis, die sich aus einer großen Anzahl von Artikeln, vielen Kunden und diversen einzelnen Kaufakten zusammensetzt, ist die Zurechenbarkeit von Kosten.

Im Einzelhandel ist es kaum möglich, Kunden oder Produkten Einzelkosten zuzurechnen, weshalb sich KRAFFT z.B. mit durchschnittlichen **Deckungsbeiträgen** behilft, die er aus den Einschätzungen des Managements der betreffenden Unternehmung gewonnen hat. **Akquisitionskosten** sind den Kunden mangels Daten nicht zurechenbar. Da auch Experten des Versandhändlers darauf hinweisen, dass die Kosten aller Akquisitionskanäle ohnehin kaum differieren, verzichtet KRAFFT auf eine Berücksichtigung der Akquisitionskosten zur Errechnung des CLV.[143]

Neben den umsatz- und kostenbezogenen Bewertungsfaktoren können **qualitative Determinanten** zur Bewertung beitragen. CORNELSEN entwickelt ein Modell, in das er sowohl monetäre als auch so genannte vorökonomische Größen einfließen lässt. Das Besondere an diesem Kundenwertmodell ist die **Monetarisierung** der Einflussgrößen Referenzwert, Cross-Selling-Wert und Informationswert.[144] Die Monetarisierung beschränkt sich in der empirischen Untersuchung auf den Referenzwert und erfolgt anhand von Ergebnissen aus Kundenbefragungen.[145]

---

[140] Vgl. Rust/Zeithaml/Lemon (2000), S. 34 f.
[141] Vgl. Rust/Zeithaml/Lemon (2000), S. 34 f.
[142] Vgl. Krafft (2002), S. 154.
[143] Vgl. Krafft (2002), S. 154.
[144] Vgl. Cornelsen (2000), S. 170 f.
[145] Vgl. Cornelsen (2000), S. 244.

CORNELSEN ermittelt den Referenzwert, indem er die Determinanten soziales Netz, Meinungsführerschaft und Zufriedenheit in Scorewerten misst und mit dem Referenzvolumen, der Menge der Referenzen eines Kunden, multipliziert.[146] Die Vorhersage, Beurteilung und monetäre Bewertung von qualitativen Faktoren ist nicht unproblematisch.[147] Neben dem Referenzwert[148] nennt die Literatur hier Begriffe wie z.B. Ausstrahlungspotenzial[149], Loyalitäts-/Kundenbindungspotenzial[150], Informationspotenzial[151], Cross-Selling-Potenzial[152], Kooperationspotenzial[153] und Innovationspotenzial.[154]

Die Begriffe lassen erahnen, dass neben Operationalisierung und Messung der einzelnen Konstrukte auch die mangelnde **Trennschärfe** ein Problem ist. So ähnelt das Ausstrahlungspotenzial dem Referenzpotenzial und auch die Konstrukte Informationspotenzial, Kooperationspotenzial und Innovationspotenzial sind schwer zu unterscheiden.[155] In Bezug auf das **Informationspotenzial** wird kritisch angemerkt, dass sich eine Operationalisierung dieses Potenzials als äußerst schwierig darstellt und somit nicht in die Kundenbewertung aufgenommen werden sollte.[156]

Es gilt außerdem, den **Einfluss eines Kunden** auf neue oder alte Kunden zu bewerten und alle weiteren Wirkungen neuer oder abgebrochener Kundenbeziehungen zu bewerten.[157] Hierfür muss die Zuordnung zu den „richtigen" Kunden bewerkstelligt und überflüssige doppelte Erfassung vermieden werden.[158] Der methodische Anspruch an die Einbeziehung qualitativer Konstrukte in den quantitativen CLV ist nicht unbeträchtlich. Daher ist im Einzelfall zu prüfen, ob

---

[146] Vgl. Cornelsen (2000), S. 254 f.
[147] Vgl. Link (2000), S. 149; Rehbach (2003), S. 42.
[148] Vgl. Cornelsen (2006), S. 183 ff.; Diller (2002), S. 307 f.; Homburg/Schnurr (1999), S. 6 f.
[149] Vgl. Rieker (1995), S. 58 f.
[150] Vgl. Lube (1997), S. 185; Rudolf-Sipötz (2001), S. 104; Tewes (2003), S. 110.
[151] Vgl. Cornelsen (2000), S. 224; Gelbrich (2001), S. 58; Rudolf-Sipötz/Tomczak (2001), S. 34; Stahl/Hinterhuber/von den Eichen/Matzler (2002), S. 206.
[152] Vgl. Friedrichs-Schmidt (2003), S. 26; Gelbrich (2001), S. 57.
[153] Vgl. Friedrichs-Schmidt (2003), S. 29 f.; Homburg/Schnurr (1999), S. 5.
[154] Vgl. Homburg/Schnurr (1999), S. 5.
[155] Vgl. Eberling (2002), S 153 f.; Rudolf-Sipötz (2001), S. 122 f.
[156] Vgl. Gelbrich (2001), S. 59.
[157] Vgl. Rehbach (2003), S. 43.
[158] Vgl. Link (2000), S. 149, Rehbach (2003), S. 43.

die Fragestellung und die Datenlage eine Erweiterung des CLV um qualitative Konstrukte sinnvoll erscheinen lassen.

Die Wissenschaft hat sich intensiv mit der Entwicklung und Operationalisierung von **qualitativen Kundenwertkonstrukten** befasst. Weniger umfassend hat sich die Wissenschaft allerdings dem nächsten Schritt, der Messung von Kundenwerten, gewidmet. Hier besteht erheblicher Forschungsbedarf, den die vorliegende Arbeit am Beispiel der Kunden im Lebensmitteleinzelhandel aufgreift.

3.6.3 Zur Berechnung des Customer Lifetime Value

Die Bewertungsfaktoren des CLV müssen in einen funktionalen Zusammenhang gebracht und verrechnet werden. Hinsichtlich der **Art und Weise der Berechnung** sind folgende Aspekte von Bedeutung:

- die Granularität direkt zurechenbarer Zahlungen des Kunden,
- die Zurechnung indirekt zurechenbarer Zahlungen, die ein Kunde nicht durch eigene Käufe ausgelöst hat,
- die Auswirkungen der angenommenen Dauer der Kundschaft,
- der Kalkulationszins bei der Anwendung investitionsrechnerischer Methoden
- die Berücksichtigung der Wiederkaufwahrscheinlichkeit.

Die Punkte zeigen, dass es neben der Berechnung und Zurechnung um die Verrechnung ausschließlich monetärer Faktoren geht.

3.6.3.1 Die Aufschlüsselung direkt zurechenbarer Zahlungen

Der CLV zielt auf die **Gesamtdauer** einer Kundschaft ab. Die Ermittlung erfolgt hier anhand der Kapitalwertmethode unter Verwendung der zukünftigen Einzahlungen einer Unternehmung durch einen Kunden und der zukünftigen Auszahlungen einer Unternehmung für einen Kunden. Die Basisversion einer formalen Darstellung des CLV verdeutlicht beispielhaft Formel 3-1:[159]

[159] Vgl. ähnlich Weiber/Weber (2000), S. 486.

$$CLV_{a0} = -A_{a0} + \sum_{t=0}^{T} \frac{E_{at} - A_{at}}{(1+i)^t}$$

mit:

CLV_{a0}	=	Customer Lifetime Value des Kunden a zum Zeitpunkt 0
A	=	zu bewertender Kunde a
A_{a0}	=	Auszahlungen zur Akquise des Kunden a zum Zeitpunkt 0
$t \in (0,...,T)$	=	Periode
T	=	Anzahl der Perioden, in denen der Kunde der Unternehmung erhalten bleibt
E_{at}	=	Einzahlungen des Kunden a in der Periode t
A_{at}	=	Auszahlungen für Kunde a in der Periode t
I	=	Kalkulationszinsfuß bezogen auf die Dauer einer Periode t

Formel 3-1: Formale Darstellung des CLV (Basisversion)

Im Zähler der Formel 3-1 werden die **Überschüsse/Defizite** aus der Geschäftsbeziehung mit dem betreffenden Kunden abgebildet. Sie ergeben sich aus der Differenz der Einzahlungen durch den Kunden [E_{at}] und den Auszahlungen der Unternehmung für den Kunden [A_{at}] in einer Periode. Gemäß der Kapitalwertmethode wird die ermittelte Einzahlungs-Auszahlungs-Differenz mit dem **Kalkulationszinsfuß** im Nenner der Formel periodenbezogen diskontiert [$(1+i)^t$].

Die **Akquisitionsauszahlungen** für den Kunden [A_{a0}] werden nicht diskontiert, sondern als einmalige Zahlung mit negativem Vorzeichen in die Formel integriert.[160] Die Berücksichtigung von Akquisitionsauszahlungen ist diskussionswürdig. DILLER/BAUER/BONAKDAR weisen darauf hin, dass die meisten CLV-Modelle auf zukünftige Einzahlungen und Auszahlungen abzielen und empfehlen daher, bei der Bestandskundenbewertung auf die Berücksichtigung von Akquisitionsauszahlungen zu verzichten.[161]

3.6.3.2 Die Aufschlüsselung indirekt zurechenbarer Zahlungen

In Formel 3-1 sind bislang lediglich die durch Einkäufe des Kunden direkt generierten Zahlungsüberschüsse enthalten. Dabei sind diverse Erweiterungen der CLV-Formel denkbar. So kann ein Kunde z.B. durch **Mundpropaganda** oder konkrete **Empfehlungen** neue Kunden werben oder bestehende Kunden

[160] Vgl. Rudolf-Sipötz (2001), S. 45; Wayland/Cole (1997), S. 104.
[161] Vgl. Diller/Bauer/Bonakdar (2008), S. 8.

eines Geschäftes von der Abwanderung abhalten. Die Überschüsse dieser Kunden sind dann durch ihren „Werber" verursacht und somit ebenfalls dessen Kundenwert zuzurechnen. Analytisch zeigt Formel 3-2 diese Erweiterung.[162] Die drei Terme der Formel 3-2 sind in ihrer Grundstruktur bekannt und entsprechen der Basisversion des CLV in Formel 3-1. In den Termen 2 und 3 werden die durch den Kunden a geworbenen und gehaltenen Kunden betrachtet. Hierfür stehen die Zählvariablen [m] und [b].

$$CLV_{a0} = -A_{a0} + \sum_{t=0}^{T} \frac{E_{at} - A_{at}}{(1+i)^t} \quad \rightarrow \text{[Formel 3-1]}$$

$$- \sum_{m=1}^{M} A_{m0} + \sum_{t=1}^{T} \frac{\sum_{m=1}^{M} E_{mt} - A_{mt}}{(1+i)^t} \quad \rightarrow \text{[Beitrag zum } CLV_a \text{ durch von a geworbene Neukunden]}$$

$$- \sum_{b=1}^{B} A_{b0} + \sum_{t=1}^{T} \frac{\sum_{b=1}^{B} E_{bt} - A_{bt}}{(1+i)^t} \quad \rightarrow \text{[Beitrag zum } CLV_a \text{ durch von a gehaltene Altkunden]}$$

mit:

$m \in (1,...,M)$	=	von Kunde a geworbene Neukunden
A_{m0}	=	Auszahlungen zur Akquisition des Kunden m
E_{mt}	=	Einzahlungen durch den Kunden m in der Periode t
A_{mt}	=	Auszahlungen für den Kunden m in der Periode t
$b \in (1,...,B)$	=	durch Kunde a von der Abwanderung abgehaltene Kunden
A_{b0}	=	Auszahlungen zur Akquisition des Kunden b
E_{bt}	=	Einzahlungen durch den Kunden b in der Periode t
A_{bt}	=	Auszahlungen für den Kunden b in der Periode t

Formel 3-2: Erweiterung der CLV-Formel um indirekt verursachte Einzahlungen und Auszahlungen

Zu den Zahlungsüberschüssen des Kunden a werden also die kumulierten, abgezinsten Zahlungsüberschüsse aller durch ihn geworbenen [M] und gehaltenen [B] Kunden addiert. Die erste mögliche Periode des Werbens oder Erhaltens anderer Kunden ist Periode [t = 1], da der Kunde a zum Zeitpunkt [t = 0] selbst noch Neukunde ist. Dennoch wurden in diesem Beispiel die **Akquisitionskosten** der gehaltenen oder geworbenen Kunden berücksichtigt, um nicht höhere Werte zu verrechnen, als eine Einzelkundenbewertung der jeweiligen Kunden ergeben würde.

---

[162] Vgl. Gierl/Kurbel (1997), S. 177.

Die Schwächen einer Verrechnung der indirekten Erfolge eines Kunden liegen in der Zuordnung und in der Höhe der richtigen Überschüsse. In vielen Branchen ist z.B. das Zusammenwirken einzelner Kunden kaum oder nur schwer nachzuvollziehen. Sofern solche Informationen vorliegen, empfiehlt sich die vollständige Zuordnung der indirekt verursachten Überschüsse assoziierter Kunden.

Problematisch ist vor allem die Tatsache, dass man die Leistungen der „leisen Kunden", die Kunden werben ohne das dies in der Unternehmung auffällt, nicht ausreichend würdigt und somit ihren echten Kundenwert verkennt. Vor diesem Hintergrund ist die Einbeziehung indirekter Erfolge in die Kundenbewertung je nach Datenbasis in Frage zu stellen.

Die Konsequenz einer Erweiterung um indirekt zurechenbare Ein- und Auszahlungen ist, dass die Summe aller Kundenwerte nicht mehr dem **Kundenkapital** (Customer Equity) einer Unternehmung entspricht, sondern die Summe der Zahlungen aller einzelnen Kunden übersteigt. Dieser Umstand ist durch Mehrfachzählungen begründet: Die durch einen neu geworbenen oder gehaltenen Kunden erzielten Überschüsse werden nach diesem Konzept sowohl dem „Werber" als auch dem Kunden selbst zugerechnet. Summiert man also die Einzelwerte aller Kunden auf, um das Customer Equity zu berechnen, so zählt man Kundenwerte mehrfach, auch wenn nur ein Kunde die Ausgaben getätigt hat.

Dem Modell in Formel 3-2 folgend kann ein Kunde dreimal einfließen: mit dem eigenen Kundenwert, durch den Kunden, der ihn ursprünglich geworben hatte, und durch den Kunden, der ihn möglicherweise von der Abwanderung abgehalten hat. Denkbar ist sogar der Fall, dass ein Kunde im Zeitverlauf mehrfach durch verschiedene Kunden von der Abwanderung abgehalten wurde. Dann würde der Wert dieses gehaltenen Kunden entsprechend oft gezählt werden.

3.6.3.3 Die Zeitspanne der Ermittlung

Der CLV versteht sich als Barwert aller künftigen Zahlungen, diskontiert auf den Bezugszeitpunkt der Bewertung, wobei die betrachtete Zeitspanne der **verbleibenden Lebenszeit des Kunden** entspricht.[163] Gerade nicht auf einem Dauerschuldverhältnis basierende Kundenbeziehungen werfen die Frage nach der anzunehmenden Dauer der Kundschaft auf.[164]

Im Falle von Dauerschuldverhältnissen sind z.B. durch Laufzeiten und Kündigungsfristen verbindliche Daten gegeben, die sich im Einzelhandel nicht finden, wo die Kundschaft nach jedem Einkauf, gleich in welcher Höhe, beendet sein kann. Sogar eine **lebenslange Kundendauer** ist nicht auszuschließen, zumal jeder Haushalt ein Leben lang Lebensmittel kauft, also ein potenzieller Kunde bleibt. Die Dauer der Berechnung sollte vom Ziel der jeweiligen Analyse abhängig gemacht werden. Dabei werden auf Basis der bisherigen Käufe Annahmen über das zu erwartende Kaufverhalten getroffen.

3.6.3.4 Der Kalkulationszins

Im Nenner der Formel 3-1 findet man die eingangs erwähnte Abzinsung der Zahlungsüberschüsse oder -defizite. Der Kalkulationszins entspricht im Allgemeinen einer vorzugebenden **Mindestverzinsung** – also Rendite – des eingesetzten Kapitals. Da die meisten Publikationen zur Ermittlung des CLV aus dem Marketingumfeld kommen, ist dort als **Anhaltspunkt** zur Bestimmung eines sinnvollen Kalkulationszinses z.B. von der geplanten Rendite für Marketinginvestitionen[165] oder dem Zinssatz für Marketingaufwendungen die Rede.[166] Die Zinshöhe variiert zwischen 5 % und 20 %.[167] BACUVIER ET AL. und KUMAR ET AL. schlagen als Alternative zur genannten Marketingrendite die Weighted Average Cost of Capital (WACC) als Kalkulationszins vor.[168]

---

163 Vgl. Gelbrich (2001), S. 103; Reichheld (1993), S. 107.
164 Formal dargestellt durch die Variable [T].
165 Vgl. Blattberg/Deighton (1996), S. 138.
166 Vgl. Berger/Nasr (1998), S. 20.
167 Vgl. Bruhn (2001), S. 222; Bruhn et al. (2000), S. 172 f.; Cornelsen (2000), S. XLVIII; Krafft (2000), S. 154 f.; Reinartz/Kumar (2000), S. 23.
168 Vgl. Bacuvier/Peladeau/Trichet/Zerbib (1999), S. 2; Kumar et al. (2004), S. 61.

Auch andere betriebswirtschaftliche Methoden stehen vor der Herausforderung, einen sinnvollen Maßstab zur Bewertung von Investitionen zu finden. Ein populäres Beispiel ist die Steuerungsgröße **Economic Value Added (EVA)**. *„EVA ist der Profit, der übrig bleibt, wenn man die Kosten des Kapitals abzieht, das investiert wurde, um den Profit zu erwirtschaften."*[169]

Der EVA ergibt sich aus dem (erwarteten) operativen Nettoergebnis einer Investition abzüglich der Kosten des eingesetzten Kapitals.[170] Die Kosten des eingesetzten Kapitals werden durch Multiplikation mit dem **Kapitalkostensatz** ermittelt, der als von den Eigen- und/oder Fremdkapitalgebern geforderte **Mindestrendite** festgelegt wird.[171]

In einigen Unternehmungen ist der EVA als verbindlicher Maßstab zur Beurteilung von Investitionen verankert, wie z.B. unter dem Namen Geschäftswertbeitrag (GWB) bei Siemens[172] oder unter dem Begriff „Douglas Value Added" (DVA) bei der Douglas-Gruppe[173]. Kenngrößen wie der EVA werden inzwischen bei der Mehrzahl der DAX-Unternehmungen angewandt mit dem Ziel, in Projekten und Unternehmensbereichen die festgelegte Mindestrendite in Form des Kapitalkostensatzes zu übertreffen.[174]

Eine solche **Mindestrendite** fließt in Form des **Kalkulationszinses** in den CLV ein. Die Höhe des Kalkulationszinses beeinflusst den **CLV** wesentlich. Der Nenner wächst, je weiter fortgeschritten Periode t und je größer der Kalkulationszinsfuß i ist. Entsprechend sinkt der jährliche Zuwachs des CLV_{a0}, da Zahlungsüberschüsse durch die Abzinsung an Wert verlieren, je weiter sie in der Zukunft liegen.[175] Die **Berechnungsbeispiele** in Abb. 3-7 zeigen diesen Effekt.

---

[169] Boersch/Elschen (2007), S. 328.
[170] Vgl. Pettit et al. (2001), S. 2 f.
[171] Vgl. Boersch/Elschen (2007), S. 328; Eick (2005), S. 14.
[172] Vgl. Neubürger (2000), S. 188.
[173] Vgl. Grandinger (2007), S. 12 ff.
[174] Vgl. Eick (2005), S. 14.
[175] Vgl. Bruhn et al. (2000), S. 173.

t	$E_{at} - A_{at}$	$(1+i)^t$ mit i=0,1	$\frac{E_{at} - A_{at}}{(1+0,1)^t}$	$(1+i)^t$ mit i=0,2	$\frac{E_{at} - A_{at}}{(1+0,2)^t}$
0	100,00	1	100,00	1	100,00
1	100,00	1,1	90,91	1,2	83,33
2	100,00	1,21	82,64	1,44	69,44
3	100,00	1,331	75,13	1,728	57,87
4	100,00	1,464	68,30	2,074	48,23
5	100,00	1,611	62,09	2,488	40,19
6	100,00	1,772	56,45	2,986	33,49
7	100,00	1,949	51,32	3,583	27,91
8	100,00	2,144	46,65	4,300	23,26
9	100,00	2,358	42,41	5,160	19,38
10	100,00	2,594	38,55	6,192	16,15
$1.100,00 = \sum_{t=0}^{T} E_{at} - A_{at}$		$714,46 = \sum_{t=0}^{T} \frac{E_{at} - A_{at}}{(1+0,1)^t}$		$519,25 = \sum_{t=0}^{T} \frac{E_{at} - A_{at}}{(1+0,2)^t}$	

Abb. 3-7: Auswirkungen des Kalkulationszinsfußes auf die Berechnung des CLV (fiktives Beispiel)

Ein auf **zehn zukünftige Perioden** berechneter CLV würde in diesem Beispiel mit konstanten jährlichen Zuflüssen von 100,00 GE ohne Abzinsung und mit Berücksichtigung der Zahlung in der aktuellen Periode t_0 1.100,00 GE betragen. Ein Abzinsungsfaktor von 10 % [i = 0,1] bewirkt eine Reduzierung des CLV um 384,54 GE, ein Zins von 20 % [i = 0,2] wirkt sich mit einer Reduzierung des CLV um 580,75 GE aus.

Die vorliegenden Modelle gehen von Zahlungen zum **Ende der Periode** aus. Es ließe sich ebenso die einkaufszeitpunktgenaue Betrachtung der Einzahlungen und die damit mögliche unterjährige Verzinsung abbilden. Die tiefere Behandlung dieses eher methodischen Problems würde den Rahmen aber ebenso sprengen wie die genaue Berücksichtigung der Auszahlungen an den Lieferanten zwecks Einkaufs von Handelsware (je nach Umschlagsgeschwindigkeit vor oder nach Abverkauf der Ware).

Die Berücksichtigung eines Kalkulationszinses ist nicht unkritisch. Das Beispiel in Abb. 3-7 zeigt, dass der Kalkulationszins zukünftige Zahlungen heruntergewichtet, was nicht der Realität einer Kundenbeziehung entspricht.[176] Gerade im

---

[176] Vgl. Johnson/Selnes (2004), S. 7.

B2C-Bereich kann man bei Kunden nicht ohne weiteres davon ausgehen, **Alternativinvestitionen** zu haben. In der Regel hängt es nicht vom Verzicht auf den einen Kunden ab, den anderen zu gewinnen. Somit kann auf Einzelkundenebene nicht von einer Alternativinvestition die Rede sein. Diese Frage hätte sich der Unternehmer im Rahmen der Erstellung seines Businessplans eher auf der Gesamtkundenebene gestellt, als es um die Entscheidung ging, ob sich wirklich alternative Anlagemöglichkeiten zur gewünschten Verzinsung des eingesetzten Kapitals geboten hätten.

Geht man allerdings nicht von einer Alternativinvestition aus, so kann ein Kalkulationszins auf **Einzelkundenebene** hilfreich sein, wenn ein Anbieter seine Kunden persönlich kennt. Im Falle einer zu geringen Rentabilität des einzelnen Kunden kann sich die Unternehmung bewusst gegen eine Geschäftsbeziehung entscheiden. Dabei ist nicht gesagt, dass sich ein anderer Kunde findet, der den Ansprüchen genügt und in den er investiert.

Die Auswirkungen des Kalkulationszinses auf den CLV lassen sich am Beispiel von drei unterschiedlichen Kunden verdeutlichen, die über einen Gesamtzeitraum von zehn Jahren in der Summe exakt die gleichen Einzahlungen bei einem Händler verursachen.

Abb. 3-8 zeigt, dass sich die Zahlungen jedes Kunden verschieden **über den Zeitraum verteilen**: Kunde a gibt in den ersten Jahren zwischen 200 und 300 GE p.a. bei dem Anbieter aus, fährt diese Ausgaben aber sukzessive zurück und hat gegen Ende des Zeitraumes mit lediglich 10 GE p.a. so gut wie keine Ausgaben mehr. Kunde b hat über den gesamten Zeitraum konstante Zahlungen und Kunde c erzeugt am Anfang nur geringe, gegen Ende des Zeitraumes aber zunehmend hohe Einzahlungen bei der Unternehmung.

Ohne Berücksichtigung eines Kalkulationszinses ergibt sich ein CLV von 1.100,00 GE für jeden Kunden. Mit Berücksichtigung eines Kalkulationszinses von i = 10 % ergeben sich drastische Änderungen. Aufgrund der Tatsache, dass die Kapitalwertmethode **spätere Zahlungen stärker reduziert**, weil man in der Zwischenzeit mit einer Alternativanlage Rendite hätte erwirtschaften können (Opportunität), ist der CLV des Kunden c, dessen Ausgaben bei der Beispielunternehmung spät ansteigen, am geringsten.

t	$E_{at} - A_{at}$	$\frac{E_{at} - A_{at}}{(1+0,1)^t}$	$E_{bt} - A_{bt}$	$\frac{E_{bt} - A_{bt}}{(1+0,1)^t}$	$E_{ct} - A_{ct}$	$\frac{E_{ct} - A_{ct}}{(1+0,1)^t}$
0	300,00	300,00	100,00	100,00	10,00	10,00
1	250,00	227,27	100,00	90,91	10,00	9,09
2	200,00	165,29	100,00	82,64	10,00	8,26
3	150,00	112,70	100,00	75,13	10,00	7,51
4	100,00	68,30	100,00	68,30	10,00	6,83
5	50,00	31,05	100,00	62,09	50,00	31,05
6	10,00	5,64	100,00	56,45	100,00	56,45
7	10,00	5,13	100,00	51,32	150,00	76,97
8	10,00	4,67	100,00	46,65	200,00	93,30
9	10,00	4,24	100,00	42,41	250,00	106,02
10	10,00	3,86	100,00	38,55	300,00	115,66
	1.100,00	**928,14**	1.100,00	**714,46**	1.100,00	**521,15**

Abb. 3-8: Auswirkungen unterschiedlicher Zahlungsströme der Kunden a, b und c auf die Berechnung des CLV (fiktives Beispiel)

Im Beispiel aus Abb. 3-8 wirkt sich die unterschiedliche Verteilung der Zahlungen über einen Zinszeitraum von zehn Jahren so stark aus, dass der CLV des vergleichsweise früh kaufenden Kunden a fast doppelt so hoch ist wie der des spät kaufenden Kunden c und der gleichmäßig zahlende Kunde b genau dazwischenliegt, obwohl – wie gesagt – alle drei Kunden gleich viel einzahlen.

Wegen solcher **Potenziale in späteren Lebensphasen** sollte die gesamte Dauer einer Kundschaft abgebildet werden. Da die Unsicherheit über die Zahlungsströme mit dem Planungshorizont zunimmt, kann man das Risiko mit erhöhten Auszahlungen bzw. verminderten Einzahlungen abbilden. Dabei ist es sinnvoll, die über viele Perioden gehenden Zahlungen mit dem Kalkulationszins vergleichbar zu machen. Der Entscheidungsträger muss allerdings definieren, was die Opportunität ist.

In Bezug auf die **Vergleichbarkeit** muss bei einer Längsschnittanalyse über einen längeren Zeitraum beachtet werden, dass einzelne Kunden ihre Kundschaft in verschiedenen Perioden beginnen oder beenden. Das Beispiel der Abb. 3-8 zeigt den Kunden a, der immer weniger bei diesem Händler im Zeitablauf ausgibt und im Prinzip ab Periode 6 nicht mehr Kunde ist. Dieser Kunde wird allerdings **methodenbedingt höher bewertet** als der Kunde c, der seine Ausgaben – aus welchen Gründen auch immer – stetig erhöht.

Die Verwendung des Kalkulationszinsfußes wäre in diesem Falle sinnvoll, wenn der Händler zu entscheiden hätte, ob er den Kunden a, b oder c nimmt, denn positiv sind ja alle drei Kundenwerte. Die Frage ob und in welcher Höhe ein Kalkulationszins überhaupt sinnvoll ist hängt von vielen Faktoren ab, die an dieser Stelle nicht abschließend diskutiert werden können und im Einzelfall zu klären sind.

3.6.3.5 Die Einbeziehung einer Retention Rate

Neben der Einbeziehung indirekt zurechenbarer Zahlungen und qualitativer Wertkomponenten in die Summenformel des CLV schlagen einige Autoren vor, die **Bindungs- oder Wiederkaufwahrscheinlichkeit**[177] als Gewichtungsfaktor in der Kundenbewertung zu berücksichtigen.[178] BRUHN ET AL. berücksichtigen die mögliche Abwanderung von Kunden als Retention Rate im CLV,[179] LUBE und BERGER/NASR schließen das Risiko eines Cash-Flow-Ausfalls in Form einer Bestandswahrscheinlichkeit in ihre Betrachtungen ein.[180] Ziel dieses Vorgehens ist, das **Risiko** einer Beziehung bei der Kundenbewertung zu berücksichtigen.[181]

Positiv formuliert kann man das Phänomen als **Kundenbindungsrate** bezeichnen, die vereinfacht das Gegenteil der Abwanderungsrate, auch Churn Rate genannt, darstellt.[182] Die Ermittlung einer **Abwanderungsrate** erfolgt z.B. über die Berechnung des durchschnittlichen Anteils der Kunden, die innerhalb einer Periode „abwandern“, am gesamten Kundenstamm, wie Formel 3-3 zeigt.[183]

[Kundenbindungsrate in %] = 100% - [Abwanderungsrate in %]

Formel 3-3: Berechnung der Kundenbindungsrate

---

[177] Die Begriffe Wiederkaufwahrscheinlichkeit, Bindungswahrscheinlichkeit, Kundenbindungsrate und Retention Rate werden im Folgenden synonym verwendet.
[178] Vgl. Bruhn et al. (2000), S. 170; Keane/Wang (1995), S. 59.
[179] Vgl. Bruhn et al. (2000), S. 170.
[180] Vgl. Lube (1997), S. 183 ff.; Berger/Nasr (1998), S. 17 ff.
[181] Vgl. Bruhn et al. (2000), S. 173.
[182] Vgl. Krafft (2007), S. 70.
[183] Vgl. Krafft (2007), S. 70.

Verliert eine Unternehmung z.B. durchschnittlich 20 % ihrer Kunden in einem Jahr, so beträgt die Kundenbindungsrate 80 %. BRUHN ET AL. schlagen vor, diesen Wert kundenspezifisch zu ermitteln und multiplikativ in die CLV-Formel einzubinden.[184] Formal stellt sich ein CLV unter Berücksichtigung der Retention Rate folgendermaßen dar (vgl. Formel 3-4):[185]

$$CLV_{a0} = \sum_{t=0}^{T} (E_{at} - A_{at}) \cdot \frac{R^t}{(1+i)^t}$$

mit:[186]

R = Retention Rate

Formel 3-4: CLV unter Berücksichtigung einer Retention Rate
Quelle: Modifiziert aus Bruhn et al. (2000), S. 173

Die kundenspezifische Quantifizierung des Abwanderungsrisikos ist in vielen Bereichen problematisch. Es wäre notwendig, jeden einzelnen Kunden der Unternehmung hinsichtlich seines Abwanderungsrisikos zu klassifizieren. Im Privatkundengeschäft könnte die **Segmentierung in Risikoklassen** eine denkbare Lösung sein, wenn man auf die oben angesprochene pauschale Berücksichtigung der durchschnittlichen Kundenabwanderung verzichten möchte, eine Quantifizierung auf Einzelkundenebene aber nicht ohne Weiteres möglich ist.

CORNELSEN kritisiert die Kennzahl an sich. Sie sei unrealistisch und gebe als statische Kennzahl keine Möglichkeit zur Berücksichtigung des **Bindungsverhaltens** der Kunden.[187] Den Argumenten kann man folgen, auch wenn das Bindungs*verhalten* der Kunden in Bezug auf die fehlende Dynamik nicht für jede Branche nachvollziehbar ist. Privathaushalte als Kunden des Lebensmittelsektors z.B. binden sich selten aktiv, indem sie langfristige Verträge schließen.

---

[184] Vgl. Bruhn et al. (2000), S. 174.
[185] Das Modell von Bruhn et al. (2000, S. 173) wurde in der Indizierung der vorliegenden Arbeit angepasst. Die Akquisitionsauszahlungen sind zur Verdeutlichung der Retention Rate nicht nötig und wurden daher hier nicht einbezogen. Die Abzinsungskomponente wurde zur Veranschaulichung gemeinsam mit der Retention Rate isoliert.
[186] Zu den weiteren Variablen und Indizes vgl. Formel 3-1.
[187] Vgl. Cornelsen (2000), S. 81 f.

Die Bindung geht in der Regel aus der Art und Weise wiederholten Kaufens hervor. Besteht kein **Dauerschuldverhältnis,** so schließt man ex post aus der Frequenz der Wiederholung und der Verteilung des Budgets auf verschiedene Anbieter auf den Grad der Bindung des Kunden. Beim *Bindungs*verhalten geht es also im Prinzip um das *Kauf*verhalten. Geeignete Kennzahlen, die die von CORNELSEN geforderte Dynamik erfüllen, sind die **Wiederkaufrate** und die **Bedarfsdeckungsquote**, auf die später eingegangen wird.

Der Begriff Kundenbindung wird aus Kundensicht eher im Sinne eines Adjektivs als dem eines Verbs verwendet. Wenn mit Bindungsverhalten die sich wandelnden **Bindungszustände** von Kunden gemeint sind, so könnte dieser Forderung durch periodisch individuelle Retention Rates Rechnung getragen werden. Ein Hinderungsgrund ist die **Messung der Kundenbindung**, die zum einen von den verfügbaren Daten abhängt und zum anderen nicht direkt, sondern indirekt, z.B. über die beiden genannten Konstrukte **Wiederkaufrate** und **Bedarfsdeckungsquote**, erfolgt. Falsche oder ungenaue Messungen können das Ergebnis einer Kundenbewertung aufweichen, insbesondere weil die Retention Rate im Beispiel der Formel 3-4 erheblichen Einfluss auf das Ergebnis hat.

Um aber nicht vollständig auf den Bindungsfaktor zu verzichten, kann die Güte der Bindungsmessung im jeweiligen Fall offengelegt und die Berechnung des CLV sowohl mit als auch ohne Berücksichtigung einer Retention Rate vorgenommen werden. Von der Kritik an einer „Retention Rate“ und deren Messung an sich abgesehen, birgt die **methodische Einbindung** des Konstrukts in eine CLV-Formel Probleme. Die Verwendung eines multiplikativ verknüpften **Risikofaktors** [R] ist eine Erweiterung des ebenfalls als Risikofaktor zu verstehenden **Kalkulationszinses** [i]. Der Kalkulationszinsfuß reduziert den jährlichen Wertzuwachs mit zunehmender Dauer durch sein stetes Wachstum im Nenner der CLV-Formel [$(1 + i)^t$].

Die **Retention Rate** steht im Modell von BRUHN ET AL. im Zähler der Formel. Da hier ebenfalls die Periode t im Exponenten steht und die Retention Rate immer zwischen 0 und 1 liegt,[188] sinkt der Ausdruck mit zunehmender Dauer. Dem liegt

---

[188] Vgl. Bruhn et al. (2000), S. 174.

die Annahme zugrunde, dass die **Bindung des Kunden** mit zunehmender Dauer der Kundschaft **abnimmt**. Abb. 3-9 zeigt die periodisierten Ausprägungen beispielhafter Retention Rates, die nach dem Vorschlag von BRUHN ET AL. periodisch potenziert werden [R^t]:

t	$(E_{at} - A_{at})$	R^t mit R=0,75	$(E_{at} - A_{at}) \cdot R^t_{0,75}$	R^t mit R=0,5	$(E_{ast} - A_{ast}) \cdot R^t_{0,5}$
0	100,00	1	100,00	1	100,00
1	100,00	0,75	75,00	0,5	50,00
2	100,00	0,563	56,25	0,25	25,00
3	100,00	0,422	42,19	0,125	12,50
4	100,00	0,316	31,64	0,063	6,25
5	100,00	0,237	23,73	0,031	3,13
6	100,00	0,178	17,80	0,016	1,56
7	100,00	0,133	13,35	0,008	0,78
8	100,00	0,100	10,01	0,004	0,39
9	100,00	0,075	7,51	0,002	0,20
10	100,00	0,056	5,63	0,001	0,10
	1.100,00	***Δ=716,89***	**383,11**	***Δ=900,10***	**199,90**

Abb. 3-9: Auswirkungen periodisch potenzierter Retention Rates auf den CLV (fiktives Beispiel)

Eine periodisch potenzierte **Wiederkaufwahrscheinlichkeit** von 75 % [R = 0,75] führt dazu, dass schon die Rückflüsse im dritten Jahr nur zu 42 % im CLV berücksichtigt werden und ab dem sechsten Jahr zu unter 20 %. Geht man von einer 50-prozentigen Wiederkaufwahrscheinlichkeit aus [R = 0,5], so wird das dritte Jahr nur zu 12,5 % berücksichtigt. Im Ergebnis reduziert eine Retention Rate von 75 % die für den Kunden prognostizierten Rückflüsse in zehn Jahren um 716,89 GE – und eine Retention Rate von 50 % sogar um 900,10 GE.

Abb. 3-10 zeigt, wie sich die potenzierten Retention Rates des oben genannten Beispiels über die Jahre auswirken. Bei einer Retention Rate von 0,75 ergibt sich der CLV in der hellgrauen Fläche, bei einer Retention Rate von 0,5 ergibt sich die dunkelgraue Fläche. In den ersten Jahren sind die Flächen noch ähnlich groß, während die Steigung der CLV mit Retention Rate im Laufe der Zeit sichtbar flacher wird.

Konzeptionell ist die **periodische Potenzierung** der Wiederkaufwahrscheinlichkeit problematisch, da nicht sachlich zu begründen ist, warum die Wahrscheinlichkeit des Wiederkaufs von Kunden jährlich abnehmen sollte. In vielen Branchen kann nicht das Argument gelten, dass mehr Perioden größere mögliche Rendite durch andere Investitionen zugelassen hätten. Denn lässt man Produktionsengpässe oder andere verknappende Faktoren außer Acht, so wird durch die Kundschaft des einen Kunden die eines anderen i.d.R. nicht verhindert.

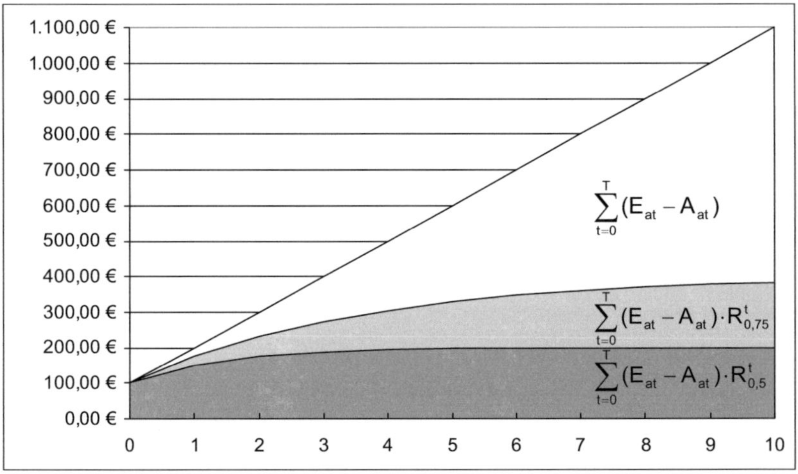

Abb. 3-10: Kumulierte Auswirkungen periodisch potenzierter Retention Rates auf den CLV (fiktives Beispiel)

Gerade im Geschäft mit **Privathaushalten** geht es lediglich um die Frage, ob ein Kunde noch kauft oder nicht. Solange kein sachliches Argument genannt wird, warum die Wiederkaufwahrscheinlichkeit jährlich um den gleichen Faktor abnimmt, so lange spricht nichts für eine pauschale Berücksichtigung eines auf diese Weise berechneten Faktors im CLV. Praktisch lassen sich im Falle eines Einzelhändlers mit einem Sortiment aus verschiedenen Warengruppen die folgenden **Zustandsveränderungen** eines Kunden beobachten:

1. **Verringerung der Ausgaben** eines Haushaltes über alle Warengruppen hinweg,
2. totaler Wechsel/Verzicht auf **Warengruppen** in einem Geschäft oder
3. totaler Wechsel/Verzicht auf **das Geschäft**.

Diese Handlungsalternativen des Kunden zeigen, dass die Retention Rate im Falle eines Einzelhändlers nicht als kontinuierliche Veränderung begriffen werden kann, sondern ein **Strukturbruch** im Verhalten der Kunden zu modellieren ist. Die Retention Rate sollte also nicht als [R^t], sondern als **Retention Rate in Abhängigkeit von Periode t**, also [R_t], verstanden werden, um die Möglichkeit des kompletten Wegfalls der Einzahlungen durch einen Kunden zeitpunktgenau zu erfassen.

Zudem ist die Retention Rate vom Kunden a und Warengruppe g abhängig, um abzubilden, dass Warengruppen von Kunden zusätzlich, weniger stark oder gar nicht mehr gekauft werden. Formel 3-5 zeigt die bekannte Basisversion eines CLV unter Berücksichtigung dieser differenzierten Retention Rate [R_{agt}].

$$CLV_{a0} = \sum_{t=0}^{T} (E_{at} - A_{at}) \cdot \frac{R_{agt}}{(1+i)^t}$$

mit:

R_{agt} = Retention Rate des Kunden a für Warengruppe g in Periode t

Formel 3-5: CLV unter Berücksichtigung einer differenzierten Retention Rate

Dieser Fall könnte die Realität mancher Kundenbeziehung besser treffen, da im Falle bestehender Kundschaft die **Wahrscheinlichkeit der Bindung** über die Jahre nicht zwingend abnimmt. Warum sollte ein Kunde, der in Periode 1 kauft und daher Wahrscheinlichkeit R für weitere Käufe in Periode 2 hat, eine geringere Wahrscheinlichkeit für Käufe in Periode 4 aufweisen, wenn doch sogar die Möglichkeit besteht, dass er vorher auch in Periode 3 gekauft hat? Der denkbare Effekt stärkerer Bindung über die Zeit wird bei dieser tendenziell pessimistischen Sicht der Retention Rate außer Acht gelassen. Rein rechnerisch müsste die Retention Rate in Formel 3-5 dann auch Werte größer als 1 annehmen können.[189]

Die Auswirkungen dieser formalen Modifikation auf das Beispiel in Abb. 3-9 sind einfach zu berechnen, da die Reduzierung der zukünftigen Perioden zur Berücksichtigung der Kaufwahrscheinlichkeiten konstant ist. Eine Retention Rate von 75 % reduziert die Zahlungen von 1.100,00 GE um 250,00 GE, eine Retention Rate von 50 % um 500,00 GE.

---

[189] Vgl. Kap. 3.6.3.6.

Allerdings weist diese Variante immer noch Schwächen auf, die in der **multiplikativen Verknüpfung** liegen. Eine Multiplikation der Ein- und Auszahlungen eines Kunden mit der Bindungswahrscheinlichkeit reduziert die Zahlungsströme in jeder Periode pauschal um den gleichen Faktor. Eigentlich kann sich die Frage nach dem Bestehen einer Kundschaft aber nicht mindernd auf die **Höhe der Zahlungen** auswirken, sondern auf die erwartete **Dauer** der Kundschaft [T] in der CLV-Formel.

Geht man also von einer Kundendauer [T] aus, so können die bis dahin zu erwartenden Zahlungen nicht pauschal gekürzt werden. Vielmehr sollten die prognostizierten Rückflüsse für die gesamte Kundendauer in prognostizierter Höhe gelten und danach **komplett wegfallen**. Denn allein die Tatsache, dass ein Kunde einem Anbieter nur begrenzte Zeit treu bleibt, darf nicht zu einer geringeren Bewertung seiner bis dahin anfallenden Käufe führen.

Für den Lebensmitteleinzelhandel sind zwei Möglichkeiten der **(Ent-)Bindung** von Kunden vorstellbar: zum einen das schlagartige **Unterlassen** von Käufen, z.B. durch Wohnortwechsel oder die Identifikation einer subjektiv besseren Einkaufsstätte für alle Warengruppen, zum anderen der **schrittweise Abbau** von Käufen, wenn z.B. der Kauf bestimmter Warengruppen in andere Einkaufsstätten verlagert wurde.

Beide Möglichkeiten sollten mit empirischen Messungen erhoben werden – was bei Vorliegen der entsprechenden Daten möglich ist – und entsprechend differenziert in den Einzahlungen berücksichtigt werden. Eine pauschale Berücksichtigung der Retention Rate wie in den beiden gezeigten Beispielen ist dann nicht mehr nötig. Die Kenntnis von nicht mehr gekauften Warengruppen liefert nicht nur präzisere Ergebnisse, sondern auch genauere Informationen für die daraus abzuleitenden Maßnahmen der Kundenbearbeitung.

3.6.3.6 Die Einbeziehung einer Conversion Rate

Die in Kap. 3.6.3.5 genannten **Zustandsveränderungen** eines Kunden können auch positiv ausschlagen. Die Rede ist dann nicht von einer Retention Rate, sondern von einer Conversion Rate. Als Conversion Rate bezeichnet man im Allgemeinen den Anteil der kaufenden Kunden an allen Kunden, die einen Anbieter aufsuchen. Typische Beispiele für Conversion Rates sind die Käufer in einem Internet Shop bezogen auf alle Personen, die auf die Internetseite gesurft sind.[190]

Im stationären Einzelhandel kann die Conversion Rate auf verschiedene Objekte bezogen werden. Analog zum vorhergehenden Kapitel sind dies z.B. folgende Fälle:

1. **Steigerung der Ausgaben** eines Haushaltes über alle Warengruppen hinweg,
2. Kauf einer **Warengruppe**, die in besagtem Geschäft noch nicht gekauft wurde,
3. Kauf in einem **Geschäft**, in dem der Kunde bislang noch nicht gekauft hat.

Formal müsste die Conversion Rate als **positiver Multiplikator** analog der Retention Rate in Formel 3-5 eingebunden werden. Formel 3-6 zeigt das Beispiel eines CLV inklusive Conversion Rate, bezogen auf Warengruppen. C_{agt} steht für die Möglichkeit, dass Kunde a im Laufe der Zeit seine Ausgaben in Warengruppe g steigert. Da die Conversion Rate für eine Steigerung der Ausgaben steht, sollte sie Werte ≥ 1 annehmen.

$$CLV_{a0} = \sum_{t=0}^{T} (E_{at} - A_{at}) \cdot \frac{C_{agt}}{(1+i)^t}$$

mit:

C_{agt} = Conversion Rate des Kunden a für Warengruppe g in Periode t

Formel 3-6: CLV unter Berücksichtigung einer Conversion Rate bezogen auf Warengruppen

Wie auch bei der Retention Rate ergeben sich die Probleme der **Messung** und – schwieriger noch – der Prognose. Bezogen auf ein **Geschäft** kann die Messung über Besucherfrequenzdaten, erhoben mit Hilfe von Lichtschranken oder Drehkreuzen, und Transaktionsdaten gemessen werden. Der Anteil der Kunden, die einen Laden betreten und dort kaufen, ergibt sich aus der Anzahl der Bons bezogen auf die Gesamtzahl der Besucher. **Verfälschungen** können

[190] Vgl. Schröder (2005), S. 258.

sich bei der Ermittlung dieser Kennzahl durch Personen ergeben, die gemeinsam einkaufen gehen. Die Conversion Rate, ermittelt aus der Anzahl der Bons bezogen auf die Anzahl der Kunden, wird hierdurch verringert, obwohl diese Kunden ohnehin keinen zweiten Bon verursacht hätten.

Für **Warengruppen** kann die Conversion Rate über personalisierte oder pseudonyme Transaktionsdaten gemessen werden. Hier wird analysiert, ob ein Kunde im Zeitverlauf Warengruppen zusätzlich kauft, die er bei einem bestimmten Händler bislang nicht gekauft hat. Analog können Conversion Rates auch für Marken berechnet werden.

Sowohl bei der Conversion Rate als auch bei der Retention Rate bleibt festzuhalten, dass die hier vorgestellten Faktoren nicht in die CLV Formel eingebunden werden dürfen, wenn die **Bindungseffekte in den Einzahlungen berücksichtigt** werden.

3.6.4 Kritik an der Berechnung des Customer Lifetime Value

3.6.4.1 Dauer der Kundenlebenszeit

Nach RUDOLF-SIPÖTZ mangelt es in der Praxis noch an **praktikablen Berechnungsmethoden** für den CLV. Ihre Untersuchung hat ergeben, dass der CLV von einem Großteil der befragten Unternehmungen als relativ sinnvoll eingestuft wird, jedoch bei nur 5 % im Einsatz ist.[191] Speziell für den Einzelhandel kommen zwei Untersuchungen des Lehrstuhls für Marketing & Handel in Essen zu ähnlichen Ergebnissen. In den Jahren 1999 und 2002 wurden Handelsunternehmungen zu den eingesetzten Informationssystemen befragt. Von den jeweils ca. 30 Unternehmungen sehen über 80 % den CLV als sinnvolle Größe an.

Tatsächlich berechnet wird der Wert allerdings nur von wenigen Unternehmungen. Im Jahre 2002 waren es 7,5 %. In den drei Jahren zwischen den beiden Untersuchungen ist dieser Wert wie auch die Einschätzung seiner Wichtig-

---

[191] Vgl. Rudolf-Sipötz (2001), S. 71.

keit leicht gestiegen.[192] Die Untersuchungen geben allerdings keinen Aufschluss darüber, wie die positiv antwortenden Unternehmungen den Wert berechnen.

Die vorangegangenen Kapitel haben gezeigt, dass nicht mangelnde Kreativität der Autoren der Grund für die in der Praxis fehlende Umsetzung sein dürfte. Das Problem des CLV liegt vielmehr in der Zielsetzung, den Wert einer Kundenbeziehung über die **gesamte Dauer** ihres Bestehens zu ermitteln. Dies ist besonders nützlich für die analysierende Unternehmung, weil der CLV eben das Potenzial der Kunden darstellt. Je länger der Zeitraum einer Prognose, desto vager werden die Annahmen über die zukünftige Entwicklung. Für das Gros der für einen Händler relevanten Kunden ist die Berechnung des CLV somit ungenau. Sie kann nur eine Vorstellung davon geben, was von einzelnen Kunden oder Kundengruppen zu erwarten ist.

Im weiteren Verlauf der Arbeit wird gezeigt, dass die Güte der Prognose mit der **Machbarkeit und Transparenz** des zugrunde liegenden Modells und den verwendeten Daten einhergeht. Der Einsatz eines guten Modells in der Praxis hängt dann noch vom Aufwand der Umsetzung ab, der in einem vernünftigen Verhältnis zu dem Nutzen stehen muss, den die Kenntnis des Potenzials einzelner Kunden stiftet.

3.6.4.2 Kriterien der Kundenbewertung

Abgesehen von der Dauer der Prognose benötigt die Praxis Methoden, die objektiv nachvollziehbar bewerten, um die **Vergleichbarkeit** von Kunden, Unternehmungen oder Unternehmungsbereichen zu gewährleisten. Die teilweise vorgeschlagenen restriktiven Annahmen können – auch wenn sie die Präzisierung der Bewertung zum Ziel haben – die Nachvollziehbarkeit und Vergleichbarkeit erschweren.

Je nach Zielsetzung eines einzelnen Projekts kann es sinnvoll sein, z.B. qualitative Daten zu berücksichtigen. Man muss dabei aber im Auge behalten, dass qualitative Messungen durch die Notwendigkeit zur Operationalisierung und der folglich indirekten Messung die Vergleichbarkeit von Ergebnissen erschweren.

---

[192] Vgl. Schröder/Feller (1999), S. 48; Schröder/Feller/Rödl (2004), S. 529.

Abhilfe kann man mit festgeschriebenen **Forschungsplänen** und durch das Sicherstellen gleicher personeller Besetzungen in Teams schaffen. Eine **quantitative Messung** ist leichter zu wiederholen und über Bereiche der Unternehmung oder verschiedene Unternehmungen hinweg (im Sinne eines Benchmarkings) vergleichbar zu machen.

3.6.4.3 Verrechnung der Einflussfaktoren

Neben den Messkriterien an sich ist deren **Verrechnung** zu einem CLV ein Thema. In der Literatur herrscht noch keine Einigkeit darüber, wie ein CLV zu berechnen ist. Weder die Verwendung der Kapitalwertmethode oder die Höhe eines Kalkulationszinses noch Messung oder Implementierung einer Retention Rate und ähnlicher „Risikofaktoren" ist festgelegt. Ein unübersichtliches **Methodenspektrum** führt zu Unsicherheit über das „richtige" Vorgehen und zu mangelnder Vergleichbarkeit der Ergebnisse. Unsicherheit führt mit großer Wahrscheinlichkeit zum **Nichteinsatz** einer Methode, da der Nutzen nicht klar kommuniziert werden kann.

Dies wird verstärkt durch die **ergebniskorrigierenden** Auswirkungen der Methoden. Abb. 3-11 gibt ein Beispiel der Ergebnisse verschiedener **CLV-Berechnungen**:

1. ohne Abzinsung und ohne Retention Rate
2. mit Abzinsung (i = 0,1) ohne Retention Rate
3. mit Retention Rate (R = 0,75) ohne Abzinsung
4. mit Abzinsung (i = 0,1) und Retention Rate (R = 0,75)

Das Beispiel zeigt, wie sich diese **Annahmen** auf den CLV auswirken. Ein Kunde, von dem man annimmt, dass er aktuell und in den kommenden zehn Perioden insgesamt 1.100,00 GE umsetzt (Spalte 1), bekommt nach der einfachen Abzinsung [i = 0,1] gemäß der Basisversion des CLV einen Wert von 714,46 GE (Spalte 2) zugeschrieben. Berücksichtigt man eine Retention Rate [R = 0,75] nach dem Vorschlag von BRUHN ET AL., so reduziert sich der CLV auf 383,11 GE (Spalte 3), und abgezinst, d.h. „Vollversion" mit Retention Rate und Kalkulationszins, auf 309,63 GE (Spalte 4).

t	1. CLV ohne i und ohne R $(E_{at} - A_{at})$	2. CLV mit i und ohne R $\frac{(E_{at} - A_{at})}{(1+0,1)^t}$	3. CLV ohne i und mit R $(E_{at} - A_{at}) \cdot R^t_{0,75}$	4. CLV mit i und mit R $(E_{at} - A_{at}) \cdot \frac{R^t_{0,75}}{(1+i)^t}$
0	100,00	100,00	100,00	100,00
1	100,00	90,91	75,00	68,18
2	100,00	82,64	56,25	46,49
3	100,00	75,13	42,19	31,70
4	100,00	68,30	31,64	21,61
5	100,00	62,09	23,73	14,73
6	100,00	56,45	17,80	10,05
7	100,00	51,32	13,35	6,85
8	100,00	46,65	10,01	4,67
9	100,00	42,41	7,51	3,18
10	100,00	38,55	5,63	2,17
	1.100,00	**714,46**	**383,11**	**309,63**

Abb. 3-11. Auswirkungen von Kalkulationszins und Retention Rate auf den CLV (fiktives Beispiel)

Die Reduzierungen des eigentlich prognostizierten Wertes von 1.100,00 GE sollen dem **Risiko der Kundschaft** Rechnung tragen. Der Kalkulationszins dient nach der Idee der Kapitelwertmethode als Vergleichsmaßstab einer alternativen Investition. Übertragen auf den CLV ist die Verwendung dieses Vergleichsmaßstabs diskussionswürdig. Je nach Branche hat der Anbieter schließlich kaum die Möglichkeit, alternative Investitionen zu tätigen oder auf bestimmte Kunden zu verzichten. **Vorhandensein und Rendite** der Alternativen sind vor dem Einsatz des Kalkulationszinses zu prüfen.

Ähnliches gilt für die in Kap. 3.6.3.5 diskutierte **Retention Rate**. Eine pauschale Reduktion der zukünftigen Zahlungsüberschüsse kann, wie auch das Beispiel aus Abb. 3-11 zeigt, nicht die beste Lösung sein. Eher bietet sich ein differenziertes Vorgehen an, das auf die Dauer der **Kundschaft** und die **Höhe der Einzahlungen** in Warengruppen abzielt. Bei alledem ist zu beachten, dass der Adressat einer CLV-Analyse nur das Ergebnis, bestehend aus einer Zahl, dem CLV des jeweiligen Kunden, sieht. Je mehr rein **rechnerische Modifikationen** im Modell vorgenommen werden, desto weniger nachvollziehbar wird eine Kennzahl, die als zukünftiges Einzahlungspotenzial einer Unternehmung durch einen Kunden eigentlich einfach zu verstehen ist.

3.7 Empirische Ergebnisse zur Kundenbewertung

Wie bereits einleitend erwähnt, finden sich in der Literatur Angaben zum Wert einzelner Kunden in bestimmten Branchen oder einzelnen Unternehmungen. Der methodische Hintergrund der meisten Studien ist wenig transparent. Oft dürfte es sich um **Plausibilitätsüberlegungen** auf Basis von Umsätzen oder Gewinnen in Branchen oder Unternehmungen bezogen auf angenommene **Kundenanzahl** und **Kundendauer** handeln. Dagegen ist nichts einzuwenden, solange dem Leser die Entstehung und Aussagekraft solcher Werte deutlich gemacht werden. Zum wissenschaftlichen Erkenntniszuwachs tragen solche „Case Studies" weniger bei als zum Abgleich eigener Ergebnisse und Überlegungen.

Daneben existieren **wissenschaftliche Studien** zum Thema Kundenbewertung. Die meisten dieser Arbeiten sind allerdings aufgrund folgender Aspekte nicht vergleichbar. Zunächst verfolgt jede Arbeit ein eigenes **Untersuchungsziel**. Dies kann neben der Kundenbewertung mit bestimmten anderen Konstrukten des Beziehungsmarketings[193] oder mit den Einflussfaktoren des jeweiligen Projekts zusammenhängen.[194] Weiterhin finden sich vielfältige **Definitionen** für ein ähnliches Konstrukt, die einen Abgleich der Ergebnisse erschweren.[195]

Aus dem Zusammenspiel von Definition und Untersuchungsziel ergeben sich **methodische Unterschiede** und damit schlecht vergleichbare Ergebnisse der empirischen Arbeiten. Und schließlich erhöhen die **branchenspezifischen Besonderheiten** die Komplexität der Kundenwertanalysen. Abb. 3-12 zeigt eine Übersicht ausgewählter empirischer Arbeiten im Umfeld der Kundenbewertung.

---

[193] Vgl. z.B. Dittmar (2000), der den Einfluss der Zufriedenheit und Treue auf den Kundenlebenswert behandelt, oder Krafft (2002), der den Zusammenhang von Kundenzufriedenheit, Kundenbindung und Kundenwert untersucht.

[194] Vgl. z.B. die Untersuchung von Reinartz/Kumar (2000), die das Fortbestehen einer Kundenbeziehung in den Mittelpunkt stellen.

[195] Siehe Kap. 2.3.

Autor(en)	Jahr	Branche	Untersuchungsgegenstand	Datengrundlage	Zentrale Befunde
Reichheld	1993	Kreditkarten	Kundentreue	Fallbeispiele	5 % weniger Kundenschwund führt binnen fünf Jahren zu einer Gewinnsteigerung von 60 %.
Reichheld	1993	Lebensversicherung	Kundentreue	Fallbeispiele	5 % Anstieg der Quote treuer Kunden führt zu um 18 % sinkenden Kosten pro Police.
Bitran/ Mondschein	1996	-	Direktmarketing-Maßnahmen und Kundenlebenszeitwert	Konstruierte Daten (Monte-Carlo-Simulation)	Ableitung gewinnoptimaler Mailings bei Vorliegen von Budget-Restriktionen
Krüger	1997	Reisevermittler	Kundenzufrieden heit, Kundenbindung	Schriftliche Befragung von 5.000 Kunden eines Reisevermittlers	Positive Assoziationen von Kundenzufriedenheit, -bindung und -wert
Bolton	1998	Telekommunikation	Kundenzufrieden heit und Kundenlebenszeit (in Monaten)	Zwei Interviews mit 650 Telefonkunden, ergänzt durch Rechnungsdaten	Frühere, kumulierte Zufriedenheit beeinflusst Kundenbindung stärker als jüngst erhobene Kundenzufriedenheit.
Homburg	1998	Einkauf – Industrie	Kundennähe, Kundenzufriedenheit und Unternehmensprofitabilität	Befragung von 924 Einkäufern von Industrieunternehmen und von 356 Lieferanten (zur Validierung)	Validierung des Konstrukts Kundennähe, Kundennähe erhöht Kundenzufriedenheit und Rendite
Sinha/ De Sarbo/ Young-Helou	1999	Versandhandel	Kundenzufriedenheit, -bindung, Kaufverhalten und Verhaltensabsichten	Schriftliche Befragung von 600 Kunden eines Versandhändlers, ergänzt durch Bestelldaten	Loyale Kunden bestellen mehr, retournieren weniger und empfehlen häufiger, sind aber nicht preisintensiver als Transaktionskunden.
Cornelsen	2000	Automobil	Kundenwertanalysen – monetärer Kundenwert und Referenzwert	Befragung von 191 Automobilbesitzern; Plausibilitätsrechnung zum monetären Kundenwert	Käufer der Oberklasse geben 13.200 DM p.a. aus. Ein Empfehlungsgespräch hat 1,29 % Einfluss auf die Kaufentscheidung.
Dittmar	2000	Automobil	Auswirkungen von Kundenzufriedenheit und -treue auf den Kundenlebenswert	Befragung von 754 Toyota-Kunden	Wiederholungskäufer repräsentieren einen höheren Deckungsbeitrag je Neuwagen-Haltezyklus.
Reinartz/ Kumar	2000	Versandhandel	Kundenprofitabilität	9167 Haushalte/ Kunden eines Versandhändlers	Langfristkunden sind nicht grundsätzlich profitabel.

Autor(en)	Jahr	Branche	Untersuchungs-gegenstand	Datengrundlage	Zentrale Befunde
Rudolf-Sipötz	2001	Branchen über-greifend	Determinanten und Management des Kundenwerts	Expertengespräche; Schriftliche Befragung von 155 Schweizer Unternehmen	Notwendigkeit der Operationalisierung qualitativer Wertbeiträge von Kunden, Messmodell
Krafft	2002	Zeit-schrift, Versand-handel	Zusammenhang zwischen Kundenbindung und Kundenwert	4500 Zeitungs-abonnenten 9500 Kunden eines Versandhändlers	Der Kundenertragswert ist mit der Kundenlebenszeit nicht positiv korreliert.
Reinartz/ Kumar	2003	Versand-handel	Kundenbindung und Kundenwert	Unternehmensdaten eines Versandhandelsunternehmens	Je nach Charakteristika der Kundenbindung sind kurzfristige und langfristige Kundenbeziehungen profitabel und erfordern ein differenziertes CRM.
Gupta/ Lehmann/ Stuart	2004	Branchen über-greifend	Kundenwert	Kunden- und Finanzdaten von fünf Unternehmen	Kundenbindung steigert Kundenwert. Kundenwert ist eine wichtige Kennzahl für den Wert eines Unternehmens.
Reinartz/ Thomas/ Kumar	2005	„High-tech"-Hersteller	Kundenwert und Kundenlebens-zyklus	B2B-Daten von 12.024 Kunden eines Herstellers	Kundenbezogene Investitionen mit Erfolg in der Akquisition, Bindung und Profitabilität von Kunden

Abb. 3-12: Ausgewählte Untersuchungen zur Profitabilität und/oder Dauer von Kundenbeziehungen

Quelle: In Anlehnung an Krafft (2007), S. 54 ff.

Nur wenigen Studien zur Profitabilität von Kundenbeziehungen liegen kundenindividuelle Daten zugrunde.[196] Für die Wirtschaftsstufe Einzelhandel wurde bislang lediglich der **Versandhandel** erforscht.[197] Mögliche Gründe sind u.a. die Datenlage im Einzelhandel und die gegenüber anderen Branchen fehlenden **Dauerschuldverhältnisse**. Schließlich kann sich ein Kunde vor jedem Kauf erneut ohne vertragliche Bindung für oder gegen einen Händler entscheiden. RUDOLF-SIPÖTZ schreibt, dass es im Mengengeschäft *„nicht ökonomisch rational"* oder aufgrund mangelnder Verfügbarkeit der Daten unmöglich sei, Einzelkunden zu bewerten.[198]

---

[196] Vgl. Foscht (2002), S. 130.
[197] Vgl. z.B. Krafft (2007).
[198] Vgl. Rudolf-Sipötz (2001), S. 45 f.

Allerdings können gerade die Art der Kundenbeziehung und die Beschaffenheit der Transaktionsdaten im Mengengeschäft die Kundenbewertung zu einem relevanten Thema für den **Einzelhandel** machen. Die Kenntnis über den Wert einzelner Kunden oder klar beschriebener Kundengruppen hilft bei der Allokation und Bewertung marktbezogener Maßnahmen wie z.B. der Standortpolitik, der Sortimentsgestaltung und kundenspezifischer Promotions.

Die **nicht wissenschaftlichen** Studien geben wenig Informationen zum methodischen Ansatz, kommen aber zu konkreten Ergebnissen für Kundenwerte. Bezogen auf **Betriebstypen** nennen verschiedene Quellen der letzten 20 Jahre 250.000 DM[199] und 350.000 DM[200] als Ausgaben eines Kunden in „Supermärkten" über sein gesamtes Leben hinweg und 290.000 DM für einen SB-Warenhauskunden[201]. Datengrundlage dürften Schätzungen zu Jahresumsatz, durchschnittlicher Zahl der Kunden und angenommener durchschnittlicher Dauer der Kundschaft sein. Die resultierenden Kundenwerte **einzelner Händler** von 23.000 DM für einen „Supermarktbetreiber"[202] und 63.000 DM[203] oder 150.000 €[204] für ein SB-Warenhaus resultieren wohl aus pauschalen Annahmen über die Anzahl der aufgesuchten Anbieter eines Betriebstyps.

Ein Beispiel ermittelt so den **Gesamtumsatz eines Kunden** bei einem Betriebstyp durch eine angenommene, nicht nach Anbietern differenzierte Dauer der Kundschaft von 55 Jahren, die dann auf die angenommene Dauer der Kundschaft bei einem Anbieter heruntergerechnet wird. Das Resultat sind Werte von 63.000 DM für ein SB-Warenhaus, 33.000 DM für einen Lebensmitteldiscounter (potenzieller Lebensumsatz: 150.000 DM), 6.100 DM für Drogeriemärkte (potenzieller Lebensumsatz: 43.000 DM) und 32.000 DM für den Textileinzelhandel (potenzieller Lebensumsatz: 122.000 DM).[205]

Neben der Frage nach den Informationen über die Kundendauer lassen solche Beispiele außer Acht, dass zum Zeitpunkt der fraglichen Analysen Kunden im

---

199 Vgl. Peters (1987), S. 98.
200 Vgl. Oetinger (1990), o.S.
201 Vgl. o.V. (1995), o.S.
202 Vgl. Oetinger (1990), o.S.
203 Vgl. o.V. (1995), o.S.
204 Vgl. Mihr (2002), S. 11.
205 Vgl. o.V. (1995), o.S.

Durchschnitt ca. elf Geschäfte besuchten, davon ca. acht Geschäfte des Lebensmitteleinzelhandels (vgl. Abb. 3-13).

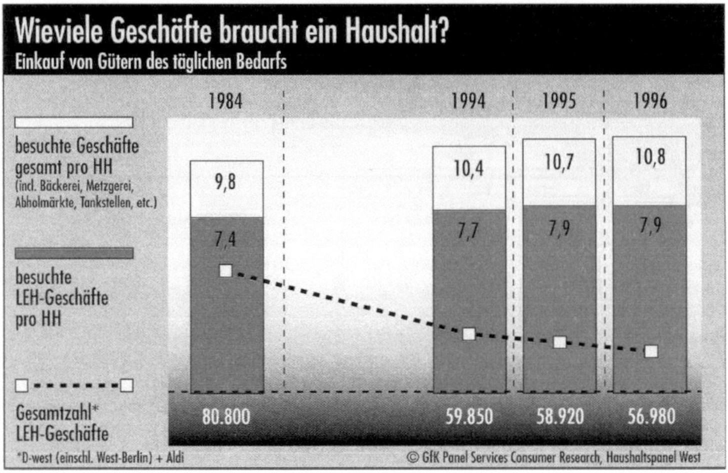

Abb. 3-13: Geschäfte pro Haushalt in den Jahren 1984 bis 1996

Quelle: GfK Panel Services Consumer Research

Aktuelle Analysen weisen noch höhere Werte aus, wie die Häufigkeitsverteilungen der besuchten Einkaufsstätten pro Haushalt im GfK Haushaltspanel des Jahres 2004 in Abb. 3-14 zeigen.

Im Durchschnitt hat ein Haushalt im Jahre 2003 12,78 und im Jahre 2004 12,5 Geschäfte aufgesucht. Es ist davon auszugehen, dass sich hierunter auch verschiedene Geschäfte gleicher **Betriebstypen** befinden. Daher ist die Annahme, man könne den Lebensumsatz eines Kunden für die erwartete Dauer seiner Kundschaft bei einem Betriebstypen **einem einzigen Anbieter** zuschreiben, realitätsfern.

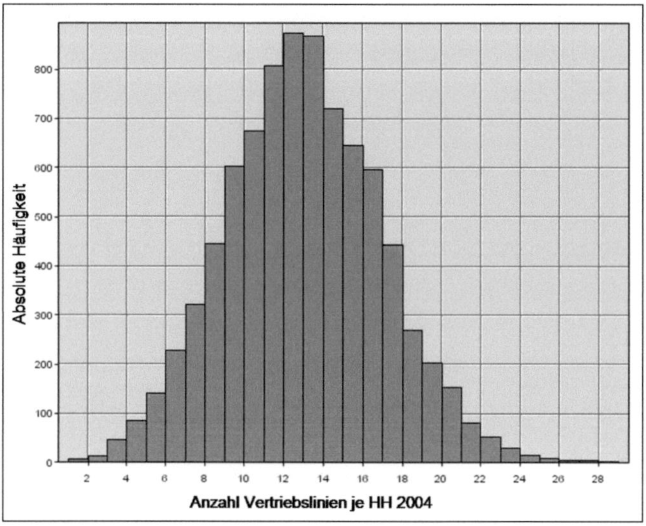

Abb. 3-14: Absolute Häufigkeitsverteilung für die Anzahl der EKS je Haushalt

Datenquelle: GfK Haushaltspanel 2004

Genauso unwahrscheinlich ist es, dass pauschale Annahmen zur Zahl der aufgesuchten Einkaufsstätten und zur Dauer der Kundschaft zutreffen. Abb. 3-15 zeigt die Streuung in den Einkaufsgewohnheiten der GfK-Panelhaushalte in den Jahren 2003 und 2004. Es finden sich Haushalte, die nur eine einzige Einkaufsstätte pro Jahr aufsuchen, während andere bis zu 29 verschiedene Märkte nutzen.

	2003	2004
Haushalte gesamt	17.000	
Vertriebslinien	50	
Minimum	1	1
Maximum	29	29
Arithmetisches Mittel	12,78	12,50
Standardabweichung	3,90	3,94
Median	13	12
Modus	13	12

Abb. 3-15: Statistik der Anzahl von Einkaufsstätten je Haushalt

Datenquelle: GfK Haushaltspanel 2003/2004

Die Bestandsaufnahme der empirischen Ergebnisse zeigt, dass **Bedarf** an einer methodisch transparenten **Messung der Kundenwerte** und -potenziale auf Basis von Transaktionsdaten des **Einzelhandels** besteht. Die Vielfältigkeit des Untersuchungsobjektes verlangt dabei aggregierte Analysen sowohl auf Warengruppen- und Betriebstypenebene als auch auf Einzelkunden- und Händlerebene.

4 Herleitung des Kundenwertes im Einzelhandel

4.1 Anforderungen an die Messgrößen

Die in den Kap. 2 und 3 vorgestellten Definitionen und Verfahren lassen erkennen, dass sich der Kundenwert aus verschiedenen **Messgrößen** ergeben kann. Diese Faktoren müssen, wie auch letztlich der Kundenwert selbst, Anforderungen genügen, die sicherstellen, dass auch gemessen wird, was gemessen werden soll.

Ein Beurteilungsmaßstab der Messgrößen zur Kundenbewertung sind die Gütekriterien der Marktforschung: Objektivität, Reliabilität und Validität.[206] Unter **Objektivität** versteht man die Anforderung, dass eine Messung vom Anwender unabhängig ist, also möglichst jede beliebige Person unter gleichen Voraussetzungen zum gleichen Ergebnis kommt.[207] **Reliabilität** (Zuverlässigkeit) steht für die formale Genauigkeit einer Messung.[208] Je höher die Reliabilität, desto geringer ist die Abweichung des Ergebnisses zweier Messungen unter gleichen Voraussetzungen.[209] **Validität** (Gültigkeit) schließlich stellt auf den Inhalt des Messergebnisses ab und beurteilt, inwiefern gemessen wird, was gemessen werden sollte. Man spricht auch von der materiellen Genauigkeit von Messergebnissen.[210]

Theoretische Konstrukte, wie zum **Beispiel Kundenzufriedenheit**, sind nicht direkt messbar und damit kritikanfällig in der Beurteilung nach den genannten Gütekriterien. Es gibt zwei Möglichkeiten, solche Größen zu messen. Zum einen kann man von **direkt messbaren Größen** auf die nicht direkt messbaren Größen schließen. Eine Idee zur Messung der Kundenzufriedenheit wäre z.B. der Schluss vom **Wiederkaufverhalten** auf die Zufriedenheit gemäß der These, dass ein Kunde zufrieden ist, wenn er sich wiederholt für einen bestimmten

---

[206] Vgl. Berekoven/Eckert/Ellenrieder (2004), S. 88; Bortz/Döring (2002), S. 193.
[207] Vgl. Berekoven/Eckert/Ellenrieder (2004), S. 88; Bortz/Döring (2002), S. 194.
[208] Vgl. Berekoven/Eckert/Ellenrieder (2004), S. 89.
[209] Vgl. Meffert (1992), S. 180.
[210] Vgl. Berekoven/Eckert/Ellenrieder (2004), S. 88; Bortz/Döring (2002), S. 199; Meffert (1992), S. 180.

Anbieter oder ein Produkt entscheidet. Fragwürdig ist die Validität einer solchen Messung, da nicht klar ist, ob ein Zusammenhang zwischen den beiden Größen besteht. So muss ein Wiederkauf z.B. nicht zwingend aus Zufriedenheit erfolgen. Andere Gründe wären ein Mangel an alternativen Anbietern oder Wechselbarrieren zwischen Anbietern. Somit sind verschiedene Motive möglich, neben Zufriedenheit z.B. auch Bequemlichkeit, Informationsmangel oder Wechselkosten.

Die zweite Möglichkeit, theoretische Konstrukte zu erfassen, ist, sie im Rahmen eines Untersuchungsdesigns zu definieren und zu **operationalisieren**.[211] Dies geschieht durch die Auswahl und den Einsatz geeigneter Messgrößen und Untersuchungsmethoden. Beim Beispiel der Kundenzufriedenheit kann die Messung über **Befragungen** erfolgen, in denen Kunden direkt Angaben zur Zufriedenheit machen. Solche Messmethoden können Schwächen hinsichtlich der Objektivität und Reliabilität haben. Die Befragung ist nicht unabhängig vom Anwender, was die Objektivität der Methode in Frage stellt. Ähnliches gilt für die Reliabilität, denn hier können bei zwei Messpunkten unterschiedliche Ergebnisse herauskommen, wenn sich zwar die Zufriedenheit nicht ändert, der Befragte aber dennoch angibt, mehr oder weniger zufrieden zu sein als bei der letzten Messung.

Die Lösung kann in der Ausarbeitung differenzierter Messgrößen liegen, womit wiederum indirekt verschiedene Faktoren um das zu messende Konstrukt herum erhoben werden, um zu einer verlässlicheren Messung zu gelangen.

4.2 Systematisierung der Bewertungsfaktoren

4.2.1 Systematisierung von Kriterien der Marktsegmentierung

Aufgrund der konzeptionellen Nähe wird zur Herleitung der Determinanten der Kundenbewertung die Marktsegmentierungsliteratur geprüft. Hier werden die Kriterien der Marktsegmentierung in Variablengruppen eingeteilt. WEDEL/KAMAKURA unterscheiden zum einen **generelle und produktspezifische** und zum

---

[211] Vgl. Schröder (2005), S. 66.

anderen **beobachtbare und nicht beobachtbare** Segmentierungsgrundlagen.[212] In den Feldern der daraus resultierenden 2x2-Matrix finden sich somit gleichzeitig Kriterien des beobachtbaren Kaufverhaltens wie auch soziodemografische Faktoren.[213]

Eine solche Einteilung entspricht nicht der üblichen **Praxis** der Handhabung von Kundendaten in Unternehmungen. Nach diesem Schema kommen vor allem die beobachtbaren Kundendaten für die Beurteilung von Kunden in Frage. Die Speicherung nicht beobachtbarer Kriterien ist nicht ohne Weiteres möglich – zumal auch die Messung nicht beobachtbarer Kriterien problematisch ist – und bedarf kritischer **Zuordnungsmechanismen** in der Datenhaltung. Weiterhin hilft eine **künstliche Zweiteilung** der Datenbasis in generelle und produktspezifische Kriterien kaum weiter, da die Unterscheidung dieser Gruppen nicht ohne Weiteres nachvollziehbar ist.

BEREKOVEN/ECKERT/ELLENRIEDER unterteilen die Kriterien der Marktsegmentierung im Prinzip nur in **sozioökonomische** und **qualitative Segmentierungskriterien**. Die weiteren dem Thema Marktsegmentierung gewidmeten Unterkapitel der besagten Quelle beziehen sich auf Segmentierungsvorschläge wie Lifestyle-Typologien und die „Segmentierung mittels Verbraucherpanel".[214] Die Beschreibung des Single-Source-Ansatzes enthält weitere Datentypen, die jedoch nicht näher durchleuchtet werden.[215]

FRETER verfolgt eine Einteilung in **sozioökonomische, psychografische und Kaufverhaltenskriterien**.[216] Diese Kriterien seien allerdings den auf den Marketingmix bezogenen Reaktionskoeffizienten untergeordnet. Hierunter versteht FRETER *„die Reaktion des einzelnen Konsumenten auf den Einsatz von Marketing-Instrumenten"*[217]. Die Beurteilung einzelner Kunden aufgrund der Reaktionskoeffizienten ist aus Käuferverhaltens- und Marketingsicht überlegen,

---

[212] Vgl. Wedel/Kamakura (2001), S. 7.
[213] Vgl. Wedel/Kamakura (2001), S. 7.
[214] Vgl. Berekoven/Eckert/Ellenrieder (2004), S. 244 ff.
[215] Vgl. Berekoven/Eckert/Ellenrieder (2004), S. 250 f.
[216] Vgl. Freter (1983), S. 45 f.
[217] Freter (1983), S. 45.

erfüllt aber die Anforderungen der Zugänglichkeit, Messbarkeit, zeitlichen Stabilität und Wirtschaftlichkeit nicht.[218]

FRETER bringt dies in seiner grafischen Einteilung der Segmentierungskriterien durch Überordnung dieses Faktors zum Ausdruck.[219] Dabei entsteht der Eindruck, dass sich die **Reaktionskoeffizienten** in sozioökonomische, psychografische und Kaufverhaltenskriterien zerlegen lassen. Im Text ist allerdings nur von den Reaktionskoeffizienten als einer übergeordneten Gruppe die Rede.[220] Die weiteren Kriterien versteht FRETER als **Ersatzkriterien**, die herangezogen werden, weil sich die Reaktionsparameter nicht vernünftig **operationalisieren und messen** lassen.[221] Dieser Einschätzung folgend und um Missverständnisse zu vermeiden, zeigt Abb. 4-1 nur die so genannten Ersatzkriterien. Die Ersatzkriterien werden im weiteren Verlauf der Arbeit genutzt, um Messgrößen der Kundenbewertung herzuleiten.

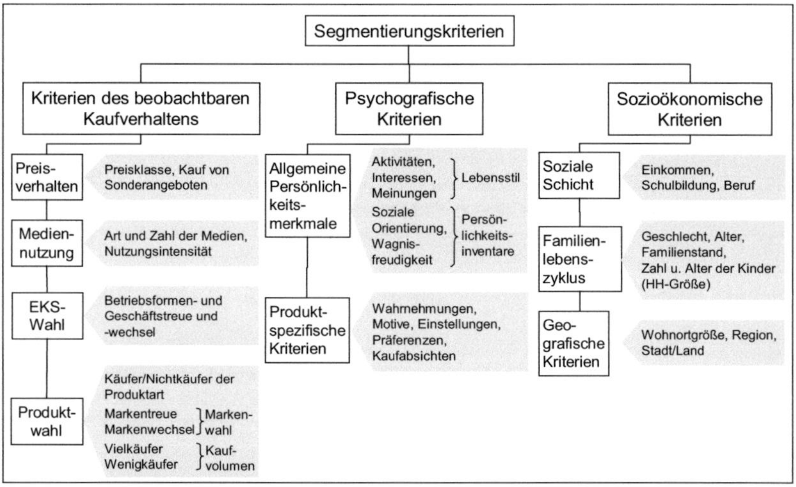

Abb. 4-1: Übersicht der Marktsegmentierungskriterien

Quelle: In Anlehnung an Freter (1983), S. 46

[218] Vgl. Freter (1983), S. 47 f.
[219] Vgl. Freter (1983), S. 46.
[220] Vgl. Freter (1983), S. 45.
[221] Vgl. Freter (1983), S. 49.

4.2.2 Systematisierung von Kriterien der Kundenbewertung

Im Folgenden wird der Vorschlag zur Systematisierung von Kriterien bezüglich der Marktsegmentierung für die Ermittlung von Kriterien der Kundenbewertung verwendet. Die drei Gruppen der Segmentierungskriterien werden in aufsteigender Rangfolge ihres Nutzens für die Kundenbewertung dargestellt. Besonders geeignet für die monetäre Beurteilung von Kunden sind die Kriterien des beobachtbaren Kaufverhaltens. **Psychografische Kriterien** eignen sich im Vergleich weniger gut: Zum einen handelt sich um nur indirekt beobachtbare Merkmale[222] mit der einhergehenden Notwendigkeit der Operationalisierung qualitativer Größen,[223] und zum anderen weisen die psychografischen Kriterien verglichen mit anderen Merkmalen nur geringe monetäre Implikation auf.

Sozioökonomische Kriterien sind weitgehend als quantitative Größen messbar. Typische Beispiele sind das Haushaltseinkommen, die Zahl der Haushaltsmitglieder, der Beruf der hauptverdienenden Person etc. Diese Merkmale geben Aufschluss über monetäre Potenziale von Kunden oder Haushalten, da sie Anhaltspunkte über die Einkommensverhältnisse und – durch Kenntnis des Alters und der Lebensumstände – über die Entwicklung geben. Im Rahmen der Messung von Kundenwerten können sozioökonomische Merkmale außerdem als beschreibende Variablen dienen, um Haushalte zu charakterisieren.

Doch auch bei quantitativ messbaren Größen können sich Ungenauigkeiten bei der **Messung** ergeben, z.B. bei den Angaben zur Höhe des Haushaltseinkommens. So besteht die Gefahr, dass die berichtenden Haushalte bei der Einkommensangabe übertreiben, weil sie das tatsächliche Einkommen als gering empfinden, oder untertreiben, weil sie möglicherweise Neid oder steuerliche Nachforschungen befürchten.

Die dritte Kategorie von FRETERS Marktsegmentierungskriterien sind die Kriterien des **beobachtbaren Kaufverhaltens**. Neben der Einteilung in Einkaufsstättenwahl, Produktwahl und Preisverhalten nennt FRETER die Mediennutzung, die der Vorkaufphase eines Kunden zuzuordnen ist und Hinweise auf die Effi-

---

[222] Vgl. Wedel/Kamakura (2001) S. 7.
[223] Vgl. Freter (1983), S. 58 ff.; siehe hierzu auch Kap. 3.6.2.

zienz der Werbemaßnahmen eines Anbieters gibt. Einkaufsstätten-, Produktwahl und Preisverhalten lassen sich – je nach Datenlage – direkt messen und haben jeweils eine direkt monetäre Implikation.

Die vorliegende Arbeit legt den Fokus auf die Messung von **Kundenwerten im Einzelhandel** und damit auf den Kaufvorgang in der Einkaufsstätte. Ein Systematisierungsrahmen der Wertbeiträge von Einzelhandelskunden muss daher folgende Leitfrage beantworten: ***Wodurch*** *liefert ein* ***Kunde*** *einem Einzelhändler* ***wann*** *positive oder negative* ***Wertbeiträge****?*

Zur Beantwortung dieser Frage lassen sich die Bestandteile des Kundenwertes vor allem aus den Kategorien des beobachtbaren Kaufverhaltens und den sozioökonomischen Kriterien ableiten. Das **„Wodurch"** zielt auf die Möglichkeiten der Interaktion zwischen Kunden und Händlern ab. Maßgeblich für die Beurteilung von Kunden ist dabei das **Kaufverhalten**.[224] Konkretisiert durch das „Wann" kann man Kaufakte grob in Vorkauf-, Kauf- und Nachkaufphase unterteilen.[225] Anhand dieser Phasen können positive oder negative Wertbeiträge des Kunden für einen Händler systematisiert werden (vgl. Abb. 4-2).

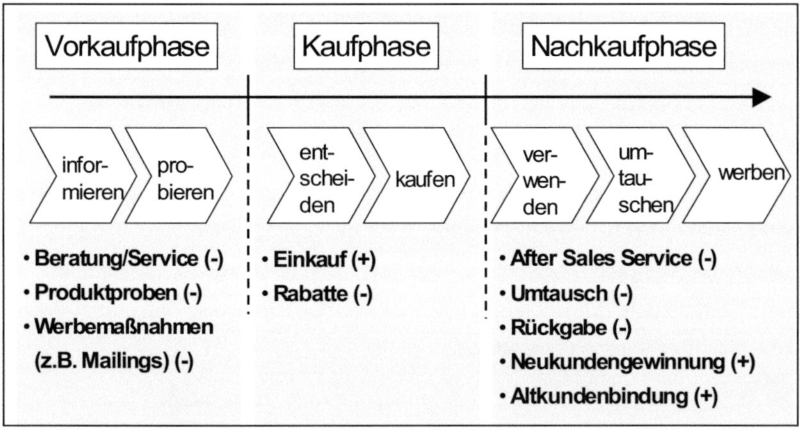

Abb. 4-2: Wertbeiträge eines Kunden

---

[224] Vgl. Freter (1983), S. 23.

[225] Zu den verschiedenen Möglichkeiten, Kaufprozesse in Phasen einzuteilen, vgl. Kuß (1987), S. 32 ff.

Die Übersicht möglicher Wertbeiträge eines Kunden in Abb. 4-2 zeigt, dass ein Kunde relativ wenige Anlässe zur Zurechnung **positiver Werte** bietet. In der **Vorkaufphase** kann er sich informieren und probieren. Dadurch werden dem Kunden – wenn überhaupt – negative Wertbeiträge zugerechnet, z.B. durch Beratung, Produktproben oder individuelle Werbemaßnahmen. Im positiven Sinne interessant ist die **Kaufphase**. Durch die Entscheidung und den Abschluss eines Kaufs generiert der Kunde Umsatz und damit seinen wesentlichen Wertbeitrag. Geschmälert wird dieser Teil durch mögliche Rabatte. In der **Nachkaufphase** gibt es die potenziell negativen Komponenten Umtausch oder Rückgabe, aber auch positive Faktoren wie Referenzen zur Gewinnung von Neukunden oder Bindung von Altkunden.[226]

4.3 Indikatoren und Treiber des Kundenwertes

Wie im vorigen Kapitel beschrieben, erzeugen Kunden vor allem in der Kaufphase positiven Wert für einen Unternehmung. Zudem sind diese Beiträge in der Regel monetär messbar. Abb. 4-3 gliedert die Kaufphase in ihre einzelnen Bestandteile auf, um aus diesen die Werttreiber oder die Bezugsgrößen der Kundenbewertung abzuleiten.

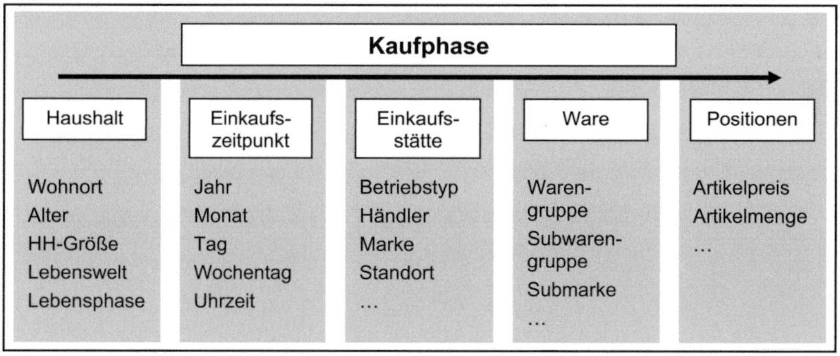

Abb. 4-3: Determinanten des Kundenwertes in der Kaufphase

Werttreiber sind Bestandteile der Kaufentscheidung, die Wert im positiven oder negativen Sinne erzeugen. Ein Beispiel ist, dass der Preis, den ein Kunde

---

[226] Vgl. Cornelsen (2000), S. 186 ff.

bezahlt, vom Einkaufszeitpunkt, der Einkaufsstätte und der Ware abhängt – dies sind mindestens drei Werttreiber. **Bezugsgrößen** ergeben sich aus der Fragestellung einer Kundenbewertung. So können z.B. Händler, Warengruppen, Marken oder Altersgruppen Bezugsgrößen der Kundenbewertung sein, indem die Problemstellung etwa „Bewertung der Kunden eines Händlers X“, „...eines Betriebstypen Y“ oder „...einer Warengruppe Z“ lautet.

Zur konkreten Auswahl der **Kundenwertfaktoren des beobachtbaren Kaufverhaltens** existieren in der Literatur verschiedene Meinungen. GELBRICH folgt der Ansicht von PELS/JACONELLI, bei der Berechnung des CLV lediglich den Kundenumsatz in der jeweiligen Periode zu berücksichtigen und nicht die Gewinne, da zukünftige Werte wie Marketingaufwendungen und Stückkosten in zukünftigen Perioden unsicher und daher schwierig zu berechnen sind.[227] Die Prognose der **Umsätze** hingegen weist nach Meinung von GELBRICH keine große Schwierigkeit auf.[228]

Diesen Argumenten folgt das Gros der Literatur nicht, da bei der Betrachtung der Umsätze keinerlei Aussage über die **Profitabilität** des Kunden gemacht und somit kein echter Kundenwert errechnet werden könne.[229] Außerdem könnten einzelne Kunden so nicht miteinander verglichen werden. Im Prinzip ist eine Kundengewinnrechnung der Kundenumsatzbetrachtung überlegen, ihre Eignung ist jedoch immer in Abhängigkeit von der branchentypisch vorliegenden Datenbasis zu prüfen. Zur Berechnung der Kundenprofitabilität benötigt man eine kundengenaue Zurechnung der **Kosten**, was im Massenschäft z.B. des Lebensmitteleinzelhandels nicht ohne Weiteres zu bewerkstelligen ist.

Im Lebensmitteleinzelhandel hat man schon das Problem der **produktgenauen** Zurechnung von Kosten. Dies fängt an mit dem **Einstandspreis**, der in dieser Branche nie dem Listen- oder Rechnungspreis entspricht.[230] Abgesehen von zahlreichen individuellen Rabatten betreffen Absprachen zwischen Einkauf und Vertrieb oft das gesamte Sortiment eines Herstellers oder werden als Jahres-

---

227 Vgl. Gelbrich (2001), S. 80.
228 Vgl. Gelbrich (2001), S. 80.
229 Vgl. Bruhn et al. (2000), S. 172; Cornelsen (1999), S. 3.
230 Vgl. Poppelbaum (2006), S. 44.

rückvergütung verspätet pauschal ausgeschüttet.[231] Die Zurechenbarkeit zu einzelnen Produkten ist im Prinzip unmöglich.[232]

Ein Zitat des damaligen Vorstandsvorsitzenden der REWE-Zentral AG, HANS REISCHL, unterstreicht die **Intransparenz** der Preise im Einzelhandel: *„In der Tat glaube ich nicht, daß bei uns jemand den Einstandspreis einer Dose Ravioli kennt. Es gibt ja nicht nur die Listenpreise der Industrie, sondern auch viele pauschale Vergütungen der Lieferanten für den Gesamtumsatz, den wir mit ihnen machen. Wie wollen Sie das auf das einzelne Produkt herunterrechnen?“*[233] In solchen Fällen kann die Zurechnung der Produktkosten durch Schlüsselung oder die Ermittlung von Durchschnittspreisen bestimmter Artikel gefunden werden. Im Schema des Kaufprozesses (Abb. 4-3) sind die Produktkosten ein **negativer Werttreiber** im Bereich „Ware“.

Wie bereits in Kap. 3.6.2 erläutert, besteht neben dem Einkaufspreis der zweite große Kostenblock im Einzelhandel vorwiegend aus **Gemeinkosten**, die auf starke Kostentreiber wie Service- und Verkaufspersonal, Immobilien, Verwaltung und Logistik zurückzuführen und einzelnen Kunden nicht ohne Weiteres verursachungsgerecht zuzurechnen sind. Folgt man auch hier dem Schema des Kaufprozesses, so können die Gemeinkosten nach der **Inanspruchnahme von Handelsleistungen** in den einzelnen Prozessphasen aufgeteilt werden. So werden z.B. in Abhängigkeit von der Einkaufsstätte Miet-, Verwaltungs- und Logistikkosten verrechnet. Personalkosten sind abhängig von der Kombination aus Einkaufszeitpunkt und Einkaufsstätte. Die Informationsgrundlagen über die Zuordnung der Gemeinkosten stammen aus dem internen Rechnungswesen der bewertenden Unternehmung.

Gegenüber den Einzel- und Gemeinkosten schlägt der Umsatz positiv zu Buche. Bezogen auf das Schema des Kaufprozesses (Abb. 4-3) hängt diese „Einzahlungsseite“ des Kundenwertes von der Entscheidung des **Haushaltes** ab, wann (**Zeitpunkt**) er wo (**Einkaufsstätte**) welche **Waren** (Sortiment, Kategorie, Marke) in welchem Umfang und in welcher Zusammensetzung (**Posi-**

---

[231] Vgl. Poppelbaum (2006), S. 44.
[232] Vgl. hierzu ausführlich Oversohl (2002), S. 10 f.
[233] o.V. (1999), S. 79 f.

tionen, Warenkorb) einkauft. Komplex wird dieses Thema vor allem durch den Umstand, dass eine solche Einkaufsentscheidung im Lebensmitteleinzelhandel – anders als in anderen Branchen oder im B2B-Bereich – von vielen Haushalten mehrmals pro Woche getroffen wird. Man hat es also mit einer Vielzahl von „Umsatzverursachern" und einer noch höheren Anzahl einzelner Entscheidungen und Einkaufsvorgänge zu tun.

Allerdings lassen sich aus Bestandteilen dieser Kaufentscheidung auch kundenbezogene Kenngrößen wie die Kundendurchdringungsrate, im Lebensmittelbereich auch als **Bedarfsdeckungsquote** bekannt,, und die **Lieferantenposition** eines Anbieters berechnen. Die Kundendurchdringungsrate ergibt sich aus dem Verhältnis des Umsatzes eines Kunden mit einem Anbieter zu dem Gesamtbedarf dieses Kunden in der entsprechenden Produktkategorie.[234] Die Lieferantenposition einer Unternehmung bezogen auf einen Kunden berechnet sich aus dem Umsatz mit einem Kunden im Verhältnis zu dessen Umsatz mit dem größten Wettbewerber.[235] In den folgenden Analysen dieser Arbeit wird vor allem die im Lebensmitteleinzelhandel verbreitete Kennzahl Bedarfsdeckungsquote herangezogen

4.4 Formale Darstellung des Kundenwertes im Einzelhandel

Grundlage der Kundenbewertung im Einzelhandel ist die CLV-Methode.[236] Die **Basisversion** der formalen Darstellung des CLV aus Formel 3-1 wird im Folgenden den Erfordernissen und Besonderheiten des **Einzelhandels** angepasst, um die Komplexität branchenspezifischer Modifikationen zu verdeutlichen. Formel 4-1 beginnt mit der Einführung von Einkaufsakten, die im Lebensmitteleinzelhandel mehrfach pro Periode stattfinden:

---

[234] Vgl. Homburg/Schnurr (1999), S. 2.
[235] Vgl. Cornelsen (1996), S. 8.
[236] Vgl. Kap. 3.6.

$$CLV_{a0} = -A_{a0} + \sum_{t=0}^{T} \frac{\sum_{s=1}^{S}(E_{ast} - A_{ast}) - A_{at}}{(1+i)^t}$$

mit:

CLV_{a0}	=	Customer Lifetime Value des Kunden a zum Zeitpunkt 0
a	=	zu bewertender Kunde a
A_{a0}	=	Auszahlungen der Unternehmung zur Akquisition des Kunden a
$t \in (0,...,T)$	=	Periode
T	=	Anzahl der Perioden, in denen der Kunde der Unternehmung erhalten bleibt
$s \in (1,...,S)$	=	Einkaufstag
S	=	letzter Einkaufstag der betrachteten Periode
E_{ast}	=	Einzahlungen durch den Kunden a am Einkaufstag s der Periode t
A_{ast}	=	Auszahlungen der Unternehmung für den Kunden a, verursacht durch dessen Einkauf an Tag s der Periode t
A_{at}	=	allgemeine Auszahlungen der Unternehmung für den Kunden a in Periode t
i	=	Kalkulationszinsfuß bezogen auf die Dauer einer Periode t

Formel 4-1: Formale Darstellung des CLV im Einzelhandel (Basisversion)

Der wesentliche Unterschied zur Formel 3-1 ist die Zählvariable [s], durch die die Überschüsse/Defizite der **einzelnen Einkaufsakte** des betreffenden Kunden in der jeweiligen Periode aufsummiert werden. Der Saldo bildet sich aus der Differenz der durch den Kunden verursachten Einzahlungen des Händlers für eine bestimmte Anzahl verschiedener Produkte (Warenkorb) an einem Einkaufstag [E_{ast}] und den Auszahlungen der Unternehmung für den Kunden, ebenfalls bezogen auf Zeitpunkt und Waren [A_{ast}].

Im Nenner der Formel 4-1 findet sich die **Abzinsung** der Einzahlungsüberschüsse. Der Kalkulationszins entspricht der durch die Handelsunternehmung vorzugebenden Mindestrendite des eingesetzten Kapitals. Der Nenner wächst, je weiter fortgeschritten Periode t oder je größer der Kalkulationszinsfuß i ist. Entsprechend sinkt der CLV_{a0}, da Zahlungsüberschüsse durch die Abzinsung an Wert verlieren, je weiter sie in der Zukunft liegen.[237]

Da die **Akquisitionskosten** [A_{a0}] besonders schwer zu ermitteln und zuzurechnen sind, konzentrieren wir uns auf die laufenden Transaktionen. Ein- und Auszahlungen können mit kundenindividuellen Mengen und Preisen sowie Ein-

[237] Vgl. Kap. 3.6.3.4.

standspreisen der gekauften Produkte als kaufbezogene Auszahlung für einen Kunden verrechnet werden,[238] so dass Formel 4-2 den Warenrohertrag des Kunden a darstellt:

$$E_{ast} - A_{ast} = \sum_{j=1}^{J}(p_{asjt} \bullet x_{asjt}) - \sum_{j=1}^{J}(ep_{asjt} \bullet x_{asjt})$$

mit:

$j \in (1,...,J)$	=	Produkte im Sortiment des Händlers
p_{asjt}	=	Verkaufspreis des Produktes j für den Kunden a zum Einkaufszeitpunkt s in Periode t
x_{asjt}	=	Menge des Produktes j zum Zeitpunkt des Einkaufs s des Kunden a in Periode t
ep_{asjt}	=	Einstandspreis für Produkt j zum Zeitpunkt des Einkaufs s des Kunden a in Periode t

Formel 4-2: Differenzierte Darstellung der durch einen Kunden verursachten Einzahlungen und Auszahlungen eines Händlers

In Formel 4-2 wird als kundenspezifische Auszahlung nur der **Einstandspreis** der ausgewählten Produkte herangezogen. Die kundenspezifischen Auszahlungen [A_{ast}] eines Händlers können insgesamt vielschichtiger sein. So können Positionen wie Auszahlungen für Direct Mails an den Kunden berücksichtigt werden. Alle nicht kundenspezifischen Auszahlungen wie z.B. Miete werden vernachlässigt, da sie unabhängig von den Kunden anfallen und – wie in Kap. 4.3 beschrieben – geschlüsselt werden müssten.

Die **Einzahlungen** ergeben sich in Formel 4-2 nach dem Verkaufspreis [p_{asjt}] multipliziert mit der gekauften Menge [x_{asjt}]. Der Verkaufspreis kann allerdings zusätzlich durch die Person des Käufers und dessen Einkaufszeitpunkt determiniert werden. Dies geschieht z.B. durch die Nutzung von Coupons und ähnlichen kundenindividuellen Preismodifikationen. Formel 4-3 zeigt einige gängige Varianten von Rabatten, deren Berücksichtigung bei der Ermittlung des CLV zu erheblichen Erweiterungen der in Formel 4-2 dargestellten Einzahlungen durch einen Kunden führt. Formel 4-3 enthält vier verschiedene **Rabattarten**, die bei dieser formalen Darstellung einzeln verrechnet werden. Davon ausgehend, dass ein Händler nur jeweils eine Objekt-Rabatt-Kombination anbietet, berück-

---

[238] Vgl. u.a. Diller/Cornelsen/Ambrosius (1997), S. 25; Foscht (2002), S. 148; Gelbrich (2001), S. 79; Link/Hildebrand (1997), S. 165.

sichtigt Formel 4-3 nur jeweils einen Rabatt pro Objekt (= Produkt oder Warenkorb).

$$E_{ast} = \sum_{j=1}^{J} (p_{asjt} \bullet (1 - cp_{asjt} - \frac{ca_{asjt}}{p_{asjt}} - cb_{asjt}) \bullet x_{asjt}) \bullet (1 - cw_{ast})$$

mit folgenden Preiskorrekturfaktoren:

cp_{asjt}	=	prozentualer Abschlag auf den Verkaufspreis von Produkt j
ca_{asjt}	=	absoluter Abschlag auf den Verkaufspreis von Produkt j
cb_{asjt}	=	1, sofern Naturalrabatt (z.B. „zwei zum Preis von einem“, kostenlose Zugaben)
cw_{ast}	=	prozentualer Abschlag auf den Warenkorb

Formel 4-3: Einzahlungen unter Berücksichtigung von Preiskorrekturfaktoren

Neben den üblichen **prozentualen** [cp_{asjt}] und **absoluten** [ca_{asjt}] Preisnachlässen ist auch ein **Naturalrabatt** [cb_{asjt}] enthalten. Dieser greift beispielsweise beim Verkauf von Produktbündeln (z.B. „eine kostenlose Schuhbürste zu jedem Paar Schuhe“). In der Praxis wird inzwischen häufig von diesen Zugabeaktionen Gebrauch gemacht („drei kaufen, zwei bezahlen“ oder BOGOF = „Buy one get one free!“). Findet sich auf dem Bon somit ein Produkt mit dem Preis = 0, so liegt ein Naturalrabatt in 100-prozentiger Höhe vor.

Neben den produktbezogenen Rabatten berücksichtigt Formel 4-3 **warenkorbbezogene Rabatte** [cw_{ast}], die den kompletten Einkaufsbetrag um einen prozentualen Abschlag verringern. Somit lässt sich für jeden Kunden feststellen, welche Arten von Preisnachlässen er in Anspruch genommen hat. Der CLV erfasst damit die Reaktionen der Kunden auf individuell oder pauschal ausgerichtete **Verkaufsförderungsmaßnahmen** und bildet dadurch verschiedene Kundentypen ab. So lässt sich z.B. aufdecken, wie häufig und in welchem Umfang Kunden einen ausschließlich an sie ausgegebenen Coupon genutzt haben.

Wenn darüber hinaus **warengruppenbezogene Rabatte** vorliegen, so kommt es zu einer Aufteilung des Sortiments [j,...,J] in Kategorien [k1,...,kn]. Formel 4-4 wird basierend auf Formel 4-3 erweitert, indem sie für jede Warengruppe einen prozentualen Abschlag [ck_{gast}] berücksichtigt. Der gewachsene Umfang zeigt, wohin eine **vielfältige Rabattpolitik** führen kann: Je mehr Rabattarten ein Händler gewährt, umso komplexer wird die formale Abbildung. Ein Verzicht auf die formale Konkretisierung ist möglich, verringert aber die Kontrolle des Effektes unterschiedlicher Aktionen.

$$E_{ast}= (\sum_{j=1}^{k_1}(p_{asjt} \bullet (1-cp_{asjt} - \frac{ca_{asjt}}{p_{asjt}} - cb_{asjt}) \bullet x_{asjt}) \bullet (1-ck_{1ast})$$
$$+ \sum_{j=k_1+1}^{k_2}(...) \bullet (1-ck_{2ast}) + ... + \sum_{j=k_{G-1}+1}^{k_G}(...) \bullet (1-ck_{Gast})) \bullet (1-cw_{ast})$$

mit folgenden Preiskorrekturfaktoren:

$g \in (1,...,G)$	=	Warengruppe
$k_1,...,k_G$	=	jeweils letzter Artikel einer Warengruppe g; $k_G = J$
ck_{gast}	=	prozentualer Abschlag auf den Kaufbetrag in einer Warengruppe

Formel 4-4: Einzahlungen unter Berücksichtigung von warengruppenbezogenen Preiskorrekturfaktoren

Bei allen hier vorgestellten Modellen wird von Zahlungen zum **Ende der Periode** ausgegangen, da die einkaufszeitpunktgenaue Betrachtung der Einzahlungen das Ergebnis nur unwesentlich verfeinern würde. Dieses eher methodische Problem würde den Rahmen dieser Arbeit ebenso sprengen wie die genaue Berücksichtigung der Auszahlungen an den Lieferanten (je nach Umschlagsgeschwindigkeit vor oder nach Abverkauf). Gerade bei den Auszahlungen ergeben sich Zurechnungsprobleme in der Lagerhaltung. Weiterhin wird bei allen Größen und Transaktionen Zahlungswirksamkeit unterstellt.

5 Informationsgrundlagen der Kundenbewertung im Einzelhandel

Das Konzept, den Gesamtwert einzelner Kunden zu berechnen, ist nicht neu. Es findet allerdings bislang vor allem in Branchen wie dem Versicherungs- oder Bankwesen sowie im B2B-Geschäft Anwendung. Hier liegt der Vorteil darin, dass viele der in Kap. 4.3 angeführten Parameter zur Bewertung von Kunden mit relativ großer Genauigkeit einzuschätzen oder zu messen sind, da oft eine umfassende **personalisierte Datenbasis** vorliegt, anhand derer die Lebenszyklen von Kunden komplett verfolgt werden können. Weiterhin besteht ein gravierender Unterschied zum Einzelhandel darin, dass die Kauf- oder **Vertragszyklen** wesentlich länger sind.[239] Im Gegensatz zu monatlichen, wöchentlichen oder täglichen Kontakten mit vergleichsweise geringen Bonsummen stehen hier meist seltene, dafür aber intensivere Kontakte.

Eine große Herausforderung des CLV für den Einzelhandel ergibt sich aus der benötigten **Datenbasis**. Zunächst gilt es zu untersuchen, welche Größen als Determinanten des CLV – bezogen auf die gegebenen Rahmenbedingungen der untersuchten Unternehmung – maßgeblich sind. Hieraus resultiert die zweite Frage, ob und wie die gewünschten Werte messbar sind. Die in Frage kommenden Datenquellen werden beschrieben und ihre Eignung zur Kundenbewertung diskutiert.

5.1 Der Informationsbedarf zur Bestimmung des Kundenwertes im Einzelhandel

Der Informationsbedarf ergibt sich aus der formalen Darstellung des CLV im Einzelhandel in Kap. 4.4. Die Variable [t] bezeichnet die einzelnen Perioden. Üblicherweise entspricht eine Periode dem Zeitraum von einem Jahr.

Für den Einzelhandel ist eine **tagesgenaue Betrachtung** der entstehenden Einzahlungen denkbar. Dazu müssen alle Zahlungen genau mit ihrer Ent-

[239] Vgl. ähnlich Reinartz/Kumar (2000), S. 17.

stehung berücksichtigt werden, d.h., Barzahlungen des Kunden für Ware sind genau auf den Einkaufstag zu datieren, Kreditkarten-, Kundenkarten- (mit Zahlungsfunktion) oder EC-Kartenzahlungen entsprechend dem Abrechnungszeitpunkt mit dem Kreditinstitut zu buchen. Ebenso differenziert stellt sich die Auszahlungsseite des Händlers dar. Auszahlungen, die sich einem Kunden zuordnen lassen, sind in diesem Falle ebenfalls erst bei Zahlungswirksamkeit zu berücksichtigen.

Der weitere Informationsbedarf lässt sich durch **Artikelstammdaten** decken. Benötigt wird zunächst die Kenntnis aller Artikel, um die Zusammensetzung der einzelnen Warenkörbe zu bestimmen (vgl. Formel 4-2). Hierzu gehören der **Absatzpreis** zum jeweiligen Zeitpunkt und alle weitergehenden Informationen über Preisvariationen (vgl. Formel 4-3 und Formel 4-4).

Zur Bestimmung des Rohertrags auf Produktebene ist die Kenntnis des **Einstandspreises** nötig, eine Voraussetzung, die in der Handelspraxis kaum zu erfüllen sein dürfte.[240] Gleichermaßen müssen Informationen über **Bewegungsdaten** vorliegen, wie z.B. über die Absatzmenge und den Absatzzeitpunkt der Ware.

Ferner ist ein **Kalkulationszinsfuß** [i], z.B. als geforderte Mindestrendite, vorzugeben.[241] Diese Mindestrendite ist üblicherweise auf den Periodenzeitraum von einem Jahr angegeben. Im Falle der eingangs beschriebenen unterjährigen Berechnung des CLV ist der Kalkulationszins entsprechend anzupassen. Weiterer Informationsbedarf bezieht sich auf die Prognose der **Dauer** der Kundschaft [T] sowie des **Umfangs** der zukünftig zu erwartenden **Einzahlungsüberschüsse** durch den Kunden.

Grundsätzlich sind neben den gerade beschriebenen offensichtlichen Bestandteilen viele weitere Faktoren denkbar, die den Wert eines Kunden ausmachen.[242] So kann ein Kunde mehr oder weniger gezielt weitere Kunden werben oder von der **Abwanderung** abhalten (siehe Formel 3-2). Die gewor-

---

[240] Siehe Kap. 4.3.

[241] Für eine detaillierte Diskussion des Kalkulationszinsfußes in der Kundenbewertung vgl. Kap. 3.6.3.4.

[242] Siehe z.B. das Werben oder Binden von anderen Kunden, Kap. 3.6.3.2.

benen oder erhaltenen Werte dieser Kunden ergeben sich analog zu den bereits erläuterten Formeln und Parametern, lediglich bezogen auf andere Kunden. Offen bleibt die Frage, **welcher** Kunde welche anderen Kunden geworben oder gehalten hat.

Eine Möglichkeit, den „Verursacher" einer neuen Kundenbeziehung zu identifizieren, ist ein **Freundschaftswerbungsprogramm** („Kunden werben Kunden"). Die meisten Handelsunternehmungen, die Kundenkarten einsetzen, generieren einen Teil des Wachstums der Kundenclubs über die Werbung neuer Mitglieder durch bestehende Mitglieder. Der Anreiz für die bestehenden Mitglieder ist die Belohnung durch Prämien oder Bonuspunkte für eine Werbung. Um in den Genuss dieser Prämie zu gelangen, muss sich das werbende Mitglied identifizieren.

Da die Zurechnung von Einzahlungen zu bestimmten Kunden über **Kundenkarten** erfolgen kann, ist es möglich, Verknüpfungen zu den Kundenkarten und damit den Umsätzen geworbener Kunden herzustellen. Eine Verrechnung kann analog der bereits vorgestellten Formel 3-2 erfolgen oder nach Erkenntnissen und Erfahrungen des Händlers verursachungsgerecht gestaffelt werden. Abb. 5–1 stellt den Informationsbedarf für die Ermittlung eines CLV zusammenfassend dar.

Die wesentlichen kundenbezogenen Faktoren sollten in den Quellen für Transaktionsdaten enthalten sein, da sich ohne die Information, welche Menge zu welchem Preis gekauft wurde, keine Marktgrößen und Marktanteilsberechnungen durchführen lassen. Allerdings sind in Abb. 5–1 auch Daten aufgeführt, die nicht zwingend enthalten sein müssen. So kann auf die Kennzeichnung von Sonderaktionen verzichtet werden, weil zur **Umsatzberechnung** lediglich der reduzierte Preis reicht. Zeigt sich in einer Analyse nun ein reduzierter Preis, so kann man ohne Hinweis auf die Ursache nicht ausmachen, um welche Art von Aktion es sich handelt. Das folgende Kapitel stellt verschiedene **Datenquellen** im Einzelhandel vor und untersucht ihre Eignung zur Kundenbewertung.

	Variable	Informationsbedarf
Kundenindividuelle Informationen	T	**Dauer** der Kundschaft
	s	Anzahl der **Einkaufsgänge** bestimmter Kunden/Kundengruppen
	A_{ast}	**einkaufsbezogene Auszahlungen** der Unternehmung für den Kunden, u.a.: direkt zurechenbare Werbeauszahlungen (Direct Mails etc.)
	A_{at}	einem Kunden zurechenbare **allgemeine Auszahlungen** pro Periode, u.a.: ▪ allgemeine Werbeauszahlungen (Mitgliedschaft im Kundenclub etc.) ▪ zeitraumbezogene Rabatte
	cp_{asjt}	Inanspruchnahme eines **prozentualen** Rabatts für ein Produkt j, z.B. durch die Verwendung eines Coupons
	ca_{asjt}	Inanspruchnahme eines **absoluten** Rabatts für ein Produkt j, z.B. durch die Verwendung eines Coupons
	cb_{asjt}	Kauf eines **Produktbündels** mit kostenloser Zugabe
	ck_{asjt}	Inanspruchnahme eines **prozentualen** Rabatts für eine Warengruppe, z.B. durch einen Treuegutschein
	cw_{asjt}	Inanspruchnahme eines **prozentualen** Rabatts für den gesamten Warenkorb, z.B. durch den Einsatz einer Kundenkarte
	x_{asjt}	**Kaufmenge** von Produkt j durch den Kunden a zum Zeitpunkt des Einkaufs s in Periode t
Kundenunabhängige Informationen	i	**Kalkulationszinsfuß**, z.B. geforderte Mindest- oder Durchschnittsrendite
	g	**Warengruppen**
	j	**Produkte** ▪ Zuordnung zu Warengruppen ▪ Marken ▪ Packungsgrößen (inkl. Sonderpackungen, Displays etc.) ▪ Neuprodukte ▪ Ausmusterung alter Produkte ▪ Out-of-Stocks
	p_{asjt}	„normaler" Verkaufspreis Preisänderungen (mittel- bis langfristig) Promotionpreis (inkl. Zeitraum der Promotion)
	ep_{asjt}	Einstandspreis

Abb. 5–1: Informationsbedarf für die Ermittlung des CLV

5.2 Zur Deckung des Informationsbedarfs

5.2.1 Die Ermittlung der Auszahlungen für Kunden

Wie in Kap. 4.3 beschrieben, resultiert ein großer Anteil der Auszahlungen im Einzelhandel aus Gemeinkosten. Um die wertmindernden Bestandteile des Kundenwertes zu berechnen, muss eine Möglichkeit gefunden werden, diese Auszahlungen Kunden zuzurechnen. Die Datenquelle ist das **interne Rechnungswesen**, in dem alle anfallenden Kosten erfasst werden, also auch die Gemeinkosten. Eine Methode zur Verrechnung auf **Kostenträger** ist die

Prozesskostenrechnung.[243] Ziel der Prozesskostenrechnung ist die verursachungsgerechtere Zurechnung der betrieblichen Gemeinkosten auf die Kalkulationsobjekte.[244] Die gängigen Beispiele beziehen sich auf Produkte, wobei das Konzept auch auf Kunden anwendbar ist.[245]

Die Verrechnung erfolgt anhand der tatsächlichen **Inanspruchnahme von betrieblichen Ressourcen**.[246] Hierfür werden zunächst die Prozesse im Sinne repetitiver Tätigkeiten definiert und deren Kostentreiber als Bezugsgrößen für die Schlüsselung der Gemeinkosten identifiziert.[247] Nach Planung der Prozessmengen werden die Prozesskosten und damit die Prozesskostensätze ermittelt, die schließlich den Kunden – je nach Inanspruchnahme des Prozesses – zuzurechnen sind. Dadurch sollen die unterschiedlichen Bedürfnisse der Kunden berücksichtigt und mögliche **Quersubventionierungen** auf Kundenebene aufgedeckt werden.[248] Die Anzahl der Kunden ist ein wesentlicher Kostentreiber, die Höhe des Kundenumsatzes nicht.[249]

Beispiele für kundenbezogene Prozesse, die in der Regel Gemeinkosten verursachen, sind die Verräumung von Ware und das Kassieren. Die Kostentreiber wären hier z.B. die Zahl der gekauften Artikel pro Warengruppe, Abteilung und Bon. Abb. 5-1 zeigt das Beispiel einer **kundenorientierten Prozesskostenrechnung** für den Prozess des Kassierens.

Eine Prozesskostenrechnung bewertet Kunden also nach der Inanspruchnahme betrieblicher Ressourcen[250] und zielt dabei auf die **verursachungsgerechte** Verteilung von Gemeinkosten ab. Die Prozesskostenrechnung eignet sich besonders für langfristig angelegte, möglicherweise sogar vertraglich geregelte Kundenbeziehungen, weil in diesem Fall die häufig vorausgehenden Akquisitionsbemühungen und die direkte Kundenbetreuung über die Prozesskostenrechnung geschlüsselt werden können.

---

[243] Vgl. Cooper/Kaplan (1991), S. 87 ff.
[244] Vgl. Coenenberg/Fischer (1991), S. 35; Reckenfelderbäumer/Welling (2003), S. 370.
[245] Vgl. Knöbel (1995), S. 13.
[246] Vgl. Köhler (2000), S. 426.
[247] Vgl. Coenenberg/Fischer (1991), S. 25.
[248] Vgl. Knöbel (1995), S. 8.
[249] Vgl. Homburg/Daum (1997b), S. 395.
[250] Vgl. Köhler (2000), S. 426.

Prozess: Kassieren

Prozesskosten pro Periode (u.a. prozessbedingte Gehälter Verbrauchsmaterial und Abschreibungen auf Kassensysteme):	150.000 €
Prozessmenge pro Periode	300.000 Bons

$$\text{Prozesskostensatz} = \frac{\text{Prozesskosten}}{\text{Prozessmenge}} = \frac{150.000\,€}{300.000\,\text{Bons}} = 0{,}50\ €/\text{Bon}$$

Lesebeispiel:

Einem Kunden, der 50 Einkäufe in der Periode tätigt, werden 25,00 € „Kassierkosten“ zugerechnet, unabhängig davon, wie hoch die Anzahl der gekauften Artikel und der erzielte Umsatz des Kunden ist.

Abb. 5-1: Beispiel einer kundenorientierten Prozesskostenrechnung für den Prozess „Kassieren“ im Lebensmitteleinzelhandel

Quelle: In Anlehnung an Köhler (2000), S. 426

Aber auch in **anonymen Kundenbeziehungen** kann die Prozesskostenrechnung nützen, wie das Beispiel des Kassierens im Lebensmitteleinzelhandel in Abb. 5-1 zeigt. Man kann jedem **Kauf** zeitpunktbezogen Prozesskosten zurechnen. Bedingt durch die Anonymität kennt man die Inanspruchnahme betrieblicher Ressourcen **einzelner Kunden** nicht, sondern muss aufgrund anderer Kriterien, wie z.B. Anzahl der Bons, Anzahl der Artikel pro Bon, Zahlungsweise etc., auf die Prozesskosten pro Kunde schließen.

Beim Einsatz der Prozesskostenrechnung ist zu beachten, dass die hier vorgenommene Zurechnung von Gemeinkosten auf der Basis pauschaler Annahmen erfolgt. Das Ergebnis ist nicht mit dem einer echten Kostenträgerrechnung auf der Basis von Einzelkosten vergleichbar. Hieraus ergibt sich im Falle eines **hohen Gemeinkostenanteils** und niedriger Umsatzrendite, wie z.B. im deutschen Einzelhandel, dass das Ergebnis der Kundenbewertung maßgeblich von der **Qualität der Prozessdefinition** und Kostenverrechnung abhängt.

Wenn also die Differenz zwischen Umsatzerlösen und Kosten einer Unternehmung ohnehin gering ist und die Kosten größtenteils über die Prozesskostenrechnung dem Kostenträger „Kunde“ zugerechnet werden, so führt schon ein Rechen- oder Annahmefehler im geringen Prozentbereich dazu, bestimmte Kunden fälschlicherweise mit einem positiven oder negativen Kundenwert zu berechnen. In diesem Fall ist zu hinterfragen, ob die Verrechnung der Gemeinkosten auf einzelne Kunden sinnvoll ist.

5.2.2 Die Ermittlung der Einzahlungen durch Kunden

Die Einzahlungen einer Unternehmung sind vergleichsweise einfach zu messen und Kunden zuzurechnen.[251] Sie werden im Einzelhandel vor allem durch den Absatz von Ware zu einem bestimmten Zeitpunkt an Privathaushalte erzielt. Da im Lebensmitteleinzelhandel allerdings von einer großen Menge an Artikeln, Kunden und Transaktionen auszugehen ist, stellen die **Informationssysteme** auch für die Einzahlungsseite eine große Herausforderung dar.[252]

Daten der zu erwartenden Größenordnung werden in **Data Warehouses** vorgehalten, weshalb zur Systematisierung der Daten zunächst die einschlägige Literatur zum Thema Database Marketing herangezogen wird. Hier existieren Ansätze zur **Systematisierung von Daten**. So unterscheidet z.B. MUSIOL folgende Daten:[253]

- Adressdaten
- soziodemografische Daten
- psychografische Daten
- Aktionsdaten
- Reaktionsdaten
- Potenzialdaten

Daten, die im Zusammenhang mit **Kaufvorgängen** anfallen, lassen sich nach verschiedenen Merkmalen systematisieren. Merkmale können sein:

- der **Ort** der Erhebung (innerhalb oder außerhalb der Einkaufsstätte),
- die **Institution** der Erhebung (die Handelsunternehmung selbst oder Dritte, wie z.B. Marktforschungsinstitute),
- die **Marktabdeckung** (eine oder mehrere Handelsunternehmungen),
- der **Verbund** von Datenquellen (reine Abverkaufsdaten, Verbindung von Abverkaufsdaten mit Artikelstammdaten, Verbindung von Abverkaufsdaten mit Kundendaten) und
- der Grad der **Personalisierung** (anonym, pseudonym oder personalisiert).

---

[251] Diese Ausführungen wurden bereits in ähnlicher Form von Schröder/Rödl (2004) veröffentlicht.
[252] Vgl. Meyer/Kantsperger (2004), S. 13.
[253] Vgl. Musiol (1999), S. 27.

Transaktionsdaten eines Kunden, die mit **Scannerkassen** erfasst werden, fallen folglich intern an, werden von der Handelsunternehmung im Zuge des Kaufvorganges selbst erhoben, lassen sich mit weiteren Datenarten wie z.B. Artikelstammdaten verbinden, liefern aber ohne kundenindividuelle Daten nur **anonyme Ergebnisse**.

Transaktionsdaten, die ein Marktforschungsinstitut im Rahmen eines **Verbraucherpanels** erhebt, können außerhalb der Einkaufsstätte ermittelt werden (z.B. durch das Inhome-Scanning). Sie lassen sich konkreten Personen oder Haushalten zuordnen und sind pseudonym, d.h., die Identität der Personen oder Haushalte bleibt gewahrt.

Transaktionsdaten, die unter Verwendung einer **Kundenkarte** oder bei der Abwicklung von Käufen im Distanzhandel anfallen, haben immer das Potenzial verbundener Daten, da sich die Transaktionsdaten mit kundenindividuellen Daten (Name, Adresse, Alter etc.) anreichern lassen. Sie bieten das Potenzial personalisierter Daten, da jeder Kunde identifiziert und individuell angesprochen werden kann.

Abb. 5-2 zeigt die wesentlichen Arten von Transaktionsdaten, systematisiert nach der Marktabdeckung und dem Grad der Personalisierung. Diese typischen Datenquellen für den Einzelhandel werden in den folgenden Kapiteln vorgestellt und hinsichtlich ihrer Eignung zur Kundenbewertung untersucht.

	eine Unternehmung	**mehrere Unternehmungen**
anonym	Scannerdaten	Handelspanel
pseudonym/ personalisiert	Kundenkartendaten	Haushaltspanel

Abb. 5-2: Systematisierung von Transaktionsdaten

5.2.2.1 Anonyme Transaktionsdaten

Die wichtigste Quelle zur Gewinnung von Transaktionsdaten im stationären Einzelhandel sind **Scannerkassen**. Fast alle großen Unternehmungen des Lebensmitteleinzelhandels (Metro, Edeka, Markant, Tengelmann, dm, Schlecker) sind in 80 bis 100 % ihrer Betriebe mit solchen Kassen ausgestattet.[254]

Wenn beim Kassiervorgang der Preis einer Ware durch Scannen des Barcodes ermittelt wird und nicht mehr durch die manuelle Eingabe des Preises in eine „Rechenmaschine“, enthält ein Bon neben Preisinformationen auch die zugehörige **Artikelidentifikationsnummer** (European Article Number – EAN[255]). Um die vom Kunden zu zahlende Gesamtsumme zu ermitteln, werden die Preise aller gekauften Artikel addiert und gleichzeitig die EAN einer Bonnummer zugeordnet. Über die EAN können die in den Artikelstammdaten des Warenwirtschaftssystems gespeicherten Informationen mit den Transaktionsdaten verknüpft werden (vgl. Abb. 5-3).

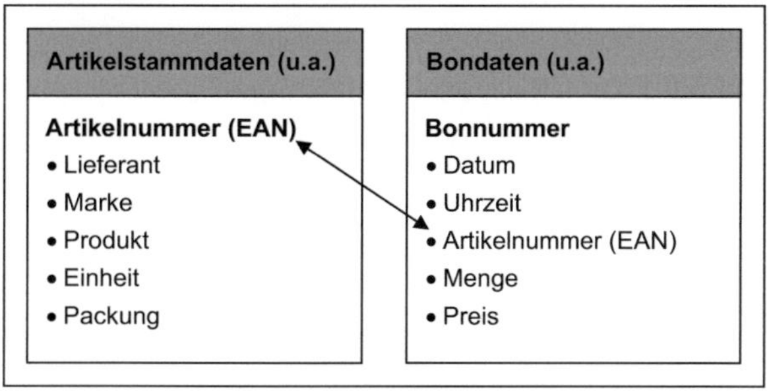

Abb. 5-3: Datenmodell von Transaktionsdaten in einem Scannerkassensystem

Durch den **Zwang der Preisermittlung** wird gewährleistet, dass alle Bons vollständig erfasst werden. Allerdings schöpfen nicht alle Scannerkassensysteme ihr Potenzial aus. Mancherorts beschränken sie sich auf die Funktion der effizienten Preisermittlung in der Check-out-Zone; die Speicherung und Analyse von Bons werden dagegen vernachlässigt. Schwerwiegender sind die Pro-

[254] Vgl. Schäfer (2002), o.S.
[255] Vgl. Ausschuss für Definitionen zu Handel und Distribution (2006), S. 182,

bleme, die sich beim Scanning ergeben können,[256] wie etwa das **Fehlscanning**. Dies tritt z.B. auf, wenn Joghurt derselben Marke, den ein Kunde in mehreren Geschmacksrichtungen (z.B. Erdbeere, Banane, Schoko) kauft, vom Kassenpersonal nur einmal gescannt (z.B. nur Erdbeere) und somit nur eine Geschmacksrichtung als mehrfacher Kauf im Umfang aller Joghurtbecher dieser Marke gemessen wird.

Ein weiteres Problem ist die so genannte „Sumpftaste", über die man alles erfasst, was sich nicht gut scannen lässt oder wo versäumt wurde, neue EAN oder Preise in das **Kassensystem** einzuspielen. Produkte, die nicht oder fehlerhaft gescannt werden, verfälschen die Datenbasis. Weitere Probleme ergeben sich aus **fehlerhaften Datenbeständen** im Warenwirtschaftssystem und aus der Verwendung proprietärer Artikelnummernsysteme. Dies erschwert die Verknüpfung mit externen und anderen internen Daten und verhindert insbesondere die eindeutige Zuordnung von Artikelinformationen.

Scannerdaten sind auch die Grundlage für **Handelspanels**. Marktforschungsinstitute erhalten von verschiedenen Handelsbetrieben Scannerdaten, die sie auswerten und als Ergebnisse den Händlern und Herstellern zur Verfügung stellen. Das Prinzip der Datenerhebung ist identisch mit der Erhebung eigener Scannerdaten.[257]

Die Teilnahme mehrerer Handelsbetriebe am Panel erlaubt bei der Auswertung zeitpunkt- und zeitraumbezogene Betriebsvergleiche, also Quer- und Längsschnittanalysen. Zu beachten ist, dass sich die bei einem Handelsbetrieb auftretenden Probleme des Scannings multiplizieren, was die Reliabilität der Daten weiter einschränkt. Für viele Hersteller sind Handelspanels allerdings die einzige Möglichkeit, um Abverkaufsdaten der Händler zu erhalten.

---

[256] Vgl. hierzu ausführlich Ebbers (2003), S. 148 f.
[257] Vgl. Liening (2005), S. 66.

5.2.2.2 Pseudonyme Transaktionsdaten

Pseudonyme Transaktionsdaten erlauben die Zuordnung von Käufen zu bestimmten Kunden oder Haushalten, ohne deren Namen und Adresse zu verwenden. Anstelle des Namens findet sich ein **Pseudonym**, in der Regel eine Kundennummer oder eine Kartennummer. Soweit die unter einem Pseudonym erfassten Nutzungsprofile nicht mit Daten über den Träger des Pseudonyms zusammengeführt werden (dürfen), bleiben die Personen anonym.

Eine Quelle pseudonymer Transaktionsdaten sind **Verbraucherpanels** (Haushalts- und Individualpanels). Die Daten werden über Scanning im Einzelhandel oder durch Inhome-Scanning der Panelteilnehmer erhoben. Ein Haushaltspanel soll das Kaufverhalten des Haushaltes möglichst umfassend abbilden. Jeder aufgezeichnete Einkauf lässt sich über das Pseudonym jedem Haushalt exakt zuordnen.

Wie bei der Gewinnung anonymer Daten kann es auch hier zu Fehlern bei der Erhebung und Speicherung von Daten kommen. Wenn die Artikel nicht im Zuge des **POS-Scannings** (mit Identifikationskarte des Haushaltes), sondern durch **Inhome-Scanning** erhoben werden, besteht die Gefahr, dass bestimmte Artikel nicht gescannt werden und möglicherweise sogar komplette Einkäufe und damit Bons unberücksichtigt bleiben. Die relativ geringe **Fallzahl** von Haushaltspanels (GfK: ca. 18.000 Haushalte, Nielsen: ca. 15.000 Haushalte)[258] kann sich negativ auf die Aussagekraft auswirken, sobald **detailliertere Analysen** (Drill-down) gewünscht sind, z.B. Käufe in bestimmten Geschäften. Weitere Probleme, wie z.B. Paneleffekte und Panelsterblichkeit, lassen sich in einschlägigen Quellen nachlesen.[259]

Abb. 5-4 verdeutlicht das Prinzip der Zuordnung verschiedener Datenquellen unter Einbeziehung von Daten aus einem **Haushaltspanel**. In den Transaktionsdaten selbst sind im Normalfall nicht alle zugrunde liegenden Stammdaten (der Artikel und der Kunden) enthalten, es ist immer ein Schlüssel notwendig.

---

[258] Unternehmensangaben, Stand 2007.
[259] Vgl. dazu Maurer (1993), S. 244 ff.; Meffert (1992), S. 215 f.

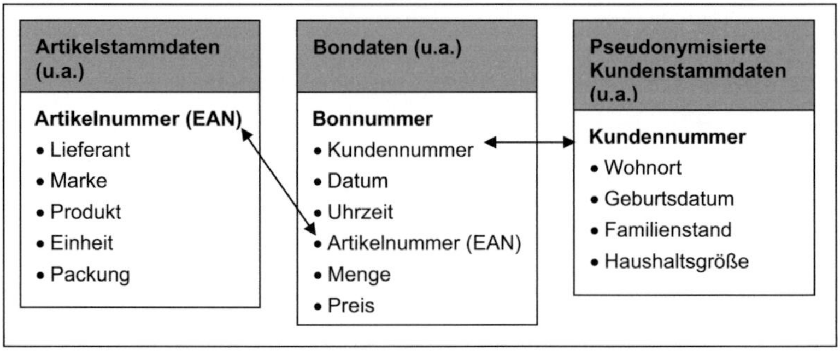

Abb. 5-4: Datenmodell von Transaktionsdaten in einem Haushaltspanel

Vor diesem Hintergrund ist auf folgendes Problem hinzuweisen: Bei fehlenden Zuordnungsmechanismen misslingt die **Integration** der Paneldaten in ein bestehendes Data Warehouse. Dies ist z.B. dann der Fall, wenn das Marktforschungsinstitut alle Produkte mit einem eigenen Schlüssel versieht und sie ihren Kunden so zur Verfügung stellt, anstatt die EAN als Schlüssel zu verwenden. Das so genannte **Matching** mit unternehmungsinternen Daten oder Daten anderer Anbieter ist dann nur nach einem erheblichen Datenbereinigungsaufwand möglich. Zwei weitere Möglichkeiten, pseudonymisierte Abverkaufsdaten zu erhalten, ergeben sich durch die Identifikation des Kunden über **EC- oder Kreditkartennummern** und über die Teilnahme an einem **Kundenkartenverbund**.

Bargeldlose Zahlungsmittel weisen als Identifikationsmethode einige Schwächen auf. Die Erhebung, Verarbeitung und Nutzung personenbezogener Daten in Verbindung mit Abverkaufsdaten ist ohne die Einwilligung des Kunden nicht zulässig.[260] Allenfalls kann von der **Pseudonymisierung** Gebrauch gemacht werden. Sofern ein Kunde unterschiedliche Karten nutzt, liegen – durch die unterschiedlichen Nummern der Karten – jedoch verschiedene Pseudonyme für ihn vor. Weitere Probleme ergeben sich dadurch, dass viele Kunden im stationären Einzelhandel bar bezahlen und dass die Gültigkeit jeder EC- oder Kreditkarte auf wenige Jahre begrenzt ist. Wenn nach der Ausgabe neuer

---

[260] § 28 Abs. 4 BDSG.

Karten die Pseudonyme (Kartennummern) wechseln, sind der Längsschnittanalyse zeitliche Grenzen gesetzt.

Kundenkartenprogramme liefern pseudonyme Daten, wenn Handelsunternehmungen auf ein proprietäres Kundenkartenprogramm verzichten und sich stattdessen einem **Kundenkartenverbund** (z.B. Payback, HappyDigits) anschließen. Das Pseudonym ist die Kartennummer. Soweit sich allerdings die teilnehmenden Kunden bei der Handelsunternehmung selbst für das Kartenprogramm angemeldet haben (z.B. Payback-Karten von real,- oder Obi), liegen dem Händler die persönlichen Daten der Kunden vor und er kann alle pseudonymen Daten über die Kartennummer den Namen und Adressdaten zuordnen. Er erhält dadurch personalisierte Daten.[261]

5.2.2.3 Personalisierte Transaktionsdaten

Lassen sich die den Kunden eindeutig **identifizierenden Stammdaten** (Name, Adresse etc.) mit ihren Transaktionsdaten verbinden, so liegen personalisierte Transaktionsdaten vor. Nennenswerte Quellen, personalisierte Bondaten zu generieren, sind **Kundenkartenprogramme** im stationären Handel und Bestellvorgänge im **Distanzhandel**.

Die Bestelldaten im Distanzgeschäft liegen „zwangsläufig" personalisiert vor, da der Kunde seine Lieferadresse angeben muss. Alle Käufe eines Kunden bei dieser Unternehmung werden im Zeitablauf also vollständig abgebildet, was entsprechende Längsschnittanalysen erlaubt. Probleme in der Zuordnung treten dann auf, wenn ein Kunde bei mehreren Käufen abweichende Lieferadressen angibt oder ihm bei mehreren Käufen abweichende Kundennummern zugewiesen werden.

Etwas anders verhält es sich bei den Daten eines Kundenkartensystems im **stationären Einzelhandel**. Der Kunde unterliegt zum einen nicht dem Zwang, sich überhaupt eine oder mehrere Kundenkarten zuzulegen, zum anderen kann er Käufe tätigen, ohne seine Karte einzusetzen. Die Konsequenz ist, dass nicht die Käufe aller Kunden als personalisierte Transaktionsdaten erfasst werden

---

[261] Vgl. o.V. (2008), o.S.

und dass Kunden mit Kundenkarten unvollständige Daten ihrer Käufe liefern. Wie bereits in Kap. 5.2.2.2 beschrieben, liegen nur den direkt kartenausgebenden Unternehmungen personalisierte Daten vor. Wird also eine Kundenkarte aus einem **Verbundsystem** (z.B. Payback, HappyDigits) eingesetzt, die nicht direkt von dem jeweiligen Händler ausgegeben wurde, so liegen diesem Händler lediglich pseudonyme Kaufdaten vor.[262]

Rechtliche Grenzen der Nutzung personalisierter Daten sind z.B. das Widerspruchsrecht der Verbraucher in § 28 Abs. 4 BDSG und die ausdrückliche Einwilligung der Betroffenen in § 5 TDDSG.

Technisch funktioniert die Datensammlung, wie es von den bereits vorgestellten Methoden bekannt ist. Ein Scanningsystem registriert den Abverkauf der Ware; zusätzlich wird nun die Kundenkarte gescannt. Somit ist der Bon um eine Position (i.d.R. eine Kundennummer) angereichert, durch die eine Verknüpfung mit der Kundenstammdatenbank möglich ist (vgl. Abb. 5-5).

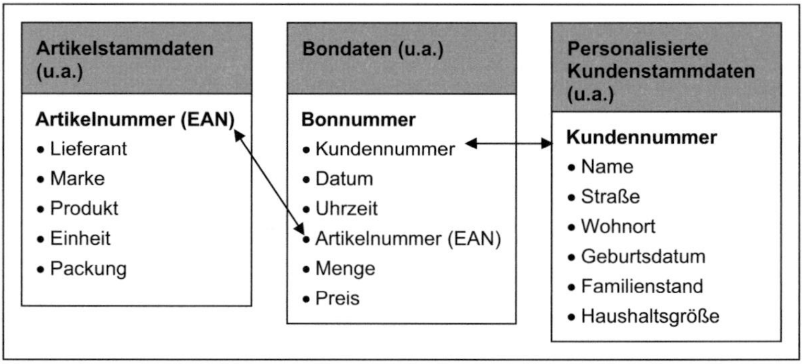

Abb. 5-5: Datenmodell von Transaktionsdaten mit einem Kundenkartensystem

5.2.2.4 Vergleich verschiedener Datenquellen

Ein zentrales Kriterium zur Beurteilung von Transaktionsdaten ist der bereits zur Systematisierung herangezogene **Grad der Zurechenbarkeit** zu einzelnen Kunden. Die Zurechenbarkeit ist jedoch nicht als alleiniges Beurteilungs-

---

[262] Vgl. o.V. (2008), o.S.

kriterium geeignet, da je nach Zwecksetzung andere Kriterien, wie z.B. die quantitative, zeitliche und demografische Abdeckung, relevant sein können. Abb. 5-6 stellt die einzelnen Datenquellen vergleichend gegenüber.

	Anonyme Daten		Pseudonyme Daten		Personalisierte Daten	
Datenquelle	**Scanner-kasse**	**Handels-panel**	**Haushalts-panel**	**Kunden-karten-verbund**	**Kunden-karte**	**Distanz-handel**
Quantitative Abdeckung	nur eigene EKS	fast alle Einkaufs-stätten	fast alle Einkaufs-stätten	verschiedene EKS verschiedener Branchen	eigene Einkaufsstätte	eigene Einkaufsstätte
Zeitliche Abdeckung	eher langer Zeithorizont (seit Einführung der Scanner-kassen)	eher langer Zeithorizont	langer Zeithorizont (Problem: Panel-sterblichkeit)	kurzer Zeithorizont (3-6 Jahre)	kurzer Zeithorizont (3-6 Jahre)	langer Zeithorizont (seit Beginn der elektronischen Speicherung)
Demografische Abdeckung	Einzelbons von Kunden eines Händlers	Einzelbons von Kunden mehrerer Händler	Datenbasis: ca. 8.000 - 20.000 Haushalte	bis zu 60 % der deutschen Haushalte (Payback)	abhängig von der Anzahl ausgegebener Kundenkarten	alle Kunden eines Händlers
Abbildung des Kaufverhaltens	nur ein Kauf	nur ein Kauf	Erfassung aller Einkäufe des Kunden	abhängig von Einsatz und Verbreitung der Karte	abhängig von Einsatz und Verbreitung der Karte	Erfassung aller Einkäufe jedes Kunden bei einem Händler
Aggregation	detaillierte Informationen über Rahmen-daten	Durchschnitts-informationen (Preis, Promotions etc.), häufig auf SKU-Ebene	Aggregation zentraler Informationen (Preis, Promotions etc.)	verschiedene Aggregations-ebenen (SKU, Warengruppe)	detaillierte Informationen über Rahmen-daten	detaillierte Informationen über Rahmen-daten
Datenqualität	hoher Bereinigungs-aufwand notwendig	durch MaFo-Institut aufbereitet	durch MaFo-Institut aufbereitet	Stammdaten-abgleich verschiedener Händler problematisch	hoher Bereinigungs-aufwand notwendig	hoher Bereinigungs-aufwand notwendig

Abb. 5-6: Vergleich verschiedener Quellen für Transaktionsdaten

Ein umfassendes Bild aller Käufe der eigenen Einkaufsstätte lässt sich im stationären Einzelhandel nur mit Hilfe von **Scannerdaten** gewinnen. Da diese Daten jedoch vollkommen anonym vorliegen, erlauben sie lediglich einkaufsstätten- und sortimentsbezogene, aber keine kundenbezogenen Längsschnittanalysen. Die Möglichkeit des Handels, die Kundenkenntnis zu erhöhen und mehr kundenorientierte Angebote zu gestalten, ist daher begrenzt.

Einen Schritt weiter gehen **Kundenkartendaten**. Sie erlauben die **dauerhafte Beobachtung** bestimmter Kunden und geben im Rahmen von Längsschnittanalysen Aufschluss über das Kundenverhalten in der Einkaufsstätte. Als Begrenzung wirkt, dass nicht alle Kunden eine Kundenkarte besitzen (wollen) und dass nicht alle Kundenkarteninhaber diese auch immer einsetzen. Auch führt das Ergebnis, dass Kundenkarteninhaber höhere Bons haben als Nicht-Kundenkarteninhaber, nicht selten zu dem **Trugschluss**, dass die Kundenkarte zur **Kundenbindung** beigetragen habe. Dies ist aber unzutreffend, wenn sich gerade so genannte „Heavy Buyer" entschlossen haben, die Kundenkarte zu akzeptieren, oder wenn die Karte eher bei größeren Anschaffungen eingesetzt wird, weil es sich hier besonders lohnt.

Haushaltspanels liefern pseudonyme Daten und gestatten **kundenbezogene Längsschnittanalysen** nicht nur auf Einkaufsstättenebene, sondern auch – und das ist das Alleinstellungsmerkmal dieser Datenquelle – auf Produktebene. Denn sämtliche Einkäufe eines Kunden in sämtlichen Einkaufsstätten werden erfasst. Der Hersteller erfährt von allen Panelteilnehmern, wie oft sie sein Produkt gekauft oder auch nicht gekauft haben.

Jeder Handelsbetrieb muss aber davon ausgehen, dass nur ein kleiner Teil der Stichprobe auf ihn entfällt, er also wenige Aussagen über seine Abverkäufe erhält (Drill-down-Problem). Daher ist es für einen Einzelhändler, der detailliert über seine Filialen informiert sein will, sinnvoll, sich einem Kundenkartenprogramm anzuschließen und darüber pseudonyme oder personalisierte Transaktionsdaten zu erhalten.

Abb. 5-7 verdeutlicht, welchen **Umfang an Käufen** die verschiedenen Datenquellen abdecken. So erfasst z.B. die Einkaufsstätte 4 mit einer Scannerkasse alle Einkäufe in dieser Einkaufsstätte, das Haushaltspanel (hellgrauer Kreis) aber nur einen Teil davon.

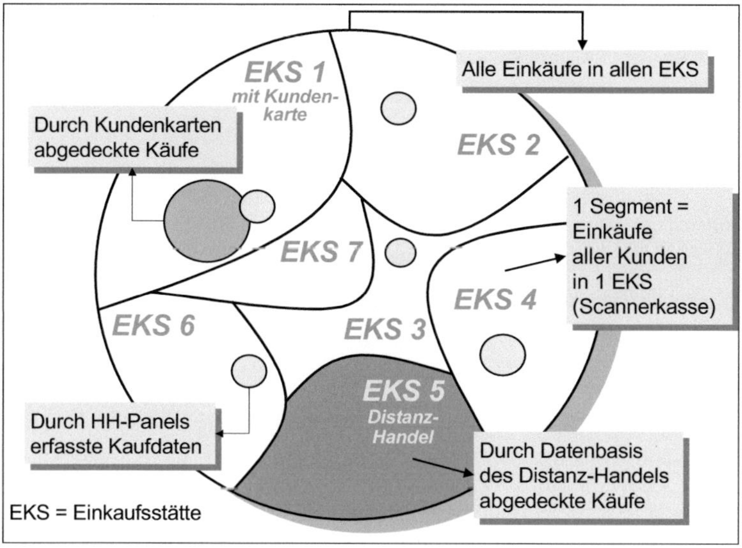

Abb. 5-7: Quantitative Abdeckung der Käufe einer Einkaufsstätte

5.2.2.5 Auswahl der Datenquellen für die Kundenbewertung

Grundanforderung einer Datenquelle als Basis zur Kundenbewertung ist die **Zurechenbarkeit** von Transaktionen zu einzelnen Kunden. In Frage kommen somit die pseudonymen und personalisierten Datenquellen, also Haushaltspanel-, Distanzhandels- und Kundenkartendaten. In ihrer Beschaffenheit empfehlen sich die verschiedenen Daten für unterschiedliche Analysen.

Liegt z.B. der Fokus auf der Analyse, wie viel Kunden eines einzelnen Handelsbetriebs wert sind und wie hoch deren Ausgaben voraussichtlich sein werden, so sind Distanzhandels- und Kundenkartendaten geeignet, da sie in der Regel höhere Fallzahlen erfassen. Möchte man die Kunden insgesamt oder zumindest über mehrere Handelsunternehmungen hinweg analysieren, so empfehlen sich Kundenkartenverbund- und Haushaltspaneldaten.

Im Vergleich mit den Kundenkartenverbundsystemen ist die **Anzahl der teilnehmenden Kunden** an den in Deutschland erhobenen Haushaltspanels begrenzt. Distanzhandels- und Kundenkartendaten sind Ergebnis aller Transaktionen der jeweiligen Handelsunternehmungen. Die Stichprobe umfasst damit die Anzahl der im Betrachtungszeitraum kaufenden Kunden. Die Erhebung der Rohdaten ist relativ günstig, dient aber dem Zweck der Kaufabwicklung und lässt sich damit nicht im Sinne der nachvollziehbaren Erhebung einer möglichst repräsentativen Stichprobe beeinflussen.[263]

Haushaltspaneldaten werden ausschließlich zum Zwecke der Marktforschung erhoben. Da diese Daten nicht automatisch bei Kaufakten anfallen, ist die Fallzahl auf die Anzahl der am Panel teilnehmenden Haushalte beschränkt, die vom Panelbetreiber mit dem Ziel ausgewählt werden, einen repräsentativen Querschnitt der Grundgesamtheit abzubilden. Haushaltspaneldaten bieten als einzige Datenquelle einen vollständigen Blick auf das Verhalten der Kunden, indem sie jeden Kauf jedes Produktes in jeder Einkaufsstätte dokumentieren.

Für die Kundenbewertung bieten Haushaltspaneldaten einige einzigartige Vorteile:

- Sicherung der **Daten- und Erhebungsqualität** durch ein Marktforschungsinstitut,
- Erfassung aller durch die Haushalte aufgesuchten **Einkaufsstätten**,
- Erfassung aller gekauften **Produkte**,
- Potenzialberechnungen durch die Erfassung aller **Käufe**.

Dass ein Haushaltspanel die besten Möglichkeiten zur Kundenbewertung bietet, liegt in seiner Natur. Genau wie die Kundenbewertung fokussiert sich das Haushaltspanel auf **den Kunden an sich**, da er die Datenquelle ist. Damit bildet es das Kundenverhalten vollständig ab, ohne auf Bedürfnisse oder Anforderungen z.B. von datenliefernden Handelsunternehmungen Rücksicht zu nehmen.

Der gewichtigste Vorteil der Haushaltspanels ist die **Potenzialberechnung** durch die **vollständige Erfassung** des Kaufverhaltens. Wo die unternehmungsspezifischen Datenquellen nur Aufschluss über die Käufe in der eigenen Unternehmung geben können, liefert das Haushaltspanel die Käufe der berichtenden Haushalte bei allen Händlern. Die Frage, wie hoch die Ausgaben sind, die Kunden bei der Konkurrenz tätigen, wird also beantwortet. Somit bietet ein

---

[263] Zu den weiteren Einschränkungen dieser Datenquellen vgl. Kap. 5.2.2.3.

Haushaltspanel die Möglichkeit zur Kundenbewertung in bestimmten Warengruppen oder für den Lebensmittelhandel insgesamt. Aus diesem Grunde wird das Haushaltspanel als für die vorliegende Arbeit am besten geeignete Datenquelle angesehen.

6 Kundenbewertung mit Haushaltspaneldaten

Der empirische Teil dieser Arbeit führt die bislang theoretisch gewonnenen Erkenntnisse zusammen und setzt sie praktisch in die Kundenbewertung um. Der Branchenfokus liegt auf dem Lebensmitteleinzelhandel. Die hierfür geeignete **Datenbasis** sowie deren Aufbereitung und Bereitstellung werden in Kap. 6.1 beschrieben. In Kap. 6.2 werden schließlich Daten und Methoden nach dem in Kap. 4.4 hergeleiteten **Customer Lifetime Value im Einzelhandel** zusammengeführt. Das Resultat ist die Berechnung verschiedener Typen des CLV für den Einzelhandel, differenziert nach Kundengruppen, Betriebstypen und Warengruppen.

6.1 Die Datenbasis der Untersuchung

Der Kundenwert bestimmt sich aus den einer Kundenbeziehung zurechenbaren Einzahlungen und Auszahlungen einer Unternehmung. Wie Kap. 5.2.1 gezeigt hat, ist die **Auszahlungsseite** mit unternehmungsinternen Daten zu ermitteln, die den Kunden aufgrund des hohen Gemeinkostenanteils im Lebensmitteleinzelhandel zugeschlüsselt werden. Ziel dieser Untersuchung ist es, eine objektivierbare, nicht allein unternehmungsbezogene Kundenbewertung durchzuführen. Daher wird auf die indirekte Messung der Auszahlungen einzelner Unternehmungen verzichtet. Ungeachtet dessen wurde das Prinzip der Verrechnung dieser wertmindernden Faktoren in den Kap. 3.6 und 4 beschrieben.

Für die **Einzahlungsseite** hat Kap. 5.2.2 das Haushaltspanel als für die Kundenbewertung im Lebensmitteleinzelhandel gut geeignet identifiziert. Ausschlaggebende Kriterien einer geeigneten Datenquelle sind die Zurechenbarkeit zu Kunden, die Abdeckung aller Einkäufe und die Längsschnittanalyse. Die Berechnung des CLV bedarf einer Datenquelle, die die Zeitstruktur von Populationen und die zeitliche Wirkung von Marketinginstrumenten zum Gegenstand hat – eine Anforderung, die Paneldaten per se erfüllen.[264]

---

[264] Vgl. Kaas (1982), S. 238.

In Deutschland bieten zwei Marktforschungsunternehmen Haushaltspaneldaten für den Lebensmittelbereich an: die Gesellschaft für Konsumforschung (GfK) und ACNielsen. Nach jeweils eigenen Angaben umfasst das Panel der GfK eine höhere Fallzahl und eine längere Historie (über 30 Jahre), womit das GfK Haushaltspanel eine geeignete Datenquelle für das Untersuchungsvorhaben darstellt. Neben dem Kaufverhalten erfasst das Haushaltspanel soziodemografische, sozioökonomische und psychografische Eigenschaften der Panelteilnehmer.

Für die vorliegende Untersuchung hat die **GfK Haushaltspanel-Daten der Jahre 2003 und 2004** zur Verfügung gestellt. Die Untersuchungseinheit des Panels ist – wie der Name schon sagt – ein Haushalt. Aufgabe des Panels ist die Abbildung des Kaufverhaltens einer repräsentativen Stichprobe deutscher Haushalte.

Die **Repräsentativität** des Panels bestimmt sich nach den soziodemografischen Merkmalen der Haushalte. Die im Panel berichtenden Haushalte müssen in den Ausprägungen ihrer soziodemografischen Merkmale, wie z.B. Wohnort, Familienstand und Anzahl der Haushaltsmitglieder, den **Bundesdurchschnitt** widerspiegeln. Folglich werden Berichte solcher Haushalte aus den Paneldaten entfernt, deren Lebensumstände sich grundlegend ändern, z.B. durch Umzug, Heirat, Scheidung oder Familienzuwachs. Die durch solche Verschiebungen entstehende Mehrheit von Haushalten mit bestimmten Merkmalen innerhalb des Panels würde die Repräsentativität gefährden, weswegen die Haushaltsnummer des Haushaltes für alle folgenden Einkäufe geändert oder im wahrscheinlicheren Fall gelöscht wird.

Die Analysen dieser Arbeit basieren auf der so genannten **„durchlaufenden Masse“** der Panelhaushalte. Unter der durchlaufenden Masse versteht man die Haushalte, die über den Untersuchungszeitraum, in diesem Fall die Jahre 2003 und 2004, durchgängig berichtet und deren soziodemografische Merkmale sich nicht geändert haben. Diese Haushalte sind somit eine Teilmenge der so genannten **„Gesamtmasse“** aller Haushalte, die im Untersuchungszeitraum im Haushaltspanel erfasst wurden. Die Gesamtmasse umfasst dabei zusätzlich

Haushalte, die aus verschiedenen Gründen nicht über den gesamten Zeitraum berichtet haben.

Die folgenden Kapitel beschreiben den teilweise iterativen Prozess der Speicherung, Beschreibung, Aufbereitung und Bereitstellung der **Massendaten** dieser Untersuchung.

6.1.1 Datenintegration und Datenhaltung

6.1.1.1 Data Warehouse

Grundvoraussetzung einer funktionierenden Datenbasis ist die Speicherung und Bereitstellung der zu analysierenden Daten. Dies geschieht bei großen Datenmengen z.B. in einem so genannten **Data Warehouse**. Ein Data Warehouse ist eine themenorientierte, integrierte, zeitbezogene und persistente Sammlung von Informationen zur Unterstützung bei Entscheidungen.[265]

Daten kommen in der Regel aus verschiedenen Quellen und stehen in unterschiedlichen Formaten zur Verfügung. Jede einzelne Sammlung, die in sich vollständig und schlüssig ist, ist eine Datenbank. Ein Data-Warehouse-System integriert verschiedene Datenbanken **themenorientiert** mit dem Ziel, Analysen zu ermöglichen, die die einzelnen Datenbanken für sich nicht leisten können.

Thematisch orientieren sich die im Data Warehouse gespeicherten Informationen an den zu untersuchenden Objekten. Die Daten stammen oft aus mehreren heterogenen Quellen und müssen folglich so aufbereitet werden, dass die unterschiedlichen Quellen einander eindeutig zugeordnet werden können und die Informationen nicht redundant abgelegt werden. Ein **konsistenter Datenbestand** zeichnet sich dadurch aus, dass die Daten vom System verarbeitet werden können und widerspruchsfrei sind. Oft werden zur Entscheidungsfindung Daten aus einem bestimmten Zeitraum benötigt. Aus diesem Grund werden die Daten in einem Data Warehouse in der Regel **periodisch aktualisiert**. Durch den Vergleich verschiedener Perioden lassen sich Trends erken-

---

[265] Vgl. Inmon (1996), S. 15.

nen und untersuchen. Eine persistente Speicherung bedeutet, dass Anwender nur Leserechte auf die Daten erhalten, sie also nicht verändern können.

Die Daten der verschiedenen Quellen werden mit Hilfe von Extraktions- und Transformationsprogrammen zusammengefügt. **Unternehmungsinterne Daten** können in der Regel aus operativen Vorsystemen gewonnen werden. Mit entsprechenden Schnittstellen kann dieser Prozess automatisiert werden. Bei **externen Quellen** ist dies in der Regel nicht der Fall. Diese Daten müssen individuell angepasst und ins Data Warehouse integriert werden, wie der Prozess der Integration externer Daten in Abb. 6-1 zeigt.

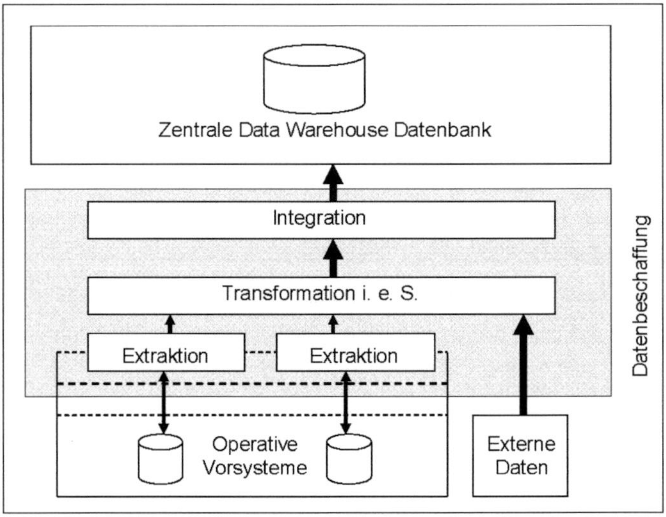

Abb. 6-1: Das Drei-Schichten-Modell des Transformationsprozesses
Quelle: Müller (2000), S. 153

Für die vorliegende Analyse ist der Prozess der Integration externer Daten relevant. In der Transformationsphase werden die Struktur und das Format der externen Daten analysiert und den Anforderungen des Data Warehouse entsprechend aufbereitet. Eine Automatisierung ist nicht sinnvoll, solange die Datenerhebung nicht in der **gleichen Unternehmung** erfolgt und der Integrationsprozess nicht auf **lange Dauer** geplant ist. Nachdem die Daten aufbereitet sind, werden sie ins Data Warehouse integriert und die nächste Datenquelle wird aufbereitet und integriert, bis alle notwendigen Daten versammelt sind.

Zum **technischen Hintergrund** bleibt festzuhalten, dass die Daten des vorliegenden Projektes auf einem Server mit dem Betriebssystem MS Windows Server 2003 mit der Anwendungssoftware MS SQL Server 2000, SPSS Clementine 8.5 sowie UltraVNC-Server gehalten und analysiert wurden.

6.1.1.2 Aufbereitung von Datenbanken

Externe Daten liegen häufig in einem Format vor, das für die angestrebten Analysen nicht geeignet ist. Das liegt u.a. an der Tatsache, dass externe Daten zu einem anderen Zweck erhoben wurden als die nun „ex post“ geplante Analyse. Aufgrund der neuen Anforderungen müssen die Daten durch Aufbereitung in eine verwendbare Form gebracht werden.

Ein Kernelement der Aufbereitung ist die **Normalisierung von Datenbanken**, d.h. die Identifikation funktionaler Abhängigkeiten unter den Spalten und Datensätzen und die darauf basierende Zerlegung großer Relationen in einzelne, konsistente Tabellen. *„Eine Normalisierung geht von gegebenen Datenabhängigkeiten aus und hat grundsätzlich zum Ziel, Redundanzen in der Speicherung von Relationen zu vermeiden.“*[266] Zweck der Normalisierung ist es, aus einer großen Tabelle mehrere weniger umfangreiche Tabellen zu bilden, um Fehlerpotenzial, Dateneingabe- und Datenaktualisierungsaufwand zu verringern.

6.1.1.2.1 Die 1. Normalform

Die erste Maßnahme der **Datenaufbereitung** ist die Prüfung, ob sich eine Datenbank in der so genannten „1. Normalform“ befindet, und – falls nicht – der Transfer einer Tabelle in die 1. Normalform. Die **1. Normalform** fordert, dass die Ausprägungen der Merkmale einer Tabelle atomar sind, d.h., sie können nicht tiefer gegliedert werden, als sie sind. Das Prinzip kann an diesem vereinfachten Beispiel von personalisierten Abverkaufsdaten eines filialisierten Einzelhändlers verdeutlicht werden (vgl. Abb. 6-2).

---

[266] Vossen (2000), S. 77.

Artikelbeschreibung	Haushalt	Menge	Einkaufsstätte
Ehrmann, Almighurt, Erdbeer	Müller, 3 Pers., Essen	1	EKS A, Essen
Ehrmann, Almighurt, Kirsch	Meier, 2 Pers., Bochum	2	EKS B, Bochum
Weihenstephan, Frischer Rahmjoghurt mild, natur	Meier, 2 Pers., Bochum	3	EKS C, Essen
Weihenstephan, Frischer Rahmjoghurt mild, Erdbeer	Schmidt, 2 Pers., Essen	4	EKS B, Bochum
Weihenstephan, Frischer Rahmjoghurt mild, Erdbeer	Meier, 2 Pers., Bochum	1	EKS B, Bochum

Abb. 6-2: Beispiel: Personalisierte Abverkaufsdaten vor der Aufbereitung

Die Abverkaufsdaten der Abb. 6-2 lassen Analysen zu, die z.B. besagen, welcher Haushalt in der Warengruppe Joghurt wie viel in einer Einkaufsstätte gekauft hat. Es lassen sich auch isoliert für die Einkaufsstätten oder die genannten Produkte Analysen der gekauften Mengen durchführen. Nicht möglich sind Analysen z.B. der verschiedenen Hersteller, der Geschmacksrichtungen oder der Städte. Hieraus ergibt sich, dass auch nicht ohne Weiteres Markennamen oder Hersteller geändert werden können. Dies liegt daran, dass ein Tabellenfeld mehr als eine Information enthält, die Merkmale sind **nicht atomar**.

Bringt man ein solches Beispiel in die 1. Normalform, so werden – wie Abb. 6-3 zeigt – die Spalten weiter untergliedert: Das Merkmal **„Artikelbeschreibung"** wird in die Spalten [Hersteller], [Marke] und [Geschmack] aufgeteilt, **„Haushalt"** in [Haushalt], also den Familiennamen, [HH-Größe] und [Wohnort] sowie „Einkaufsstätte" in [EKS], also den Namen der Einkaufsstätte, und [Standort] unterteilt. Die Inhalte der Spalten sind nun atomar, sie können also nicht tiefer untergliedert werden.

Hersteller	<u>Marke</u>	<u>Geschmack</u>	Menge	<u>Haushalt</u>	HH-Größe	Wohnort	<u>EKS</u>	Standort
Ehrmann	Almighurt	Erdbeer	1	Müller	3	Essen	EKS A	Essen
Ehrmann	Almighurt	Kirsch	2	Meier	2	Bochum	EKS B	Bochum
Weihenstephan	Frischer Rahmjoghurt mild	Natur	3	Meier	2	Bochum	EKS C	Essen
Weihenstephan	Frischer Rahmjoghurt mild	Erdbeer	4	Schmidt	2	Essen	EKS B	Bochum
Weihenstephan	Frischer Rahmjoghurt mild	Erdbeer	1	Meier	2	Bochum	EKS B	Bochum

Abb. 6-3: Personalisierte Abverkaufsdaten in der 1. Normalform

6.1.1.2.2 Identifikation und Erstellung von Schlüsselattributen

Der nächste Schritt in der Datenaufbereitung ist die Identifikation von so genannten Oberschlüsseln. Als **Oberschlüssel** bezeichnet man jede Attributmenge, durch die sich die einzelnen Datensätze eindeutig identifizieren lassen. Ein Oberschlüssel kann auch eine Kombination verschiedener Merkmale einer Tabelle sein und Attribute enthalten, die zur Identifizierung der Datensätze nicht notwendig sind. So sind alle Attribute zusammen immer ein Oberschlüssel. Reduziert man einen Oberschlüssel um alle nicht zur Identifikation notwendigen Attribute, so nennt man das Ergebnis einen Schlüsselkandidaten. Ein **Schlüsselkandidat** ist also ein Oberschlüssel, der nur noch aus Attributen besteht, die zum Identifizieren der Datensätze benötigt werden.

Aus der Menge der Schlüsselkandidaten wird ein **Primärschlüssel**[267] ausgewählt. Empfehlenswert ist die Wahl eines Primärschlüssels mit minimalem Speicheraufwand. Die Attribute des Primärschlüssels werden als Schlüsselattribute bezeichnet.[268]

In unserem Beispiel lassen sich die Datensätze – wie gerade beschieben – durch die Verwendung **aller Kriterien** unterscheiden. Neben diesem Oberschlüssel ist die **Kombination** der Merkmale [Hersteller], [Marke], [Geschmack], [Haushalt] und [EKS] ein weiterer Oberschlüssel. Zur **Identifikation der Schlüsselkandidaten** versucht man Kriterien zu reduzieren, die nicht zwingend notwendig sind, um Datensätze zu unterscheiden. Da in diesem Beispiel von einem Hersteller nur jeweils **eine Marke** vertreten ist, haben wir zwei Schlüsselkandidaten: [Hersteller], [Geschmack], [Haushalt] und [EKS] sowie [Marke], [Geschmack], [Haushalt] und [EKS].

Aus den beiden Schlüsselkandidaten wählt man den **Primärschlüssel** aus. Falls das Kriterium Speicherplatz nicht relevant ist, weil der Speicherbedarf gleich groß ist, sollte man sich anhand **inhaltlicher Überlegungen** für einen Schlüssel entscheiden. Im vorgestellten Beispiel würde sich die [Marke] eher anbieten als der [Hersteller], da es wahrscheinlicher ist, dass ein Hersteller eine

---

[267] Vgl. Codd (1970), S. 380.
[268] Vgl. Vossen (2000), S. 84.

weitere Erdbeer-Joghurt-Marke auf den Markt bringt, als dass ein anderer Hersteller den Markennamen eines Wettbewerbers kopiert. Sollte dieser Fall eintreten, so geht man wieder einen Schritt zurück Richtung Oberschlüssel und nimmt [Hersteller] und [Marke] als Schlüsselattribute in den Primärschlüssel auf.

Um die eindeutige **Unterscheidung der Datensätze** einer Tabelle zu gewährleisten, dürfen die Schlüsselattribute keine fehlenden Werte, so genannte Null-Werte, enthalten.[269] Enthält eine Tabelle weiterhin den Primärschlüssel einer anderen Relation, so wird dieser als **Fremdschlüssel** bezeichnet.[270] Abb. 6-4 fasst die Schlüsselarten in einer Übersicht zusammen.

Schlüsselart	Beschreibung
Oberschlüssel	Menge an Attributen, die alle Datensätze einer Relation eindeutig identifiziert
Schlüsselkandidat	Teilmenge eines Oberschlüssels, der ausschließlich die zur Identifizierung eines Datensatzes notwendigen Attribute enthält
Primärschlüssel	ein ausgewählter Schlüsselkandidat
Fremdschlüssel	Primärschlüssel einer anderen Relation

Abb. 6-4: Die verschiedenen Schlüsselarten

6.1.1.2.3 Die 2. Normalform

Durch Identifikation des Primärschlüssels hat man die Tabelle in die 2. Normalform gebracht. Die **2. Normalform** verlangt, dass alle Attribute funktional von einem **Primärschlüssel** abhängig sind. Diese Bedingung ist immer erfüllt, wenn ein Primärschlüssel vorhanden ist. In Abb. 6-3 sind die Spaltenköpfe der Merkmale des Primärschlüssels unterstrichen gesetzt.

Befinden sich Daten wie in unserem Beispiel in der 2. Normalform, so besteht noch immer die Gefahr von **Update-Anomalien**.[271] Typische Update-Anomalien sind Einfüge-, Lösch- und Änderungsanomalien. **Einfügeanomalien** entstehen, wenn unvollständige Datensätze eingefügt werden.

Soll z.B. ein neuer Haushalt in die Beispieltabelle (vgl. Abb. 6-2) aufgenommen werden, zu dem noch keine Abverkaufsdaten vorliegen, so würden die Schlüsselattribute [Hersteller], [Marke], [Geschmack] und [EKS] Null-Werte

---

[269] Vgl. Vossen (2000), S. 117.
[270] Vgl. Codd (1970), S. 380.
[271] Vgl. Pernul/Unland (2001), S. 141.

enthalten. Der Primärschlüssel wäre unvollständig, eine eindeutige Abgrenzung der Datensätze damit unmöglich und auch die eigentlich brauchbaren Daten des neuen Haushaltes könnten in der Tabelle nach den Anforderungen der 2. Normalform nicht gespeichert werden.

Ein weiteres Risiko sind **Löschanomalien**. Entfernt man im vorliegenden Beispiel Haushalt [„Meier"], so gehen gleichzeitig alle Informationen über zwei Artikel und [„EKS C"] verloren, obwohl die entsprechenden Stamminformationen hätten gespeichert werden können.

Eine **Änderungsanomalie** liegt vor, wenn z.B. Haushalt [„Meier"] den Wohnort wechselt. Die neue Adresse würde automatisch bei allen nach dem Umzug vollzogenen Transaktionen berücksichtigt. Allerdings könnte man damit die Einkäufe vor und nach dem Wohnortwechsel nicht mehr demselben Haushalt zuordnen. Eine Lösung wäre, den Wohnort in der Datenbank in allen Datensätzen zu ändern, womit die Information darüber, warum der Haushalt sein **Einkaufsgebiet** verlagert hat, verloren wäre.

Bei großen Datenbanken sind solche Änderungen aufwändig und bergen die Gefahr, Fehleingaben zu tätigen oder einzelne Datensätze zu vergessen. Geschieht dies, so hat man mehr als einen Wohnort für einen Haushalt und muss nach dem Prinzip der eineindeutigen Zuordnung eines Schlüssels den Wohnort als Schlüsselattribut im Beispiel der Abb. 6-3 aufnehmen. Geschieht dies nicht, so würde man durch Beibehalten des Primärschlüssels die falsche Annahme treffen, einen weiteren Haushalt namens „Meier" zu haben.

Eine weitere Schwäche dieser Normalform liegt in der Verarbeitung **redundanter Daten**. Da keine direkte Abhängigkeit zwischen einigen Kriterien und dem Primärschlüssel besteht, werden überflüssige Inhalte mitgeschleppt. In unserem Beispiel ist der Primärschlüssel von den Schlüsselattributen [Marke], [Geschmack], [Haushalt] und [EKS] abhängig. Die [HH-Größe] und der [Wohnort] hängen z.B. immer vom Kriterium [Haushalt] ab und haben somit immer die gleiche Ausprägung, wenn z.B. der Haushalt [„Meier"] kauft. Diese Schwäche wird mit einer Überführung der Relation in die 3. Normalform behoben.

6.1.1.2.4 Die 3. Normalform

Die 3. Normalform verlangt, dass **jedes Attribut** einer Relation nur **direkt** vom Primärschlüssel abhängig ist. Dies bedeutet, dass ein Attribut nicht transitiv vom Primärschlüssel abhängig sein darf, wie dies in Abb. 6-3 bei [HH-Größe] und [Wohnort] der Fall ist, die ja nur von einem Schlüsselattribut abhängen. Dies wird durch Aufteilung in kleinere, in sich konsistente Relationen erreicht. Die Haushalte werden z.B. in eine eigene Haushaltstabelle überführt, in der als Primärschlüssel eine Haushaltsnummer eingeführt wird, der alle weiteren Merkmale von Haushalten, wie z.B. Name, Wohnort und Haushaltsgröße, zugeordnet werden. Die Speicherung in der 3. Normalform hat den Vorteil, dass alle dynamischen Merkmale geändert werden können, ohne dass die Zuordnung der Haushalte verloren ginge, da sich ja sogar der Name ändern könnte.

Auch für die Produkte wird ein **numerischer Schlüssel** generiert. Jede Kombination aus [Hersteller], [Marke] und [Geschmack] erhält eine Nummer, die jedes Produkt als Primärschlüssel eineindeutig identifiziert. Das Gleiche gilt für die Einkaufsstätten, deren Primärschlüssel das Attribut [EKS] bleibt. Der Vorteil ist, dass in jeder neuen Tabelle ein sachlogischer Zusammenhang zwischen den Feldern und dem jeweiligen Primärschlüssel besteht. Sollten z.B. neue Produkte in der Datenbank erfasst werden, so wird dem Artikel eine ProduktID zugewiesen oder Änderungen eines gleichen Artikels müssen lediglich ein Mal in der Produkttabelle erfasst werden.

6.1.1.2.5 Die Boyce-Codd-Normalform

Eine Erweiterung der 3. Normalform ist die so genannte **Boyce-Codd-Normalform (BCNF)**. Die BCNF fordert, dass alle Nicht-Schlüsselattribute nur vom vollständigen Primärschlüssel und nicht von dessen Teilen abhängig sind.[272] Es existieren noch weitere Normalformen, die allerdings in der Praxis nur selten zur Anwendung kommen. Bei komplexen Tabellen erreicht man die BCNF durch Zerlegung der Relationen; dabei bleiben die Verbindungen der normali-

---

[272] Vgl. Pernul/Unland (2001), S. 141 f.

sierten Relationen über die Fremdschlüssel bestehen. Abb. 6-5 zeigt unser Datenbeispiel in der BCNF.

Die Primärschlüssel (z.B. **Produkt-ID**, **HH-ID**) jeder Relation sind fett und unterstrichen gesetzt. Die *Fremdschlüssel* (in der Bon-Tabelle sind dies z.B. *Produkt-ID*, *HH-ID*) sind kursiv gesetzt und verknüpfen die einzelnen Tabellen so, dass keine Information der Ursprungstabelle verloren geht. Die Schlüsselattribute sind unterstrichen.

Die **Bon-ID** ergibt sich im Prinzip aus dem Vorgang eines Einkaufs: Ein Haushalt wählt in einer Einkaufsstätte in einem bestimmten Zeitraum (öffnungszeitenbedingt im Lebensmitteleinzelhandel i.d.R. an einem Tag) bestimmte Produkte. Die Kombination dieser Merkmale ergibt die Schlüsselattribute einer Bon-ID.

Produkt-ID	Hersteller	Marke	Geschmack
1	Ehrmann	Almighurt	Erdbeer
2	Ehrmann	Almighurt	Kirsch
3	Weihenstephan	Frischer Rahmjoghurt mild	Natur
4	Weihenstephan	Frischer Rahmjoghurt mild	Erdbeer

Bon-ID	*HH-ID*	*Produkt-ID*	Menge	Datum	*EKS-ID*
1	A	1	1	2008-01-21	EKS A
2	B	2	2	2008-01-22	EKS B
2	B	4	4	2008-01-22	EKS B
3	B	3	3	2008-01-22	EKS C
4	C	4	1	2008-01-23	EKS B

HH-ID	Haushalt	HH-Größe	Wohnort
A	Müller	3	Essen
B	Meier	2	Bochum
C	Schmidt	2	Essen

EKS-ID	Standort
EKS A	Essen
EKS B	Bochum
EKS C	Essen

Abb. 6-5: Personalisierte Abverkaufsdaten in der BCNF

Es ist nicht immer notwendig, Relationen mit großem Aufwand in die dritte oder die Boyce-Codd-Normalform zu bringen. Wenn die Datengrundlage unverändert bleibt, besteht nicht die Gefahr, dass Update-Anomalien auftreten.

6.1.1.3 Entwicklung eines Datenbankmodells

Das Ergebnis der Normalisierung einer Datenbank in kleinere Relationen lässt sich in der Regel in einem **Datenbankmodell** beschreiben. Ein Datenbankmodell abstrahiert einen betrachteten Ausschnitt der Realität und beschreibt diesen formal. Eine übliche Form ist das **relationale Datenbankmodell** nach Codd, das auf normalisierten Relationen basiert, die sich als Tabellen darstellen lassen.[273] Die Zeilen der jeweiligen Tabellen entsprechen den Datensätzen und die Spalten den Attributen.[274]

Beziehungen zwischen den Relationen, also den einzelnen Tabellen, werden durch identische Ausprägungen gleicher Attribute hergestellt, wie folgendes Beispiel verdeutlicht.

Man stelle sich vor, ein Einzelhändler habe eine Tabelle mit den **Einkaufsbons** seiner Kunden in einem Monat. Jeder Bon ist durchnummeriert und anhand der Merkmale Datum, Uhrzeit und Bonnummer zu unterscheiden. Für Bonanalysen reicht diese Tabelle aus. Der Händler kann analysieren, wie viele Bons an einem Tag erzielt werden, wie hoch der durchschnittliche Einkaufsbetrag pro Bon ist und welche Artikel gehäuft zusammen gekauft werden. Unbekannt ist dem Einzelhändler jedoch z.B., wie viele Kunden für diese Bons verantwortlich sind, welche Kunden es sind und wie sich deren Kaufverhalten im Zeitverlauf darstellt.

Also startet der Händler ein **Kundenkartenprogramm** und speichert die Daten seiner Kunden mit Kundenkarte in einer Kundentabelle. So erhält er zwei Relationen, die es in Verbindung zu bringen gilt. In der Bontabelle werden die Nummern der Kundenkarten (kurz: Kundennummern) zusätzlich zum jeweiligen Bon des Kunden gespeichert. Hiermit kann man den Bons die Kunden zuordnen.

---

[273] Vgl. Codd (1970), S. 377 ff.; siehe auch Kap. 6.1.1.2.
[274] Vgl. Pernul/Unland (2001), S. 133.

Analysiert man die Bontabelle nun nach Kundennummern, so werden alle Einkäufe zusammengeführt, die ein Kunde im Zeitverlauf getätigt hat, da bei Wiederholungskäufen die Kundennummer auf mehr als einem Bon auftaucht. Die Spalte „Kundennummer" findet sich also in beiden Tabellen und gleiche Kundennummern stellen die Verbindung her.

Die Normalisierung von Datenbanken in einer relationalen Datenbank ist besonders sinnvoll,

1. wenn man es mit einer **dynamischen Datenbank** zu tun hat, in die laufend neue Daten einfließen und deren bestehende Daten ohne große Umstände aktualisiert werden sollen,
2. wenn man **fremde Daten** implementieren, verstehen und größtmögliche **Flexibilität** für Analysen herstellen muss und
3. wenn eine große Datenbank ohne Normalisierung nicht die gewünschte **Rechenleistung** ermöglicht.

Das vorliegende Projekt arbeitet mit Transaktionsdaten, also ist der erste Punkt per se erfüllt, wenn auch in diesem Fall nur eine einmalige Untersuchung stattfand. Punkt zwei ist ebenfalls erfüllt, da wir externe Daten aufbereiten und verstehen mussten und diese schnell in eine relationale Datenbank überführt haben, weil die Performance (Punkt drei) sonst stark zu wünschen übrig gelassen hätte (und damit die für das Untersuchungsziel notwendige Flexibilität nicht gegeben gewesen wäre).

6.1.2 Beschreibung und Verständnis der Ursprungsdaten

6.1.2.1 Datenherkunft

Die Grundvoraussetzung zur Analyse von Massendaten ist das allgemeine Verständnis der Daten. Dieses **Datenverständnis** erlangt man durch Beschreibung und Erklärung der Herkunft, Art der Erfassung und Verwendungszweck der Daten. Neben diesen Hintergrundinformationen umfasst die Beschreibung auch Datentypen, Wertebereiche und mögliche Ausprägungen der Datensätze, um die vorliegenden Daten überprüfen zu können. Das Verständnis hilft zudem beim Auffinden von Inkonsistenzen in den Daten. Die umfassende Kenntnis konsistenter Daten wiederum erlaubt im Verlauf der Untersuchungen, die Datenbasis um Kennzahlen zu erweitern, die im Zuge der Modellbildung und der Analysen benötigt werden.

Zur Vorbereitung der Datenbeschreibung und der späteren Datenanalyse müssen die Daten durch die in Kap. 6.1.1.2 beschriebenen Schritte der **Datenaufbereitung** in eine auswertbare Form gebracht werden. Anpassungen der Aufbereitung finden auch im vorliegenden Projekt laufend während des Verständnisses und der Beschreibung der Ursprungsdaten statt, ohne dass die einzelnen Schritte in ihrer Umsetzung detailliert beschrieben würden.

Im Idealfall verwendet man Daten, die aus einer Quelle stammen und speziell entsprechend den Anforderungen der Untersuchung erhoben wurden, was jedoch – wie auch in der vorliegenden Untersuchung – oft nicht der Fall ist. Meist hat man es mit Ausschnitten aus einer oder mehreren Datenbanken eines oder sogar mehrerer Unternehmungen zu tun. Diese Datenbanken erfüllen ursprünglich unterschiedliche Zwecke und beinhalten nicht notwendigerweise übereinstimmend alle Informationen, die im Fokus der geplanten Analysen stehen.

Auch die Daten, die zur Kundenbewertung herangezogen werden können, dienten ursprünglich anderen Zwecken. **Personalisierte Transaktionsdaten** entstehen zwangsläufig z.B. im Zuge der Abwicklung von Distanzhandelsgeschäften. **Pseudonymisierte Transaktionsdaten**, wie die Haushaltspaneldaten der vorliegenden Untersuchung, werden zur Marktforschung erhoben. Deren Fokus liegt allerdings auf anderen Analysen, als sie die vorliegende Arbeit verfolgt. Somit wird auch hier eine sorgfältige Datenaufbereitung notwendig.

Hauptabnehmer von **Haushaltspaneldaten** sind Konsumgüterhersteller. Die Paneldaten dienen ihnen zur Beantwortung elementarer produkt- und warengruppenbezogener Fragestellungen wie z.B. der Ermittlung von Marktanteilen. Entsprechend organisiert ist die Art der **Datenhaltung und -pflege** durch GfK-Teams, die nach Warengruppen eingeteilt sind. So finden die Konsumgüterunternehmungen einen Gegenüber, der sich in der eigenen Warengruppe meist ebenso gut auskennt wie die Hersteller selbst. Entsprechend werden die Daten jeweils warengruppenweise in separaten Datenbanken gespeichert. Diese

Struktur ist historisch gewachsen und für die Betreuung der Marktsegmente praktikabel, weil Produkte und Warengruppen mehr im Fokus standen als die Konsumenten in ihrer Gesamtsicht. Nachteil dieser Struktur ist die statische Einteilung der Warengruppen, die andere Varianten der Marktabgrenzung und die Zuordnung neuer Produkte oder Subwarengruppen erschwert.

6.1.2.2 Ursprüngliche Form der Daten

Sollte das Datenmodell nicht bekannt sein, muss eine den Ursprungsdaten zugrunde liegende **Hypothese des Datenmodells** aufgestellt und überprüft werden. Hieraus ergibt sich die Untergliederung dieses Kapitels in Artikeldaten, sozioökonomische Daten und Transaktionsdaten, da man nach ersten Datenproben davon ausgehen konnte, dass eine solche Struktur zugrunde liegt. Das Wiederherstellen eines Datenmodells ist insbesondere dann eine Herausforderung, wenn die Daten in einer Tabelle vorliegen, von der anzunehmen ist, dass sie ursprünglich aus mehreren einzelnen Tabellen bestand.

Um das Verständnis der Daten zu fördern, sollten Informationen über die vorliegenden Daten sowie **Verständnisfragen** mit dem Urheber der Daten erörtert werden. Die gewonnenen Erkenntnisse dienen als Grundlage zur Überprüfung der Struktur der Daten. In den folgenden Kapiteln wird die Überprüfung beschrieben und auf das Vorgehen eingegangen, das nötig ist, wenn die Daten in einer Tabelle vorliegen. Dabei ist zu beachten, dass die Daten in mehreren Anläufen bereitgestellt wurden, weil die Datenprüfungen Inkonsistenzen zu Tage gebracht haben. Insofern ist in manchen Kapiteln von „Lieferungen“ die Rede. Für die Datenaufbereitung in diesem Projekt ist dies wichtig, weil die Erkenntnisse früherer Datenlieferungen auch für die neuen Daten angewandt wurden oder sogar auf „alte“ Daten zurückgegriffen wurde, um Ergänzungen oder Plausibilitätsprüfungen vorzunehmen.

Zu den überlassenen Haushaltspaneldaten existierte vorab kein einheitliches **konzeptuelles Schema**, das eine Gesamtsicht auf alle Warengruppen hätte bieten können. Bindeglied eines solchen Schemas, also der Fremdschlüssel in den Transaktionsdaten der einzelnen Warengruppen, ist der einzelne Haushalt. Die Arbeitsweise der erhebenden Institution müsste sich nach dem Verhalten von Haushalten ausrichten und die Speicherung der Daten in allen Warengruppen nach einem einheitlichen Schema vornehmen. Da diese vollständige Sicht auf alle Ausgaben der Haushalte eine Grundanforderung zur Bestimmung des umsatzbezogenen Kundenwertes ist, müssen die ursprünglich gelieferten Daten in eine relationale Datenbank überführt werden.

Hierzu werden das lückenlose Vorhandensein und die Korrektheit der Datenbasis geprüft und diese, wenn notwendig, hergestellt. Ziel dieser ersten Phase der **Datenbeschreibung** ist die Kenntnis der Ausprägungen und der inneren Struktur der Ursprungsdaten. Falls extern bezogene Daten in mehreren Teilen oder in einem nicht vom Analysetool unterstützten Datenformat vorliegen, müssen diese Ursprungsdaten zuerst in eine verarbeitbare Form gebracht werden. Zum Beispiel können Umsatzdaten verschiedener Jahre in mehreren Dateien vorliegen oder Artikelstammdaten nach Geschäftsfeldern segmentiert in einzelnen Dateien geliefert werden. Ein erstes Prüfkriterium ist die Übereinstimmung der Namen und Datenformate der Spalten in strukturgleichen Teilen, bevor diese zusammengeführt werden.

Zur Sichtkontrolle werden alle Spalten der Datenpakete, deren Ausprägungen und Anzahlen extrahiert und aufgelistet. Dabei sind insbesondere **Null-Werte**, **Ausreißer** und die Plausibilität des **Wertebereichs** von Interesse. Ein Beispiel für nicht plausible Werte sind negative Altersangaben. Im Folgenden werden die Komponenten der GfK Haushaltspanel-Daten und deren wesentliche Schritte hinsichtlich Aufbereitung, Verständnis und Beschreibung aufgeführt. Aus verschiedenen Gründen waren mehrere Anläufe nötig, um die Daten in ein analysefähiges System zu bringen.

6.1.2.2.1 Transaktionsdaten

Die Paneldaten bestanden in den meisten Lieferungen zu einem Großteil aus so genannten **Transaktionsdateien**. Für einen Überblick wurden diese Daten zusammengefügt und der Inhalt geprüft. Auf diese Weise traten die ersten **Inkonsistenzen** zu Tage. So fehlte in der ersten Lieferung in der Tabelle „WG2“ – die Tabellen waren nach Warengruppen gegliedert – die Spalte „EKS“

und in „WG3“ die Spalte „Datum“. Derartige Fehler fallen schnell auf, wenn Dateien zusammengefügt werden, die eigentlich gleich strukturiert sein sollten.

Weiterhin enthielten die Transaktionsdaten Merkmale, die nach dem angenommenen konzeptuellen Schema in eine **andere Relation** gehörten. Solche Merkmale wurden gemäß dem Vorgehen des Kap. 6.1.1.2 in die entsprechenden Relationen verschoben. Im Sinne von Transaktionsdaten bleiben die beiden Tabellen mit „Bons“[275] und „Positionen“[276] erhalten.

Die Ursprungsdaten enthielten eine Spalte **„Bonsumme“**, die ein guter Anhaltspunkt für die Vollständigkeit der Transaktionsdaten sein sollte. So hätten die auf einem Bon vorhandenen Produkte mit ihren Einzelpreisen in Summe die Bonsumme ergeben müssen. Da im GfK Haushaltspanel allerdings bestimmte Warengruppen, wie z.B. Weiße Ware oder sonstige, eher als „slow moving consumer goods“ zu bezeichnende Produkte, nicht enthalten sind, muss diese vom Haushalt selbst angegebene Prüfsumme nicht stimmen. Um die folgenden Analysen konsistent zu halten, wurde die **„Bon-ID“** nach dem in Kap. 6.1.1.2.5 beschriebenen Prinzip erstellt, aus der sich die Bonsummen neu errechnen ließen.[277]

6.1.2.2.2 Artikelstammdaten

Nach Zusammenführung der **produktbezogenen Merkmale** aus den Rohdaten wurden die Labels der Ausprägungen einzelner Spalten geprüft. Labels übersetzen die aus Effizienzgründen verkürzt gespeicherten Bezeichnungen (z.B. für Marken oder Produkte). In bestimmten Spalten, z.B. „Marke“ und „Submarke“, lagen die Labels nicht vor und konnten auch nicht durch Plausibilitätsüberlegungen hergeleitet werden. In solchen Fällen hilft nur die Neulieferung der Daten oder zumindest der zugeordneten Labels.

Weiterhin fiel auf, dass die **Subwarengruppen** „Klasse/Warengruppe“ sehr detailliert waren. Sie wurden zu Warengruppen aggregiert, indem Subwarengruppen der entsprechenden Warengruppe gemäß der durch die GfK vorgegebenen

[275] Siehe Anhang C.
[276] Siehe Anhang F.
[277] Der Vorgang der Erstellung einer neuen Bon-ID wird in Kap. 6.1.3.1 beschrieben.

Struktur zugeordnet wurden.[278] Abb. 6-6 zeigt die Oberwarengruppen und Warengruppen in den Paneldaten.[279]

FOOD_NONFOOD	OBERWARENGRUPPE	WARENGRUPPE
FOOD	Alkoholfreie Getränke	Erfrischungsgetränke mit CO_2
FOOD	Alkoholfreie Getränke	Fruchthaltige Getränke
FOOD	Alkoholfreie Getränke	sonstige Getränke
FOOD	Alkoholfreie Getränke	Wasser
FOOD	Alkoholhaltige Getränke	andere AhG
FOOD	Alkoholhaltige Getränke	Bier
FOOD	Alkoholhaltige Getränke	Spirituosen
FOOD	Alkoholhaltige Getränke	Wein/Sekt
FOOD	Babynahrung	Babynahrung
FOOD	Brot/Backwaren	Brot/Backwaren
FOOD	Fleisch/Wurst/Geflügel	Fleisch SB/lose Ware
FOOD	Fleisch/Wurst/Geflügel	Geflügel SB/lose Ware
FOOD	Fleisch/Wurst/Geflügel	Wurst SB/lose Ware
FOOD	Heißgetränke	Kaffee
FOOD	Heißgetränke	Kakao
FOOD	Heißgetränke	Tee
FOOD	Mopro Gelb	Mopro Gelb SB/lose Ware
FOOD	Mopro Weiß	Mopro Weiß
FOOD	Nahrungsmittel	Feinkost/Würzen
FOOD	Nahrungsmittel	Fertigg./Fixprod./Soßen
FOOD	Nahrungsmittel	Frühstücksprodukte
FOOD	Nahrungsmittel	Grundnahrungsmittel
FOOD	Nahrungsmittel	Konserven
FOOD	Nahrungsmittel	Nahrungsfette/Öle
FOOD	Nahrungsmittel	Nahrungsmittel restliche
FOOD	Obst/Gemüse	Gemüse
FOOD	Obst/Gemüse	Obst
FOOD	sonstige Frische	sonstige Frische (Eier, Fisch...)
FOOD	Süßwaren Basis	Dauerbackwaren
FOOD	Süßwaren Basis	Schokowaren Basis
FOOD	Süßwaren Basis	Zuckerwaren Basis
FOOD	Süßwaren Ergänzung	Schokowaren Ergänzung
FOOD	Süßwaren Ergänzung	Zuckerwaren Ergänzung
FOOD	Tiefkühlkost/Eis	Eis
FOOD	Tiefkühlkost/Eis	Tiefkühlkost
FOOD	Tierbedarf	Tierbedarf

[278] Für die entsprechende Zuordnung siehe Anhang G.
[279] Eine vollständige Warengruppenhierarchie inklusive Subwarengruppen zeigt Anhang F.

FOOD_NONFOOD	OBERWARENGRUPPE	WARENGRUPPE
NON-/NEAR-FOOD	BHC	Damenhygiene
NON-/NEAR-FOOD	BHC	Haarpflege Basis
NON-/NEAR-FOOD	BHC	Körperpflege Basis
NON-/NEAR-FOOD	BHC	Kosmetik Basis
NON-/NEAR-FOOD	BHC Ergänzung	Haarpflege Ergänzung
NON-/NEAR-FOOD	BHC Ergänzung	Körperpflege Ergänzung
NON-/NEAR-FOOD	BHC Ergänzung	Kosmetik Ergänzung
NON-/NEAR-FOOD	Papierwaren	Papierwaren
NON-/NEAR-FOOD	sonst. Non-Food	Mundpflege
NON-/NEAR-FOOD	sonst. Non-Food	restl. Non-Food
NON-/NEAR-FOOD	WPR	Putz- und Reinigungsmittel
NON-/NEAR-FOOD	WPR	Waschmittel

Abb. 6-6: Oberwarengruppen und Warengruppen der GfK Haushaltspanel-Daten 2003/2004

Bei der Überprüfung der Warengruppen stellte sich heraus, dass in der Spalte **„Subwarengruppe" Daten von Frischeprodukten** vorlagen, die in der GfK-Struktur fehlten. Die zusätzlich benötigten Warengruppen wurden „frischetierisch", u.a. für Fleisch- und Wurstwaren aus der Frischtheke, und „frischevegetarisch", u.a. für frisches Obst und Gemüse, benannt und angelegt. Die vorhandene Subwarengruppe „Jahresprodukte" war kurzfristig nicht eindeutig zu identifizieren und wurde der Warengruppe „Restnahrung" zugeordnet.

Die Subwarengruppe **„Frischeprodukte (ED)"** kann den Warengruppen „frischevegetarisch" und „frischetierisch" nicht eindeutig zugeordnet werden. Eine Unterscheidung dieser Warengruppen ist daher problematisch, da jeweils Positionen aus der Subwarengruppe „Frischeprodukte (ED)" fehlen. Der Gund liegt in der Natur eines Haushaltspanels. ED steht für **„Electronic Diary"**, womit Produkte erfasst werden, die nicht eingescannt werden können, weil sie z.B. nicht über einen Strichcode verfügen. Die händische Eingabe kann zu Unregelmäßigkeiten im Prozess der Datenübermittlung vom Haushalt zur GfK führen. Da es sich bei den betroffenen Produkten in der Regel um Frischware handelt, die z.B. auf dem Markt gekauft wurde, ist der Kreis der Produkte begrenzt. Die gemäß der GfK-Struktur erstellten Warengruppen wurden zusätzlich zu „WG-agg" aggregiert und die Produkttabellen entsprechend erweitert.[280]

[280] Siehe Anhang A.

6.1.2.2.3 Sozioökonomische und -demografische Daten

Erste Prüfungen früher Lieferungen **sozioökonomischer Daten** ergaben in verschiedenen Feldern Null-Werte und mehrfache Datensätze mit gleichen Kundendaten. Zudem fanden sich neben den Haushaltsmerkmalen auch Einkaufsstätten-, Produkt- und Positionsattribute, die in andere Relationen gehören. Die Bedeutung dieser zusätzlichen, nicht kundenspezifischen Daten war nicht ersichtlich. Eine Stichprobenuntersuchung ergab allerdings, dass sich die zusätzlichen Daten exakt auch in den Transaktionsdaten wiederfanden. Der Verdacht einer nicht eindeutigen Haltung der Daten in einer relationalen Datenbank hat sich hierdurch erhärtet.

Aus diesem Grunde wurden diese **doppelt vorliegenden Daten** von uns nur noch in einer inhaltlich sinnvollen Relation gespeichert und – in diesem Fall – aus den sozioökonomischen Daten entfernt.

Durch diese Aktion traten auch **überzählige Datensätze** zutage, die reduziert werden konnten. Die Haushaltsdaten früherer Lieferungen enthielten nach der Konsolidierung immer noch Datensätze mit Null-Werten. Dies hatte zur Folge, dass die entsprechenden Eigenschaften der betroffenen Haushalte fehlten und Gesamtbetrachtungen auf Grund der fehlenden Eigenschaften verzerrt worden wären. Nach der letzten Lieferung von GfK-Rohdaten lagen die in Anhang E aufgeführten sozioökonomischen Daten vollständig vor.

6.1.3 Bereitstellung der Daten

6.1.3.1 Konsolidierung zur relationalen Datenbank

Die von der GfK zur Verfügung gestellten Rohdaten lagen ursprünglich nicht in Form einer relationalen Datenbank vor. Zur Verbesserung der Verarbeitungsgeschwindigkeit, des Datenvolumens und der Datenpflege einer so umfangreichen Datenbank ist es allerdings sinnvoll, eine **normalisierte Datenbasis** miteinander verbundener Tabellen zu erstellen. Hierfür werden die Rohdaten analog der Beschreibung des Kap. 6.1.1.2 in eine Relation der 3. Normalform überführt, d.h., die Attribute sind **atomar** (1. Normalform) und **Primär- und Fremdschlüssel** (2. Normalform) verbinden die einzelnen in sich **sach-**

logischen Tabellen (3. Normalform). Abb. 6-7 zeigt die Gebiete, in die die Ursprungsdaten inhaltlich aufgegliedert wurden.

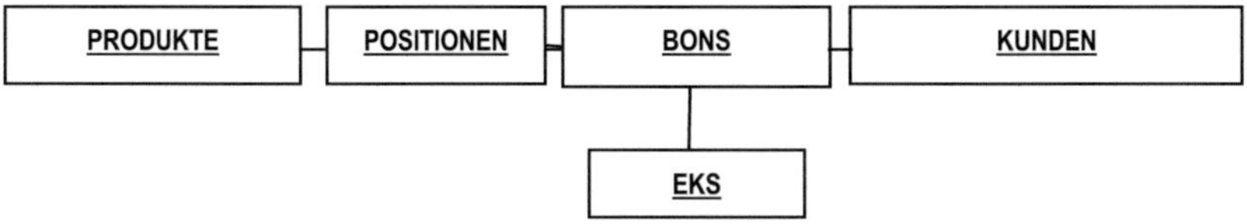

Abb. 6-7: Vermutete Struktur des konzeptuellen Schemas der GfK Haushaltspanel-Daten 2003/2004

Aus den von der GfK erhaltenen Daten wurden die Spalten zu den in Abb. 6-7 genannten Gebieten zusammengeführt. Somit ergaben sich die **fünf separaten Tabellen** Produkte, Positionen, Bons, Kunden und Einkaufsstätten. Diese Tabellen enthielten zunächst genauso viele Zeilen wie die ursprüngliche Tabelle. Durch die Aufteilung in Relationen konnten allerdings viele überzählige Datensätze gelöscht werden.

In den neu entstandenen Tabellen wurden die funktionalen Abhängigkeiten erfasst und die Schlüsselkandidaten geprüft. Dies bestätigte die Existenz der **Primärschlüssel** für Haushalte und Einkaufsstätten.[281] Für Produkte, Positionen und Bons waren hingegen keine Primärschlüssel vorhanden. Diese drei Primärschlüssel wurden nachträglich aus den jeweiligen Schlüsselattributen entwickelt. Eine **„Bon-ID"** konnte z.B. aus der Kombination der Attribute „HHNR_Haushaltssatz", „Datum" und „EKS" abgeleitet werden.

Der in den Daten enthaltene **Artikelschlüssel** bezog sich teilweise auf mehrere identische Produktbeschreibungen (Marke, Submarke, Produktname, Packungsgröße, Mengeneinheit). Es existierten also verschiedene Produkte, die sich mit dem Artikelschlüssel unterscheiden ließen, aber dieselben Produktbeschreibungen besaßen. So wurden z.B. Geschmacksvariationen einiger Joghurts nicht unterschieden, während der Produktname anderer Joghurts die Geschmacksrichtung enthielt. Auch der gegensätzliche Fall wurde festgestellt, dass nämlich verschiedene Artikel mit ihrem Artikelschlüssel nicht eindeutig

[281] „HHNR_Haushaltssatz" und „EKS".

identifizierbar waren, weil zum selben Artikelschlüssel unterschiedliche Produktbeschreibungen vorlagen.

Da ein Primärschlüssel aber eindeutig sein muss, wurde ein numerischer Primärschlüssel **„ProduktID“** neu erstellt, indem – analog zum Vorgehen bei der Erstellung der Bon-ID – allen eindeutigen Kombinationen von produktbezogenen Schlüsselattributen Zahlenwerte zugewiesen wurden. Für dieses Vorgehen ist generell zu beachten, dass ein solcher **nachträglich erstellter Primärschlüssel** nur innerhalb der betreffenden Datenbank gültig ist. Die Vergleichbarkeit der Daten mit späteren Längsschnitten ist nicht automatisch gewährleistet, auch wenn das gleiche Verfahren verwendet wurde. Falls der Längsschnitt also durch neue Daten erweitert wird, muss der entsprechende Schlüssel für die gesamte Datenbank neu erstellt werden, damit auch die Verknüpfung mit den Relationen passt. Schließlich dient der Primärschlüssel einer Relation als Fremdschlüssel der Verknüpfung mit einer anderen Tabelle.

Ein Primärschlüssel der **Positionstabelle** war in den Daten nicht von vorneherein vorhanden. Zur Erstellung dieses **Positionsschlüssels** wurde die Annahme verfolgt, dass die Kombination der Attribute „HHNrHaus“, „EKS“, „ProduktID“ und „Datum“ den **Primärschlüssel** bildet, also wann ein Kunde ein bestimmtes Produkt in einer Einkaufsstätte kauft.

Die Konsistenzprüfung jedoch ergab, dass sich nicht jede einzelne Position so identifizieren ließ. Wider Erwarten war auch „PREISART“ ein Schlüsselattribut. Es kam z.B. vor, dass ein Produkt auf demselben Bon sowohl zum Normal- als auch zum Sonderpreis ausgezeichnet wurde. Ein solcher Umstand lässt sich z.B. darauf zurückführen, dass ein Haushalt an einem Tag in zwei nicht zu unterscheidenden Einkaufsstätten (z.B. zwei verschiedene Rewe-Filialen) jeweils dasselbe Produkt eingekauft hat und dieses einmal als Sonder-, das andere Mal zum Normalpreis ausgezeichnet war. Der Positionsschlüssel wurde inklusive „PREISART“ neu erstellt.

Nicht-Schlüsselattribute können in den einzelnen Tabellen noch **Null-Werte** enthalten. Diese fehlenden Ausprägungen versucht man aus den vorhandenen Daten zu rekonstruieren. Ist dies nicht zweifelsfrei möglich, können Analysen auf dem entsprechenden Abstraktionsniveau nicht ohne Qualitätsverlust durchgeführt werden, da entweder die betroffenen Zeilen nicht oder allenfalls mit angenommenen Ausprägungen verwendet werden können. Abhängig von der Untersuchung ist der Fehler der Attribute quantifizierbar und ggf. zu vernachlässigen. Ansonsten ist die Verwendung der betroffenen Attribute bei der weiteren Bearbeitung zu überdenken.

Wenn z.B. in der Spalte „Verkaufspreis“ Werte fehlen, so reduzieren sich die Gesamtausgaben oder die Bonsummen der betroffenen Haushalte unter Umständen drastisch. Ein durchschnittlicher Preis eines Produktes verändert den Bon hingegen eher wenig. Insofern hängt die Relevanz von Datenfehlern von den angestrebten Analysen ab.

Um die Verarbeitungsgeschwindigkeit zu verbessern, sollte ein als Zeichenkette vorliegendes Schlüsselattribut in einen Zahlenwert gewandelt werden, da Zahlenwerte bei Datenbankoperationen grundsätzlich schneller verarbeitet werden.

Bei der Verknüpfung zweier Tabellen kann es je nach Verbundart zu **Auslöschungen** kommen. Wenn z.B. nur jene Datensätze betrachtet werden, deren Schlüsselfelder übereinstimmen (**Inner Join**), fehlen unter Umständen von beiden Tabellen die Datensätze, deren Schlüsselattribute keine Entsprechung in der verbundenen Tabelle haben. Je nach Zielsetzung der Untersuchung muss dieser Effekt berücksichtigt werden. Werden z.B. Abverkaufsdaten mit Kundenstammdaten verbunden, so tauchen nur jene Kunden in der Zieltabelle auf, die in dem Untersuchungszeitraum Einkäufe getätigt haben. Umgekehrt erscheinen nur die Abverkaufsdaten, zu denen Kundendaten vorliegen.

Nach diesen Bearbeitungsschritten befinden sich die Ursprungsdaten nun in miteinander verbundenen, **konsolidierten relationalen Tabellen**, die allenfalls um Schlüsselattribute erweitert sind. Mehrinformationen wurden nicht hinzugefügt. Falls die Daten von Null-Werten bereinigt werden konnten, ist die Qualität der Information gestiegen. Ebenso ist die Verarbeitung der Daten weniger rechenaufwändig.

6.1.3.2 Validierung des Datenmodells

Ziel dieser Phase ist die Überprüfung und Sicherstellung der inneren Konsistenz der Daten und die Sicherstellung aller notwendigen Schlüsselattribute. Dies geschieht durch Überprüfung der Inklusionsabhängigkeiten.

Eine **Inklusionsabhängigkeit** liegt vor, wenn alle Ausprägungen eines Attributes C in den Ausprägungen des Attributes D enthalten sind. Dann ist es möglich, zwischen zwei Tabellen über die Attribute C und D eine Beziehung zu formulieren, falls D Primärschlüssel ist. Attribut C als referenzierendes Attribut bezeichnet man dann als Fremdschlüssel.[282]

In der Tabelle „Positionen“ z.B. bestimmt das Attribut „Haushaltsnummer“ den Kunden und ist Fremdschlüssel, da das referenzierte Attribut „Haushaltsnummer“ Primärschlüssel der Relation „Kunde“ ist. Gäbe es Positionen, denen keine Haushalte zugeordnet wären, müssten sie gelöscht werden, da ansonsten die **referenzielle Integrität** nicht mehr gewährleistet würde. Würde jede Haushaltsnummer in nur einem Datensatz stehen, so wäre sie – zum Zeitpunkt dieses Zustandes – auch ein möglicher Primärschlüssel, da sie jeden Datensatz eindeutig beschreiben kann.

Durch eine erfolgreiche Überprüfung der inneren Konsistenz erlangt man die Sicherheit, dass sich Ursprungsdaten aus der relationalen Datenbank wieder rekonstruieren lassen.

6.1.3.3 Erweiterung der relationalen Datenbank

Ziel dieser Phase ist die **Anreicherung der Datenbasis** um Informationen, die für Analysen benötigt werden. Dazu werden die Tabellen um Attribute wie z.B. Kennzahlen erweitert, die aus der Datenbasis abgeleitet werden. Dies ist auch im Verlauf der Analysen jederzeit bei Bedarf möglich.

Im Prinzip werden die Rohdaten hier bereits ersten Analysen unterzogen, deren Ergebnisse in Abhängigkeit vom jeweiligen Primärschlüssel in einer Tabelle ge-

---

[282] Siehe auch Kap. 6.1.1.2.2.

speichert werden. So wurden z.B. die **Einkaufshäufigkeit je Kunde** und die Einkaufshäufigkeit bezogen auf eine **Einkaufsstätte** ermittelt und in der jeweiligen Kunden- und Einkaufsstättentabelle gespeichert. Die Einkaufshäufigkeit pro Kunde misst die Anzahl der Bons in Abhängigkeit vom Primärschlüssel der Kundentabelle, der so genannten „HHID". Die Einkaufshäufigkeit pro Einkaufsstätte misst die Anzahl der Bons bezogen auf den Primärschlüssel „EksID". Weitere typische Werte sind die Artikel- und die Positionsanzahl, jeweils sowohl auf Kunden als auch auf Bons bezogen. Bonsummen wurden nach Einkaufsstätten und Warengruppen aggregiert.

Darüber hinaus kann das Datenbankschema um **zusätzliche Tabellen** erweitert werden, um komplexe Beziehungen zwischen Tabellen zu modellieren (n:m-Beziehungen). Um z.B. die Anzahl der Besuche eines bestimmten Haushaltes bei einer bestimmten Einkaufsstätte darzustellen, bedarf es eines neuen Primärschlüssels für alle möglichen Kombinationen aus Haushalt und Einkaufsstätte. Diesen bildet man in einer neuen Relation, in der die „HHID" und die „EksID" jeweils Schlüsselattribute und Fremdschlüssel zur Kunden- und EKS-Tabelle sind.

Nach allen Integrations-, Aufbereitungs- und Erweiterungsarbeiten wurde eine Datenbasis nach dem in Abb. 6-8 dargestellten **konzeptuellen Schema** generiert. Eine vollständige Darstellung der **Dateninhalte des konzeptuellen Schemas** befindet sich in Anhang A bis Anhang E. Dort sind je Merkmal die entsprechenden Merkmalsausprägungen aufgeführt und kurz beschrieben.

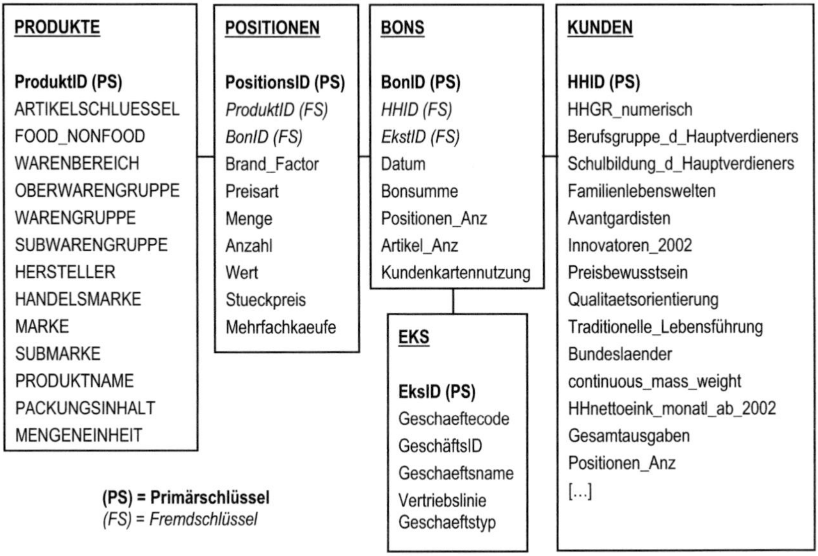

Abb. 6-8: Konzeptuelles Schema der GfK Haushaltspanel-Daten 2003/2004

6.1.3.4 Charakteristika der Datenbasis

Die Struktur der Panelhaushalte entspricht – gemessen an soziodemografischen Eigenschaften wie z.B. Personenanzahl je Haushalt, Alter, Einkommen oder Bildungsstand des Hauptverdieners – nicht der Zusammensetzung der Haushalte im gesamten Bundesgebiet. Bestimmte **Haushaltstypen** tauchen mehr oder weniger oft als Panelteilnehmer auf als im Bundesdurchschnitt. Unterrepräsentiert sind z.B. Haushalte mit sehr hohem Haushaltseinkommen.

Daher haben die Abverkaufsdaten dieser Haushalte verhältnismäßig wenig Gewicht, was bei Analysen aus Sicht von Händlern oder Herstellern zu **Verzerrungen** und Fehleinschätzungen führen kann. Bei isolierter Charakterisierung einzelner Haushalte und deren Kaufverhalten wirkt sich dieser Effekt hingegen nicht aus.

Um die Häufigkeitsverteilung der teilnehmenden Haushalte an die empirisch erhobene Verteilung in der Bundesrepublik anzupassen, können die Warenmengen und Ausgaben je Haushalt hochgerechnet werden, indem sie mit einem Faktor gewichtet werden.[283]

Dieser **Continuous Mass Weight** (CMW) genannte Faktor ist bei den Haushalten null, die nicht Teil der durchlaufenden Masse sind. Liegt das CMW über 1, so haben nicht genügend Haushalte mit vergleichbaren soziodemografischen Merkmalen berichtet und die Ausgaben des Haushaltes werden höher gewichtet. Liegt das CMW unter 1, so berichten zu viele vergleichbare Haushalte im Panel.

Das CMW korrigiert **Panelschiefen** und stellt die gewünschte Repräsentativität her, indem es dafür sorgt, dass die Summe aller Haushalte im analysierten Zeitraum immer dem angegebenen Panelumfang, in unserem Fall 17.000 Haushalte, entspricht und die Verteilung der Haushaltstypen repräsentativ ist. Dabei wird nicht direkt die Anzahl der Haushalte modifiziert, sondern die Ausgaben der Haushalte werden mit dem CMW multipliziert und damit hoch- oder heruntergewichtet. Als Resultat entsprechen die **Gesamtausgaben im Panel** einer repräsentativen Stichprobe von 17.000 deutschen Haushalten.

Wenn man die Haushalte nach **Warengruppen oder Vertriebslinien** gruppiert betrachtet, muss man die metrischen Abverkaufsdaten mit dem CMW gewichten. Dabei ist immer zu beachten, dass nur die Abverkaufsdaten genau eines Haushaltes geändert werden, um eine höhere Haushaltsanzahl zu simulieren, die eigentliche Anzahl der Haushalte aber gleich bleibt. Summiert man die CMW aller Haushalte auf, so entspricht dies der hochgerechneten Anzahl aller Haushalte. Dies führt allerdings zu nicht ganzzahligen **Haushaltsanzahlen**, was zu Irritationen bei Ergebnispräsentationen führen kann. In den folgenden Darstellungen wird die Haushaltsanzahl somit immer auf ganze Zahlen gerundet.[284]

Die Datenbasis dieser Untersuchung stellt sich folgendermaßen dar: Der **Längsschnitt** umfasst die Jahre 2003 und 2004, in denen **17.000 Haushalte**

---

[283] Vgl. Günther/Vossebein/Wildner (1998), S. 50.

[284] Die folgenden Analysen wurden in Zusammenarbeit mit einer Projektgruppe von Studierenden der Wirtschaftsinformatik an der Fakultät für Wirtschaftswissenschaften der Universität Duisburg-Essen, Campus Essen, ausgeführt.

durchschnittlich 5377,63 € ausgegeben haben. Der Gesamtumsatz von 88.837.760,56 € verteilt sich auf **46.294.021 Positionen**, die in 7.440.631 unterscheidbaren Einkaufsakten (= Bons) erworben wurden. Die durchschnittliche Bonhöhe beträgt 11,94 € bei durchschnittlich ca. sechs Produkten je Bon. Die Haushalte haben insgesamt 199.986 unterschiedliche Produkte gewählt, die in 20 Oberwarengruppen, 48 Warengruppen und 257 Subwarengruppen zusammengefasst sind.

Die Abb. 6-9 gibt eine Übersicht dieser Kennzahlen für den gesamten vorliegenden Zeitraum 2003 und 2004 unter Verwendung des CMW. Angegeben sind die Werte jeweils für den gesamten Zeitraum von zwei Jahren, da der Gewichtungsfaktor genau für diesen Zeitraum errechnet wurde.

GfK Haushaltspanel 2003/2004	gewichtet
Haushalte (HH)	17.000
Positionen	46.294.021
Bons	7.440.631
Produkte	199.986
Subwarengruppen	257[285]
Warengruppen	48
Oberwarengruppen	20
Vertriebslinien (VL)	50
Geschäftstypen	12
Ø Bonsumme	11,94 €
Ø Positionsanzahl	6
Ø Anzahl VL je HH und Jahr	ca. 13
Gesamtumsatz	88.837.760,56 €

Abb. 6-9: Kennzahlen der Datenbasis

Die Kennzahl „Ø Anzahl VL je HH und Jahr“ wurde abweichend von den anderen Kennzahlen getrennt für die Jahre 2003 und 2004 erhoben, da sonst die durchschnittliche Anzahl von **Vertriebslinien** durch den größeren Zeitraum höher liegt.[286] Sie beschreibt, wie viele verschiedene Vertriebslinien ein Haushalt in einem Jahr mindestens einmal für Einkäufe aufgesucht hat. In dieser Kennzahl wird also weder die Häufigkeit noch die Intensität der Besuche in einer gezählten Vertriebslinie erfasst. Die Verteilung aller Einkäufe der Haus-

---

[285] Subwarengruppen wurden zum Teil zusammengefasst, z.B. Mopro gelb und Mopro weiß zu Mopro. Anhang F zeigt eine vollständige Übersicht der Warengruppenhierarchie.
[286] Vgl. auch Abb. 3-13 und Abb. 3-14 in Kap. 3.7.

halte auf die Vertriebslinien bleibt also unberücksichtigt. Für ihre Einkäufe besuchten die Haushalte 50 Vertriebslinien, die den in Abb. 6-10 dargestellten **zwölf Einkaufsstättentypen** zugeordnet sind.

Geschäftstyp
CASH & CARRY (C&C)
DISCOUNTER (DISC)
DROGERIEMAERKTE (DM)
GETRAENKEABHOLMAERKTE (GAM)
HEIMDIENST
INTERNET (WWW)
KAUF-/WARENHAEUSER (KWH)
RESTL. FACHGESCHAEFTE
SB WARENHAEUSER (SBW)
SUPERMAERKTE / KLEIN. LEH (SM)
VERBRAUCHERMAERKTE (VM)
VERSANDHANDEL

Abb. 6-10: Geschäftstypen im GfK Haushaltspanel 2003/2004

Abb. 6-11 zeigt eine Übersicht aller Vertriebslinien und des jeweils zugeordneten **Geschäftstyps**. Hier finden sich mehr als die 50 Händler, u.a. weil es vorkommt, dass eine Unternehmung verschiedene Betriebstypen unter gleicher Marke betreibt. Weiterhin können einzelne Filialen, z.B. der Vertriebslinie „Aldi", in den Daten nicht unterschieden werden.

Vertriebslinie	Geschäftstyp
ALDI (DISC)	DISCOUNTER (DISC)
BUDNIKOWSKI (DM)	DROGERIEMAERKTE (DM)
CASH & CARRY RESTL. (C&C)	CASH & CARRY (C&C)
DM (DM)	DROGERIEMAERKTE (DM)
DROGERIEMAERKTE RESTL.	DROGERIEMAERKTE (DM)
DROSPA (DM)	DROGERIEMAERKTE (DM)
EDEKA AKTIV (SM)	SUPERMAERKTE / KLEIN. LEH (SM)
EDEKA DISCOUNTER (DISC)	DISCOUNTER (DISC)
EDEKA E-CENTER (VM)	VERBRAUCHERMAERKTE (VM)
EDEKA NEUKAUF (VM)	VERBRAUCHERMAERKTE (VM)
EDEKA RESTL. LEH	VERBRAUCHERMAERKTE (VM)
EDEKA RESTL. LEH	SUPERMAERKTE / KLEIN. LEH (SM)
EXTRA (VM)	VERBRAUCHERMAERKTE (VM)
FAMILA (SBW)	SB WARENHAEUSER (SBW)
GETRAENKEABHOLMAERKTE (GAM)	GETRAENKEABHOLMAERKTE (GAM)
GLOBUS ST. WENDEL (SBW)	SB WARENHAEUSER (SBW)
GROSSO/MAGNET (SBW) -BIS 2000	SB WARENHAEUSER (SBW)
HEIMDIENST	HEIMDIENST

Vertriebslinie	Geschäftstyp
HIT (VM)	VERBRAUCHERMAERKTE (VM)
HL (SM)	SUPERMAERKTE / KLEIN. LEH (SM)
IDEA (DM)	DROGERIEMAERKTE (DM)
IHR PLATZ (DM)	DROGERIEMAERKTE (DM)
INTERNET (WWW)	INTERNET (WWW)
KAUF-/WARENHAEUSER (KWH)	KAUF-/WARENHAEUSER (KWH)
KAUFLAND (SBW)	SB WARENHAEUSER (SBW)
KD (DM)	DROGERIEMAERKTE (DM)
LEH RESTL. VERTRIEBSLINIEN	VERBRAUCHERMAERKTE (VM)
LEH RESTL. VERTRIEBSLINIEN	DISCOUNTER (DISC)
LEH RESTL. VERTRIEBSLINIEN	SUPERMAERKTE / KLEIN. LEH (SM)
LIDL (DISC)	DISCOUNTER (DISC)
MARKANT RESTL. LEH	VERBRAUCHERMAERKTE (VM)
MARKANT RESTL. LEH	DISCOUNTER (DISC)
MARKANT RESTL. LEH	SB WARENHAEUSER (SBW)
MARKANT RESTL. LEH	SUPERMAERKTE / KLEIN. LEH (SM)
MARKTKAUF (SBW)	SB WARENHAEUSER (SBW)
METRO C & C	CASH & CARRY (C&C)
METRO REST. LEH	VERBRAUCHERMAERKTE (VM)
MINIMAL (VM)	VERBRAUCHERMAERKTE (VM)
MUELLER (DM)	DROGERIEMAERKTE (DM)
NETTO (DISC)	DISCOUNTER (DISC)
NORMA (DISC)	DISCOUNTER (DISC)
PENNY (DISC)	DISCOUNTER (DISC)
PLUS (DISC)	DISCOUNTER (DISC)
REAL (SBW)	SB WARENHAEUSER (SBW)
RESTL. FACHGESCHAEFTE	RESTL. FACHGESCHAEFTE
REWE RESTL. LEH	DISCOUNTER (DISC)
REWE RESTL. LEH	VERBRAUCHERMAERKTE (VM)
REWE RESTL. LEH	SUPERMAERKTE / KLEIN. LEH (SM)
ROSSMANN (DM)	DROGERIEMAERKTE (DM)
SCHLECKER (DM)	DROGERIEMAERKTE (DM)
SPAR ITM/EUROSPAR (VM)	VERBRAUCHERMAERKTE (VM)
SPAR RESTL. LEH	DISCOUNTER (DISC)
SPAR SEH (SM)	SUPERMAERKTE / KLEIN. LEH (SM)
TENGELMANN RESTL. LEH	SUPERMAERKTE / KLEIN. LEH (SM)
TENGELMANN RESTL. LEH	DISCOUNTER (DISC)
TENGELMANN/KAISERS (SM)	VERBRAUCHERMAERKTE (VM)
TENGELMANN/KAISERS (SM)	SUPERMAERKTE / KLEIN. LEH (SM)
TOOM (SBW)	SB WARENHAEUSER (SBW)
VERSANDHANDEL	VERSANDHANDEL
WAL-MART (SBW)	SB WARENHAEUSER (SBW)

Abb. 6-11: Vertriebslinien in den Daten des GfK Haushaltspanels 2003/2004

Im Rahmen dieser Untersuchung wird der Begriff **Vertriebslinie** für Händler oder Handelsunternehmungen verwendet, weil die Datenerhebung aus Kundensicht erfolgt. Den teilnehmenden Panelhaushalten kann nicht immer ersichtlich sein, zu welcher Gruppe eine Einkaufsstätte gehört. Vertriebslinie ist somit die Store Brand, die ein Shopper beim Einkauf wahrnimmt. Die Begriffe Vertriebslinie, Händler und Handelsunternehmung werden im Folgenden synonym verwendet.

6.1.3.5 Ableiten von Arbeitstabellen

In der Regel werden nicht alle Attribute einer Tabelle für jede einzelne Analyse benötigt. Daher ist es sinnvoll, vom gesamten Datenbankschema Arbeitstabellen abzuleiten, die sich auf die jeweiligen **Fragestellungen** konzentrieren. Dies bringt u.a. den Vorteil, dass rechenintensive Aggregationsvorgänge nicht wiederholt auf gleicher Datenbasis durchgeführt werden müssen.

Je nach Fragestellung werden die Daten auf unterschiedlichen **Abstraktionsebenen** betrachtet, die auch als Dimensionen bezeichnet werden. Dafür müssen bestimmte Attribute ihrer Skalierung entsprechend aggregiert werden. Diese einzelnen Tabellen liegen zwar nur noch in der 1. Normalform vor, sind aber in der Regel entscheidend kleiner als die gesamte Datenbasis.

Gilt es z.B. die Haushaltsausgaben je Einkaufsstätte zu analysieren, so können einzelne Einkäufe und Warengruppen außer Acht gelassen werden. Die Ausgaben je Haushalt und Einkaufsstätte werden aggregiert und die nicht verwendeten produkt- und bonspezifischen Spalten entfernt. In jeder Zeile der so abgeleiteten Arbeitstabelle finden sich dann nur noch Informationen, die jede Kombination von Haushalt und Einkaufsstätte betreffen.

Dem Abstraktionsniveau entsprechend können weitere Kennzahlen gebildet werden, die in dem Ursprungsschema nicht vorhanden sind. Auf diese Weise kann der Untersuchungsgegenstand weiter beschrieben werden und tiefer gehende Analysen möglich machen.

6.2 Empirische Messung von Kundenwerten auf der Basis von GfK Haushaltspanel-Daten

6.2.1 Prämissen der Untersuchung

In Kap. 3.6 wurde der **Customer Lifetime Value (CLV)** als geeignete Methode zur monetären Bewertung von Kunden vorgestellt. Auf dieser Basis hat Kap. 4.4 einen allgemeinen CLV für den Lebensmitteleinzelhandel entwickelt. Diese Variante des CLV wird im Folgenden unter Berücksichtigung der in Kap. 5.2.2.5 als geeignet identifizierten und für diese Untersuchung vorliegenden **Datenquellen** berechnet. Die zu analysierenden Daten stammen – wie in Kap. 6.1 gezeigt – aus dem Haushaltspanel der GfK.

Somit liegen nur Daten zu den **Einzahlungen** vor, die ein Händler erzielt, jedoch nicht zu den **Auszahlungen**, die ein Händler für die Kunden tätigt. Die hierfür notwendigen internen Daten einer Unternehmung sind aufgrund ihrer Sensibilität für Externe schwer zu beschaffen und den Kunden aufgrund des hohen Gemeinkostenanteils im Einzelhandel kaum zurechenbar. Die Haushaltspaneldaten decken alle von den berichtenden Haushalten aufgesuchten Einkaufsstätten ab, während interne Kostenrechnungsdaten nicht systematisch extern gesammelt werden und damit für jede Unternehmung einzeln zu beschaffen sind.

Das Ziel der folgenden Analyse ist somit, die **Ausgaben von Kunden** im deutschen Lebensmitteleinzelhandel über die ganze Lebensdauer hinweg zu bestimmen. Gemessen wird also ein monetärer CLV, der ausschließlich die **Einzahlungen der Händler** berücksichtigt.[287]

Der CLV aus Sicht einer Unternehmung gilt in der Regel für die Zeit, in der ein Haushalt Kunde bei eben dieser Unternehmung ist. Die Frage der **Dauer einer Kundschaft** ist gerade im Lebensmitteleinzelhandel schwierig zu beantworten, da sie oftmals durch Umstände beeinflusst wird, die nicht zu prognostizieren

[287] Im weiteren Verlauf dieser Arbeit wird von Ausgaben der Kunden die Rede sein, womit gleichzeitig die Einzahlungen einer Unternehmung aus der entsprechenden Kundenbeziehung gemeint sind.

sind – wie z.B. ein Umzug des Haushaltes. Zudem sind viele Händler überregional bis deutschlandweit tätig, so dass Haushalte auch nach einem Umzug Gelegenheit haben, Einkaufsstätten dieser Händler aufzusuchen. Somit ist die Beendigung der Kundschaft nicht ohne Weiteres zu prognostizieren und noch nicht einmal ohne Weiteres zu messen.[288] Im Lebensmittelbereich gehen Kunden kein Dauerschuldverhältnis ein und können den Umfang ihrer Kundschaft durch seltenere Besuche oder geringere Einkäufe einfach reduzieren.

Daher wird in Kap. 6.2.3.4 auf den gesamten **CLV für alle Händler** abgestellt. Dieser vollständige CLV stellt das **Umsatzpotenzial** dar, das Kunden insgesamt oder differenziert nach Warengruppen aufweisen. In der Möglichkeit zur Berechnung einer solchen Potenzialgröße liegt das Alleinstellungsmerkmal der Haushaltspaneldaten, da nur mit einem Haushaltspanel die kompletten Kundenausgaben bei allen Händlern betrachtet werden können. Ein weiterer Vorteil dieser Herangehensweise ist, dass im Gegensatz zur Kundendauer gesicherte Erkenntnisse des Statistischen Bundesamtes über die mittleren Lebenserwartungen von Menschen in Deutschland existieren.

6.2.2 Vorgehensweise der Untersuchung

Die Paneldaten lassen verschiedene Arten der Kundenbewertung zu. Zum einen kann der Wert von Kunden bezogen auf die im Panel berichtenden Haushalte für den **Untersuchungszeitraum** (hier die Jahre 2003 und 2004) gemessen werden. Hiermit misst man den **vergangenen, statischen Kundenwert**, z.B. bezogen auf bestimmte Handelsunternehmungen, Warengruppen, Marken oder Produkte. Zum anderen lässt sich aus diesem zeitlich begrenzten Kundenwert auf den **CLV** schließen,[289] der bis auf die beiden direkt im Panel gemessenen Jahre in der Zukunft liegt. Grundlage ist eine Methode zur **Fortschreibung** der gemessenen Kundenwerte, die im Folgenden erläutert wird.

---

[288] Vgl. Reinartz/Krafft (2001), S. 1265.
[289] Vgl. ähnlich Hoekstra/Huizingh (1999), S. 266.

Die Basis der Fortschreibung sind **Kohorten**.[290] Unter einer Kohorte versteht man eine Gruppe von Personen, die im Hinblick auf ein bestimmtes Ereignis, z.B. ihre Geburt, **gleichartig** sind.[291] Im einfachsten Falle wird angenommen, dass sich Haushalte im Zeitverlauf gleich verhalten und somit von älteren Kohorten auf jüngere geschlossen werden kann. Wie Abb. 6-12 zeigt, werden für alle 5-Jahres-Altersgruppen die jeweils realisierten Kundenwerte aus den vorliegenden Paneldaten ermittelt. Messzeitraum ist also lediglich das Intervall t_0.

Die in t_0 gemessenen Werte werden der jeweils eine Stufe jüngeren Altersklasse zugeordnet. „Ältere" Kundenwerte werden also im Prinzip „umgeklappt". Die **Schattierungen** der Abb. 6-12 zeigen, dass für die jüngsten Haushalte der Altersklasse 20-24 noch zehn Intervalle in der Zukunft liegen, diese aber von strukturgleichen älteren Kohorten übertragen werden. So wird die eigentlich kurze Messung künstlich verlängert.

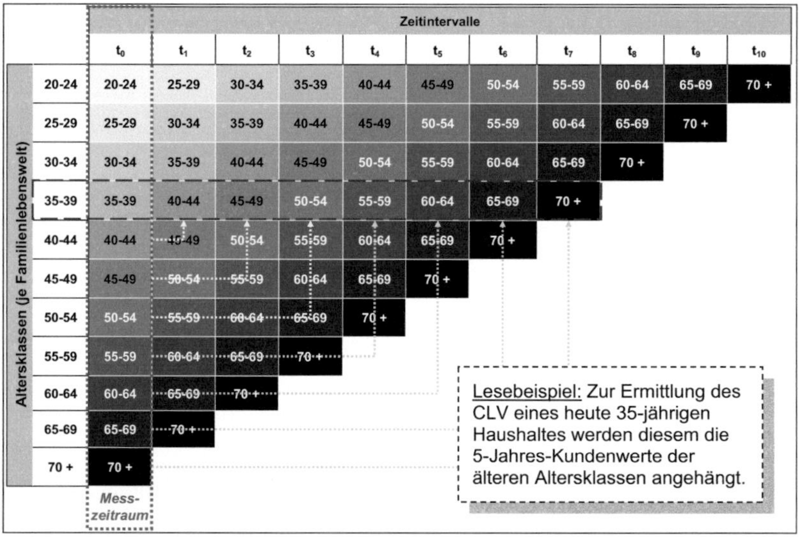

Abb. 6-12: Die Idee der Fortschreibung der Kundenwerte

---

[290] KRAFFT weist unter Bezug auf die deskriptiven Publikationen von Reichheld/Sasser (1990) und Reichheld (1993 und 1996) auf die Bedeutung von Kundenkohorten für die Ermittlung des CLV hin (vgl. Krafft (2002), S. 37).

[291] Vgl. Reuband (1980), S. 135 ff.

Diesem Vorgehen unterliegt die Annahme, dass das Kaufverhalten maßgeblich vom Lebensalter abhängt. Dass diese Annahme zu kurz greifen dürfte, lassen schon die in der Literatur diskutierten Ursachen für Veränderungen von Kohorten im Zeitverlauf, wie der **Geschichts- und Periodeneffekt**, der **Alterungs- und Reifungseffekt** oder der **Kohorteneffekt**, vermuten.[292] Um genauere Informationen darüber zu erlangen, welche Kohorten wertmäßig zusammenpassen, werden die soziodemografischen Faktoren bestimmt, die einen Einfluss auf den realisierten 2-Jahres-Kundenwert als Zielgröße der Kundenbewertung haben. Abb. 6-13 zeigt die Schritte der empirischen Untersuchung.

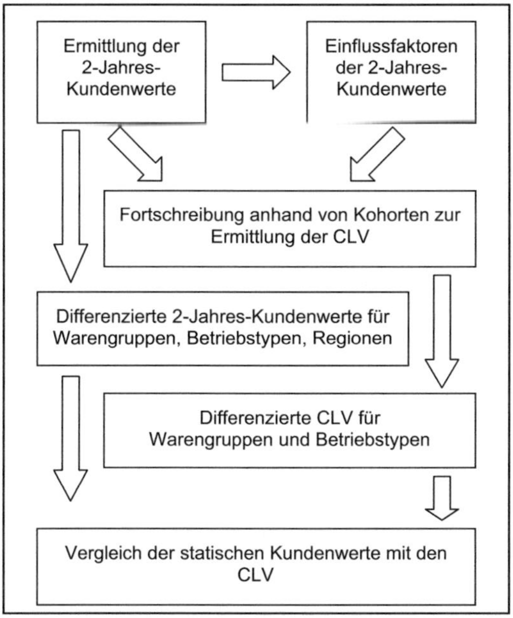

Abb. 6-13: Das Vorgehen der empirischen Untersuchung

Der **2-Jahres-Kundenwert** wird für jeden einzelnen Haushalt des Panels berechnet. Diese 2-Jahreswerte sind die Basis aller weiteren Analysen. Zunächst werden die **Einflussfaktoren** der Haushalte ermittelt, von denen die Höhe der Kundenwerte abhängig ist. Anhand dieser Faktoren werden Haushaltsgruppen

---

[292] Vgl. hierzu Kaas (1982), S. 239.

(Kohorten) gebildet, die sich in verschiedenen Altersklassen befinden. Um von 2-Jahres-Kundenwerten auf die CLV zu schließen, werden den Panelhaushalten die Kundenwerte der jeweils noch folgenden Altersklassen strukturgleicher Haushalte zugerechnet.

Weiterhin werden mit den 2-Jahres-Kundenwerten **Status-quo-Analysen** für Warengruppen, Betriebstypen und Regionen durchgeführt. Die CLV werden ebenfalls weiter nach den Bezugsgrößen Warengruppen und Betriebstypen differenziert, um zum Abschluss des Kapitels im Abgleich der gemessenen 2-Jahres-Kundenwerte mit den CLV Status quo und **Potenzial** verschiedener Händler zu analysieren.

Um im dritten Schritt der Abb. 6-13 die zukünftigen Ausgaben von Haushalten anhand der so ermittelten Einflussfaktoren zu prognostizieren, müssen Annahmen über die zukünftigen Ausprägungen der ermittelten Einflussfaktoren getroffen werden. Die **Grundannahme** ist, dass Haushalte einen bestimmten **Lebensweg** gehen, den ältere Haushalte vor ihnen bereits gegangen sind. Haben Haushaltsmitglieder also ein bestimmtes Alter und sind kinderlos, während andere Haushalte im gleichen Alter Kinder haben, so ist die Möglichkeit geringer, dass sich diese Eigenschaft der jungen kinderlosen Haushalte im Zeitverlauf ändert und sie sich noch zu Haushalten mit Kindern und der damit einhergehenden Ausgabenstruktur entwickeln.

Dabei muss man weiterhin annehmen, dass das **Verhalten gegenüber dem LEH** von Haushalten mit gleich alten Hauptverdienern im Verlauf eines Kundenlebenszyklus weitgehend konstant bleibt. Solange man keine bessere Datenbasis hat, ist dies die beste Möglichkeit, da Informationen über weitere grundlegende Einflussfaktoren wie z.B. neue Kommunikationstechnik o.Ä. nicht einfließen.

Zudem handelt es sich beim LEH um eine Branche, in der das Kaufverhalten nicht so volatil und trendabhängig ist wie z.B. im Handel mit Elektronik. Somit wird z.B. unterstellt, dass sich Kunden, die heute 55 Jahre alt und allein stehend sind, im Hinblick auf den Einkauf von Lebensmitteln ähnlich verhalten wie 55-jährige alleinstehende Kunden in 20 Jahren. Abweichungen von diesem

Vorgehen bedürfen entsprechender Annahmen über den Zusammenhang von Haushaltseigenschaften.

Das Prinzip der **Fortschreibung der Ausgaben** über den **Lebenszyklus von Haushalten** – ungeachtet der noch folgenden Differenzierung hinsichtlich der Haushaltseigenschaften – zeigt Abb. 6-14 beispielhaft: Ein Haushalt, dessen Haushaltsvorstand heute zwischen 20 und 24 Jahre alt ist, gibt in fünf Jahren 2.000 € für Lebensmittel aus. Diese (in diesem Beispiel fiktive) Zahl lässt sich direkt aus den Paneldaten ablesen. Doch wie viel gibt der Haushalt in der Zukunft noch aus? Um dies zu klären, betrachtet man, wie viel Geld Haushalte ausgeben, die älter sind (also die Haushalte ab 25 Jahre), und übernimmt die Ausgabenwerte dieser Haushalte für den Haushalt mit ähnlichen soziodemografischen Eigenschaften, dessen CLV bestimmt werden soll.

Die Lebensphasenwerte der einzelnen **Altersschichten** werden in Abb. 6-14 zeilenweise gelesen. In den dunklen Feldern zu Beginn jeder Altersschicht findet sich der 5-Jahres-Kundenwert. Zwei von diesen 5 Jahren werden direkt in den Paneldaten gemessen und mit 2,5 multipliziert, um auf einen 5-Jahres-Wert zu kommen. Es unterliegt die Annahme, dass sich alle Haushalte der jeweiligen Altersschicht am Anfang des Intervalls befinden und dass sich das Verhalten drei weitere Jahre unverändert fortsetzt. Dieses Vorgehen ist notwendig, weil die Altersklassen fünf Jahre umfassen, zur Analyse aber nur Transaktionsdaten für zwei Jahre vorliegen.

Die dann folgenden helleren Felder zeigen die durch **Fortschreibung der Ausgaben** vergleichbarer älterer Haushalte prognostizierten Werte der jeweiligen späteren Phase. Der CLV ergibt sich aus der Summe aller pro Altersschicht aneinandergereihten 5-Jahres-Werte. Der CLV eines Haushaltes, dessen Haushaltsvorstand heute zwischen 35 und 39 Jahren alt ist, beträgt in diesem fiktiven Beispiel 98.000 €. Dabei ist zu beachten, dass der bereits realisierte 2-Jahres-Kundenwert in die 98.000 € mit eingeflossen ist, somit also Ist- und Potenzialdaten vermengt werden.

Alter des Haushalts-vorstands	20-24	25-29	30-34	35-39	40-44	45-49	50-54	55-59	60-64	65-69	70 und älter
20-24	5	8	10	11	12	13	11	12	13	14	12
25-29		8	10	11	12	13	11	12	13	14	12
30-34			10	11	12	13	11	12	13	14	12
35-39				11	12	13	11	12	13	14	12
40-44					12	13	11	12	13	14	12
45-49						13	11	12	13	14	12
50-54							11	12	13	14	12
55-59								12	13	14	12
60-64									13	14	12
65-69										14	12
70 und älter											12

Lesebeispiel: Ein Haushalt, dessen Haushaltsvorstand heute zwischen 35 und 39 Jahren alt ist, gibt in den ersten fünf Jahren 11.000 €, in den nächsten fünf Jahren 12.000 €, dann 13.000 € usw. aus.

Abb. 6-14: Vorgehen zur Ermittlung der CLV – Beispiel der Ausgaben von Haushalten in Altersgruppen über fünf Jahre in Tausend Euro

6.2.3 Entwicklung eines Kundenbewertungsmodells für GfK Haushaltspanel-Daten

6.2.3.1 Ermittlung von Klassifikatoren mit Hilfe der Entscheidungsbaumanalyse

Um mögliche Einflussfaktoren auf ihren Zusammenhang mit der **Zielgröße**, im Falle der vorliegenden Arbeit der 2-Jahres-Kundenwert,[293] zu überprüfen, wurden die in Abb. 6-15 in der Spalte [Richtung] mit Prediktor gekennzeichneten Variablen als Inputwerte für eine **Entscheidungsbaumanalyse** verwendet. Die Entscheidungsbaumanalyse deckt auf, welche Inputwerte formal betrachtet den stärksten Einfluss auf die 2-Jahres-Kundenwerte haben.

---

[293] Vgl. Kap. 6.2.6.1.

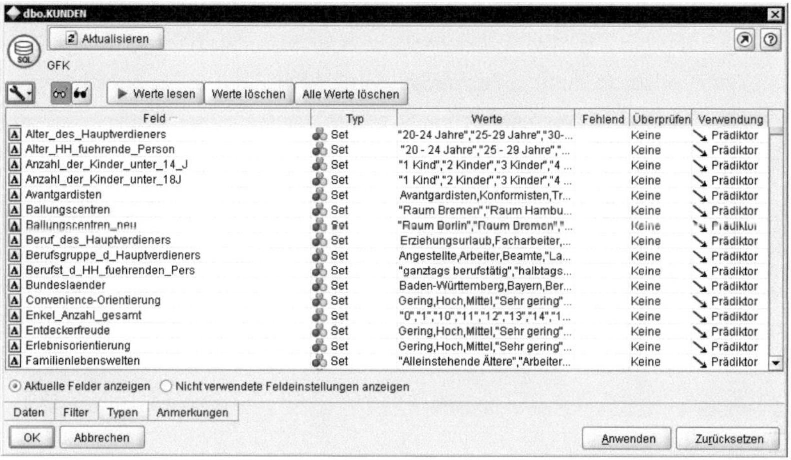

Abb. 6-15: Ausgewählte Inputwerte zur Bestimmung der Einflussgrößen des Kundenwertes

Die Spalte [Feld] gibt den Variablennamen an. Die zweite Spalte [Typ] zeigt die jeweilige Skalierung der Merkmale. [Set] bedeutet dabei, dass es sich um eine ordinal- oder nominalskalierte Variable handelt. Durch [Bereich] wird eine mindestens intervallskalierte Variable gekennzeichnet. [Werte] zeigt die konkreten Ausprägungen der Variable je nach Skalierung als Intervall oder Auflistung an.

Das **Entscheidungsbaumverfahren** geht die in Abb. 6-15 gezeigten erklärenden **Haushaltseigenschaften** iterativ durch und wählt jeweils die Eigenschaft aus, welche die Daten in Bezug auf die Zielgröße am besten klassifiziert.[294] Ein Entscheidungsbaum ist grundsätzlich **rekursiv** aufgebaut, d.h., der Entscheidungsbaumalgorithmus ruft sich wiederholt selbst auf. Der zugrunde liegende **Basisalgorithmus** ist ein Greedy-Algorithmus. Das Verhalten bei der Auswahl der zu testenden Attribute wird als „gierig" (engl. „greedy") bezeichnet, weil der Algorithmus bei jedem Schritt von allen Erweiterungsmöglichkeiten des Entscheidungsbaumes unter allen verbliebenen Attributen dasjenige auswählt, das die Objekte am besten in Klassen aufteilt.

Bei der **Erstellung des Entscheidungsbaumes** zur Ermittlung von Einflussfaktoren auf die Höhe der Kundenausgaben muss der Algorithmus entscheiden,

[294] Vgl. Krahl et al. (1998), S. 69 ff.

welche Haushaltseigenschaft sich am stärksten auf die Haushaltsausgaben auswirkt, ob also z.B. die Haushaltsgröße oder das Haushaltseinkommen die Haushalte in Bezug auf ihre Ausgaben deutlicher in Klassen teilt. Um dies zu erreichen, vergleicht der Algorithmus je Attribut die bedingten Häufigkeiten der sich ergebenden Klassen und bewertet diese mit Hilfe eines Auswahlmaßes.[295]

Die Objekte werden dann gemäß den Werten ihres Testergebnisses aufgeteilt und das Verfahren wird rekursiv auf die sich ergebenden **Teilmengen** angewandt. Kommt als Ergebnis z.B. heraus, dass die Haushaltsgröße am besten unterscheidet und der Unterschied zwischen 2-Personen-Haushalten und 3-Personen-Haushalten am größten ist, so werden für diese beiden Gruppen die verbliebenen Kriterien erneut geprüft.

Die **Rekursion** bricht ab, wenn kein Attribut zu einer Verbesserung der Klassifikation führt oder keine weiteren Attribute für einen Test zur Verfügung stehen. Den Punkt, an dem man sich für ein klassifizierendes Attribut entscheiden muss, nennt man Knoten, die sich durch die Ausprägungen ergebenden Alternativen Äste. Je nach **Skalierung** der Merkmale ergeben sich unterschiedlich viele Aufteilungsmöglichkeiten in Teilmengen nach einem Knoten.

Die hier ausgewählten Variablen entsprechen fast vollständig dem verfügbaren Variablenvorrat, der einen **Kundenbezug** aufweist.[296] Es wurden lediglich solche Variablen ausgegrenzt, die sich trivial auf den Zielwert, also die Summe der Kundenausgaben auswirken oder fast redundant vorhanden sind. Eine triviale Auswirkung auf den Zielwert liegt beispielsweise vor, wenn eine Inputvariable einen Teil der Zielvariablen ausmacht. Dies sind z.B. alle Arten von Kundenausgaben. Die Miteinbeziehung solcher Variablen würde die eigentlich relevanten Muster verdecken.

In Ausnahmefällen weisen Variablen Redundanzen auf: Die **„Familienstruktur“** ist eine Kombination aus der Haushaltsgröße und dem Alter der Haushaltsmitglieder, die **„Familien-Lebenswelten“** bilden sich aus einer Kombination diverser Haushaltseigenschaften wie z.B. Alter, soziale Schicht, Anzahl der Kin-

---

[295] Zu Auswahlmaßen vgl. Nakhaeizadeh (1998), S. 86 f.
[296] Siehe Anhang A bis Anhang E.

der etc. Die Berücksichtigung ist unproblematisch, weil zum einen jedes einzelne Kriterium für sich kein großes Gewicht in der Einteilung der Familien-Lebenswelten hat und zum anderen die Entscheidungsbaummethode die Einflussfaktoren immer unabhängig voneinander prüft. Wenn also die **Kombination** von Kriterien in Form der Familien-Lebenswelten oder der Familienstruktur eine bessere Aussage trifft als ein einzelnes Kriterium, so ist die Erkenntnis nicht weniger nützlich.

Abb. 6-16 zeigt den **Entscheidungsbaum** für den Zusammenhang zwischen Kundenausgaben und Kundeneigenschaften. Der Entscheidungsbaum ist von links nach rechts zu lesen. Wenn eine Variable sehr weit links auftritt, bedeutet dies, dass diese Variable einen hohen Einfluss auf den Zielwert hat. Diese Variable trennt also mehr Objekte (hier: Haushalte) anhand ihrer Eigenschaften in Bezug auf die Kundenausgaben als andere Variablen.

Das stärkste Kriterium sind die **Familien-Lebenswelten**, die als erste auftreten und am weitesten links stehen. Hier werden die Haushalte zunächst in zwei Gruppen eingeteilt:

a) „Arbeiter-Familien mit Kindern", „Arbeiter-Familien ohne Kinder", „Arbeiterschicht-Rentner-Familien" etc.

b) „Alleinstehende Ältere", „Arbeitslosen-Familien", „Aufsteiger/Singles/DINKS" etc. [297]

Der erste Ast (a) führt weiter zum Kriterium **„Alter der haushaltsführenden Person"**, trennt hier in zwei Altersklassen, ermittelt bei der ersten Altersgruppe die **„Haushaltsgröße"** (kleine vs. große Haushalte) und bei der zweiten Altersgruppe die **„Familienstruktur"** (Alter der Kinder, Alleinstehende männlich oder weiblich etc.) als nächstwichtigstes Kriterium.

---

[297] DINKS steht für "Double income no kids".

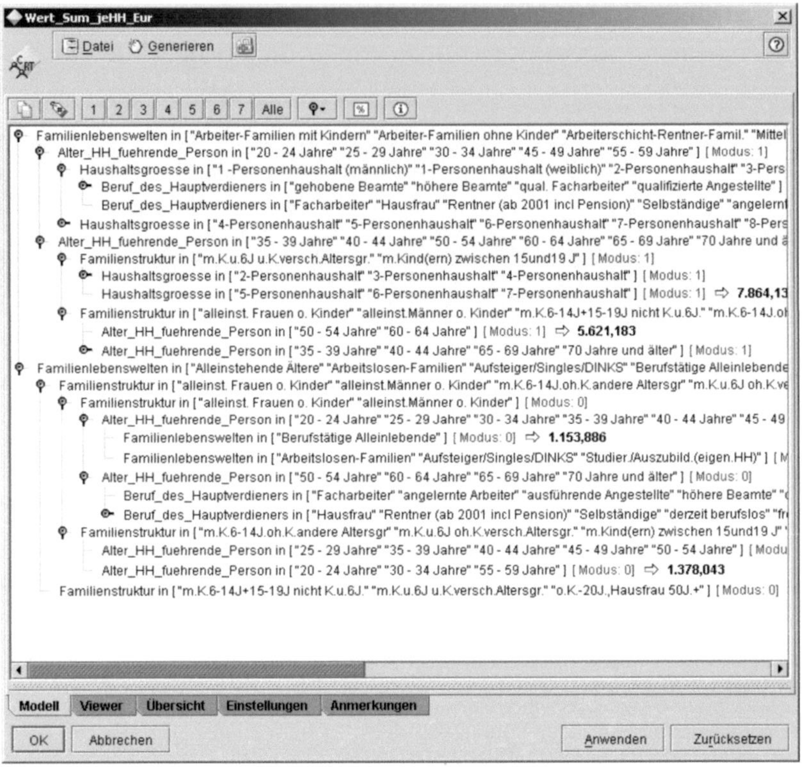

Abb. 6-16: Entscheidungsbaum für den Zielwert Kundenausgaben

Die Pfade enden nach dem vierten Ast, in dem nach einer Trennung der Berufsgruppe des Hauptverdieners keine weitere Verbesserung mehr möglich ist. Abb. 6-17 stellt einen Auszug des Entscheidungsbaumes übersichtlicher dar.

Es ist zu erkennen, dass neben den **Familien-Lebenswelten** das **Alter**, die **Haushaltsgröße**, die **Familienstruktur** und die **soziale Stellung** (in der Variable „Beruf des Hauptverdieners") die wichtigsten Einflussfaktoren für die Kundenausgaben sind. Die Variable Familienstruktur ist eine Kombination aus Alter und Haushaltsgröße. Sie bezieht sich somit auf die drei oben genannten Variablen.

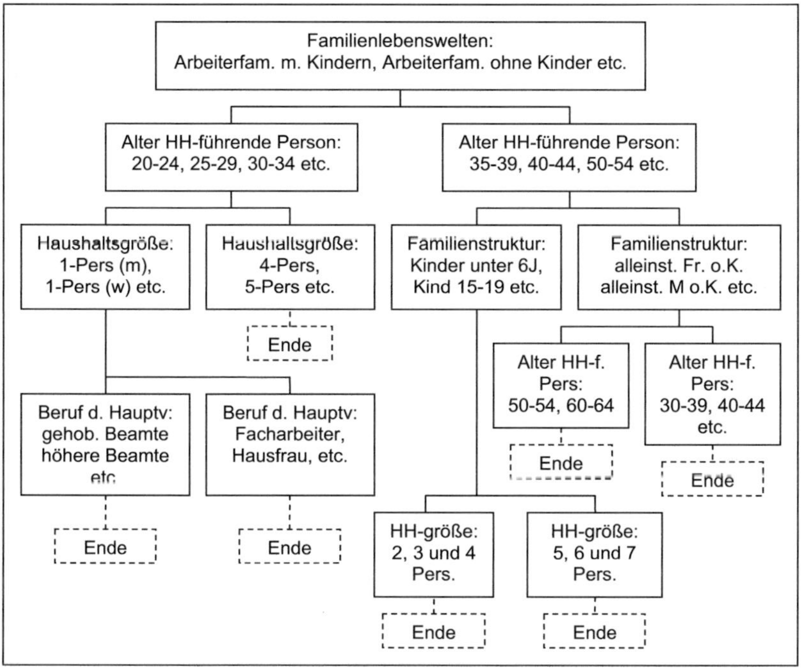

Abb. 6-17: Exemplarische Darstellung des Entscheidungsbaumes zur Ermittlung der Einflussfaktoren für die Haushaltsausgaben

Um sicher zu sein, dass die gefundenen Zusammenhänge auch wirklich verallgemeinerbare Muster sind und nicht Zufälle in der Stichprobe abbilden, wird die Split-Half-Methode angewendet, die eine Trennung der Daten in **Trainings- und Testdaten** vornimmt. Das Modell wird auf dem Trainingsdatenbestand entwickelt, um die Güte des Modells zu messen. Hierzu wird die Abweichung der prognostizierten Werte aus den Trainingsdaten gegenüber den Werten der Testdaten betrachtet (vgl. Abb. 6-18).

'Partition'	1_Training	2_Test
Minimaler Fehler	-7.656,69	-7.367,72
Maximaler Fehler	21.979,279	21.518,827
Mittlerer Fehler	0,0	17,413
Mittlerer absoluter Fehler	1.519,986	1.519,79
Standardabweichung	2.230,075	2.232,89
Lineare Korrelation	0,614	0,604
Vorkommen	4.149	4.198

Abb. 6-18: Vergleich der Prognosegüte bei Trainings- und Testdaten

Wenn das Modell in hohem Maße auch Zufälle in den Trainingsdaten (siehe Abb. 6-18, Spalte [1_Training]) fälschlicherweise als Muster erkennen würde, dann müsste das Modell auf der anderen Menge von Daten (den Testdaten) wesentlich schlechtere Güteergebnisse liefern (siehe Abb. 6-18, Spalte [2_Test]). In diesem Fall sind die Werte fast identisch. Es ist also davon auszugehen, dass mit dem beschriebenen Modell generelle Muster in den Paneldaten entdeckt wurden.

6.2.3.2 Das Modell der Familien-Lebenswelten nach KLEINING/PRESTER

Das **Resultat** der Entscheidungsbaumanalyse ist, dass die Faktoren **Haushaltsgröße, soziale Stellung und Alter** entscheidend für die Ausgaben eines Haushaltes sind. Das zukünftige Alter eines Haushaltes braucht nicht im engeren Sinne prognostiziert zu werden, da es sich aus dem in den Daten bekannten heutigen Alter und dem zu prognostizierenden Zeitraum ergibt. Unter dem Alter eines Haushaltes ist im Rahmen dieser Arbeit immer das Alter der haushaltsführenden Person zu verstehen.

Ein Modell, das die Kombination der oben genannten Faktoren erlaubt und erklärt, sind die sog. **Familien-Lebenswelten**.[298] Eine Lebenswelt ist eine Lebensphase, die sich nicht nur durch das Alter, sondern durch die Veränderung der kompletten Lebenssituation von anderen Lebensphasen unterscheidet.[299] Die Übergänge von Lebenswelten ergeben sich durch natürliche Abschnitte wie Geburt, Kindheit, Berufsausbildung, ggf. Heirat, Familiengründung etc.[300]

Die Familien-Lebenswelten bilden Segmente in der Gesamtheit privater Haushalte des GfK Haushaltspanels. Ziel einer Marktsegmentierung ist die Bildung in sich **homogener Gruppen**, die sich untereinander möglichst stark unterscheiden.[301] Grundlage waren Studien von KLEINING und KROTZ, in denen 436 Faktoren aus den Bereichen Demografie, Verhalten, Einstellungen und Werte

---

[298] Vgl. Kleining/Prester (1999), S. 4.
[299] Vgl. Kleining/Prester (1998), S. 59.
[300] Vgl. Kleining/Prester (1998), S. 58.
[301] Siehe auch Kap. 4.2.1.

bei 602 Personen erhoben wurden.[302] Die sich in den folgenden Untersuchungen abzeichnenden **Muster** ließen sich am besten durch die **grundlegenden Variablen** Geschlecht, Alter, soziale Schicht und Stellung im Arbeitsprozess beschreiben.[303] Da diese Merkmale auch im GfK Haushaltspanel vorhanden sind, wurden die Paneldaten des Jahres 1996 ähnlichen Clusteranalysen unterzogen.

Abb. 6-19 zeigt die **Haupteinflussfaktoren** für die Gruppenbildung (Clustering) als Ergebnis der ursprünglichen Analyse von KLEINING/PRESTER. Gerechnet wurde mit der SAS-Prozedur „FASTCLUS", einem iterativen Austauschverfahren bei vorgegebener Clusteranzahl. Im Ergebnis stellten sich neun Cluster als sinnvoll heraus, weil sie gut zu interpretieren waren und weitere oder weniger Cluster keine nennenswerte Ergebnisverbesserung brachten.[304] Das Bestimmtheitsmaß R^2 sagt aus, zu welchem Anteil die jeweilige Variable in Abb. 6-19 Einfluss auf die Clusterbildung hat. Das **Ergebnis dieser Segmentierung** findet sich seither als Merkmal jedes Haushaltes in den Daten.

Variable	R^2
Zahl der PKW im HH	0,88
Stellung im Arbeitsprozess des Hauptverdieners	0,82
Berufstätigkeit der HH-führenden Person	0,79
Alter der HH-führenden Person	0,75
Alter des Hauptverdieners	0,75
Zahl der Kinder unter 18 Jahre	0,59
Bildung des Hauptverdieners	0,55
Haushaltsgröße	0,54
Haushaltsnettoeinkommen	0,39
Zahl der Kinder unter 16 Jahre	0,33
Beruf des Hauptverdieners	0,26

Abb. 6-19: Einflussfaktoren für die Familien-Lebenswelten

Quelle: Kleining/Prester (1999), S. 8

Die Tabelle zeigt, dass auch bei den Familien-Lebenswelten die Faktoren **Haushaltsgröße, soziale Stellung** und **Alter** wichtig sind: *„Verhaltenspräferenzen, Werte, Einstellungen, Medien- und Konsumverhalten erwiesen sich als*

[302] Vgl. Kleining (1995) und Krotz (1990).
[303] Vgl. Kleining/Prester (1998), S. 60; Kleining/Prester (1999), S. 7.
[304] Vgl. Kleining/Prester (1999), S. 7.

diesen Grundmustern untergeordnet.“[305] Diese Merkmale hatten in den Clusteranalysen zur Bildung der Familien-Lebenswelten also weniger Gewicht als die Lebensumstände. Das Ergebnis deckt sich mit unserer Analyse der Treiber der Kundenausgaben in Kap. 6.2.3.1 (siehe Abb. 6-16). Insgesamt hat die Analyse von KLEINING/PRESTER neun Cluster ergeben, die folgendermaßen bezeichnet werden:[306]

- Studenten und Auszubildende mit eigenem Haushalt
- junge Singles und Doppelverdienerhaushalte ohne Kinder (DINKS)
- Mittelschicht-Familien mit Kindern
- Arbeiterschicht-Familien mit Kindern
- Arbeitslosen-Familien
- berufstätige Alleinlebende (mittleren Alters)
- ältere Mittelschicht-Familien ohne Kinder
- ältere Arbeiterschicht-Familien ohne Kinder
- alleinstehende Ältere

KLEINING/PRESTER bringen diese Gruppen in eine **chronologische Reihenfolge**, die jeder Haushalt normalerweise durchläuft (siehe Abb. 6-20).[307] Der Grund dafür, dass Abb. 6-20 elf Gruppen zeigt, liegt darin, dass für die Lebensphase des Ruhestands die beiden Gruppen „Mittelschicht-Renter-Familien“ und „Arbeiterschicht-Rentner-Familien“ ergänzt werden. Die prozentualen Anteile der Familien-Lebenswelten entsprechen dem Status des Haushaltspanels aus dem Jahre 2002.[308] Auf Basis der hier dargestellten natürlichen Chronologie werden nun Annahmen über die zukünftigen Eigenschaften von Haushalten abgeleitet, auf denen die CLV-Prognose fußt.

Der Vollständigkeit halber sei erwähnt, dass KLEINING/PRESTER keine **Oberschicht** in ihrem Modell berücksichtigen. Der Grund hierfür mag in der Natur der Haushaltspaneldaten liegen, dass wohlhabende Haushalte weniger geneigt sind, ihr Einkaufsverhalten dauerhaft zu berichten und sich ihre Lebensumstände schneller ändern und sie damit nicht lange genug in der durchlaufenden

---

[305] Kleining/Prester (1999), S. 7.
[306] Vgl. Kleining/Prester (1999), S. 8
[307] Vgl. Kleining/Prester (1998), S. 59.
[308] Vgl. GfK (2002), S. 8.

Masse vertreten sind. Das Fehlen überdurchschnittlich einkommensstarker Haushalte ist eine Schwäche der Haushaltspaneldaten.

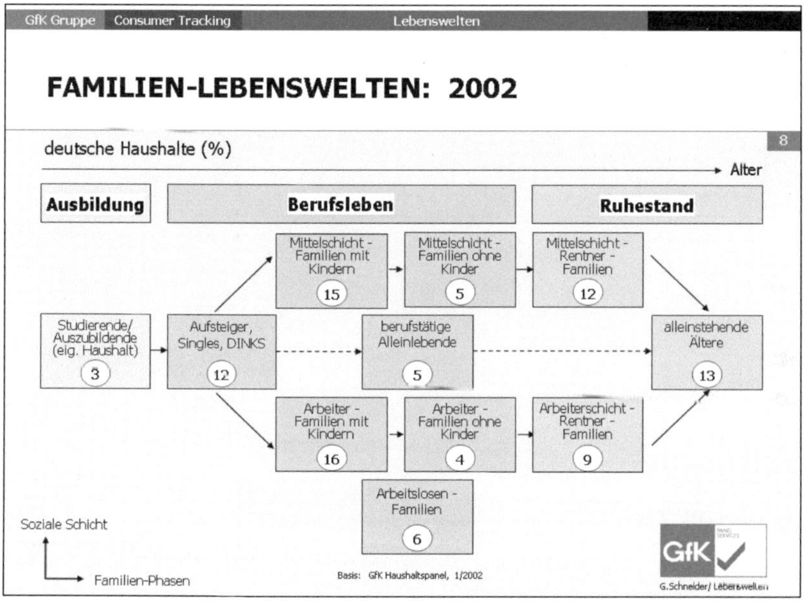

Abb. 6-20: Anteil der Familien-Lebenswelten in den GfK Haushaltspanel-Daten (Anzahl der Haushalte in Deutschland in Prozent)

Quelle: GfK (2002), S. 8 in Anlehnung an Kleining/Prester (1999), S. 9

6.2.3.3 Erweiterung des Modells der Familien-Lebenswelten nach KLEINING/PRESTER

Da das Modell der Familien-Lebenswelten nicht primär auf **Kundenausgaben** abzielt, wurden einige Verfeinerungen vorgenommen. Ziel ist die Präzisierung der **zeitlichen Abfolge** der Phasen, analog dem Beispiel der Abb. 6-21, um die entsprechenden Kundenlebenswerte berechnen zu können.

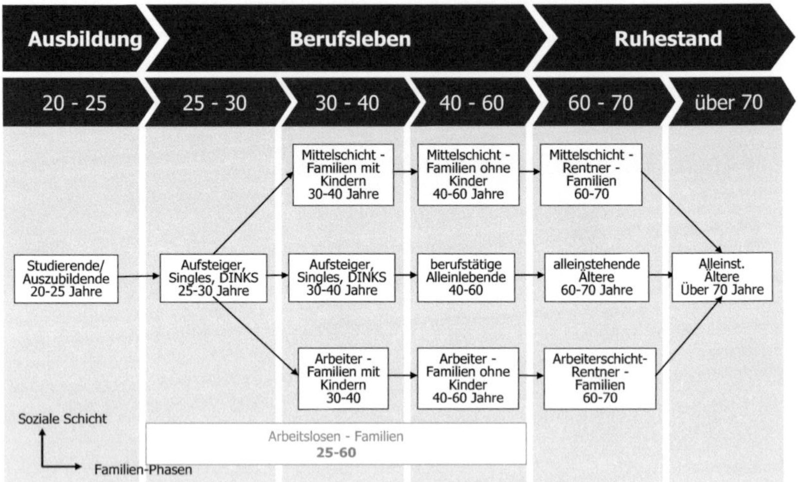

Abb. 6-21: Abfolge der Lebenswelten im Haushaltslebenszyklus

- Die drei Lebensphasen – **Ausbildung, Arbeitsleben** und **Ruhestand** – sind für eine Prognose des CLV zu ungenau. Daher wird gemäß dem in Abb. 6-21 angenommenen Prinzip betrachtet, in welchen **Altersklassen** eine Familien-Lebenswelt wie oft auftritt.
- Abb. 6-22 zeigt, wie sich die Haushalte jeweils einer Lebenswelt auf verschiedene Altersklassen verteilen. Sie sind dabei von jung nach alt von unten nach oben angeordnet. Da sich die Lebenswelten überschneiden, müssen Annahmen über den Zeitpunkt des **Wechsels** von einer Lebenswelt in eine andere getroffen werden. So sind z.B. 43,1 % der Lebenswelt „Aufsteiger/Singles/DINKS" zwischen 35 und 39 Jahren alt. In diesem Alter befinden sich auch 27,0 % der Arbeiter-Familien mit Kindern. Die Familien-Lebenswelten lassen sich nach dem Alter nicht eindeutig voneinander trennen, während die chronologische Reihenfolge der Familien-Lebenswelten für einen einzelnen Haushalt nach wie vor plausibel ist. Zeitpunkt und Art des Übergangs von einer zur anderen Lebenswelt sind unklar.
- Die **DINKS** lassen sich anhand der ergriffenen Berufe **zwei Schichten** (Mittel- oder Arbeiterschicht) zuordnen. Dies hat den Vorteil, dass man schon früh den eingeschlagenen Weg eines Haushaltes erkennen kann.

Familienlebens-welten:	Alter der haushaltsführenden Person										
	20 - 24	25 - 29	30 - 34	35 - 39	40 - 44	45 - 49	50 - 54	55 - 59	60 - 64	65 - 69	70 und älter
Mittelschicht-Rentner-Familien	0,00%	0,00%	0,00%	0,00%	0,00%	0,00%	4,30%	7,80%	22,90%	30,50%	34,60%
Alleinstehende Ältere	0,00%	0,00%	0,00%	0,00%	0,00%	0,00%	0,00%	0,00%	19,70%	24,50%	55,80%
Arbeiterschicht-Rentner-Familien	0,00%	0,00%	0,00%	0,00%	0,00%	0,00%	7,00%	11,50%	30,00%	26,90%	24,70%
Mittelschicht-Familien ohne Kinder	0,60%	1,30%	1,50%	0,60%	6,90%	14,60%	27,60%	26,30%	13,70%	3,90%	3,10%
Arbeiter-Familien ohne Kinder	2,00%	1,40%	1,70%	1,10%	10,10%	20,40%	31,80%	19,60%	9,00%	1,40%	0,80%
Arbeitslosen-Familien	1,10%	4,90%	14,60%	11,90%	17,50%	20,80%	14,80%	14,60%	0,00%	0,00%	0,00%
Berufstätige Alleinlebende	0,00%	0,00%	0,00%	0,00%	23,90%	19,20%	23,10%	20,70%	8,90%	2,60%	1,60%
Mittelschicht-Familien mit Kindern	0,30%	3,20%	13,50%	21,90%	22,20%	18,00%	13,20%	5,60%	1,20%	0,60%	0,30%
Arbeiter-Familien mit Kindern	0,90%	6,50%	16,40%	27,00%	19,20%	16,30%	9,00				
Aufsteiger/Singles/DINKS	4,30%	21,60%	31,00%	43,10%	0,00%	0,00%	0,00				
Studierende/ Auszubildende	15,90%	68,20%	11,40%	4,50%	0,00%	0,00%	0,00				

Lesebeispiel:

18% aller Mittelschicht-Familien mit Kindern befinden sich in der Altersklasse 45-49 Jahre.

Abb. 6-22: Verteilung der Lebenswelten nach dem Alter in den GfK-Haushaltspaneldaten

- DINKS und **Familien ohne Kinder** unterscheiden sich hauptsächlich im **Alter**. Als DINKS werden offenbar jüngere Haushalte ohne Kinder bezeichnet, bei denen noch die Möglichkeit besteht, Kinder zu bekommen. Familien ohne Kinder sind in den vorliegenden Daten älter. Diese Gruppen werden im Konzept von KLEINING/PRESTER nicht weiter unterschieden. Anhand des Alters haben wir eine tiefere Differenzierung vorgenommen, wie Abb. 6-21 zeigt. Die ursprünglichen Lebenswelten wurden datentechnisch parallel beibehalten, so dass keine Informationen verloren gehen.
- Es ist auch möglich, dass es Paare gibt, die **keine Kinder** bekommen. Hier wird die Stufe Familie mit Kindern übersprungen (siehe Abb. 6-21).
- Alle **Alleinstehenden** werden in **männliche** und **weibliche** Haushalte unterteilt. Dies hat keine Nachteile, da man die beiden Gruppen bei Bedarf wieder zusammenrechnen kann. Die Vorteile liegen in der erhöhten Genauigkeit, die besonders bei der Einbindung von **Sterbewahrscheinlichkeiten** zum Tragen kommt.[309]

Auf Grundlage des Modells von KLEINING/PRESTER (1999) und der aufgezeigten Konkretisierungen und Verfeinerungen ergeben sich die in Abb. 6-23 gezeigten sieben Pfade, die ein Haushalt durchlaufen kann.

---

[309] Vgl. Kap. 6.2.4.1.

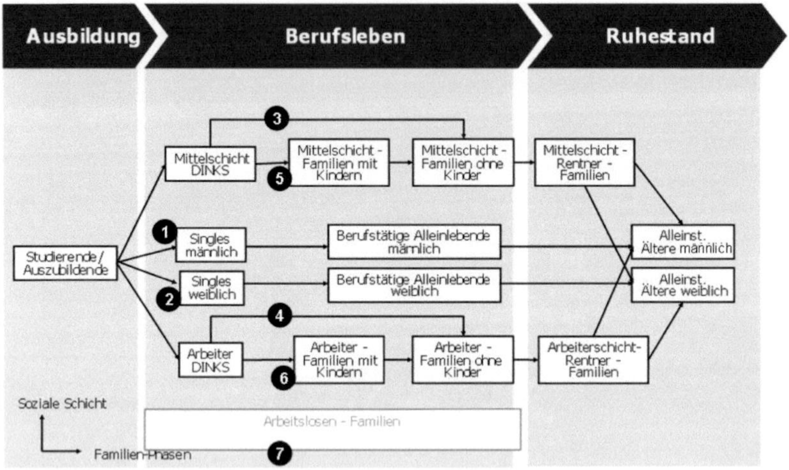

Abb. 6-23: Präzisierte Lebenswege auf Basis der Familien-Lebenswelten

Im Einzelnen stellen sich die sieben Pfade folgendermaßen dar:

Pfad 1: Männliche Alleinlebende

Ausbildung

→ Singles männlich

→ Berufstätige Alleinlebende männlich

→ Alleinstehende Ältere männlich

Pfad 2: Weibliche Alleinlebende

Ausbildung

→ Singles weiblich

→ Berufstätige Alleinlebende weiblich

→ Alleinstehende Ältere weiblich

Pfad 3: Mittelschicht ohne Kinder

Ausbildung

→ Mittelschicht DINKS

→ Mittelschicht-Familien ohne Kinder

→ Mittelschicht-Rentner-Familien

→ Alleinstehende Ältere (m oder w)

Pfad 4: Arbeiterschicht ohne Kinder

Ausbildung

→ Arbeiterschicht DINKS

→ Arbeiterschicht-Familien ohne Kinder

→ Arbeiterschicht-Rentner-Familien

→ Alleinstehende Ältere (m oder w)

Pfad 5: Mittelschicht mit Kindern

Ausbildung

→ Mittelschicht DINKS

→ Mittelschicht-Familien mit Kindern

→ Mittelschicht-Familien ohne Kinder

→ Mittelschicht-Rentner-Familien

→ Alleinstehende Ältere (m oder w)

Pfad 6: Arbeiterschicht mit Kindern

Ausbildung

→ Arbeiterschicht DINKS

→ Arbeiterschicht-Familien mit Kindern

→ Arbeiterschicht-Familien ohne Kinder

→ Arbeiterschicht-Rentner-Familien

→ Alleinstehende Ältere (m oder w)

Pfad 7: Arbeitslose

Dieser Pfad wird zum Zweck der **Einbindung in andere Pfade** aus allen Arbeitslosen gebildet. Ohne weitere Differenzierung würde dieser Pfad bedeuten, dass die mit diesem Merkmal versehenen Haushalte zeit ihres Lebens arbeitslos wären. Da hiervon nicht auszugehen ist, wird dieser Zyklus lebenslanger Arbeitslosigkeit nur theoretisch geführt, um bei Bedarf Abschnitte in andere Pfade einzubauen und temporäre Arbeitslosigkeit zu simulieren.

Die **Grundstruktur** des vorgestellten Lebensphasenmodells ist allgemein gehalten, um die Nachvollziehbarkeit und die Vergleichbarkeit zu verbessern. Daher kann auch davon ausgegangen werden, dass sich an der Abfolge der Lebensphasen im Zeitverlauf wenig ändern wird. Unklar ist allerdings, wie lange die jeweiligen Phasen andauern und wann ein Haushalt den **Wechsel** zwischen den Lebensphasen vollzieht. Diese zeitlichen Komponenten sind von Parametern abhängig, die nicht in den GfK Haushaltspanel-Daten erfasst werden, sondern unter Zuhilfenahme weiterer Datenquellen und Annahmen geschätzt werden müssen. Zum Beispiel könnte sich die durchschnittliche **Lebensarbeitszeit** erhöhen, weil u.a. das Rentenalter erhöht werden könnte, die Renten gekürzt werden oder die Bevölkerung generell älter wird und nicht z.B. aus Krankheitsgründen früher ausscheidet. Abb. 6-24 zeigt **Parameter**, die für das vorliegende Kundenbewertungsmodell herangezogen wurden.

Parameter	Erklärung
Ausbildung_bis	Bis zu diesem Alter sind die Haushalte in Ausbildung.
Kinder_ab	Ab diesem Alter sind Kinder im Haushalt vorhanden, *wenn* der Haushalt Kinder bekommt.
Kinder_bis	Bis zu diesem Alter sind Kinder im Haushalt vorhanden, *wenn* der Haushalt Kinder bekommen hat.
arbeitslos_ab	Ab diesem Alter ist ein Haushalt arbeitslos.
arbeitslos_bis	Bis zu diesem Alter ist ein Haushalt arbeitslos.
Rentenalter	Alter bei Eintritt in die Rente
allein_ab	Alter, ab dem *ein mehrköpfiger Haushalt* nur noch ein Haushaltsmitglied hat. Wert = 0 bedeutet, dass Sterbewahrscheinlichkeiten des Statistischen Bundesamtes verwendet werden (siehe Kap. 6.2.4.1).

Abb. 6-24: Erklärung der Parameter des CLV-Modells

Die Parameter dienen der Abgrenzung der einzelnen Lebensphasen und spiegeln das Ergebnis der Einscheidungsbaumanalyse wider.[310] Die zeitliche Aufteilung der Familien-Lebenswelten erfolgt vor allem über die Kriterien **Haushaltsgröße** und **Alter** des Haushaltsvorstandes, die **soziale Schicht** wird durch die Unterscheidung zwischen Arbeiter- und Mittelschicht berücksichtigt. Eine **„Oberschicht“** fehlt in den Paneldaten. Denkbare Gründe für diesen Umstand dürften in der geringeren Bereitschaft dieser Schicht liegen, sich an solchen langfristigen Untersuchungen zu beteiligen, und in der vergleichsweise geringen Häufigkeit von Oberschichthaushalten. Die Analyse des Einflusses **hoher Einkommen** und **Vermögen** auf das Konsumverhalten ist mit den vorliegenden Daten daher nicht möglich.

---

[310] Vgl. Kap. 6.2.3.1.

Zur Berücksichtigung dieser Faktoren in der Kundenbewertung dient ein eigens entwickeltes Tool, das automatisch die angenommenen **Durchschnittswerte** einsetzt, sofern durch den Benutzer nicht eine Anpassung vorgenommen wird.

Abb. 6-25 zeigt die **Einstellungsmöglichkeiten** der Parameter, um die kundenwertbezogenen Auswirkungen verschiedener Szenarien zu erforschen.

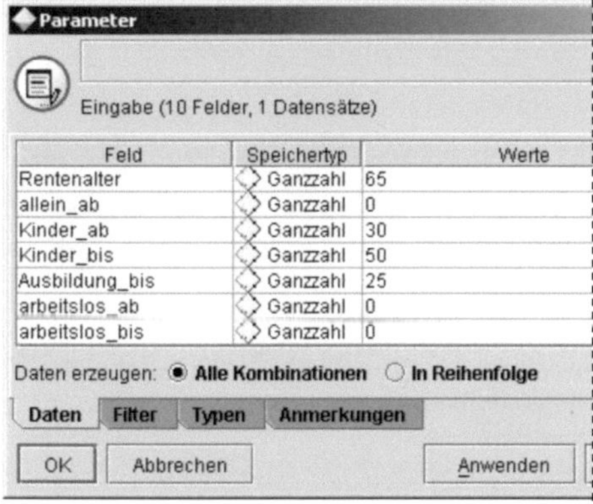

Lesebeispiel:

Bei dieser **Standardeinstellung** des CLV-Tools wird angenommen, dass Kunden mit 65 in Rente gehen **[Rentenalter = 65]**, die individuellen Sterbewahrscheinlichkeit den Zeitpunkt des Wechsels zum 1-Personen-Haushalt bestimmen **[allein_ab = 0]**, Der Haushaltsvorstand von seinem 30. bis 50. Lebensjahr Kinder im Haus hat **[Kinder_ab = 30; Kinder_bis = 50]**, bis zum 25. Lebensjahr in der Ausbildung ist **[Ausbildung_bis = 25]** und nicht arbeitslos wird **[arbeitslos_ab = 0; arbeitslos_bis = 0]**.

Abb. 6-25: Eingabemaske der Parameter des CLV-Modells (Auszug)

6.2.3.4 Kundenbewertung ohne Modifikation der Parameter

Zur Veranschaulichung des Prinzips dieses Tools wird die Bewertung des Pfades 5 „Mittelschicht-Familien mit Kindern“ **schrittweise** erläutert. Um die Auswirkungen der Parameter auf den Kundenwert verdeutlichen zu können, wird zunächst ein Kundenwert **ohne Justierung der Parameter** berechnet.

6.2.3.4.1 Berechnung des 2-Jahres-Kundenwertes

Zunächst müssen die Parameter der kundenwertbestimmenden Faktoren gesetzt werden. Im Rahmen dieser Darstellung werden später noch zu erläuternde **Standardwerte** aus Abb. 6-25 verwendet.

Unter Berücksichtigung der gewählten Parametereinstellung werden die **2-Jahres-Kundenwerte** als Durchschnittsausgabenwerte für die einzelnen Phasen im Lebenszyklus eines Haushaltstyps des hier beispielhaft betrachteten Pfades „Mittelschicht-Familien mit Kindern“ berechnet. Es handelt sich dabei um die **durchschnittlichen 2-Jahres-Ausgaben**, gemessen bei den Haushalten in der jeweiligen Lebenswelt und dem jeweiligen Alter. Wichtig ist zu beachten, dass ein Haushalt, auch wenn er dem Lebenspfad „Mittelschicht-Familien mit Kindern“ angehört, nicht direkt und nicht für sein komplettes Leben Kinder im Haus hat.

In Abb. 6-26 kann man so z.B. ablesen, dass dieser Haushaltstyp in der Ausbildung im Alter zwischen 20 und 24 Jahren noch der Familien-Lebenswelt „Studierende/Auszubildende“ angehört und durchschnittlich 2.177,59 € in zwei Jahren ausgibt. Auch zwischen 25 und 29 Jahren sind noch keine Kinder im Haushalt, es handelt sich in dieser Zeit also um eine Mittelschicht-Familie ohne Kinder. Ab 30 Jahren sind in diesem Modell für 20 Jahre die Kinder im Haus, also werden die Ausgaben der Familien-Lebenswelt „Mittelschicht-Familien mit Kindern“ gemessen. Danach wechseln die Haushalte bis zu einem Alter von 64 Jahren wieder in die Lebenswelt „Mittelschicht-Familien ohne Kinder“ und ab 65 Jahren in die ebenfalls kinderlose Lebenswelt „Mittelschicht-Rentner-Familien“.

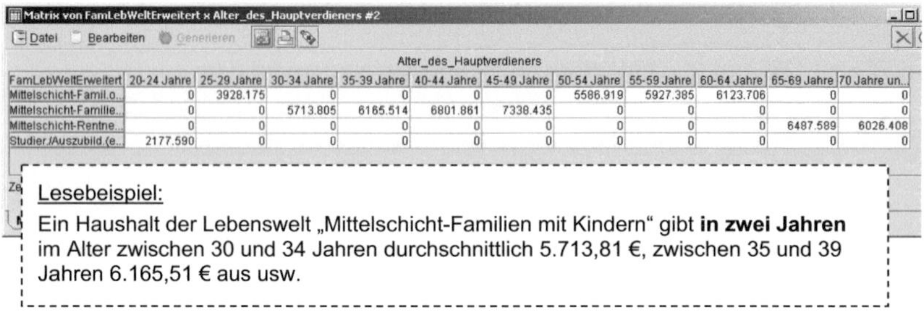

FamLebWeltErweitert	20-24 Jahre	25-29 Jahre	30-34 Jahre	35-39 Jahre	40-44 Jahre	45-49 Jahre	50-54 Jahre	55-59 Jahre	60-64 Jahre	65-69 Jahre	70 Jahre un...
Mittelschicht-Famil.o...	0	3928.175	0	0	0	0	5586.919	5927.385	6123.706	0	0
Mittelschicht-Familie...	0	0	5713.805	6165.514	6801.861	7338.435	0	0	0	0	0
Mittelschicht-Rentne...	0	0	0	0	0	0	0	0	0	6487.589	6026.408
Studier./Auszubild.(e...	2177.590	0	0	0	0	0	0	0	0	0	0

Lesebeispiel:
Ein Haushalt der Lebenswelt „Mittelschicht-Familien mit Kindern“ gibt **in zwei Jahren** im Alter zwischen 30 und 34 Jahren durchschnittlich 5.713,81 €, zwischen 35 und 39 Jahren 6.165,51 € aus usw.

Abb. 6-26: Durchschnittliche 2-Jahres-Kundenwerte im Pfad „Mittelschicht-Familien mit Kindern“

6.2.3.4.2 Berechnung der Kundenwerte für 5-Jahres-Lebensphasen

Analog zu der in Abb. 6-14 dargestellten Idee wird dem **Kohortenprinzip** folgend die Annahme getroffen, dass sich ein Haushalt in Zukunft ähnlich verhalten wird, wie sich ein älterer Haushalt aus der **gleichen Lebenswelt** mit dem entsprechenden dann zu erreichenden **Alter** zum Zeitpunkt der Erhebung verhalten hat. Die Lebensphasen dauern im hier vorgestellten Modell fünf Jahre. Da der Datenlängsschnitt aus dem GfK Haushaltspanel über zwei Jahre vorliegt, müssen diese 2-Jahres-Werte mit 2,5 multipliziert werden. Abb. 6-27 zeigt die Kundenwerte unseres Beispiels für **5-Jahres-Intervalle**. Das Intervall

„70 Jahre und älter" wird zunächst als 5-Jahres-Intervall interpretiert, solange in den Parametern noch keine Lebenserwartungen berechnet und eingestellt wurden.[311] Es wird somit vorerst eine Lebenserwartung von 74 Jahren angenommen.

Matrix von FamLebWeltErweitert x Alter_des_Hauptverdieners #4

Datei Bearbeiten Generieren

	Alter des Hauptverdieners										
FamLebWeltErweitert	20-24 Jahre	25-29 Jahre	30-34 Jahre	35-39 Jahre	40-44 Jahre	45-49 Jahre	50-54 Jahre	55-59 Jahre	60-64 Jahre	65-69 Jahre	70 Jahre un...
Mittelschicht-Famil.o...	0	9820.438	0	0	0	0	13967.296	14818.462	15309.265	0	0
Mittelschicht-Familie...	0	0	14284.513	15413.785	17004.654	18346.088	0	0	0	0	0
Mittelschicht-Rentne...	0	0	0	0	0	0	0	0	0	16218.973	15066.019
Studier./Auszubild.(e...	5443.975	0	0	0	0	0	0	0	0	0	0

Lesebeispiel:

Durch Multiplikation der 2-Jahres-Werte aus Abb. 6-26 mit 2,5 ergeben sich die **5-Jahres-Werte** dieses Beispielhaushaltes: 14.284,51 € im Alter von 30-34, 15.413,79 € von 35-39 usw.

Abb. 6-27: Mittlere 5-Jahres-Ausgaben im Pfad „Mittelschicht-Familien mit Kindern"

Abb. 6-28 stellt die 5-Jahres-Kundenwerte der Familienlebenswelten in einem Liniendiagramm dar. Da es sich um punktuelle Messungen der 5-Jahreswerte handelt stellen die Verbindungslinien keine Kontinuität dar sondern veranschaulichen die Entwicklung zwischen den einzelnen Phasen.

[311] Vgl. Kap. 6.2.4.1.

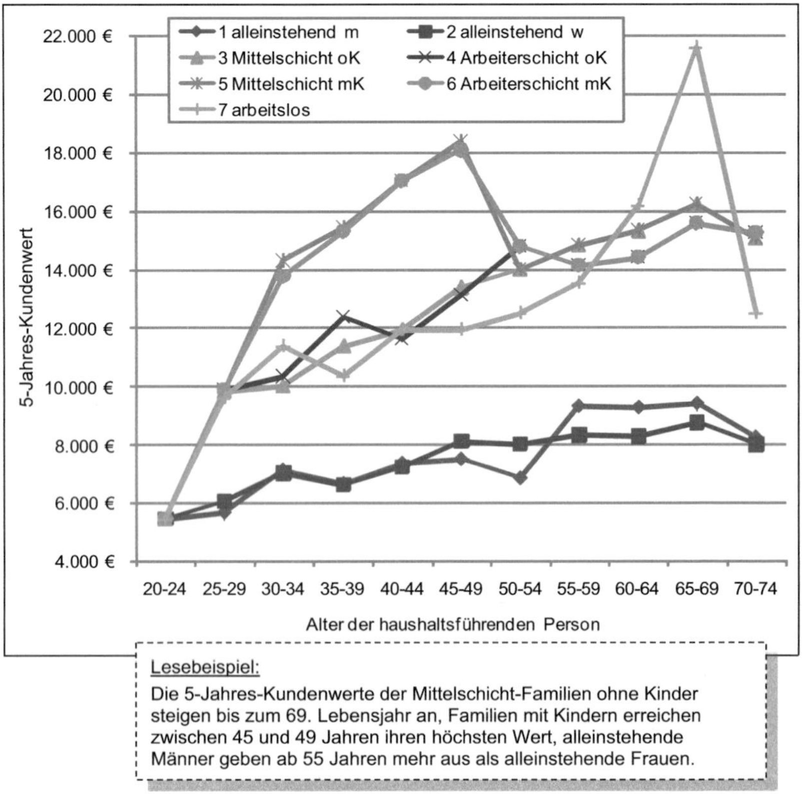

Abb. 6-28: Entwicklung der 5-Jahres-Kundenwerte pro Lebenswelt und Altersgruppe

Abb. 6-29 zeigt die 5-Jahres-Kundenwerte der sieben Lebenspfade pro Altersklasse. Die teilweise übereinstimmenden Werte entstehen durch die Annahmen des Modells, dass z.B. alle Pfade mit der Ausbildung beginnen und die Haushalte erst ab 30 Jahren Kinder bekommen. Somit haben alle Pfade zwischen 20 und 24 den gleichen Wert und die Mittelschicht-Familien zwischen 25 und 29 sind mit und ohne Kinder ebenfalls identisch.

Pfad	Alter				
	20-24	25-29	30-34	35-39	40-44
1 allein-stehend m	5.443,97 €	5.659,25 €	7.123,94 €	6.666,49 €	7.367,55 €
2 allein-stehend w	5.443,97 €	6.041,60 €	7.009,06 €	6.623,45 €	7.230,46 €
3 Mittel-schicht oK	5.443,97 €	9.820,44 €	10.019,02 €	11.368,02 €	11.920,90 €
4 Arbeiter-schicht oK	5.443,97 €	9.855,59 €	10.317,70 €	12.348,21 €	11.600,14 €
5 Mittel-schicht mK	5.443,97 €	9.820,44 €	14.284,51 €	15.413,78 €	17.004,65 €
6 Arbeiter-schicht mK	5.443,97 €	9.855,59 €	13.754,36 €	15.293,44 €	16.997,98 €
7 arbeitslos	5.443,97 €	9.000,91 €	11.367,09 €	10.350,66 €	11.913,66 €

Pfad	Alter					
	45-49	50-54	55-59	60-64	65-69	70-74
1 allein-stehend m	7.488,87 €	6.849,70 €	9.292,14 €	9.265,22 €	9.391,72 €	8.232,53 €
2 allein-stehend w	8.113,78 €	8.012,54 €	8.318,15 €	8.268,16 €	8.726,63 €	7.984,39 €
3 Mittel-schicht oK	13.351,62 €	13.967,30 €	14.818,46 €	15.309,27 €	16.218,97 €	15.066,02 €
4 Arbeiter-schicht oK	13.100,64 €	14.775,54 €	14.104,08 €	14.401,13 €	15.578,14 €	15.237,79 €
5 Mittel-schicht mK	18.346,06 €	13.967,30 €	14.818,46 €	15.309,27 €	16.218,97 €	15.066,02 €
6 Arbeiter-schicht mK	18.065,74 €	14.775,54 €	14.104,08 €	14.401,13 €	15.578,14 €	15.237,79 €
7 arbeits-los	11.915,95 €	12.477,93 €	13.527,26 €	16.181,35 €	21.571,70 €	12.476,78 €
Legende:	**m = männlich, w = weiblich, mK = mit Kindern, oK = ohne Kinder**					

Abb. 6-29: 5-Jahres-Kundenwerte der einzelnen Haushalte pro Lebenswelt und Altersgruppe

Vor allem das Liniendiagramm in Abb. 6-28 zeigt anschaulich, dass die 5-Jahres-Kundenwerte zunächst für alle Lebenspfade über die Zeit ansteigen. Besonders stark ist ihr Anstieg für Familien mit Kindern zu sehen, die im Intervall vor dem Auszug der Kinder aus dem elterlichen Haushalt ihren **höchsten Wert** erreichen. Kinderlose Haushalte steigen über die gesamte Lebenszeit an oder bleiben auf einem hohen Niveau, das aber zu keiner Zeit die Höchststände der Familien mit Kindern erreicht. Die Darstellung erleichtert das Auffinden von **Ausreißern**, wie in diesem Fall des höchsten 5-Jahres-Kundenwertes von 21.571,70 € der arbeitslosen Familien. Da dieser Wert stark aus dem Rahmen fällt und die Messung auf einer geringen Fallzahl basiert ist hier von einem Ausreißer auszugehen.

6.2.3.4.3 Berechnung der Customer Lifetime Values

Die Summe der in Abb. 6-27 gezeigten Werte ergibt die Ausgaben eines typischen Haushaltes der Lebenswelt „Mittelschicht-Familien mit Kindern“ über den **gesamten Lebenszyklus** hinweg und damit den durchschnittlichen CLV dieser Lebenswelt. Der CLV stellt das **Potenzial** dar, mit dem ein Haushalt seinen Lebenszyklus beginnt.

Der Haushalt wird diesen Startwert durch seine Ausgaben im Zeitverlauf abbauen, bis der Lebenszyklus beendet und der **Restwert** bei 0 angelangt ist. So zeigt Abb. 6-30, dass ein Haushalt dieses Pfades, dessen Haushaltsvorstand **20 Jahre** alt ist, voraussichtlich noch **155.693,46 €** ausgeben wird, während ein Haushalt, dessen haushaltsführende Person **50 Jahre** alt ist, noch **75.380,01 €** ausgibt. Der durchschnittliche CLV einer Mittelschicht-Familie mit Kindern liegt also bei 155.693,46 €. Dabei ist darauf zu achten, dass nicht der bereits realisierte 2-Jahres-Kundenwert eingerechnet wird, da der realisierte Wert nicht Bestandteil des Kundenpotenzials sein kann.

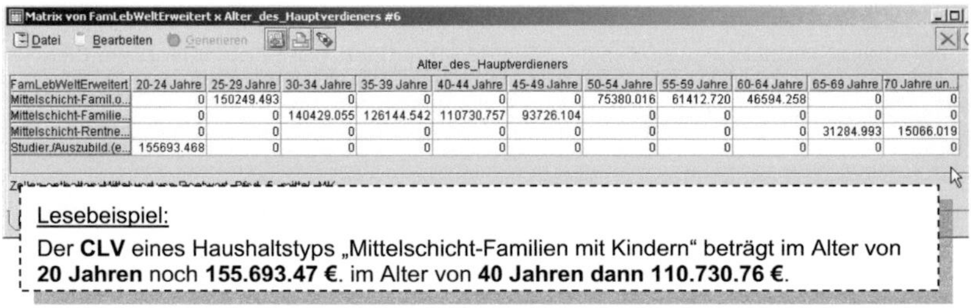
Matrix von FamLebWeltErweitert x Alter_des_Hauptverdieners #6

Alter_des_Hauptverdieners

FamLebWeltErweitert	20-24 Jahre	25-29 Jahre	30-34 Jahre	35-39 Jahre	40-44 Jahre	45-49 Jahre	50-54 Jahre	55-59 Jahre	60-64 Jahre	65-69 Jahre	70 Jahre un...
Mittelschicht-Famil.o...	0	150249.493	0	0	0	0	75380.016	61412.720	46594.258	0	0
Mittelschicht-Familie...	0	0	140429.055	126144.542	110730.757	93726.104	0	0	0	0	0
Mittelschicht-Rentne...	0	0	0	0	0	0	0	0	0	31284.993	15066.019
Studier./Auszubild.(e...	155693.468	0	0	0	0	0	0	0	0	0	0

Abb. 6-30: CLV für den Pfad 5 „Mittelschicht-Familien mit Kindern“

Abb. 6-31 zeigt die jeweiligen CLV verschiedener Lebenswelten in Abhängigkeit vom Alter der haushaltsführenden Person. Die negative Steigung steht für die

Höhe der **Haushaltsausgaben** in der entsprechenden Lebensphase. Bei der Ermittlung dieser CLV wurde kein Kalkulationszins berücksichtigt.

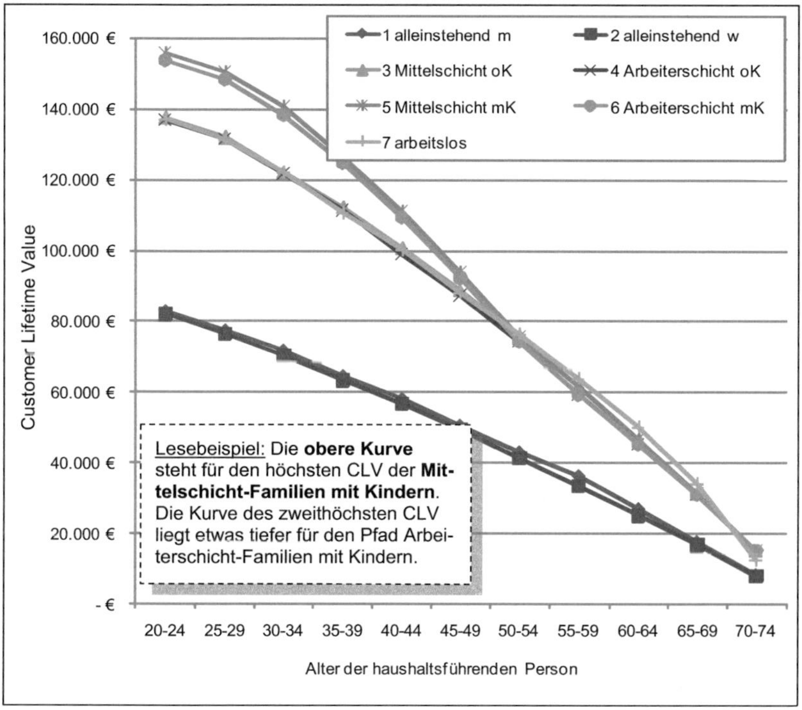

Abb. 6-31: CLV der Lebenspfade im Vergleich

6.2.3.4.4 Zuordnung der Customer Lifetime Values zu den Panelhaushalten

Um auf die haushaltsindividuelle Ebene des Panels zu kommen, werden im nächsten Schritt die berechneten **CLV** jedem **einzelnen Haushalt** des Panels in Abhängigkeit von dessen **Alter** und **Lebenswelt** zugeordnet. Dafür werden entsprechende neue Spalten in den Haushaltsstammdaten eingefügt, die jedem Haushalt die möglichen CLV eindeutig als Attribut zuweisen. Dabei ist zu beachten, dass sich Haushalte je nach aktuellem Alter noch in verschiedene Lebenswelten weiterentwickeln können und somit unter Umständen **unter-**

schiedliche CLV möglich sind. Ein „Arbeiter-DINK-Haushalt“ kann sich z.B. in den „Arbeiterschicht ohne Kinder“-Pfad oder in den „Arbeiterschicht mit Kindern“-Pfad entwickeln. Für „Studenten/Auszubildenden-Haushalte“ kommt jeder weitere Pfad in Frage, weil alle Pfade mit dieser Phase beginnen.

Aus diesem Grund werden den Haushalten alle möglichen CLV als Attribut zugewiesen. Abb. 6-32 zeigt, wie jedem Haushalt (Spalte [HHID]) seine aktuelle Lebenswelt (Spalte [FamLebWeltErweitert]) und die CLV der nach dem Modell noch **möglichen Lebenspfade** (Spalten [Restwert_Pfad_4_arbeiter_OK] etc.) in den Stammdaten zugeordnet werden. Falls ein Lebenspfad für einen Haushalt nicht mehr denkbar ist – z.B. Mittelschichtpfade für Arbeiterschicht-Haushalte –, bleiben die CLV leer: In dem Feld steht „$null$“.

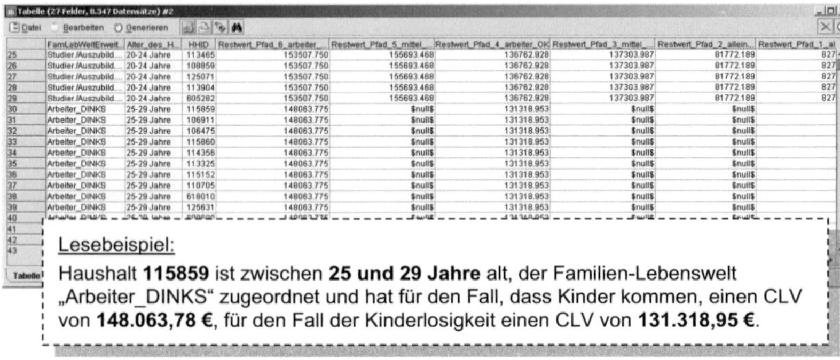

Abb. 6-32: Zuordnung der CLV zu den Panelhaushalten

Die nach dem Prinzip der Abb. 6-32 erstellten CLV werden im nächsten Schritt in jeweils **eine Zeile** pro Wert und Haushalt überführt. Wenn einem Haushalt also mehrere mögliche CLV zugeordnet wurden, dann erscheint er mehrfach mit den möglichen Werten in der Tabelle. Hierdurch wird der **Prognoseunsicherheit** Rechnung getragen, da unbekannt ist, welchen Pfad ein Haushalt einschlagen wird. Falls eine Durchschnittsbildung der CLV erfolgt, wird der Mittelwert der verschiedenen Entwicklungsmöglichkeiten der Haushalte berechnet.

6.2.3.4.5 Die Customer Lifetime Values für den Lebensmitteleinzelhandel im Überblick

Im Einzelnen ergeben sich die in Abb. 6-33 aufgeführten CLV für die einzelnen Lebenswelten in den verschiedenen Altersgruppen.[312] Der CLV hängt maßgeblich vom Alter ab. Der höchste **CLV von 155.693,44 €** findet sich bei den Haushalten der 20- bis 24-Jährigen, die sich auf dem Pfad „Mittelschicht-Familien mit Kindern" weiterentwickeln. Vergleicht man den Wert mit dem durchschnittlichen CLV seiner Altersklasse, so zeigt sich, dass er **29.315,02 € über dem Durchschnitt** liegt. Je stärker die Werte durch den Sprung von einer in die nächste Altersklasse abnehmen, desto höher sind die kurzfristigen Ausgaben der Haushalte in den Ursprungsklassen. Dieses Phänomen kann man auch gut an der grafischen Darstellung der Abb. 6-31 erkennen. Je steiler ein Teilstück der CLV-Kurve, desto mehr wird in dieser Phase von dem Restwert abgebaut.

Nimmt man nur die durchschnittlichen CLV der Abb. 6-33, so misst man den größten Sprung von 15.613,35 € zwischen den beiden letzten Altersklassen, d.h. dass die Haushalte zwischen 65 und 69 Jahren **3.102,67 € pro Jahr** ausgeben. Davor geben die Haushalte zwischen 45 und 65 Jahren in fünf Jahren jeweils um 13.000 € aus, also durchschnittlich ca. 500 € weniger pro Jahr.

Die **Mittelschichthaushalte mit Kindern** bleiben über die gesamte Lebenszeit am wertvollsten. Dabei fällt auf, dass die Werte von Familien mit und ohne Kinder der Altersklasse 50-54 Jahre und älter **gleich** sind. Das liegt in den Standardparametern des Kundenwertmodells begründet. Solange keine andere Einstellung vorgenommen wird, gehen wir davon aus, dass die Kinder ausgezogen sind, sobald der Haushaltsvorstand in die **Altersklasse 50-54 Jahre** kommt. Auch die Mittel- und Arbeiterschichthaushalte mit Kindern sind somit ab diesem Zeitpunkt kinderlos und haben daher den gleichen verbleibenden CLV wie die durchgehend kinderlosen Haushalte.

---

312 „M" steht in Abb. 6-33 für „männliche" Haushalte, „W" für „weibliche" Haushalte, „OK" für Haushalte „ohne Kinder" und „MK" für Haushalte „mit Kindern".

Pfad/Alter	20-24	25-29	30-34	35-39	40-44
1 allein-stehend M	82.781,38 €	77.337,41 €	71.678,16 €	64.554,22 €	57.887,73 €
2 allein-stehend W	81.772,19 €	76.328,21 €	70.286,62 €	63.277,55 €	56.654,10 €
3 Mittel-schicht OK	137.303,99 €	131.860,01 €	122.039,57 €	112.020,55 €	100.652,54 €
4 Arbeiter-schicht OK	136.762,93 €	131.318,95 €	121.463,37 €	111.145,66 €	98.797,45 €
5 Mittel-schicht MK	155.693,44 €	150.249,46 €	140.429,02 €	126.144,51 €	110.730,73 €
6 Arbeiter-schicht MK	153.507,75 €	148.063,78 €	138.208,19 €	124.453,83 €	109.160,39 €
7 arbeitslos	136.827,29 €	131.383,31 €	121.782,40 €	110.415,31 €	100.064,65 €
Ø CLV der Alters-klasse	126.378,42 €	125.311,21 €	125.810,98 €	114.895,85 €	103.015,04 €

Pfad/Alter	45-49	50-54	55-59	60-64	65-69	70-74
1 allein-stehend M	50.520,18 €	43.031,31 €	36.181,61 €	26.889,48 €	17.624,25 €	8.232,53 €
2 allein-stehend W	49.423,64 €	41.309,85 €	33.297,32 €	24.979,17 €	16.711,02 €	7.984,39 €
3 Mittel-schicht OK	88.731,64 €	75.380,02 €	61.412,72 €	46.594,26 €	31.284,99 €	15.066,02 €
4 Arbeiter-schicht OK	87.197,31 €	74.096,67 €	59.321,13 €	45.217,05 €	30.815,92 €	15.237,79 €
5 Mittel-schicht MK	93.726,07 €	75.380,02 €	61.412,72 €	46.594,26 €	31.284,99 €	15.066,02 €
6 Arbeiter-schicht MK	92.162,41 €	74.096,67 €	59.321,13 €	45.217,05 €	30.815,92 €	15.237,79 €
7 arbeits-los	88.150,99 €	76.235,03 €	63.757,10 €	50.229,84 €	34.048,48 €	12.476,78 €
Ø CLV der Alters-klasse	87.872,37 €	70.324,14 €	57.701,97 €	44.510,70 €	29.192,30 €	13.678,95 €

Abb. 6-33: CLV der einzelnen Haushalte pro Lebenswelt und Altersgruppe

Als **Restriktion** ist zu bemerken, dass diese Berechnungen auf Durchschnitten basieren, **individuelles Verhalten** einzelner Haushalte somit nicht berücksichtigen. Alle Haushalte einer Lebenswelt und Altersklasse bekommen also den gleichen CLV zugerechnet. Dabei wird ebenfalls davon ausgegangen, dass sich die Haushalte am **Anfang der jeweilige Altersklasse** von fünf Jahre befinden. Ansonsten müsste man – je nach genauem Alter des Haushaltsvorstandes – jeweils 1/5 des Wertes der aktuellen Lebensphase für jedes Jahr abziehen, das der Haushaltsvorstand älter als das Phaseneintrittsalter ist. Liegt der 5-Jahres-Wert für Studierende/Auszubildende zwischen 20 und 24 Jahren bei 5.443,98 € und ist der Haushaltsvorstand 22 Jahre alt, so müsste man 2/5 dieses Wertes, also 2.177,59 €, als bereits ausgegeben abziehen.

Zur **Überprüfung dieser Ergebnisse** bieten sich u.a. Daten des GfK-Wettbewerbers ACNielsen an. Laut „Universen 2005" lag das Umsatzvolumen im deutschen Lebensmitteleinzelhandel bei 132.270 Mio. € in 2003 und 132.200 Mio. € in 2004.[313] Um aus diesen Werten auf einzelne Haushalte zu schließen, zieht man Daten zur Bevölkerung und Anzahl der Haushalte – deren Erhebung nicht Aufgabe von ACNielsen oder der GfK ist – aus dem bundesweiten **Mikrozensus** heran. Diese Erhebung des Statistischen Bundesamtes liefert darüber hinaus ebenfalls Angaben zu den privaten Konsumausgaben. Abb. 6-34 verwendet sowohl die Daten von ACNielsen als auch des Mikrozensus zur pauschalen Berechnung der durchschnittlichen Ausgaben pro Haushalt.

Die Ergebnisse unserer Kundenwertberechnungen auf Basis des **GfK Haushaltspanels** variieren je nach Familien-Lebenswelt zwischen 1.088 € und 3.669 € pro Jahr.[314] Die mit einer anderen Methodik und Stichprobe im **Mikrozensus** erhobenen durchschnittlichen Ausgaben deutscher Haushalte liegen zwischen 3.636 € (2003) und 3.216 € (2005). Nimmt man als weitere Datenquelle die im **ACNielsen Handelspanel** gemessenen Gesamtumsätze des deutschen Lebensmitteleinzelhandels und dividiert diese durch die vom Statistischen Bundesamt erhobene Anzahl der Haushalte, so kommt man auf 3.396 € (2003) und 3.379 € (2004) als Umsatz pro Haushalt.[315]

Es ist davon auszugehen, dass die untersuchten Warengruppen und die Art der Erhebung zwischen den drei Studien variieren. Die Ergebnisse liegen aber den-

---

[313] Vgl. ACNielsen (2005), S. 10.
[314] Vgl. Abb. 6-29 in Kap. 6.2.3.4.2.
[315] Vgl. ACNielsen (2005), S. 10; Statistisches Bundesamt (2007), S. 46.

noch nah beieinander. Diese Kontrollrechnung legt damit die Richtigkeit der auf Basis der GfK-Daten berechneten 2-Jahres-Kundenwerte und folglich der Customer Lifetime Values nahe.

	2003	2004
Bevölkerung[316]	82.532.000	82.501.000
Haushalte[317]	38.944.000	39.122.000
Private Konsumausgaben für Nahrungsmittel, Getränke und Tabak p.a.	3.636 €[318]	3.216 € (2005)[319]
Gesamtumsatz LEH[320]	132.270.000.000 €	132.200.000.000 €
LEH-Umsatz pro Kopf	1.603 €	1.602 €
LEH-Umsatz pro Haushalt	3.396 €	3.379 €

Abb. 6-34: Plausibilitätsüberlegungen zum Jahresumsatz im Lebensmitteleinzelhandel vor dem Hintergrund demografischer und sozioökonomischer Daten in Deutschland zwischen 2003 und 2005

Quellen: ACNielsen (2005); Statistisches Bundesamt (2006); Statistisches Bundesamt (2007)

6.2.4 Erweiterungen des Kundenbewertungsmodells für GfK Haushaltspanel-Daten

Die in Kap. 6.2.3 dargestellte Methode zur Berechnung des CLV bezieht bislang nur Daten ein, die im GfK Haushaltspanel gemessen werden. Anpassungen werden über die Parameter „Ausbildung bis“, „Kinder ab/bis“, „arbeitslos ab/bis“, „Rentenalter“ und „allein ab“ vorgenommen. Das Panel gibt allerdings wenig Hinweise auf übliche Werte dieser Parameter und lässt einige **weitere Anpassungsmöglichkeiten** außer Acht. Daher wird das CLV-Modell im kommenden Kapitel zum einen um möglichst sinnvolle **Annahmen** zu den Parametern und zum anderen um **neue Parameter** ergänzt, die eine genauere Justierung des Kaufverhaltens und damit eine differenziertere Ermittlung des CLV zulassen.

---

[316] Statistisches Bundesamt (2007) S. 34.

[317] Statistisches Bundesamt (2007) S. 46.

[318] 303 € durchschnittliche Ausgaben für „Nahrungsmittel, Getränke und Tabakwaren“ pro Haushalt pro Monat ergeben 3.636 € pro Jahr (vgl. Statistisches Bundesamt (2006), S. 552).

[319] 268 € durchschnittliche Ausgaben für „Nahrungsmittel, Getränke und Tabakwaren“ pro Haushalt pro Monat ergeben 3.216 € pro Jahr, gemessen in 2005 (vgl. Statistisches Bundesamt (2007), S. 548).

[320] Vgl. ACNielsen (2005), S. 10.

6.2.4.1 Berücksichtigung der durchschnittlichen Lebenserwartung

In den bislang beschriebenen Analysen wird das zu erwartende Lebensalter auf 75 Jahre festgesetzt, da das Haushaltspanel keine Informationsgrundlagen zur Einschätzung der Lebenserwartung bietet. Allerdings ist die Lebenserwartung ein **gewichtiger Faktor** im CLV. Zieht man in Betracht, dass Mittelschicht-Familien über 70 Jahre durchschnittlich 3.000 € pro Jahr ausgeben (siehe Abb. 6-26),[321] so ist durchaus erheblich, ob eine Kohorte eine Lebenserwartung von z.B. fünf Jahren mehr oder weniger hat, da fünf Jahre eine Veränderung des CLV um 15.000 € bedeuten. Zudem werden nicht alle Menschen durchschnittlich gleich alt, weshalb es einer **differenzierten Schätzung der Lebenserwartung** bedarf. Auf Grundlage der Sterbetafeln 2002/2004 für Deutschland[322] und der Tabelle „Fortschreibung des Bevölkerungsstandes Deutschland"[323] vom Statistischen Bundesamt wurde für jede Klasse der Variable „Alter des Hauptverdieners" eine **durchschnittliche Lebenserwartung** berechnet. Abb. 6-35 zeigt die der Berechnung zugrunde liegenden Daten für den Ausschnitt der 30- bis 34-Jährigen.

Alter (x)	Anzahl (n_x)	Restlebensdauer weiblich (r_{wx})	Lebenserw. weiblich (e_{wx})	Restlebensdauer männlich (r_{mx})	Lebenserw. männlich (e_{mx})
30	949.498	52,23	82,23	46,93	76,93
31	1.043.319	51,24	82,24	45,97	76,97
32	1.154.414	50,26	82,26	45,00	77,00
33	1.209.537	49,28	82,28	44,04	77,04
34	1.300.032	48,30	82,30	43,08	77,08

Abb. 6-35: Datenausschnitt zur Berechnung der Lebenserwartung für Altersklassen

Die **Restlebensdauer** [$r_{g,\ \text{mit}\ g \in \{m,\ w\}}$] findet sich in den Sterbetafeln, jeweils in der – positiv bezeichneten – Spalte „**Durchschnittliche Lebenserwartung** im Alter x in Jahren".[324] Letztlich handelt es sich allerdings um die Restlebensdauer der jeweiligen Altersgruppe, ermittelt auf der Basis von Vergangenheitsdaten. Die **gesamte Lebenserwartung** [e_{gx}] ergibt sich aus der Addition des jeweiligen Lebensalters [x] und der Restlebensdauer [r_{gx}]. Unter „Lebenserwartung"

---

[321] Die mittleren 2-Jahres-Ausgaben von 6026,40 € der Haushalte im Alter von 70 Jahren und älter ergeben 3013,20 € pro Jahr.

[322] Vgl. Anhang H und Anhang I.

[323] Vgl. Anhang J.

[324] Vgl. Anhang H und Anhang I.

wird im Rahmen dieser Arbeit also die gesamte durchschnittliche statistische Lebensdauer und unter „Restlebensdauer“ die noch in der Zukunft liegende durchschnittliche statistische Lebensdauer der jeweiligen Personengruppe verstanden.

Das CLV-Modell arbeitet allerdings mit Altersklassen und nicht in der Granularität einzelner Jahre. Die **Lebenserwartung einer Klasse** wird nach Formel 6-1 als gewichteter Durchschnitt der einzelnen in der Klasse befindlichen Lebenserwartungen berechnet. Für die Klasse der 30- bis 34-Jährigen ergibt sich so eine Lebenserwartung von 82,27 Jahren für weibliche Personen und 77,01 Jahren für männliche Personen.

$$e_{Kg} = \frac{\sum_{x=y}^{Y} n_x \cdot e_{gx}}{\sum_{x=y}^{Y} n_x}$$

mit:

e_{Kg} = Lebenserwartung der Klasse K und des Geschlechts g
x = Alter
y = Altersklassenuntergrenze
Y = Altersklassenobergrenze
n_x = Anzahl der Personen mit Alter x
e_{gx} = Lebenserwartung des Geschlechts g im Alter x

Formel 6-1: Berechnung der durchschnittlichen Lebenserwartung einer Altersklasse

Die Daten des Statistischen Bundesamtes reichen nur bis zu einem Alter von **84 Jahren**. Zur Ermittlung einer Lebenserwartung der letzten und breitesten Altersklasse der über 70-Jährigen wurde daher die Annahme getroffen, dass das Alter der Personen älter als 84 gleich verteilt ist. Das Risiko, die falsche Annahme zur Art der Verteilung der über 84-Jährigen getroffen zu haben, ist gering, da der Anteil der über 84-Jährigen in dieser Klasse relativ klein ist. Des Weiteren wurden Personen älter als 100 ignoriert. Abb. 6-36 zeigt die durchschnittlichen Lebenserwartungen der einzelnen **Altersklassen**, differenziert nach Geschlecht.

Es ist zu erkennen, dass die durchschnittliche Lebenserwartung **mit dem Alter zunimmt**. Das liegt daran, dass jüngere Personen jung sterben können, während ältere Personen die „Ausfallereignisse“ überlebt haben. So hat ein 30-

Jähriger eine Lebenserwartung von 76,93 Jahren,[325] weil er entgegen einem 80-Jährigen 50 Jahre vor sich hat, in denen er schon sterben könnte. Ein 80-Jähriger hat diese Jahre bereits hinter sich gebracht und daher auch eine höhere Lebenserwartung.

Alter des Hauptverdieners (K)	Lebenserwartung, weiblich (e_{Kw})	Lebenserwartung, männlich (e_{Km})
20-24	82,10	76,64
25-29	82,18	76,83
30-34	82,27	77,01
35-39	82,37	77,21
40-44	82,54	77,50
45-49	82,82	77,96
50-54	83,21	78,61
55-59	83,71	79,44
60-64	84,36	80,54
65-69	85,09	81,82
70 und älter	87,42	85,45

Abb. 6-36: Durchschnittliche Lebenserwartungen der Altersklassen des Hauptverdieners eines Haushaltes

Eine Unterscheidung des Geschlechts ist zunächst nur bei **1-PersonenHaushalten** sinnvoll. Prinzipiell zeigen die Daten, dass Frauen ca. vier Jahre länger leben als Männer. Geht man nun davon aus, dass eine Frau in der Regel nicht mehr als vier Jahre älter ist als ihr Lebensgefährte, so wird als zu erwartende Lebensdauer eines Haushaltes immer der Wert für weibliche Personen verwendet. Wird im vorgestellten CLV-Modell der Parameter *„allein_ab“*[326] auf 0 gesetzt, so bestimmt die Lebenserwartung des Mannes den Zeitpunkt, zu dem der Haushalt in die Lebenswelt *„alleinstehende Ältere“* wechselt.

Das CLV-Modell rechnet bislang bis zu einem Lebensalter von 75 Jahren. Da die Lebenserwartung immer über 75 liegt, werden die in Kap. 6.2.3.4.5 berechneten CLV um die noch zu **erwartende Lebensdauer** erweitert.

Formel 6-2 verdeutlicht, wie der CLV mit Berücksichtigung der Lebenserwartung berechnet wird. Zum bisherigen Kundenwert (CLV_{75}) müssen für den verbleibenden Zeitraum die Ausgaben addiert werden. Dafür werden die

[325] Vgl. Abb. 6-35.
[326] Vgl. Kapitel 6.2.5.

durchschnittlichen Jahresausgaben(A_{LW}) für Haushalte, deren Hauptverdiener zur Klasse der über 70-Jährigen gehören, in jeder Lebenswelt berechnet. Es wird ermittelt, wie lange sich ein Haushalt in einer bestimmten Lebenswelt ab seinem 75. Lebensjahr aufhält (t_{LW}). Der Zeitraum wird mit den entsprechenden Jahresausgaben multipliziert und zum Restwert hinzugezählt.

$$CLV = CLV_{75} + \sum A_{LW} \cdot t_{LW}$$

mit:

CLV	=	Customer Lifetime Value
CLV_{75}	=	CLV bis 75 Jahre (ohne Modifikation des Modells)
A_{FLW}	=	durchschnittliche Jahresausgaben A in einer Familien-Lebenswelt FLW von über 70-Jährigen
t_{FLW}	=	Verweildauer t in einer Familien-Lebenswelt FLW

Formel 6-2: Berechnung des CLV mit angepasster Lebenserwartung

Folgendes Beispiel verdeutlicht das Prinzip der differenzierten Berücksichtigung der Lebenserwartung. Ausgangspunkt ist eine **„Mittelschicht-Familie ohne Kinder"**, deren Hauptverdiener 25 Jahre alt ist. Es wird angenommen, dass die Familie noch Nachwuchs bekommt. Daher wird der Pfad **„Mittelschicht-Familie mit Kindern"** betrachtet. Der Haushalt hat damit aktuell einen CLV von 150.249,49 € bis zum Alter von 75 Jahren. Mit 75 Jahren befindet sich die Familie dann in der Lebenswelt **„Mittelschicht-Rentner-Familie"**, in der sie 1,75 Jahre bleibt, bis der Mann im Alter von **76,75 Jahren** stirbt.[327] Pro Jahr gibt eine „Mittelschicht-Rentner-Familie" über 70 Jahre im Schnitt 3.013,20 € aus. Unter der Annahme, dass die Ehepartner gleichaltrig waren, lebt die Frau weitere 5,4 Jahre[328] als **„alleinstehende Ältere"** und gibt in der Zeit 1.611,98 € pro Jahr aus. Nach Formel 6-2 ergibt sich der in Abb. 6-37 gezeigte CLV.

CLV	= 150.249,49 EUR	[50 Jahre „Mittelschicht-Familie mit Kindern"]
	+ 3.013,20 EUR • 1,75	[1,75 Jahre „Mittelschicht-Rentner-Familie"]
	+ 1.611,98 EUR • 5,4	[5,4 Jahre als „alleinstehende Ältere"]
	= 164.227,28 EUR	

Abb. 6-37: CLV für Mittelschicht-Familien mit Kindern unter Berücksichtigung der angepassten Lebenserwartung

[327] Die Lebenserwartung eines 25-jährigen Mannes beträgt 76,75 Jahre (vgl. Anhang H).
[328] Die Lebenserwartung einer 25-jährigen Frau beträgt 82,15 Jahre (vgl. Anhang I).

6.2.4.2 Berechnung des Ausgabenintensitätsfaktors

Das vorgestellte Kundenbewertungsmodell berücksichtigt bislang die zentralen soziodemografischen Merkmale von Haushalten, insbesondere diejenigen, die Einfluss auf Veränderungen der Lebenspfade von Haushalten haben, wie z.B. die **Dauer der Ausbildung**, die Dauer der Haushaltszugehörigkeit der **Kinder** und die Dauer der **Erwerbstätigkeit**. Grund hierfür ist der starke Einfluss dieser soziodemografischen Merkmale auf den mit Haushaltspaneldaten berechneten CLV. Neben der Messung von aggregierten Ausgaben für Kundensegmente und der Zuordnung soziodemografischer Merkmale ist die haushaltsgenaue Messung eine große Stärke des Panels.

Diese individuelle Messung ermöglicht es, den CLV auch auf der **Ebene einzelner Haushalte** zu berechnen. Wenn also Haushalte gleich alt sind, den gleichen Lebenswelten angehören und die Kundenbewertung bislang zu einem einheitlichen CLV pro Haushalt führte, so können sich dennoch die **individuellen Ausgaben** unterscheiden. Bei der Berücksichtigung der individuellen Haushaltsausgaben wird dafür Sorge getragen, dass die vorliegenden Kundengruppenbewertungen ergänzt und damit zu Einzelhaushaltsbewertungen weiterentwickelt werden. Dies geschieht durch einen auf der **Höhe der Ausgaben** eines Haushaltes basierenden **Anpassungsfaktor**.

PARFITT/COLLINS haben im Rahmen ihres Modells zur Prognose des Marktanteils mit Hilfe von Consumer-Paneldaten den **„Buying Level Index“** eingeführt, der die Abweichung der durchschnittlichen Warengruppenausgaben der im Panel untersuchten Haushalte von den Durchschnittsausgaben aller Haushalte misst.[329] Der Anpassungsfaktor **„Ausgabenintensität“** für die Kundenbewertung wird haushaltsindividuell ermittelt und ergibt sich aus der Relation der **Ausgaben eines Haushaltes** zu den **Durchschnittsausgaben** aller Haushalte einer Lebenswelt in der entsprechenden Altersgruppe.[330] Die Durchschnittsausgaben aller Haushalte einer Lebenswelt ergeben sich – wie Formel 6-3 zeigt – aus dem arithmetischen Mittel der Ausgaben aller Haushalte.

---

[329] Vgl. Parfitt/Collins (1968), S. 131.
[330] Vgl. Parfitt/Collins (1968), S. 133.

$$A_{FLW,K} = \frac{\sum_{h=1}^{H} A_{HH(FLW,K)}}{\sum_{h=1}^{H} HH_{FLW,K}}$$

mit:

$A_{FLW,K}$ = Durchschnittsausgaben aller Haushalte H der Familien-Lebenswelt FLW und der Altersklasse K

$A_{HH(FLW,K)}$ = Ausgaben eines Haushaltes h der Familien-Lebenswelt FLW und der Altersklasse K

$HH_{FLW,K}$ = Zählvariable für die Haushalte h der Familien-Lebenswelt FLW und der Altersklasse K

Formel 6-3: Ermittlung der Durchschnittsausgaben aller Haushalte einer Familien-Lebenswelt

Die **Ausgabenintensität** gibt an, um das Wievielfache die Ausgaben eines Haushaltes von den durchschnittlichen Ausgaben aller Haushalte der entsprechenden Gruppe **abweichen**. Formel 6-4 zeigt, dass zur Ermittlung die Haushaltsausgaben durch die gemäß Formel 6-3 ermittelten Durchschnittsausgaben geteilt werden.

$$I_{HH(FLW,K)} = \frac{A_{HH(FLW,K)}}{A_{FLW,K}}$$

mit:

$I_{HH(FLW,K)}$ = Ausgabenintensität eines Haushaltes der Familien-Lebenswelt FLW und der Altersklasse K

$A_{HH(FLW,K)}$ = Ausgaben eines Haushaltes der Familien-Lebenswelt FLW und der Altersklasse K

$A_{FLW,K}$ = Durchschnittsausgaben aller Haushalte der Familien-Lebenswelt FLW und der Altersklasse K

Formel 6-4: Ermittlung der Ausgabenintensität

Die Ausgabenintensität ist eine **Indexzahl**. Ein Wert von eins steht für durchschnittliche Ausgabenneigung, Werte größer als eins entstehen bei höheren Ausgaben, Werte kleiner eins bei niedrigeren Ausgaben als der Durchschnitt der verglichenen Haushalte. Je nach Untersuchungsfokus kann die Ausgabenintensität z.B. auf Warengruppen oder Betriebstypen bezogen werden.

Als Beispiel nehmen wir einen Haushalt, dessen Hauptverdiener 25 Jahre alt ist und der sich in den Pfad **„Mittelschicht-Familie mit Kindern“** entwickelt. Dieser Haushalt hat 2003 und 2004 4.753,10 € [A_{HH}] ausgegeben und liegt damit über den durchschnittlichen Ausgaben aller vergleichbaren Haushalte von 3.928,18 € [$A_{FLW,K}$]. Für den untersuchten Haushalt ergibt dies nach Formel 6-4 eine Ausgabenintensität von 1,21 [I_{HH}]. Der Haushalt hat also 1,21-mal so viel ausgegeben wie ein vergleichbarer Durchschnittshaushalt. Abb. 6-38 zeigt die Auswirkungen der individuellen Ausgabenintensität unseres Beispiel-Haushaltes auf den im vorhergehenden Kapitel berechneten CLV eines Haushaltes der Lebenswelt „Mittelschicht-Familie mit Kindern“.[331]

CLV = 164.227,28 EUR	[CLV einer 25-jährigen „Mittelschicht-Familie mit Kindern“]
• 1,21	[Ausgabenintensität des einzelnen Beispielhaushaltes]
= 198.715,01 EUR	[Individueller CLV des Beispielhaushaltes]

Abb. 6-38: CLV einer Mittelschicht-Familie mit Kindern unter Berücksichtigung der individuellen Ausgabenintensität

Zum Vergleich seien die **Standardabweichungen** der 5-Jahres-Kundenwerte der jeweiligen Familien-Lebenswelten herangezogen, die die Stärke der Streuung um den jeweils gemessenen Mittelwert angeben.

Abb. 6-39 zeigt die 5-Jahres-Kundenwerte als Mittelwerte der Familien-Lebenswelten pro 5-Jahres-Intervall und die entsprechenden Standardabweichungen. So wird z.B. deutlich, dass eine Mittelschicht-Familie mit Kindern, deren Haushaltsvorstand zwischen 30 und 34 Jahre alt ist, in fünf Jahren durchschnittlich 14.284,51 € bei einer Standardabweichung von 5.123,77 € ausgibt.

[331] Vgl. Abb. 6-37.

	20-24 Jahre	25-29 Jahre	30-34 Jahre	35-39 Jahre	40-44 Jahre	45-49 Jahre	50-54 Jahre	55-59 Jahre	60-64 Jahre	65-69 Jahre	70 Jahre und älter	MW Lebenswelt gesamt
Rentn.-Fam.										16.218,97 €	15.066,02 €	15.642,50 €
										5.806,82 €	*5.502,94 €*	
Alleinsteh. Ältere_M										9.391,72 €	8.232,53 €	8.812,13 €
										4.219,33 €	*3.612,56 €*	
Alleinsteh. Ältere_W										8.726,63 €	7.984,39 €	8.355,51 €
										3.226,69 €	*3.234,94 €*	
Rentn.-Fam.										15.578,14 €	15.237,79 €	15.407,96 €
										5.552,07 €	*5.480,00 €*	
Mittelsch.-Fam. oK		9.820,44 €	10.019,02 €	11.368,02 €	11.920,90 €	13.351,62 €	13.967,30 €	14.818,46 €	15.309,27 €			12.571,88 €
		2.895,33 €	*3.162,60 €*	*4.413,56 €*	*4.008,40 €*	*5.125,41 €*	*5.710,34 €*	*5.284,82 €*	*5.255,95 €*			
Familien oK		9.855,59 €	10.317,70 €	12.348,21 €	11.600,14 €	13.100,64 €	14.775,54 €	14.104,08 €	14.401,13 €			12.562,88 €
		3.766,42 €	*3.029,90 €*	*4.649,18 €*	*3.943,72 €*	*4.834,59 €*	*5.576,00 €*	*4.445,67 €*	*5.172,38 €*			
Arbeitslos.-Familien		9.600,91 €	11.367,09 €	10.350,66 €	11.913,66 €	11.915,95 €	12.477,93 €	13.527,26 €	16.181,35 €	21.571,70 €	12.476,78 €	13.138,33 €
		3.378,58 €	*3.942,96 €*	*4.544,17 €*	*5.849,57 €*	*6.205,12 €*	*5.177,76 €*	*6.875,38 €*	*5.072,34 €*	*7.381,00 €*	*2.405,69 €*	
Berufstät. Alleinleb.					7.367,55 €	7.488,87 €	6.849,70 €	9.292,14 €	9.265,22 €			8.052,69 €
					4.460,16 €	*3.260,69 €*	*3.079,41 €*	*4.971,74 €*	*3.599,48 €*			
Berufstät. Alleinleb.					7.230,46 €	8.113,78 €	8.012,54 €	8.318,15 €	8.268,16 €			7.988,62 €
					2.932,41 €	*5.149,67 €*	*3.473,33 €*	*3.919,63 €*	*2.575,32 €*			
Familien mK			14.284,51 €	15.413,78 €	17.004,65 €	18.346,06 €						16.262,25 €
			5.123,77 €	*5.249,02 €*	*6.393,76 €*	*7.523,54 €*						
Familien mK			13.754,36 €	15.293,44 €	16.997,98 €	18.065,74 €						16.027,88 €
			4.725,21 €	*5.177,00 €*	*6.193,92 €*	*6.804,23 €*						
Singles M		5.659,25 €	7.123,94 €	6.666,49 €								6.483,23 €
		1.909,59 €	*3.200,82 €*	*2.158,56 €*								
Singles W		6.041,60 €	7.009,06 €	6.623,45 €								6.558,04 €
		2.908,59 €	*3.179,09 €*	*2.692,37 €*								
Stud./Azubi.	5.443,97 €											5.443,97 €
	1.397,58 €											
MW Altersklasse gesamt	5.443,97 €	8.195,56 €	10.553,67 €	11.152,01 €	12.005,05 €	12.911,81 €	11.216,60 €	12.012,02 €	12.685,03 €	14.297,43 €	11.799,50 €	11.115,69 €

Abb. 6-39: 5-Jahres-Kundenwerte und Standardabweichungen pro Familien-Lebenswelt

6.2.4.3 Eingrenzung auf Warengruppen und Geschäftstypen

Die Berechnung des CLV erfolgt bislang entweder aggregiert auf Kundengruppenebene oder durch die Ausgabenintensität individualisiert auf einzelne Haushalte. Eine weitere Eingrenzung der Kundenbewertung im Einzelhandel berücksichtigt Betriebstypen und Warengruppen. Einige Händler bieten nur **spezielle Warengruppen** an oder versuchen sich in solchen zu verbessern, andere konkurrieren mit **bestimmten Betriebstypen**. In diesem Fall sollen nur die Ausgaben der Kunden in der gewünschten Warengruppe oder dem speziellen Betriebstyp berücksichtigt werden. So dürften z.B. für einen Getränkemarkt vor allem die Warengruppen alkoholfreie und alkoholhaltige Getränke interessant sein, diese allerdings über alle Betriebstypen, um das gesamte Umsatzpotenzial der Kunden zu messen. Ein Discounter könnte einen differenzierten Vergleich mit Betriebstypen vorziehen, z.B. mit Discountern als direkten Wettbewerbern und gesondert mit SB-Warenhäusern als großen Wettbewerbern.

Ein **warengruppen- oder geschäftstypspezifischer CLV** wird analog dem generellen CLV berechnet, mit dem Unterschied, dass nur Haushaltsausgaben verwendet werden, die in den betrachteten Betriebstypen und/oder Warengruppen getätigt wurden.

6.2.5 Auswirkungen der Erweiterungen auf den CLV

Wie in Kap. 6.2.2 beschrieben, wurden die **Einflussfaktoren des 2-Jahres-Kundenwertes** ermittelt, um anhand der Ausprägungen dieser Faktoren auf den CLV eines Haushaltes zu schließen. Abb. 6-40 zeigt eine Übersicht der Parameter des CLV-Modells. **Haushaltsbezogen** wird mit diesen Parametern festgelegt, welcher Familien-Lebenswelt ein Haushalt zugeordnet wird und zu welchem **Zeitpunkt** der Wechsel in eine andere Lebenswelt stattfindet. Bis zu einem Wechsel bleibt der Haushalt in der bisherigen Lebenswelt. Damit legt dieser Parameter auch die **Dauer** der Zugehörigkeit fest. Ebenfalls haushaltsbezogen wird bestimmt, wie stark die haushaltsindividuelle Ausgabenintensität im CLV berücksichtigt wird.

Branchenbezogen stellen die Parameter ein, welcher Betriebstyp und welche Warengruppe analysiert werden. Standardmäßig sind die Parameter auf die in

Abb. 6-40 gezeigten Werte gesetzt. Diese **Standardwerte** werden in den folgenden Kapiteln variiert, um die Auswirkungen auf die CLV der Haushalte zu zeigen. Die jeweils nicht zur Diskussion stehenden Faktoren behalten so lange ihren Standardwert. Die ersten sieben Parameter beziehen sich auf das Alter des Hauptverdieners eines Haushaltes. Es werden lediglich **5-Jahres-Intervalle** berücksichtigt, so dass nur Vielfache von Fünf als Werte für diese Parameter verwendet werden dürfen.

Parameter	Standardwert
Ausbildung_bis	25
Kinder_ab	30
Kinder_bis	50
Rentenalter	65
allein_ab	0
arbeitslos_ab	0
arbeitslos_bis	0
Warengruppe	„0“
Geschäftstyp	„0“

Abb. 6-40: Standardwerte der Parameter des CLV-Modells

6.2.5.1 Wirkung der Ausbildungsdauer auf den CLV

Dieser Parameter gibt an, bis zu welchem Alter sich der **Hauptverdiener** eines Haushaltes in der Ausbildung befindet. Im Modell wird dadurch der Wechsel von der Lebenswelt der „Studierenden und Auszubildenden“ in die nachfolgende Lebenswelt bestimmt. Die Gruppe der „Studierenden und Auszubildenden“ teilt sich in **alle anderen Pfade** auf. So verlaufen die Pfade in der Ausbildungszeit parallel und unterscheiden sich lediglich in der „Höhe“ durch die anschließend noch zu erwartenden Lebenswerte.

Abb. 6-41 zeigt durch die schwarzen Linien zu Beginn der drei Pfade, wie eine **Verlängerung der Ausbildungszeit** bis zu einem Lebensalter von 30 Jahren die Restwerte der Pfade der „männlichen Alleinlebenden“ (Pfad 1), der „Mittelschicht-Familien mit Kindern“ (Pfad 5) und der „Mittelschicht-Familien ohne Kinder“ (Pfad 3) verändert. Die hellen Linien gehen demgegenüber von der Annahme aus, dass die Ausbildung des Hauptverdieners **bis zum 20. Lebensjahr** beendet ist.

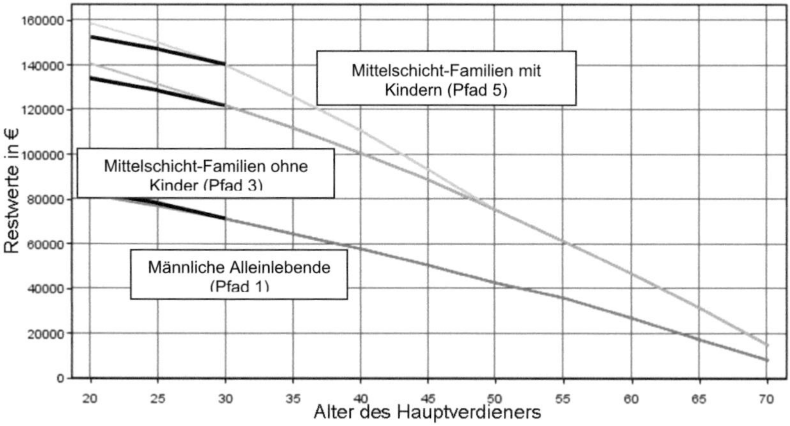

Abb. 6-41: Einfluss der Ausbildungszeit auf den Restwert

Das Beispiel zeigt, dass eine **längere Ausbildung den CLV** im Durchschnitt **senkt**. Der Grund hierfür liegt in den geringeren durchschnittlichen Jahresausgaben von Familien einer Altersklasse für die Dauer der Ausbildung. Allerdings zeigt Abb. 6-41 ein anderes Bild für „männliche Alleinlebende", die durch eine längere Ausbildung einen etwas höheren CLV erreichen. Die Gruppe der **„männlichen Alleinlebenden"** hat also etwas **höhere Jahresausgaben** in den Warengruppen des Panels als gleichaltrige bereits arbeitende Haushalte.

Über die Ursache kann man ohne weitere Informationen nur Vermutungen anstellen. Da auch diese Haushalte in der Ausbildung wahrscheinlich über kein höheres Einkommen verfügen als nach der Ausbildung, ist ein möglicher Grund, dass junge Alleinstehende **nach der Ausbildung** weniger Budget in den Einkauf von Lebensmitteln investieren, sondern u.a. aus Zeitgründen häufiger auswärts essen gehen und sich dies nun auch leisten können. Somit wäre das höhere finanzielle Budget sogar ein möglicher Grund für geringere Ausgaben im Lebensmitteleinzelhandel. Diese gastronomischen Ausgaben werden im vorliegenden Haushaltspanel nicht gemessen.

Insgesamt werden zur Berechnung der Ausgaben in der Ausbildungszeit nicht nur 1-Personen-Haushalte berücksichtigt, sondern auch **Mehrpersonenhaushalte**, in denen sich der Hauptverdiener in der Ausbildung befindet. Genauso fließen in die Pfade 3 und 5 nicht nur „Mittelschicht-Familien" in der Ausbildungszeit ein, sondern auch alle anderen Haushalte, da die **Unterteilung in Schichten** erst erfolgt, wenn der Beruf der hauptverdienenden Person feststeht. Auf eine weitere Unterteilung der Studierenden und Auszubildenden nach Haushaltsgröße wurde verzichtet. Die **Anzahl der Haushalte** ist in dieser Lebenswelt und den einzelnen Altersklassen schon relativ gering, so dass aufgrund von zu **geringen Fallzahlen** die durchschnittlichen Ausgaben der Lebenswelt je Altersgruppe zu Problemen in der Hochrechnung führen würden.

Die geringe Fallzahl dürfte unter anderem auf den Umstand zurückzuführen sein, dass nur Haushalte zur relevanten durchlaufenden Masse zählen, deren **Lebensumstände** sich über den Untersuchungszeitraum von zwei Jahren nicht geändert haben. Gerade bei jungen Haushalten in der Ausbildung ändern sich die Lebensumstände allerdings schnell, so dass ein nennenswerter Teil aus der 2-Jahres-Wertung herausfällt. Diese Haushalte werden zwar „aufgefüllt", zählen aber nur zu der hier zugrunde liegenden durchlaufenden Masse, wenn sie durchgängig über den gesamten Zeitraum von zwei Jahren im Panel berichtet haben.

6.2.5.2 Wirkung des Zeitraumes der Haushaltszugehörigkeit von Kindern auf den CLV

Die Parameter **„Kinder_ab"** und **„Kinder_bis"** bestimmen, in welchem Zeitraum Kinder zum Haushalt gehören. Da die **Anzahl** der Kinder in den Familien-Lebenswelten nicht unterschieden wird,[332] fließt sie nicht in das Modell ein, obwohl die Anzahl der Kinder die Höhe der Haushaltsausgaben wahrscheinlich beeinflusst. Beide Parameter beziehen sich auf das Alter des Hauptverdieners, d.h., sie geben an, wie alt der Hauptverdiener zum Zeitpunkt der **Geburt** des ersten Kindes und des **Auszugs** des letzten Kindes ist. Sie beeinflussen nur die Pfade 5 („Mittelschicht-Familien mit Kindern") und 6 („Arbeiterschicht-Familien mit Kindern"). Im Pfad 7 („Arbeitslose") wird nicht unterschieden, ob sich Kinder im Haushalt befinden, und die Haushalte der restlichen Pfade bleiben kinderlos.

---

[332] Vgl. Kleining/Prester (1999), S. 9.

Abb. 6-42 zeigt die Veränderung des Pfades 6 („**Arbeiter-Familien mit Kindern**"), wenn die Familie zu **unterschiedlichen Zeiten** Kinder im Hause hat. Die Dauer, in der Kinder zum Haushalt gehören, wird generell auf 20 Jahre festgelegt.

Abb. 6-42: CLV von Arbeiter-Familien, die in unterschiedlichem Alter Kinder bekommen

Man kann erkennen, dass das Alter, in dem Arbeiter-Familien Kinder bekommen, für den CLV relativ **unbedeutend** ist. Betrachtet man Haushalte der gleichen Altersgruppe, die im Moment Kinder haben, so steigt der jeweils verbleibende Anteil des CLV, je länger Kinder noch zum Haushalt gehören.

Anders verhält es sich bei „**Mittelschicht-Familien mit Kindern**". In Abb. 6-43 ist zu erkennen, dass der **gesamte CLV sinkt**, wenn der Haushalt schon mit 25 Jahren Zuwachs bekommt.

Abb. 6-45 zeigt, dass der Unterschied des CLV durch verschiedene **Verweildauern** von Kindern im elterlichen Haushalt bei „Mittelschicht-Familien" deutlich geringer ist als bei „Arbeiter-Familien". Der Wert ändert sich nur geringfügig, wenn die Familie schon im Alter von 25 Jahren Kinder bekommt. Der CLV steigt dagegen deutlich an, wenn Kinder nicht bei einem Alter des Hauptverdieners von 50 Jahren das Haus verlassen, sondern **fünf Jahre später**.

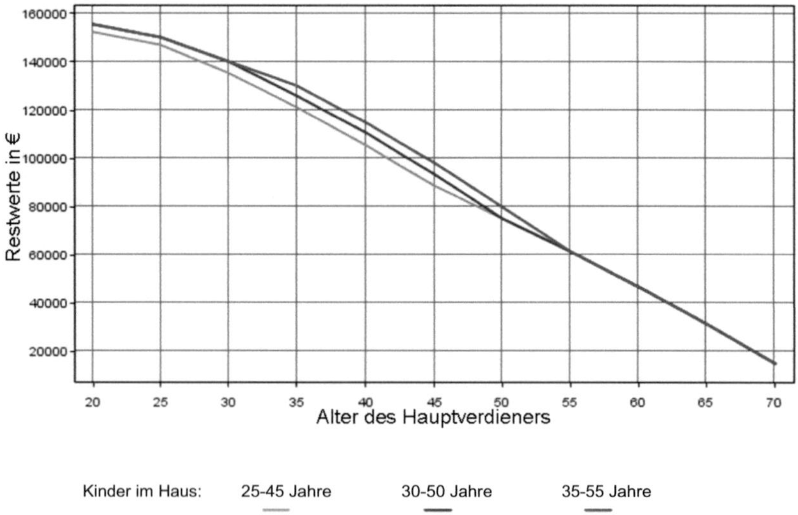

Abb. 6-43: CLV von Mittelschicht-Familien, die in verschiedenem Alter Kinder bekommen

Variiert man die **Dauer**, in der Kinder zum Haushalt gehören, so kommt man in Abb. 6-44 zu dem Schluss, dass eine Arbeiter-Familie insgesamt mehr ausgibt, je länger Kinder im Haushalt sind. Die **Ausgaben steigen also mit der Haushaltsgröße**.

Kinder im Haus: 30-50 Jahre 30-55 Jahre 25-55 Jahre

Abb. 6-44: CLV von Arbeiter-Familien, die unterschiedlich lang Kinder im Haus haben

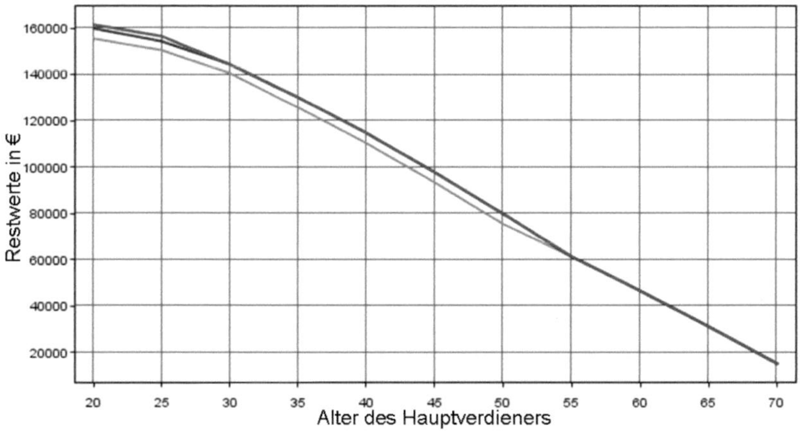

Kinder im Haus: 30-50 Jahre 30-55 Jahre 25-55 Jahre

Abb. 6-45: CLV von Mittelschicht-Familien, die unterschiedlich lang Kinder im Haus haben

Abb. 6-46 zeigt die genauen Unterschiede der durchschnittlichen 5-Jahres-Kundenwerte. Mittelschicht-Familien mit Kindern geben bis zu 5.083,76 € mehr in fünf Jahren aus als Mittelschicht-Familien ohne Kinder. Bei Arbeiter-Familien reicht diese Differenz sogar bis zu 5.397,84 €, die Familien mit Kindern in der Altersklasse 40-44 Jahre mehr ausgeben.

	Altersklasse		
Familien-Lebenswelt	**30-34 Jahre**	**35-39 Jahre**	**40-44 Jahre**
Mittelschicht-Familien mit Kindern	14.284,51 €	15.413,78 €	17.004,65 €
Mittelschicht-Familien ohne Kinder	10.019,02 €	11.368,02 €	11.920,90 €
Differenz	4.265,49 €	4.045,77 €	5.083,76 €
Arbeiter-Familien mit Kindern	13.754,36 €	15.293,44 €	16.997,98 €
Arbeiter-Familien ohne Kinder	10.317,70 €	12.348,21 €	11.600,14 €
Differenz	*3.436,66 €*	*2.945,23 €*	*5.397,84 €*

Abb. 6-46: Durchschnittliche 5-Jahres-Kundenwerte von Familien mit und ohne Kinder im Vergleich

6.2.5.3 Wirkung der Dauer der Erwerbstätigkeit auf den CLV

Der Parameter „**Rentenalter**" gibt an, bis zu welchem Alter der Hauptverdiener eines Haushaltes erwerbstätig ist. Mittel- und Arbeiterschicht-Familien wechseln in die entsprechende Lebenswelt „Rentner-Familien", Alleinlebende wechseln in die Lebenswelt „alleinstehende Rentner".[333] In Abb. 6-47 sind die durchschnittlichen Haushaltsausgaben einzelner Familien-Lebenswelten für die letzten **drei Altersklassen** aufgelistet. Die Tabelle enthält sowohl die „Rentnerlebenswelten" als auch jene Lebenswelten, die der Rente direkt bevorstehen.

	Altersklasse		
Familien-Lebenswelt	**60-64 Jahre**	**65-69 Jahre**	**70 Jahre und älter**
Berufstätige Alleinlebende (m)	1.853,04 €	2.089,30 €	1.405,42 €
Alleinstehende Rentner (m)	1.811,45 €	1.878,34 €	1.646,51 €
Differenz	**41,59 €**	**210,96 €**	**-241,09 €**
Berufstätige Alleinlebende (w)	1.653,63 €	1.880,84 €	1.195,61 €
Alleinstehende Rentner (w)	1.715,53 €	1.745,33 €	1.596,88 €
Differenz	**-61,90 €**	**135,51 €**	**-401,27 €**
Mittelschicht-Familien ohne Kinder	3.061,85 €	2.955,96 €	3.627,86 €
Mittelschicht-Rentner-Familien	3.232,29 €	3.243,79 €	3.013,20 €
Differenz	**-170,44 €**	**-287,83 €**	**614,66 €**
Arbeiter-Familien ohne Kinder	2.880,23 €	3.285,58 €	keine Werte[334]
Arbeiterschicht-Rentner-Familien	3.040,51 €	3.115,63 €	3.047,56 €
Differenz	**-160,28 €**	**169,95 €**	**keine Werte**

Abb. 6-47: Haushaltsausgaben je Familien-Lebenswelt und Altersklasse pro Jahr

[333] Vgl. Abb. 6-16.
[334] Für Arbeiterfamilien ohne Kinder liegen in dieser Altersklasse keine Daten vor.

Die Ausgaben in den zusammengehörigen Lebenswelten unterscheiden sich nur geringfügig, wie die Differenzen jeweils zeigen. **Positive Werte** bedeuten, dass ein Haushalt mehr ausgibt, wenn der Hauptverdiener berufstätig ist, während **negative Werte** darauf hinweisen, dass ein Rentnerhaushalt höhere Ausgaben tätigt. „Berufstätige Alleinlebende (m)" zwischen 65 und 69 Jahren geben z.B. 210,96 € mehr pro Jahr aus als „Alleinstehende Rentner (m)". Mittelschicht-Familien hingegen geben nach der Pensionierung mehr aus: 170,44 € pro Jahr zwischen 60 und 64 Jahren und 287,83 € pro Jahr zwischen 65 und 69 Jahren.

Eine **Erhöhung des Rentenalters** von 65 auf 70 Jahre würde somit den CLV der männlichen Alleinlebenden um 1.054,80 € (= 210,96 € • 5 Jahre) erhöhen, den der weiblichen Alleinlebenden um 677,55 € und den der Mittelschicht-Familien sogar um 1.439,15 € verringern. Nach diesen Messungen hat das Rentenalter also einen geringen Einfluss auf den CLV.

6.2.5.4 Wirkung des Wechsels zum 1-Personen-Haushalt auf den CLV

Der Parameter „allein_ab" definiert, ab welchem Alter ein Mehrpersonenhaushalt in die Lebenswelt „Alleinstehende Rentner" wechselt. Wird der Wert auf null gesetzt, so ergibt sich dieser Zeitpunkt aus der **durchschnittlichen Lebenserwartung**, wie in Kap. 6.2.4.1 beschrieben wurde. In der Darstellung der durchschnittlichen CLV der einzelnen Pfade floss der Parameter bisher nicht ein. Die Pfade wurden nur bis zu einem Alter von 75 Jahren berechnet. Da die durchschnittliche Lebenserwartung aller Altersgruppen höher als 75 liegt, wurde davon ausgegangen, dass bis zu diesem Alter keine Familie in die Lebenswelt „Alleinstehende Rentner" wechselt.

In Abb. 6-48 wird der Wert auf 65 Jahre gesenkt. Dargestellt sind „Arbeiter-Familien ohne Kinder" (Pfad 4) und „Mittelschicht-Familien mit Kindern" (Pfad 5). Die Pfade von **1-Personen-Haushalten** ändern sich nicht, da sie sich ab der Rentnerzeit in der Lebenswelt „Alleinstehende Rentner" befinden.

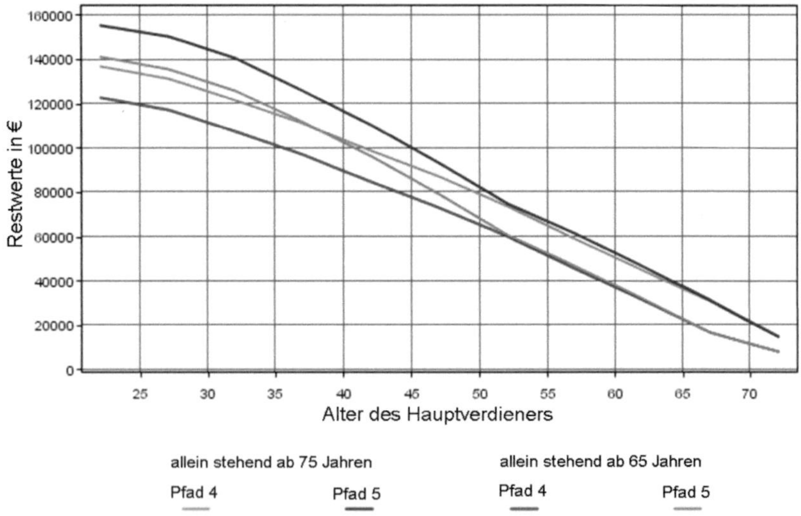

Abb. 6-48: Der Einfluss des Eintritts in die Lebenswelt „Alleinstehende Ältere" auf den CLV

Das Herabsetzen des Parameters um **zehn Jahre** zeigt eine deutliche **Verringerung der CLV** beider Pfade. Die Ursache liegt wieder in der Reduzierung der Haushaltsgröße von zwei auf eine Person und entsprechend sinkenden Haushaltsausgaben. Im restlichen Zeitraum bleiben die Ausgaben gleich, daher verlaufen die Grafen eines Pfads parallel. Abb. 6-49 zeigt, dass der Unterschied zwischen **männlichen und weiblichen Haushalten** gering ist. Alleinstehende männliche Ältere geben zwischen 49 € und 133 € mehr im Jahr aus als alleinstehende weibliche Ältere. In dieser Abbildung kann man weiterhin sehen, dass sich die Haushaltsausgaben pro Jahr mit dem Wegfall einer Person nahezu halbieren.

	Altersklasse	
Familien-Lebenswelt	**65-69 Jahre**	**70 Jahre und älter**
Mittelschicht-Rentner-Familien	3.243,79 €	3.013,20 €
Alleinstehende Ältere männlich	1.878,34 €	1.646,51 €
Differenz	*1.365,45 €*	*1.366,70 €*
Alleinstehende Ältere männlich	1.878,34 €	1.646,51 €
Alleinstehende Ältere weiblich	1.745,33 €	1.596,88 €
Differenz	*133,02 €*	*49,63 €*

Abb. 6-49: Durchschnittliche Haushaltsausgaben von Rentnerhaushalten im Vergleich

6.2.5.5 Wirkung vorübergehender Arbeitslosigkeit auf den CLV

Die Parameter „arbeitslos_ab“ und „arbeitslos_bis“ ermöglichen die Berücksichtigung **vorübergehender Arbeitslosigkeit** von Haushalten. Dies geschieht durch Einsetzen des Alters, in dem der Hauptverdiener arbeitslos wird, und analog dem, in dem er wieder Arbeit findet. Da im vorliegenden Modell nur Vielfache von Fünf für diese Parameter erlaubt sind, ist es nicht möglich, eine kürzere Arbeitslosigkeit als fünf Jahre zu berücksichtigen. Das ist nicht die ideale Lösung, aber vor dem Hintergrund der vorliegenden Daten die beste.

In der Familien-Lebenswelt „Arbeitslosen-Familien“ sind alle Arbeitslosen zusammengefasst, es wird nicht nach Haushaltsgröße oder Schicht differenziert. Daher wird jedem Pfad derselbe **Arbeitslosenwert seiner Altersklasse** zugeordnet. Da es sich bei den Arbeitslosen-Familien um **Mehrpersonenhaushalte** handelt, liegen ihre Ausgaben deutlich über denen der 1-Personen-Haushalte. Deswegen wird die Arbeitslosigkeit für die Pfade 1 und 2 nicht berücksichtigt. Abb. 6-50 zeigt, wie die einzelnen Pfade durch Arbeitslosigkeit im Alter von 50 bis 55 Jahren verändert werden. Der Pfad 7 „Arbeitslosen-Familien“ ist hier zum Vergleich mit abgebildet.

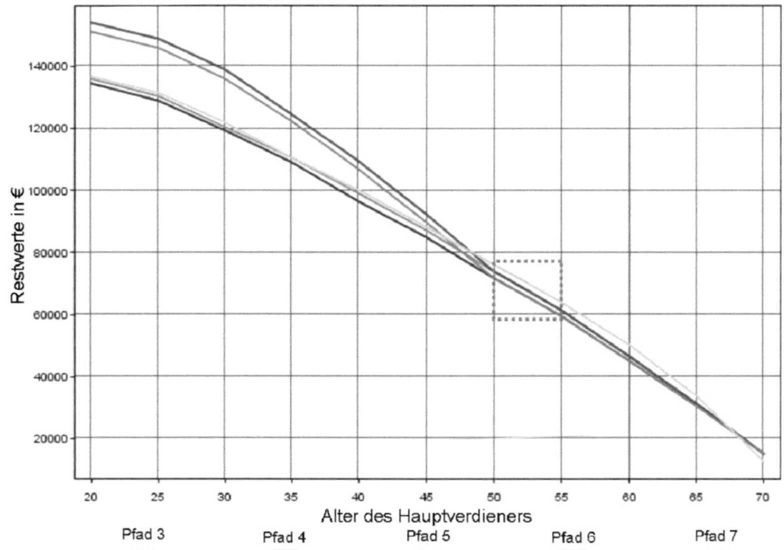

Abb. 6-50: CLV bei einer Arbeitslosigkeit vom 50. bis zum 55. Lebensjahr

Der markierte Bereich zeigt den Zeitraum der Arbeitslosigkeit. Hier ist zu erkennen, dass alle Pfade parallel zu Pfad 7 verlaufen, da sich alle Haushalte in dem Zeitraum in derselben Lebenswelt (Arbeitslosen-Familien) befinden.

6.2.5.6 Wirkung der haushaltsindividuellen Ausgabenintensität auf den CLV

Der in Kap. 6.2.4.2 näher beschriebene Parameter **Ausgabenintensität** bestimmt den Einfluss der individuellen **Haushaltsausgaben** auf den CLV. Bislang wurden durchschnittliche CLV in Abhängigkeit des Alters der haushaltsführenden Person für Lebenswelten berechnet. Diese segmentbezogenen CLV werden mit der aktuell gemessenen Ausgabenintensität eines einzelnen Haushaltes gewichtet, um den individuellen CLV dem **tatsächlichen Ausgabeverhalten** entsprechend zu ermitteln.[335]

Abb. 6-51 zeigt die Streuung der Restwerte der Lebenswelt „Mittelschicht-Familien mit Kindern" durch die Ausgabenintensität. Der mittlere Graph stellt den durchschnittlichen CLV der Lebenswelt „Mittelschicht-Familien mit Kindern" dar. Der Ausgabenintensitätsfaktor wurde für die Gruppe der 20- bis 24-jährigen Studenten und Auszubildenden mit **vollem Gewicht** berücksichtigt. Der Haushalt mit den höchsten Ausgaben in dieser Gruppe gibt **1,35-mal so viel** wie der Durchschnitt aus (I_{HH} = 1,35).

Der obere Graph zeigt die Entwicklung des CLV dieses Haushaltes, wenn er dem Pfad der Mittelschicht-Familien mit Kindern folgt. Der untere Graph zeigt diese Entwicklung für den Haushalt mit den geringsten Ausgaben, der **65 % der durchschnittlichen Ausgaben** tätigt (I_{HH} = 0,65). Durchschnittlich geben Mittelschicht-Familien mit Kindern über die gesamte Lebensdauer also ca. 155.000 € aus, während der Haushalt mit der höchsten Ausgabenintensität auf ca. 209.000 € kommt.

[335] Die aktuellen Ausgaben beziehen sich auf den Zeitraum 2003/2004.

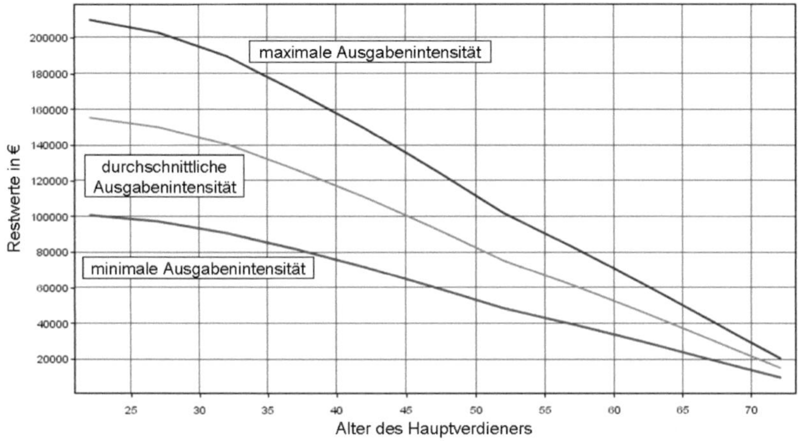

Abb. 6-51: Streuung der CLV unter Berücksichtigung der Ausgabenintensität bei Mittelschicht-Familien mit Kindern

6.2.5.7 Festlegung von Warengruppe und Geschäftstyp

Die Parameter „Warengruppe" und „Geschäftstyp" bieten die Möglichkeit zur Eingrenzung der CLV auf einzelne Warengruppen und Vertriebslinien, wie in Kap. 6.2.4.3 genau erläutert. Die Standardeinstellung dieses Parameters ist „0", d.h. dass keine besondere Eingrenzung erfolgt. Die Möglichkeiten zur Festlegung der Warengruppen finden sich in den produktbezogenen Merkmalen des Haushaltspanels in Anhang A, die Vertriebslinien in den einkaufsstättenbezogenen Merkmalen in Anhang D. Eine Anwendung der warengruppen- oder händlerweisen Eingrenzung wird in den folgenden Kapiteln demonstriert.

6.2.6 2-Jahres-Kundenbewertung für Warengruppen, Betriebstypen und Regionen

Bislang erfolgte die Messung von Kundenwerten auf der Ebene von Kundengruppen und Einzelkunden. Im Folgenden werden drei Möglichkeiten gezeigt, zunächst den **2-Jahres-Kundenwert** für Warengruppen, Betriebstypen und Regionen zu berechnen.[336] Solche Analysen geben einem Einzelhändler Hinweise auf seinen Status in den Marktdimensionen **Warengruppen**, **Wettbewerb** und **Regionen**. Kap. 6.2.7 verbindet dann die beiden vorgestellten Analysen – CLV der **Kunden** auf der einen und **Marktposition** des Händlers auf der anderen Seite – in einer dynamischen Potenzialanalyse der Kundenwerte einzelner Einzelhändler.

In Bezug auf die Ist-Analyse des statischen Kundenwertes stellen sich Händler z.B. folgende Fragen: Welches **Ausgabenpotenzial** bringen Kunden aktuell mit? Welchen **Anteil** dieses Potenzials schöpft der einzelne Händler jeweils ab? Welchen **Anteil aller Kunden** erreicht ein Händler überhaupt? Antworten auf diese Fragen geben die Kennzahlen Gesamtausgaben, Bedarfsdeckungsquote und Käuferreichweite.

6.2.6.1 Kennzahlen der Kundenbewertung für Einzelhändler

Zunächst sind die aktuellen **Gesamtausgaben** – direkt gemessen in den Haushaltspaneldaten der Jahre 2003 und 2004 – eines Kunden für Händler oder Hersteller von Interesse. Sie erlauben die vergangenheitsbezogene Bewertung eines Haushaltes und den **Vergleich** der Haushalte untereinander. Gemessen werden alle Ausgaben der Haushalte für Lebensmittel und damit das **Potenzial** jedes einzelnen Haushaltes für einen Lebensmittelhändler. Es handelt sich also um den **2-Jahres-Kundenwert** des jeweiligen Haushaltes über alle Händler. Die formale Darstellung der Formel 6-5 zeigt, dass lediglich die Einzahlungen der Händler durch den Kunden berücksichtigt werden, weil das Haushaltspanel keine Informationen zu den Auszahlungen der Händler enthält.

---

[336] Diese Ausführungen wurden in ähnlicher Form von Schröder/Rödl (2007) veröffentlicht.

$$KW_{a(2003\text{-}2004)} = \sum_{t=2003}^{2004} \sum_{h=1}^{H} \sum_{s=1}^{S} E_{ahst}$$

mit:

$KW_{a(2003\text{-}2004)}$	=	2-Jahres-Kundenwert des Kunden a zum Jahresende 2004
a	=	zu bewertender Kunde a
$t \in (0,...,T)$	=	Periode
T	=	Anzahl der Perioden, in denen der Kunde der Unternehmung erhalten bleibt
$h \in (1,...,H)$	=	Händler
H	=	letzter Händler, den der Kunde im Untersuchungszeitraum aufgesucht hat
$s \in (1,...,S)$	=	Einkaufstag
S	=	letzter Einkaufstag der betrachteten Periode
E_{ahst}	=	Einzahlungen durch den Kunden a bei Händler h am Einkaufstag s der Periode t

Formel 6-5: Formale Darstellung des 2-Jahres-Kundenwertes 2003-2004 über alle Händler

Für den Händler ist daher die Kenntnis des **Anteils** an den Gesamtausgaben von Bedeutung, den ein Haushalt in seinen Einkaufsstätten tätigt. Die Relation der anteiligen Ausgaben eines Kunden bei einem Händler bezogen auf seine Gesamtausgaben wird **Bedarfsdeckungsquote (BDQ)** genannt. Der absolute Wert dieses Anteils eines Händlers an den Gesamtausgaben des Kunden stellt einen **händlerbezogenen 2-Jahres-Kundenwert** dar. Gemäß dem Anteilskonzept[337] nach MÜLLER-HAGEDORN handelt es sich bei der BDQ um einen Indikator für die Einkaufsstättentreue, der erkennen lässt, wie wichtig ein Händler einem Kunden zur Deckung des aktuellen Bedarfs ist. Die **wertmäßige BDQ** liefert die Information, wie viel Prozent der Gesamtausgaben auf den betrachteten Händler entfallen. Formel 6-6 zeigt die formale Ermittlung dieser Variante der BDQ für den Beispielhändler 1:[338]

$$\text{BDQ (h=1)} = \frac{q_1 \bullet A_1}{q_1 \bullet A_1 + q_2 \bullet A_2 + q_3 \bullet A_3}$$

mit:

h=1	=	Händler 1
q_1	=	Anzahl der Besuche bei Händler 1
A_1	=	durchschnittliche Ausgaben des Haushaltes bei Händler 1
1, 2, 3	=	Händler 1, 2 und 3

Formel 6-6: Beispiel zur Ermittlung der BDQ eines Haushaltes für Einkaufsstätte 1

[337] Vgl. Müller-Hagedorn (1998), S. 308 f.
[338] Vgl. Schröder/Rödl/Schmiegelt (2004), S. 150; Schröder/Feller/Rödl (2003), S. 159 f.

Gibt ein Haushalt z.B. 400,00 € für Lebensmittel bei Lidl aus, und das bei Gesamtausgaben von 4.000,00 €, so ist seine BDQ bei Lidl 10 %, d.h., der Haushalt deckt 10 % seines Bedarfs bei Lidl. Der 2-Jahres-Kundenwert von 4.000,00 € stellt somit **mögliche Einzahlungen** der Vergangenheit dar, die durch geeignete Marketinginstrumente hätten erschlossen werden können, da 90 % dieser Einzahlungen bei Wettbewerbern des Händlers angekommen sind. Lidl erzielt einen 2-Jahres-Kundenwert von 400,00 € mit diesem Kunden.

Das Konzept der BDQ kann nach demselben Prinzip auch für andere **Bezugsobjekte** wie z.B. Warengruppen und Produkte angewendet oder kombiniert werden. So ist z.B. die Fragestellung denkbar, in welchen Einkaufsstätten Kunden ihren Bedarf an Produkten einer bestimmten Warengruppe decken. Die Betrachtung kann zudem **räumlich** eingegrenzt werden, um eine Vertriebslinie oder Warengruppe differenziert zu betrachten und um regionale Unterschiede bei Kundenbedarfen zu berücksichtigen.

Ein weiteres Konzept zur Beurteilung von Händlern ist die **Käuferreichweite (KRW)**. Die Käuferreichweite einer Handelsunternehmung sagt aus, wie viel Prozent der Stichprobe (z.B. Haushalte, die an dem Panel teilnehmen) mindestens einmal bei einem Händler eingekauft haben.[339] Die Käuferreichweite ist somit auch ein Indikator für das **mengenmäßige Kundenpotenzial** einer Einkaufsstätte, da sie die Anzahl der Kunden wiedergibt, die bisher erreicht wurden. Bei diesen Kunden besteht die Möglichkeit, dass sie die Einkaufsstätte erneut aufsuchen und dauerhaft gebunden werden. Bei den nicht erreichten Kunden besteht die Chance, dass sie auf den Händler aufmerksam werden und ihn erstmalig aufsuchen, wodurch die Käuferreichweite steigen würde.

In Bezug auf die **Schätzung dieses Potenzials** ist zu beachten, dass mancher Händler nur regional vertreten ist und somit nicht alle Käufer einer bundesweiten Stichprobe – wie z.B. des vorliegenden Haushaltspanels – als Kunden in Frage kommen. In solchen Fällen ist der **relevante Markt** zu ermitteln und die Analyse entsprechend abzugrenzen.

---

[339] Vgl. Schröder/Rödl/Schmiegelt (2004), S. 150.

Wenn man betrachtet, wie viele Haushalte jeweils Kunde bei zwei verschiedenen Händlern sind, lässt sich die **Konkurrenzsituation** zwischen diesen Händlern ermessen. Sinngemäß kann man dieses Maß als **„Überschneidung der Käuferreichweiten“** interpretieren. Um als Kunde von zwei Händlern zu gelten, reicht es aus, im Untersuchungszeitraum mindestens ein Mal bei jedem der beiden Händler eingekauft zu haben. Denn dies legt den Schluss nahe, dass der Kunde die Möglichkeit hat, beim jeweils anderen Wettbewerber einen Einkauf zu tätigen. Über die **zeitliche Verteilung** und die **Höhe** der Ausgaben im Betrachtungszeitraum sagt diese Kennzahl nichts aus.

Aus der Kombination mit den Ausgaben und der BDQ lassen sich weitere Rückschlüsse ziehen. Die Höhe der Ausgaben und die BDQ geben Auskunft über den tatsächlichen und den möglichen **Wert eines Kunden** für einen Händler. Die Überschneidung der Käuferreichweiten verrät, welche Einkaufsstätten für den Kunden im Messzeitraum in Frage kommen.

In den folgenden Kapiteln werden die **2-Jahres-Kundenwerte** unter Zuhilfenahme von BDQ und Käuferreichweite untersucht. Hierzu werden die durchschnittlichen Werte der Haushalte je Händler ermittelt und nacheinander exemplarisch auf eine Warengruppe, einen Geschäftstyp und eine Region eingegrenzt. Tiefere Eingrenzungen und Kombinationen aus den Bezugsobjekten sind generell möglich, erscheinen bei der vorliegenden Datenbasis aufgrund der dann **geringen Fallzahlen** nicht sinnvoll. Für gezielte Untersuchungen von **Artikeln** bezogen auf einzelne Betriebstypen oder Einkaufsstätten bieten Handelspaneldaten eine breitere Grundlage, allerdings unter Verzicht auf eine **haushaltsbezogene Längsschnittanalyse** und die soziodemografischen und sozioökonomischen Angaben der Haushalte.

6.2.6.2 2-Jahres-Händleranalysen über alle Warengruppen bundesweit

Mit den im vorhergehenden Kapitel beschriebenen Kennzahlen wird zunächst ohne weitere Eingrenzung auf Warengruppen, Vertriebslinien oder Regionen gearbeitet. Da die folgenden Analysen **haushaltsmäßig aggregiert** und bezogen auf Vertriebslinien, Regionen oder Warengruppen erfolgen, werden die Daten mit dem **Continuous Mass Weight** gewichtet, um die Repräsentativität des

Panels zu gewährleisten.[340] Die entsprechenden Analysen sind somit auf eine Grundgesamtheit von 17.000 Haushalten gerechnet. Für die **Einzeldarstellung** von Haushalten werden die ungewichteten Daten verwendet, da die Haushalte genau diese Werte erzielt haben.

Abb. 6-52 stellt für jeden einzelnen Haushalt den 2-Jahres-Kundenwert des Untersuchungszeitraumes 2003/2004 und die durchschnittliche Bedarfsdeckungsquote aller Händler gegenüber.

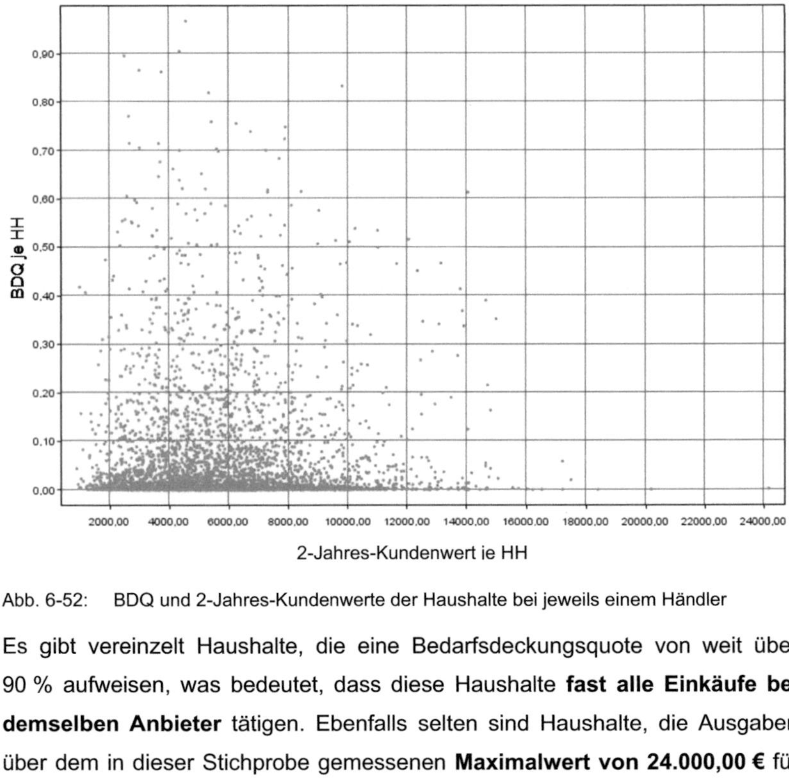

Abb. 6-52: BDQ und 2-Jahres-Kundenwerte der Haushalte bei jeweils einem Händler

Es gibt vereinzelt Haushalte, die eine Bedarfsdeckungsquote von weit über 90 % aufweisen, was bedeutet, dass diese Haushalte **fast alle Einkäufe bei demselben Anbieter** tätigen. Ebenfalls selten sind Haushalte, die Ausgaben über dem in dieser Stichprobe gemessenen **Maximalwert von 24.000,00 €** für Lebensmittel vorweisen können. Im Durchschnitt liegen die Ausgaben bei 5.377,63 € für die beiden Jahre 2003/2004 und die BDQ über alle Händler bei 6,55 %.

[340] Siehe Kap. 6.1.3.4.

Die durchschnittlichen Werte werden auf einzelne Vertriebslinien heruntergerechnet. Abb. 6-53 stellt **pro Vertriebslinie** die Anzahl der Kunden, die Käuferreichweite, die durchschnittliche BDQ und den durchschnittlichen 2-Jahres-Kundenwert dar. Bei Letzteren handelt es sich um die durchschnittlichen Gesamtausgaben der Kunden einer Vertriebslinie, die diese in **allen Vertriebslinien** getätigt haben. So haben z.B. die Aldi-Kunden insgesamt in allen Vertriebslinien durchschnittlich ca. 5.260,00 € für Lebensmittel ausgegeben. Abb. 6-53 zeigt die **Top-20-Händler**, sortiert nach der durchschnittlichen BDQ des jeweiligen Anbieters. Die Käuferreichweite entspricht dem Anteil der jeweiligen Vertriebslinienkunden an allen 17.000 Haushalten.

Vertriebslinie	Anzahl HH	KRW	Ø BDQ	Ø 2-Jahres-Kundenwert	Ø 2-Jahres-Kundenwert • Ø BDQ
ALDI (DISC)	15.887	93,46 %	**16,20 %**	**5.259,75 €**	852,08 €
KAUFLAND (SBW)	8.707	51,22 %	14,01 %	5.216,18 €	730,79 €
RESTL. FACHGESCH.	16.503	97,08 %	11,94 %	5.273,73 €	629,68 €
GLOBUS ST. WENDEL (SBW)	1.950	**11,47 %**	11,62 %	**5.575,27 €**	647,85 €
REAL (SBW)	9.970	58,65 %	10,62 %	**5.407,64 €**	574,29 €
LIDL (DISC)	14.152	83,24 %	**9,83 %**	5.285,20 €	519,54 €
NETTO (DISC)	5.301	**31,18 %**	**9,48 %**	5.204,24 €	493,36 €
HIT (VM)	1.565	9,20 %	8,82 %	5.321,94 €	469,40 €
PENNY (DISC)	8.845	52,03 %	8,23 %	5.259,87 €	432,89 €
MARKTKAUF (SBW)	4.426	26,03 %	7,92 %	5.296,98 €	419,52 €
TOOM (SBW)	2.450	14,41 %	7,24 %	5.506,64 €	398,68 €
WAL-MART (SBW)	3.711	21,83 %	6,78 %	5.367,72 €	363,93 €
EDEKA AKTIV (SM)	9.869	58,05 %	6,70 %	5.404,59 €	362,11 €
FAMILA (SBW)	2.040	12,00 %	6,52 %	5.657,64 €	368,88 €
PLUS (DISC)	10.098	59,40 %	6,48 %	5.197,21 €	336,78 €
REWE RESTL. LEH	8.194	48,20 %	6,39 %	5.360,95 €	342,56 €
EDEKA NEUKAUF (VM)	4.549	26,76 %	5,98 %	5.391,79 €	322,43 €
MARKANT RESTL. LEH	5.485	32,26 %	5,90 %	5.351,80 €	315,76 €
TENGELMANN/KAISERS (SM)	3.581	21,06 %	5,65 %	5.156,82 €	291,36 €
EXTRA (VM)	4.541	26,71 %	5,61 %	5.351,11 €	300,20 €
gewichteter Durchschnitt[341]			**6,55 %**	**5.377,63 €**	**352,23 €**

Abb. 6-53: Käuferreichweite, durchschnittliche BDQ und 2-Jahres-Kundenwert je Vertriebslinie

[341] Der Durchschnitt ist jeweils mit der Anzahl der HH gewichtet.

Die grau hinterlegten Felder in der Tabelle zeigen zum einen die Spalte, nach der sortiert wurde (in diesem Fall „Ø BDQ"), und zum anderen die **höchsten Werte** jeder Rubrik. So sind fast alle Haushalte Kunden der „restlichen Fachgeschäfte" gewesen (KRW = 97,08 %). Die „restlichen Fachgeschäfte" sind allerdings keine Vertriebslinie im eigentlichen Sinne. Diese **Sammelgruppe** umfasst vielmehr alle Einkaufsstätten, die der Panelteilnehmer bei der Dateneingabe nicht zuordnen konnte oder die für sich keine ausreichend große Fallzahl erzielen würden (z.B. alle Bäcker).

Eine Zusammenfassung ist notwendig, weil bei Nichtberücksichtigung typische wichtige Absatzkanäle für Lebensmittel zur **Darstellung des Gesamtmarktes** fehlen würden. Bei einer vertriebslinienspezifischen Untersuchung können Aussagen über diese **inhomogene Gruppe** allerdings nicht auf einzelne Betriebe dieser Gruppe übertragen werden. Eine solche Einschränkung gilt analog für die Gruppen „LEH restliche Vertriebslinien", „Kauf-/Warenhäuser" und „Getränkeabholmärkte". Daher werden diese Gruppen bei den folgenden Untersuchungen nicht weiter berücksichtigt.

Das insgesamt **höchste Potenzial** haben die **famila-Kunden (5.657,64 €)**. famila selbst schöpft von diesem hohen Potenzial allerdings nur 6,52 % ab. Zusammenfassend kann man feststellen, dass Aldi eine so hohe Bedarfsdeckungsquote erreicht, dass auch die relativ geringen Gesamtausgaben (5.259,75 €) überkompensiert werden und Aldi somit den höchsten 2-Jahres-Kundenwert von 852,08 € erzielt.

Abb. 6-54 zeigt die Käuferreichweiten und die Durchschnitte von BDQ und Ausgaben aller Vertriebslinien zur Übersicht. Die **Spitzengruppe** mit einer BDQ von mehr als 9 % ist eingerahmt und wird in Abb. 6-55 genauer dargestellt.

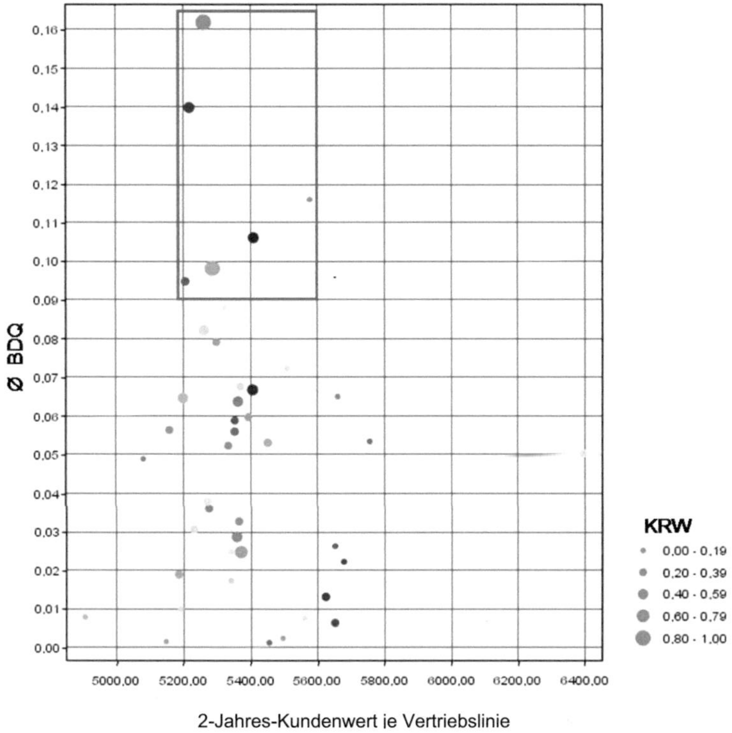

Abb. 6-54: Durchschnittliche BDQ, Käuferreichweiten und 2-Jahres-Kundenwerte bei allen Händlern über alle Warengruppen in Deutschland

Die genauen Werte finden sich in Abb. 6-53. Die Größe der Punkte steht für die Größe der Käuferreichweite. Im Durchschnitt tätigen die Haushalte den größten **Anteil** ihrer Lebensmittelausgaben bei Aldi, gefolgt von Kaufland und Globus St. Wendel. Innerhalb der Spitzengruppe werden beim SB-Warenhaus Globus St. Wendel die höchsten **durchschnittlichen Ausgaben** getätigt. Eine Käuferreichweite von unter 12 % könnte darauf hinweisen, dass dieses SB-Warenhaus nur **regional** vertreten ist und somit in dieser Kategorie nicht mit bundesweit agierenden Händlern konkurrieren kann. Aus diesem Grund wird die Analyse später regional eingegrenzt.

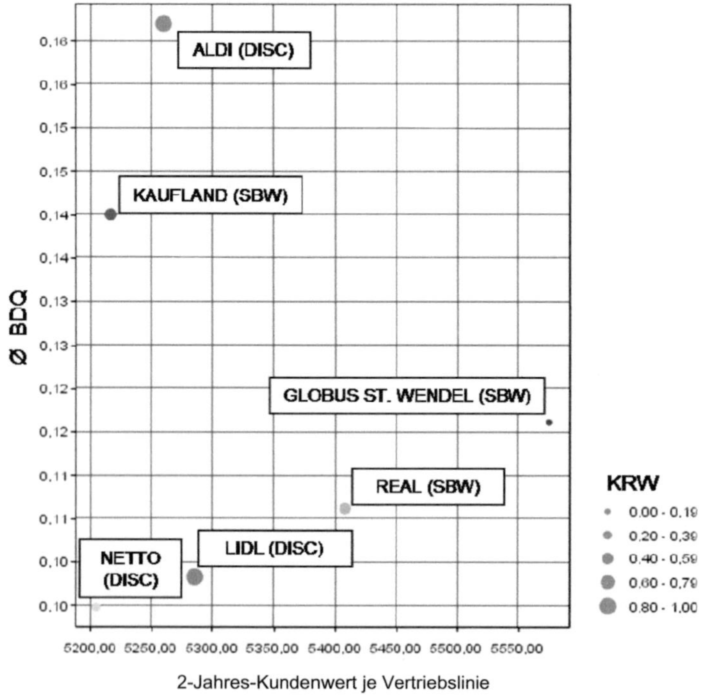

Abb. 6-55: Durchschnittliche BDQ, Käuferreichweiten und 2-Jahres-Kundenwerte der Spitzengruppe über alle Warengruppen

Kunden des SB-Warenhauses real,- geben im Durchschnitt ca. 2,8 % mehr aus als Aldi-Kunden, allerdings decken diese Kunden bei real,- auch gut ein Drittel weniger ihres Bedarfs als bei Aldi. Bei der Käuferreichweite ist Lidl der wichtigste Konkurrent für Aldi. Allerdings liegt Aldi mit der BDQ bundesweit 6,37 % vor Lidl bei annähernd gleichen Durchschnittsausgaben. Der Discounter Netto spielt hingegen aufgrund der Käuferreichweite von unter 32 % trotz seiner überdurchschnittlichen BDQ von ca. 9,5 % eher eine untergeordnete Rolle.

Um die **Intensität der Konkurrenz** zu erfassen, werden die jeweils gemeinsamen Kunden zweier Händler gezählt, die in Abb. 6-56 aufgeführt sind. Setzt man diese gemeinsamen Kunden ins Verhältnis zu der Gesamtanzahl aller Haushalte, so ergibt die **Schnittmenge** den Anteil aller Haushalte, die Kunde beider Händler sind, also die **gemeinsame Käuferreichweite**.

Vertriebslinie A	gemeinsame KRW	Vertriebslinie B
ALDI (DISC)	80,56 %	LIDL (DISC)
ALDI (DISC)	73,10 %	SCHLECKER (DM)
LIDL (DISC)	66,72 %	SCHLECKER (DM)
ALDI (DISC)	57,15 %	REAL (SBW)
ALDI (DISC)	56,22 %	PLUS (DISC)
ALDI (DISC)	56,02 %	EDEKA AKTIV (SM)
ALDI (DISC)	52,08 %	KAUFLAND (SBW)
LIDL (DISC)	52,02 %	PLUS (DISC)
REAL (SBW)	51,77 %	LIDL (DISC)
EDEKA AKTIV (SM)	50,89 %	LIDL (DISC)
ALDI (DISC)	49,29 %	PENNY (DISC)
KAUFLAND (SBW)	48,68 %	LIDL (DISC)
PLUS (DISC)	47,84 %	SCHLECKER (DM)
ALDI (DISC)	47,54 %	REWE RESTL. LEH
EDEKA AKTIV (SM)	47,13 %	SCHLECKER (DM)
REAL (SBW)	46,42 %	SCHLECKER (DM)
LIDL (DISC)	45,65 %	PENNY (DISC)
REWE RESTL. LEH	43,21 %	LIDL (DISC)
KAUFLAND (SBW)	43,11 %	SCHLECKER (DM)
PENNY (DISC)	42,23 %	SCHLECKER (DM)
ALDI (DISC)	41,26 %	DM (DM)
REWE RESTL. LEH	40,28 %	SCHLECKER (DM)
ALDI (DISC)	38,50 %	NORMA (DISC)
REAL (SBW)	38,15 %	PLUS (DISC)
DM (DM)	37,39 %	LIDL (DISC)
REAL (SBW)	37,08 %	EDEKA AKTIV (SM)
LIDL (DISC)	36,46 %	NORMA (DISC)
EDEKA AKTIV (SM)	36,18 %	PLUS (DISC)
KAUFLAND (SBW)	34,25 %	PLUS (DISC)
ALDI (DISC)	33,83 %	ROSSMANN (DM)
DM (DM)	33,82 %	SCHLECKER (DM)
KAUFLAND (SBW)	33,08 %	EDEKA AKTIV (SM)
KAUFLAND (SBW)	33,04 %	REAL (SBW)
NORMA (DISC)	33,04 %	SCHLECKER (DM)
PENNY (DISC)	33,01 %	PLUS (DISC)
ALDI (DISC)	32,90 %	NETTO (DISC)

Abb. 6-56: Anteil gemeinsamer Kunden je Vertriebslinienkombination

Die meisten Haushalte sind zugleich Kunden bei Aldi und Lidl: Insgesamt 13.649 von 17.000 Haushalten kauften im Untersuchungszeitraum bei beiden Händlern ein. Diese **Schnittmenge** entspricht einer Käuferreichweite von

80,56 % und ist in Abb. 6-57 dargestellt. Die Kunden in der Schnittmenge machen 96,44 % aller Lidl-Kunden und 85,91 % aller Aldi-Kunden aus. Aldi ist für Lidl somit rechnerisch ein etwas größerer Konkurrent als umgekehrt, da Lidl kaum einen Kunden hat, der nicht auch bei Aldi kauft.

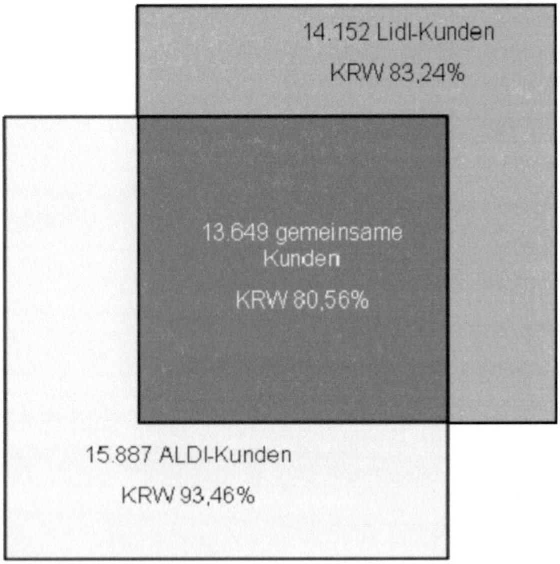

Abb. 6-57: Überschneidung der Käuferreichweite von Aldi und Lidl

Die Anzahl der gemeinsamen Kunden wird in der Abb. 6-58 mit einer entsprechend starken Verbindungslinie zwischen den Händlern dargestellt. Jede Verbindungslinie entspricht dabei einer **Überschneidung** zweier Vertriebslinien oder auch einer Zeile der Abb. 6-56. In diesem Netzdiagramm werden aus Darstellungsgründen nur Verbindungen zwischen Händlern gezeigt, wenn sie mindestens 32,90 % **gemeinsame Kunden** haben. Die schwächste Überschneidung der Käuferreichweite haben Aldi und Netto mit einer gemeinsamen Käuferreichweite von 32,90 %. Innerhalb der Abbildung sind Vertriebslinien gleichen **Betriebstyps** jeweils nebeneinander in einem Kreissegment angeordnet.

Geht man in Abb. 6-58 nun von einem Händler aus, so stellt man fest, dass z.B. Aldi aufgrund seiner Käuferreichweite von über 93 % Überschneidungen mit praktisch allen anderen Händlern hat. Die Stärke der Verbindungslinie symbolisiert die **Menge der gemeinsamen Kunden**. Die unterschiedliche Bedeutung der gemeinsamen Kunden lässt sich am Beispiel Aldi und Netto erkennen. Während die gemeinsamen Kunden für Aldi kaum mehr als ein Sechstel all seiner Kunden ausmachen, stellen sie für Netto über die Hälfte aller Kunden dar. Aldi ist somit ein sehr viel bedeutenderer Konkurrent für Netto als umgekehrt. Bei solchen Rückschlüssen ist immer auf regionale Expansionsstrategien von Händlern zu achten, die einen Vergleich mit deutschlandweit agierenden Unternehmungen verzerren.

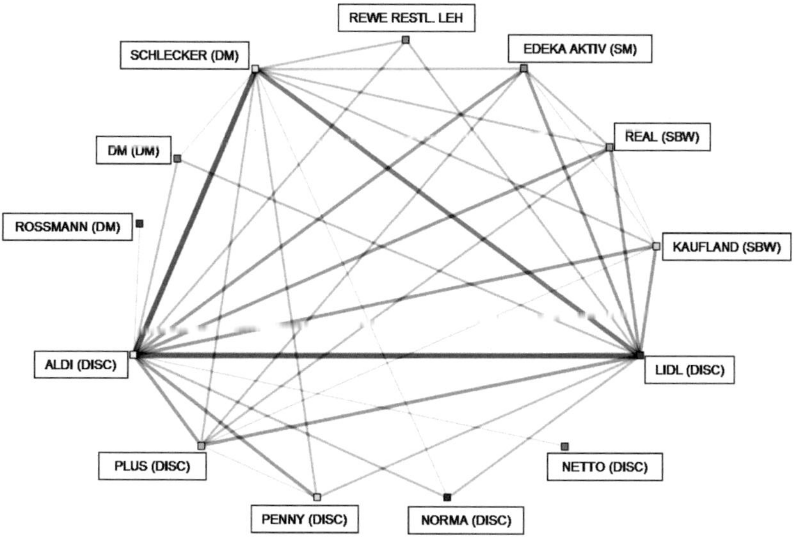

Abb. 6-58: Überschneidung der Käuferreichweiten

Vergleicht man einzelne Vertriebslinien untereinander anhand der Anzahl und Stärke der Verbindungen, wird beim Vergleich der Discounter deutlich, dass Aldi (KRW 93 %) und Lidl (KRW 83 %) ein sehr ähnliches **Überschneidungsprofil** haben. Der Drogeriemarkt Schlecker ist mit der dritthöchsten Käuferreichweite von 76 % vergleichbar reichweitenstark. Aufgrund der weiten **Verbreitung** dieser Händler über das gesamte Bundesgebiet ist es verständlich, dass sich die Käuferreichweiten von praktisch allen Vertriebslinien mit diesen drei stärksten überschneiden.

Voraussetzung für die Interpretation einer Vertriebslinie als Konkurrenz eines anderen Händlers ist ein vergleichbares **Sortiment**. Haushalte können zugleich Kunde eines Drogeriemarktes und eines Getränkeabholmarktes in einer Region sein. Diese Tatsache allein ist aber sicherlich kein Indiz für eine typische Konkurrenz dieser Betriebstypen. Bei einer Eingrenzung auf Warengruppen gewinnt die Überschneidung der Käuferreichweite an Aussagekraft.

6.2.6.3 2-Jahres-Händleranalysen in der Warengruppe Molkereiprodukte

Fast alle Haushalte haben im Untersuchungszeitraum Käufe in der Warengruppe Molkereiprodukte (Mopro) getätigt. Dafür gaben sie im Schnitt ca. 596,00 € aus, was gut 11 % ihrer Gesamtausgaben für Lebensmittel entspricht. In der Abb. 6-59 kann man erkennen, dass die BDQ hier mehr streut, als dies im Beispiel der Abb. 6-52 der Fall war. Verglichen mit der BDQ aller Warengruppen liegt die durchschnittliche BDQ in der Warengruppe Mopro mit 12 % fast doppelt so hoch.

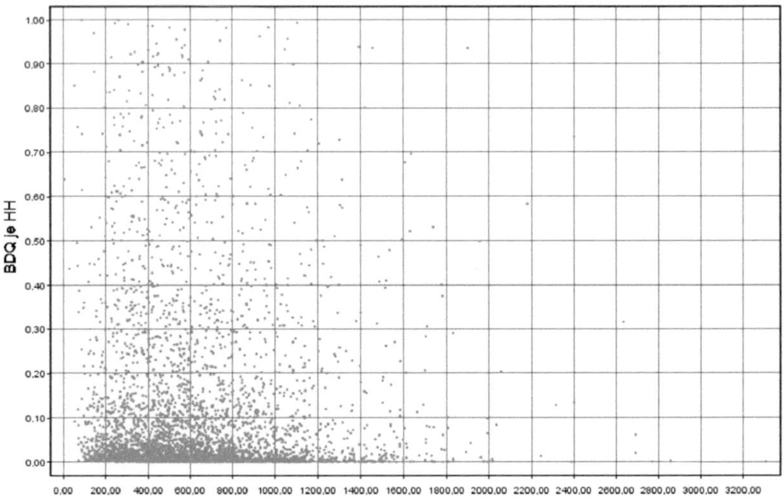

Abb. 6-59: Durchschnittliche BDQ und 2-Jahres-Kundenwerte aller Haushalte bei Molkereiprodukten

Wie der Abb. 6-60 zu entnehmen ist, hat sich die **Reihenfolge** der ersten zehn Vertriebslinien im Vergleich zu den Untersuchungen über alle Warengruppen nicht wesentlich geändert. Rewe kann sich gegenüber der Analyse aller Warengruppen von Rang 17 auf Rang 10 verbessern, Wal-Mart hingegen verschlechtert sich von Position 10 auf 19.

Vertriebslinie	Anzahl HH	KRW	Ø BDQ	Ø 2-Jahres-Kundenwert	Ø 2-Jahres-Kundenwert • Ø BDQ
ALDI (DISC)	15.003	88,28 %	23,78 %	583,71 €	138,81 €
KAUFLAND (SBW)	7.249	42,65 %	18,36 %	574,55 €	105,49 €
GLOBUS ST. WENDEL (SBW)	1.499	8,82 %	15,88 %	623,17 €	98,96 €
NETTO (DISC)	4.348	25,59 %	15,07 %	560,69 €	84,50 €
REAL (SBW)	7.596	44,70 %	14,59 %	610,73 €	89,11 €
LIDL (DISC)	12.492	73,50 %	13,54 %	589,50 €	79,82 €
PENNY (DISC)	7.250	42,66 %	13,49 %	582,38 €	78,56 €
HIT (VM)	1.211	7,12 %	13,00 %	609,52 €	79,24 €
TOOM (SBW)	1.473	8,67 %	12,73 %	622,51 €	79,25 €
REWE RESTL. LEH	5.259	30,94 %	12,57 %	596,47 €	74,98 €
MARKTKAUF (SBW)	3.088	18,17 %	12,26 %	610,06 €	74,79 €
EDEKA AKTIV (SM)	7.200	42,36 %	11,09 %	603,73 €	66,95 €
PLUS (DISC)	8.239	48,48 %	10,85 %	577,99 €	62,71 €
MARKANT RESTL. LEH	3.301	19,42 %	10,77 %	614,83 €	66,22 €
EDEKA NEUKAUF (VM)	3.270	19,24 %	10,24 %	605,63 €	62,02 €
gewichteter Durchschnitt			**12,06 %**	**595,95 €**	**71,87 €**

Abb. 6-60: Käuferreichweite, durchschnittliche BDQ und 2-Jahres-Kundenwert je Vertriebslinie bei Molkereiprodukten

Aus Abb. 6-61 geht hervor, dass sich die Vertriebslinien grob in **zwei Gruppen** unterteilen lassen. Die eine Gruppe findet sich eher um den Durchschnitt der BDQ in Höhe von 12,06 % und streut weniger bei den durchschnittlichen Ausgaben. Die Vertriebslinien der anderen Gruppe haben eine ähnliche BDQ unter 3,11 %, gleichzeitig streuen die Ausgaben stärker. Hier finden sich alle Drogeriemärkte, Internet und Versandhandel sowie restliche LEH. Sieben von zehn Drogeriemärkten haben Haushalte als Kunden, die überdurchschnittliche Mopro-Ausgaben haben, ihren Bedarf aber nicht in den Drogeriemärkten decken, die diese Warengruppe in der Regel auch nicht führen.

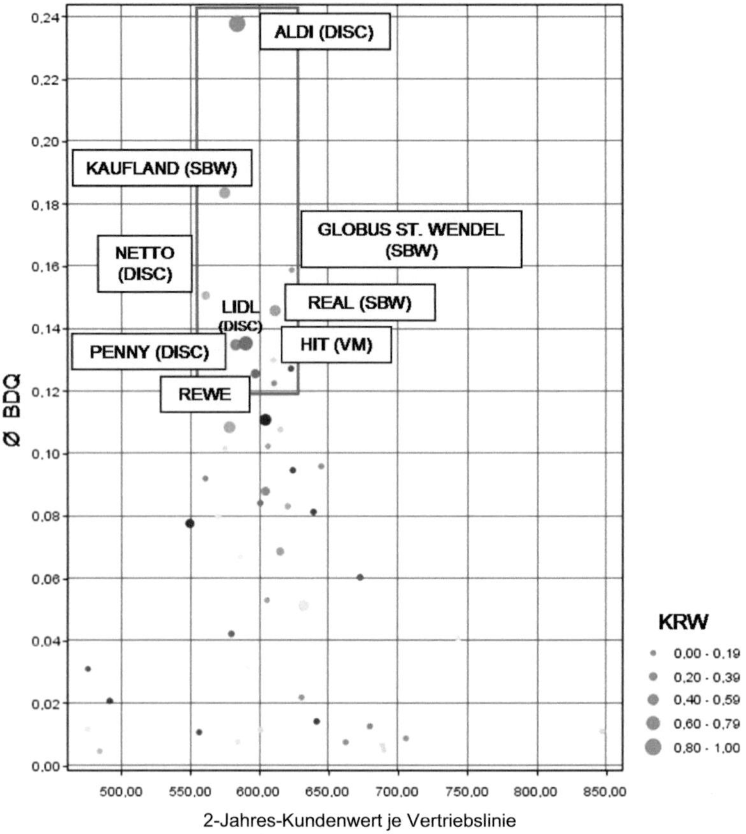

Abb. 6-61: Durchschnittliche BDQ, Käuferreichweiten und 2-Jahres-Kundenwerte bei allen Händlern in der Warengruppe Molkereiprodukte

Im Vergleich von Abb. 6-56 und Abb. 6-62 zeigt sich, dass die stärkste Überschneidung der Käuferreichweite von Aldi und Lidl geringer ist als über alle Warengruppen hinweg. Zudem gibt es bundesweit mehr als drei Mal so viele Überschneidungen der Käuferreichweite zwischen Vertriebslinien, die stärker sind als 32,9 % der Haushalte. Eine Ursache kann sein, dass die Haushalte in der Warengruppe Molkereiprodukte treuer sind, wie die höhere Bedarfsdeckungsquote auch zeigt, der Kauf von Molkereiprodukten bei mehr als einem Händler also seltener vorkommt und somit weniger gemeinsame Käuferreichweite möglich ist.

Vertriebslinie A	gemeinsame KRW	Vertriebslinie B
ALDI (DISC)	68,73 %	LIDL (DISC)
ALDI (DISC)	43,79 %	PLUS (DISC)
ALDI (DISC)	41,60 %	REAL (SBW)
ALDI (DISC)	41,34 %	KAUFLAND (SBW)
ALDI (DISC)	39,01 %	EDEKA AKTIV (SM)
ALDI (DISC)	38,77 %	PENNY (DISC)
LIDL (DISC)	38,44 %	PLUS (DISC)
KAUFLAND (SBW)	36,87 %	LIDL (DISC)
REAL (SBW)	35,89 %	LIDL (DISC)
LIDL (DISC)	34,05 %	PENNY (DISC)
EDEKA AKTIV (SM)	33,09 %	LIDL (DISC)
ALDI (DISC)	29,48 %	REWE RESTL. LEH
ALDI (DISC)	25,96 %	NETTO (DISC)
REWE RESTL. LEH	24,93 %	LIDL (DISC)
REAL (SBW)	24,22 %	PLUS (DISC)

Abb. 6-62: Anteil gemeinsamer Kunden je Vertriebslinienkombination in der Warengruppe Molkereiprodukte

Abb. 6-63 zeigt die Überschneidungen der Käuferreichweiten ab 17,78 %. Die Drogeriemärkte weisen Käuferreichweiten im einstelligen Bereich auf und fehlen damit vollständig. Hierdurch wird deutlich, dass der Fokus auf Warengruppen die **„echten" Konkurrenzverhältnisse** zum Vorschein bringt.

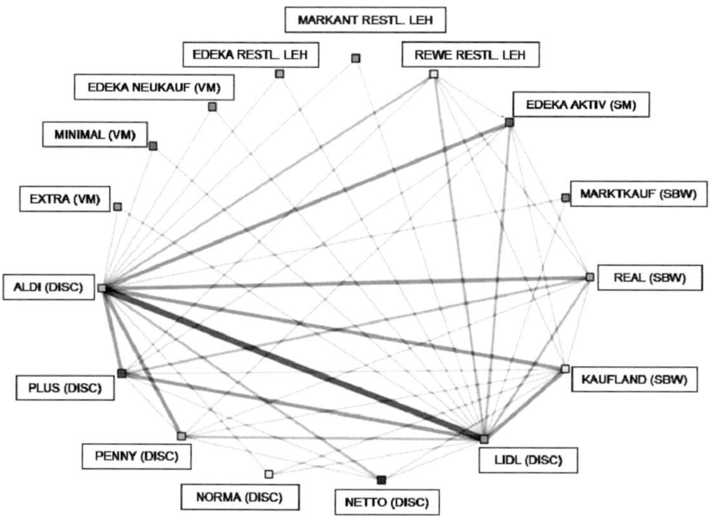

Abb. 6-63: Überschneidung der Käuferreichweiten in der Warengruppe Molkereiprodukte

6.2.6.4 2-Jahres-Analysen für SB-Warenhäuser über alle Warengruppen

Eine auf Warengruppen fokussierte Analyse bringt punktuelle Wettbewerbsverhältnisse zum Vorschein. Je nach Gewicht der Warengruppe im Sortiment eines Händlers kann die individuelle Einschätzung der Wichtigkeit variieren. Anders sieht dies aus, wenn **Betriebstypen** analysiert werden, die insgesamt nach einem ähnlichen Konzept arbeiten. Daher werden im Folgenden die 15.859 Kunden der SB-Warenhäuser als exemplarische Untersuchung eines Betriebstyps des Einzelhandels betrachtet.

Die durch Institute vorgenommene Abgrenzung der Betriebstypen spiegelt nicht zwingend **vergleichbare Konzepte** oder eine ähnliche Wahrnehmung durch die Kunden wider. WEINBERG/PURPER haben z.B. nachgewiesen, dass Konsumenten die **konstituierenden Merkmale** einzelner Händler (wie z.B. Sortimentsbreite und Preisniveau) nicht einheitlich beurteilen, auch wenn diese dem gleichen Betriebstyp angehören.[342] Interessant ist bei der genannten Untersuchung, dass nicht die Abweichung der Ausprägungen der konstituierenden Merkmale von den in der Literatur genannten **Idealwerten** gemessen wurde, sondern lediglich die Differenz in der **Konsumentenwahrnehmung zweier Händler** des gleichen Betriebstyps.[343] Die beiden Vertreter des Betriebstyps „Supermarkt" wären nach der von WEINBERG/PURPER beschriebenen Clusteranalyse z.B. nur nach einem Merkmal betrachtet dem gleichen Cluster zugeordnet worden.[344]

Die Verteilung der Haushalte bei der Gegenüberstellung von Gesamtausgaben und Bedarfsdeckungsquote in Abb. 6-64 unterscheidet sich kaum von der aller Vertriebslinien sämtlicher Geschäftstypen in Abb. 6-52.

[342] Vgl. Weinberg/Purper (2004), S. 56.
[343] Vgl. Weinberg/Purper (2004), S. 51 f.
[344] Vgl. Weinberg/Purper (2004), S. 57 f.

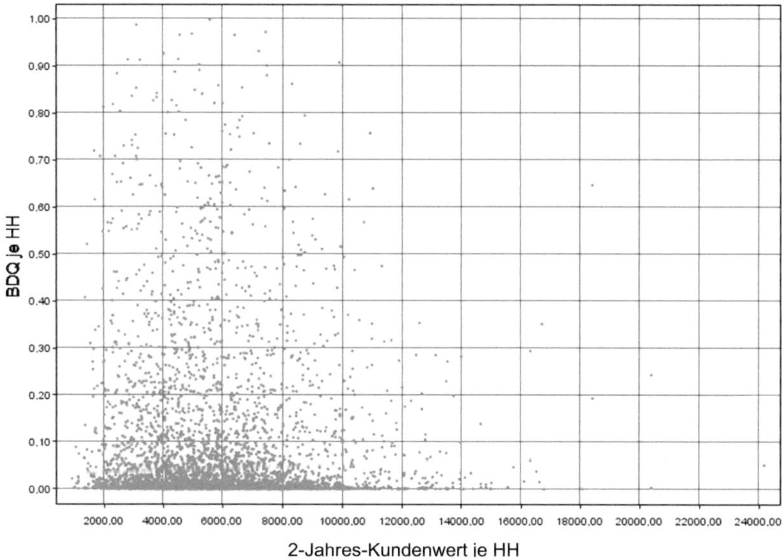

Abb. 6-64: Durchschnittliche BDQ und 2-Jahres-Kundenwerte aller Haushalte in SB-Warenhäusern

In Abb. 6-65 sind alle Vertriebslinien des **Betriebstyps SB-Warenhaus** aufgeführt. Diese liegen bei den Gesamtausgaben nur geringfügig unter dem Durchschnitt aller Vertriebslinien bzw. Geschäftstypen.

Vertriebslinie	Anzahl HH	KRW	Ø BDQ	Ø 2-Jahres-Kundenwert	Ø 2-Jahres-Kundenwert • Ø BDQ
KAUFLAND (SBW)	8.707	**54,90 %**	**14,01 %**	5.216,18 €	730,79 €
GLOBUS ST. WENDEL (SBW)	1.950	12,29 %	11,62 %	5.575,27 €	647,85 €
REAL (SBW)	9.970	**62,87 %**	**10,62 %**	5.407,64 €	574,29 €
MARKTKAUF (SBW)	4.426	27,91 %	7,92 %	5.296,98 €	419,52 €
TOOM (SBW)	2.450	15,45 %	7,24 %	5.506,64 €	398,68 €
WAL-MART (SBW)	3.711	23,40 %	6,78 %	5.367,72 €	363,93 €
FAMILA (SBW)	2.040	**12,86 %**	6,52 %	**5.657,64 €**	368,88 €
MARKANT RESTL. LEH	5.485	34,58 %	5,90 %	5.351,80 €	315,76 €
GROSSO/MAGNET (SBW)	277	1,75 %	0,17 %	5.145,51 €	8,75 €
gewichteter Durchschnitt			**9,59 %**	**5.366,52 €**	514,65 €

Abb. 6-65: Käuferreichweite, durchschnittliche BDQ und 2-Jahres-Kundenwert je SB-Warenhaus

Die durchschnittliche BDQ ist mit 9,59 % hingegen um fast die Hälfte höher als bei allen Geschäftstypen. Der Unterschied ist hauptsächlich auf die beiden reichweitenstärksten SBW real,- und Kaufland zurückzuführen, die ein großes Gewicht in diesem Durchschnitt haben. famila erreicht nur 12,86 % der Kunden, die aber die höchsten Gesamtausgaben vorweisen können. Von diesen Ausgaben bleiben allerdings nur 6,52 % bei famila. Insgesamt unterscheiden sich die SB-Warenhäuser – abgesehen von den Ausreißern Grosso/Magnet und Kaufland – nicht stark voneinander.

Zu beachten ist, dass **Grosso/Magnet** bereits im Jahr 2000 an ein Konsortium, bestehend aus der Lidl & Schwarz Stiftung & Co. KG, der Dohle-Gruppe und Bartels-Langness, verkauft wurde. Die Filialen wurden regional in die entsprechenden Vertriebslinien der Käufer eingegliedert, also in Kaufland (teilweise auch Handelshof), Hit und famila.[345] Die dennoch gemessenen Käufe könnten von Kunden stammen, die ihre Einkäufe in den ehemaligen Grosso/Magnet-Filialen noch dieser alten und nicht den neuen Store Brands zuordnen.

In der Gegenüberstellung der durchschnittlichen BDQ und der Gesamtausgaben der jeweiligen Kunden in Abb. 6-66 zeigt sich, dass Globus eine gute Position hat mit einer **hohen Ausschöpfung** von relativ **wertvollen Kunden**. Die Käuferreichweite ist in der bundesweiten Analyse relativ gering für einen regionalen Anbieter wie Globus.

Die sich überschneidenden Käuferreichweiten zeigen den Unterschied zwischen SB-Warenhäusern und Discountern. Konnte man bei Aldi und Lidl noch feststellen, dass sich die Discounter 80 % der Kunden teilen, so liegt die stärkste Überschneidung im Bereich der SB-Warenhäuser bei 35 % zwischen Kaufland und real,- (siehe Abb. 6-67). Das liegt zum einen an der **stärkeren Regionalität** im SB-Warenhaussegment, aber auch an dem Vollversorgerkonzept, das den Kunden die Deckung eines breiten Bedarfs ermöglicht.

[345] Vgl. Vossen (2000), o.S.

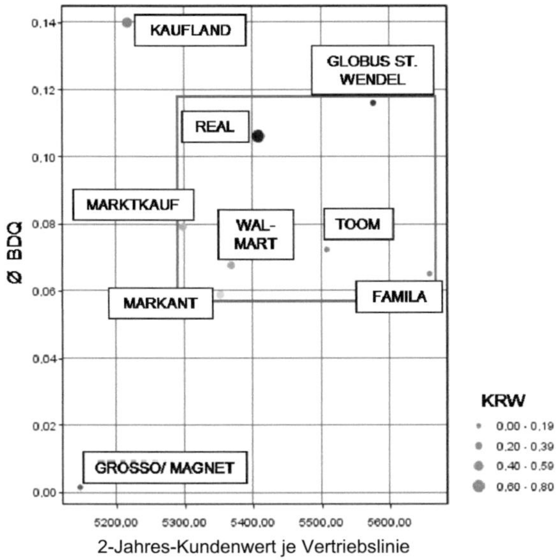

Abb. 6-66: Durchschnittliche BDQ, KRW und 2-Jahres-Kundenwerte in SB-Warenhäusern

Vertriebslinie A	gemeinsame KRW	Vertriebslinie B
KAUFLAND (SBW)	35,12 %	REAL (SBW)
MARKANT RESTL. LEH	21,15 %	REAL (SBW)
MARKTKAUF (SBW)	18,31 %	REAL (SBW)
KAUFLAND (SBW)	18,17 %	MARKTKAUF (SBW)
KAUFLAND (SBW)	17,00 %	MARKANT RESTL. LEH
REAL (SBW)	13,89 %	WAL-MART (SBW)
MARKANT RESTL. LEH	11,22 %	MARKTKAUF (SBW)
KAUFLAND (SBW)	10,90 %	WAL-MART (SBW)
GLOBUS ST. WENDEL (SBW)	9,04 %	KAUFLAND (SBW)
REAL (SBW)	8,87 %	TOOM (SBW)
GLOBUS ST. WENDEL (SBW)	8,17 %	REAL (SBW)
KAUFLAND (SBW)	7,84 %	TOOM (SBW)
FAMILA (SBW)	7,33 %	REAL (SBW)
MARKANT RESTL. LEH	6,79 %	WAL-MART (SBW)
FAMILA (SBW)	6,57 %	MARKANT RESTL. LEH
FAMILA (SBW)	5,69 %	KAUFLAND (SBW)
MARKTKAUF (SBW)	5,56 %	WAL-MART (SBW)

Abb. 6-67: Anteil gemeinsamer Kunden je Vertriebslinienkombination in SB-Warenhäusern

Abb. 6-68 zeigt alle Überschneidungen der Käuferreichweite ab 5 %. Die Überschneidungen von real,- sind mit Wal-Mart und Markant deutlich geringer als die mit Kaufland.

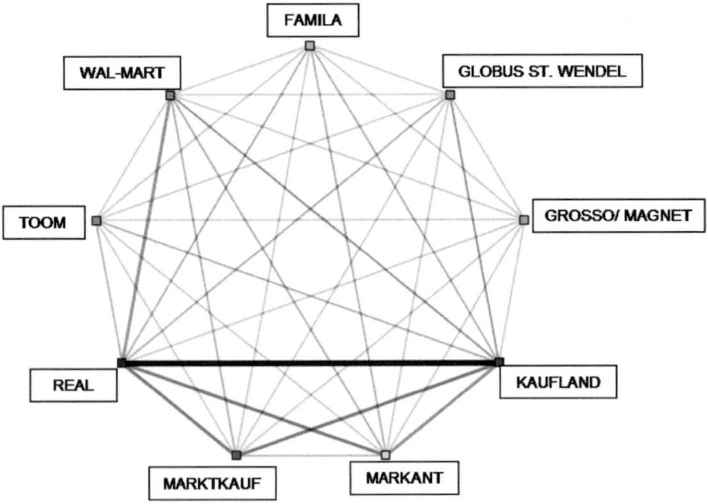

Abb. 6-68: Überschneidung der Käuferreichweiten in SB-Warenhäusern

6.2.6.5 2-Jahres-Händleranalysen in den Bundesländern Nordrhein-Westfalen und Rheinland-Pfalz

Das Beispiel der SB-Warenhäuser hat gezeigt, dass regionale Besonderheiten die Vergleichbarkeit von einzelnen Händlern erschweren. Eine Möglichkeit, dem zu begegnen, ist die Fokussierung auf Warengruppen, wie sie Kap. 6.2.6.6 zeigen wird. Eine andere Möglichkeit ist die **regionale Eingrenzung**. Beide Varianten sind mit der Einbuße von Fallzahlen verbunden. In diesem Kapitel erfolgt die regionale Eingrenzung der Analyse von SB-Warenhäusern zunächst auf das Bundesland Nordrhein-Westfalen (NRW) und dann auf das Bundesland Rheinland-Pfalz (RP).

Beschränkt man die Analysen auf NRW, so reduziert sich die Anzahl der betrachteten Panelhaushalte von 17.000 auf 3.712. Die Verteilung von durchschnittlicher BDQ und Gesamtausgaben pro Haushalt in Abb. 6-69 entspricht weitgehend der Verteilung im gesamten Bundesgebiet. Es gibt keine Haushalte mit einer BDQ von über 88 %. Im Durchschnitt ist die BDQ praktisch gleich, wie man der Abb. 6-70 entnehmen kann.

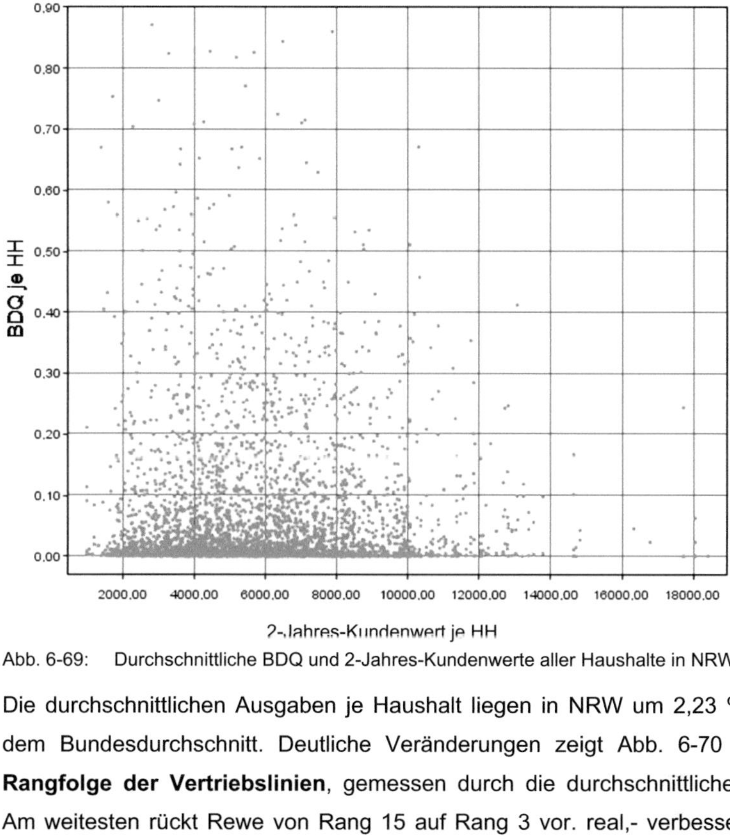

Abb. 6-69: Durchschnittliche BDQ und 2-Jahres-Kundenwerte aller Haushalte in NRW

Die durchschnittlichen Ausgaben je Haushalt liegen in NRW um 2,23 % über dem Bundesdurchschnitt. Deutliche Veränderungen zeigt Abb. 6-70 in der **Rangfolge der Vertriebslinien**, gemessen durch die durchschnittliche BDQ. Am weitesten rückt Rewe von Rang 15 auf Rang 3 vor. real,- verbessert sich vom 4. auf den 2. Rang und der Discounter Plus klettert von Rang 14 auf Rang 7. Die bundesweit zweitstärkste Vertriebslinie Kaufland hingegen findet sich auf Rang 9 wieder.

Insgesamt zeigen sich die **regionalen Besonderheiten**: Rewe, Metro und Tengelmann sind stark in NRW vertreten, während die Schwarz-Gruppe (u.a. Kaufland und Lidl) in Süddeutschland dominiert.

Die Kunden von Kaufland haben allerdings in NRW 3,6 % **höhere Ausgaben** als bundesweit (bundesweit: 5.216,18 €[346]; NRW: 5.408,52 €[347]), sind also wert-

[346] Vgl. Abb. 6-53.
[347] Vgl. Abb. 6-70.

voller. real,-Kunden in NRW haben zwar auch höhere Gesamtausgaben als der Durchschnitt, mit lediglich 1,6 % steigern sie sich aber nicht in gleichem Maße gegenüber den real,-Kunden in Gesamtdeutschland wie die Kaufland-Kunden. Die **durchschnittlichen Gesamtausgaben** in NRW werden allerdings weniger durch die BDQ-starken Vertriebslinien gestützt als durch Betriebstypen wie „Heimdienst" oder Metro C&C, deren Kunden mehr als 6.000,00 € ausgeben. Dies zeigt sich auch in der Tatsache, dass im Vergleich der zehn besten Vertriebslinien nur Hit-Kunden Gesamtausgaben über dem Schnitt von ca. 5.500,00 € haben. Die KRW hingegen liegt bei den meisten Vertriebslinien über der in Gesamtdeutschland.

Vertriebslinie	Anzahl HH	KRW	Ø BDQ	Ø 2-Jahres-Kundenwert	Ø 2-Jahres-Kundenwert • Ø BDQ
ALDI (DISC)	3.571	96,19 %	**20,87 %**	5.376,11 €	1.121,99 €
REAL (SBW)	2.588	69,72 %	**11,62 %**	**5.497,33 €**	638,79 €
REWE RESTL. LEH	2.622	70,63 %	11,13 %	5.370,24 €	597,71 €
MARKTKAUF (SBW)	857	23,09 %	10,12 %	5.230,54 €	529,33 €
LIDL (DISC)	3.020	81,36 %	9,69 %	5.429,37 €	526,11 €
HIT (VM)	727	19,58 %	9,03 %	**5.510,60 €**	497,61 €
PLUS (DISC)	2.831	76,26 %	7,38 %	5.363,02 €	395,79 €
EDEKA AKTIV (SM)	2.354	63,41 %	7,37 %	5.469,49 €	403,10 €
KAUFLAND (SBW)	1.438	38,74 %	7,14 %	**5.408,52 €**	386,17 €
PENNY (DISC)	1.493	40,22 %	7,02 %	5.361,01 €	376,34 €
TOOM (SBW)	402	10,82 %	6,66 %	5.696,52 €	379,39 €
WAL-MART (SBW)	783	21,09 %	5,86 %	5.423,35 €	317,81 €
HEIMDIENST	940	25,31 %	5,61 %	**6.396,89 €**	358,87 €
METRO C & C	562	15,13 %	5,49 %	**6.058,10 €**	332,59 €
EDEKA NEUKAUF (VM)	525	14,15 %	5,36 %	5.196,85 €	278,55 €
gewichteter Durchschnitt			**6,66 %**	**5.499,12 €**	**366,24 €**

Abb. 6-70: Käuferreichweite, durchschnittliche BDQ und 2-Jahres-Kundenwert je Vertriebslinie in NRW (Top 15 nach BDQ)

Die **Dominanz von Aldi** ist in NRW noch ausgeprägter als im gesamten Bundesgebiet. Die durchschnittliche BDQ ist mit 20,87 % um ca. 4 % höher als im Gesamtdurchschnitt, fast doppelt so hoch wie die von real,- und mehr als drei Mal so hoch wie der Durchschnitt aller Vertriebslinien in NRW. In Abb. 6-71 sind Aldi und die Gruppe der stärksten Konkurrenten mit einer BDQ über 9 % eingerahmt.

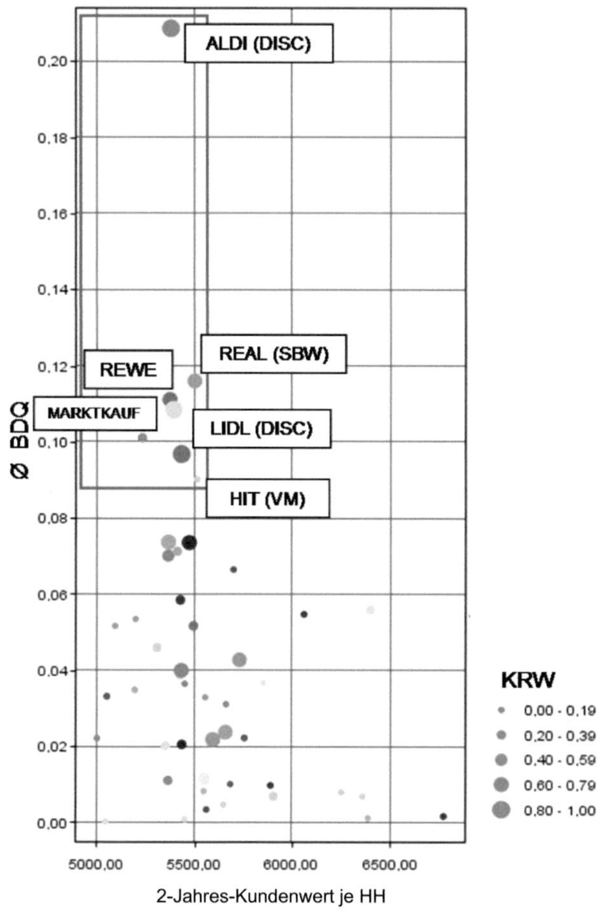

Abb. 6-71: Durchschnittliche BDQ, Käuferreichweite und 2-Jahres-Kundenwerte in NRW

Bei den Überschneidungen der Käuferreichweiten in Abb. 6-72 zeigt sich an der ähnlich hohen Stärke der Überschneidungen mit Aldi, dass kein Händler an einer Käuferreichweite von ca. 96 % vorbeikommt. Allerdings ist das **Wettbewerbsumfeld** für Aldi in NRW etwas breiter gefächert als in ganz Deutschland. Die Überschneidung mit Lidl, dem gemessen an der Käuferreichweite zweitstärksten Händler, liegt mit 80,8 % nur knapp über der bundesweiten KRW-Überschneidung der beiden Discounter.

Vertriebslinie A	gemeinsame KRW	Vertriebslinie B
ALDI (DISC)	80,80 %	LIDL (DISC)
ALDI (DISC)	75,32 %	SCHLECKER (DM)
ALDI (DISC)	72,58 %	PLUS (DISC)
ALDI (DISC)	69,29 %	REWE RESTL. LEH
ALDI (DISC)	68,49 %	REAL (SBW)
LIDL (DISC)	65,81 %	SCHLECKER (DM)
LIDL (DISC)	64,41 %	PLUS (DISC)
ALDI (DISC)	63,25 %	EDEKA AKTIV (SM)
ALDI (DISC)	61,85 %	DM (DM)
LIDL (DISC)	60,63 %	REWE RESTL. LEH
LIDL (DISC)	60,39 %	REAL (SBW)
PLUS (DISC)	60,33 %	SCHLECKER (DM)
REWE RESTL. LEH	56,79 %	SCHLECKER (DM)
EDEKA AKTIV (SM)	55,82 %	LIDL (DISC)

Abb. 6-72: Anteil gemeinsamer Kunden je Vertriebslinienkombination in NRW

In Abb. 6-73 werden Überschneidungen der Käuferreichweite von mindestens 48,93 % der Haushalte angezeigt.

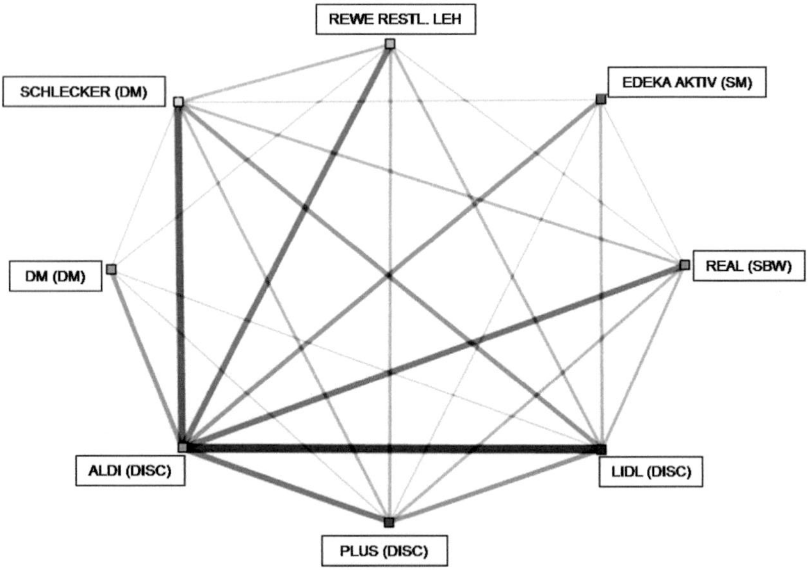

Abb. 6-73: Überschneidung der Käuferreichweiten in NRW

Die in etwa gleich große Überschneidung von Aldi mit dem stärksten Supermarkt Edeka Aktiv, dem stärksten SB-Warenhaus real,-, dem stärksten Drogeriemarkt Schlecker und Rewe wird dabei deutlich. Schlecker taucht lediglich wegen der schwachen BDQ über alle Warengruppen des Haushaltspanels nicht in den Listen auf. Dies kann jedoch wegen des stark fokussierten Sortiments nicht überraschen. Beschränkt man die Analysen nun auf das **Bundesland Rheinland-Pfalz**, so reduziert sich die Anzahl der betrachteten Panelhaushalte von 17.000 auf 830. Die Verteilung von durchschnittlicher BDQ und Gesamtausgaben pro Haushalt entspricht weitgehend der Verteilung im gesamten Bundesgebiet. Wie man der Abb. 6-74 entnehmen kann, ist die durchschnittliche BDQ in RP mit 6,56 % praktisch gleich dem Bundesdurchschnitt von 6,55 %.

Vertriebslinie	Anzahl HH	KRW	Ø BDQ	Ø 2-Jahres-Kundenwert	Ø 2-Jahres-Kundenwert • Ø BDQ
ALDI (DISC)	801	96,47 %	17,01 %	5.422,27 €	922,53 €
GLOBUS ST. WENDEL (SBW)	385	46,37 %	16,46 %	5.806,58 €	955,61 €
HIT (VM)	200	24,13 %	13,64 %	5.338,54 €	727,99 €
REAL (SBW)	508	61,26 %	12,20 %	5.385,91 €	657,17 €
LIDL (DISC)	751	90,54 %	12,03 %	5.435,23 €	653,59 €
KAUFLAND (SBW)	392	47,22 %	8,84 %	5.477,23 €	484,03 €
WAL-MART (SBW)	248	29,90 %	7,67 %	5.373,61 €	412,25 €
TOOM (SBW)	133	15,99 %	6,97 %	4.942,46 €	344,42 €
REWE RESTL. LEH	388	46,73 %	6,43 %	5.582,05 €	358,95 €
EDEKA NEUKAUF (VM)	342	41,15 %	6,27 %	5.748,56 €	360,63 €
METRO C & C	159	19,14 %	6,23 %	5.790,53 €	360,85 €
PENNY (DISC)	405	48,80 %	6,11 %	5.377,73 €	328,48 €
NORMA (DISC)	355	42,77 %	6,06 %	5.654,37 €	342,77 €
NETTO (DISC)	293	35,25 %	5,82 %	5.616,89 €	326,96 €
MARKANT RESTL. LEH	259	31,20 %	4,67 %	5.531,86 €	258,52 €
gewichteter Durchschnitt			6,56%	5.576,46 €	362,37 €

Abb. 6-74: Käuferreichweite, durchschnittliche BDQ und 2-Jahres-Kundenwert je Vertriebslinie in Rheinland-Pfalz (Top 15 nach BDQ)

Die durchschnittlichen Ausgaben je Haushalt liegen in RP ca. 200 € über dem Bundesdurchschnitt. Vor allem aber zeigt Abb. 6-74 eine andere **Rangfolge der Vertriebslinien**, gemessen durch die durchschnittliche BDQ. Ziel solcher Analysen auf Bundeslandebene ist eben das Aufzeigen der Stärke regional fokussierter Händler. In diesem Falle ist es **Globus St. Wendel**, die in RP 5 % mehr BDQ erzielen als in Gesamtdeutschland. Die bundesweit zweitstärkste Vertriebslinie Kaufland hingegen ist in RP längst nicht so bedeutend und erzielt eine um über 5 % schwächere BDQ.

Regionale Stärke zeigt sich hier aber nicht nur in der BDQ, sondern auch in den 2-Jahres-Kundenwerten und vor allem in der KRW. Während Globus St. Wendel nur 11,47 % aller deutschen Haushalte erreicht, sind es schon 46,37 % der Haushalte in RP. Der Zusammenhang zwischen einer höheren Filialdichte in RP und einer damit einhergehenden besseren KRW liegt nahe. Auffällig sind in diesem Fall aber die deutlich höheren **2-Jahres-Kundenwerte der Globus-Kunden** in RP: Bundesweit geben Globus-Kunden 5.273,73 € in zwei Jahren aus, in RP sind es jedoch **5.806,58 €** – und daraus resultiert ein deutlich höherer 2-Jahres-Kundenwert als der des im Bundesdurchschnitt stärksten Händlers famila.[348] Wo Aldi durch die überragende BDQ in allen bisher gezeigten Analysen den **höchsten 2-Jahres-Kundenwert** verzeichnen konnte, sind es in RP Globus St. Wendel, die mit 955,61 € vorne liegen.

Wie eingangs erwähnt, ist bei solchen regional eingegrenzten Analysen die **Fallzahl** zu beachten. Von den 830 Panelhaushalten in RP kaufen 385 bei Globus. Zum Vergleich zählen wir 1.950 Globus-Kunden in Deutschland auf eine Panelmasse von 17.000 Haushalten. Da 385 Haushalte eine annehmbare Fallzahl darstellen, ist mit Globus St. Wendel ein typischer Platzhirsch zu erkennen. Die Käuferreichweite in der Fokusregion ist hoch und vor allem zeigen sich die Kunden treu (gemessen in der BDQ) und ausgabefreudig, was in Summe zu einem **hohen lokalen Kundenwert** führt.

6.2.6.6 2-Jahres-Händleranalysen in der Warengruppe Molkereiprodukte in NRW

Bei der folgenden Untersuchung wird der Betrachtungsgegenstand in zwei Dimensionen nach **Warengruppe und Region** eingegrenzt. Die Anzahl der untersuchten Haushalte (3.708 Haushalte) ändert sich gegenüber der Analyse aller Warengruppen in NRW (3.712 Haushalte) kaum, da beinahe jeder Haushalt in NRW einmal im Untersuchungszeitraum Molkereiprodukte gekauft hat. Lediglich die Anzahl der Transaktionen sinkt.

Die Haushalte in NRW gaben im Untersuchungszeitraum 2003/2004 für Molkereiprodukte in etwa den gleichen **Anteil ihrer Gesamtausgaben** (11,2 %)

---

[348] Vgl. Abb. 6-53.

wie im gesamten Bundesgebiet aus. Die Abb. 6-75 der Ausgaben und BDQ für Molkereiprodukte je Haushalt in NRW ähnelt dementsprechend der Abb. 6-59 für Gesamtdeutschland.

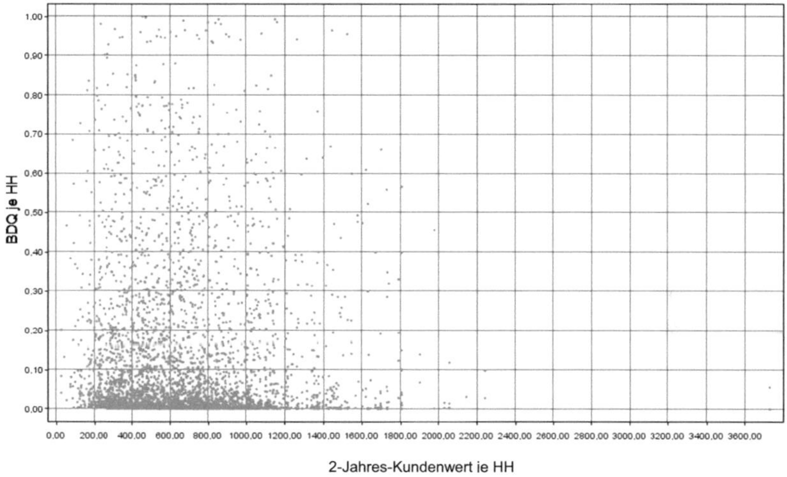

Abb. 6-75: Durchschnittliche BDQ und 2-Jahres-Kundenwerte in der Warengruppe Molkereiprodukte in NRW

Die Mopro-Kunden in NRW haben eine ähnliche durchschnittliche BDQ wie alle Kunden bundesweit. Die Ausgaben liegen dabei um 4,5 % höher. Unter den ersten sechs Vertriebslinien liegen die Ausgaben der Kunden von Marktkauf, real,- und vor allem Hit über dem NRW-Durchschnitt. Trotz der insgesamt 3.708 Mopro kaufenden Haushalte zeigt Abb. 6-76 das **Fallzahlenproblem**, wenn man Haushaltspanelanalysen zu eng eingrenzt. Insgesamt haben **drei Haushalte** Mopro bei Heimdiensten eingekauft. Diese Haushalte weisen aber enorm hohe Gesamtausgaben auf, was zu extremen Durchschnittsausgaben bei Heimdiensten führt.

Vertriebslinie	**Anzahl HH**	**KRW**	**Ø BDQ**	**Ø 2-Jahres-Kundenwert**	**Ø 2-Jahres-Kundenwert • Ø BDQ**
ALDI (DISC)	3.451	93,07 %	30,42 %	606,17 €	184,40 €
REWE RESTL. LEH	2.151	58,01 %	16,58 %	607,28 €	100,69 €
MARKTKAUF (SBW)	579	15,61 %	16,21 %	**636,58 €**	103,19 €
REAL (SBW)	2.083	56,17 %	14,75 %	**638,18 €**	94,13 €
LIDL (DISC)	2.721	73,39 %	13,10 %	614,14 €	80,45 €
HIT (VM)	590	15,91 %	12,16 %	**640,66 €**	77,90 €
PLUS (DISC)	2.494	67,27 %	11,80 %	603,05 €	71,16 €
EDEKA AKTIV (SM)	1.822	49,13 %	11,61 %	628,64 €	72,99 €
PENNY (DISC)	1.211	32,67 %	11,01 %	614,99 €	67,71 €
EDEKA NEUKAUF (VM)	341	9,19 %	10,99 %	608,63 €	66,89 €
HL (SM)	739	19,94 %	10,31 %	537,29 €	55,39 €
TOOM (SBW)	250	6,73 %	10,07 %	674,29 €	67,90 €
KAUFLAND (SBW)	1.105	**29,80 %**	9,88 %	615,32 €	60,79 €
MARKANT RESTL. LEH	826	22,26 %	8,51 %	640,99 €	54,55 €
HEIMDIENST	**3**	0,00 %	8,26 %	**2.284,15 €**	188,67 €
gewichteter Durchschnitt			12,40 %	**622,92 €**	**77,24 €**

Abb. 6-76: Käuferreichweite, durchschnittliche BDQ und 2-Jahres-Kundenwert in der Warengruppe Molkereiprodukte je Vertriebslinie in NRW (Top 15 nach BDQ)

Da es sich nur um drei Haushalte und offensichtlich unverhältnismäßig hohe Werte handelt, werden die Heimdienste in Abb. 6-77 nicht berücksichtigt. Weiterhin sind in Abb. 6-76 entgegen dem bisherigen Vorgehen in den Spalten „Ø 2-Jahres-Kundenwert“ und „Ø 2-Jahres-Kundenwert • Ø BDQ“ **auch** die jeweils **zweitbesten** Unternehmungen hervorgehoben.

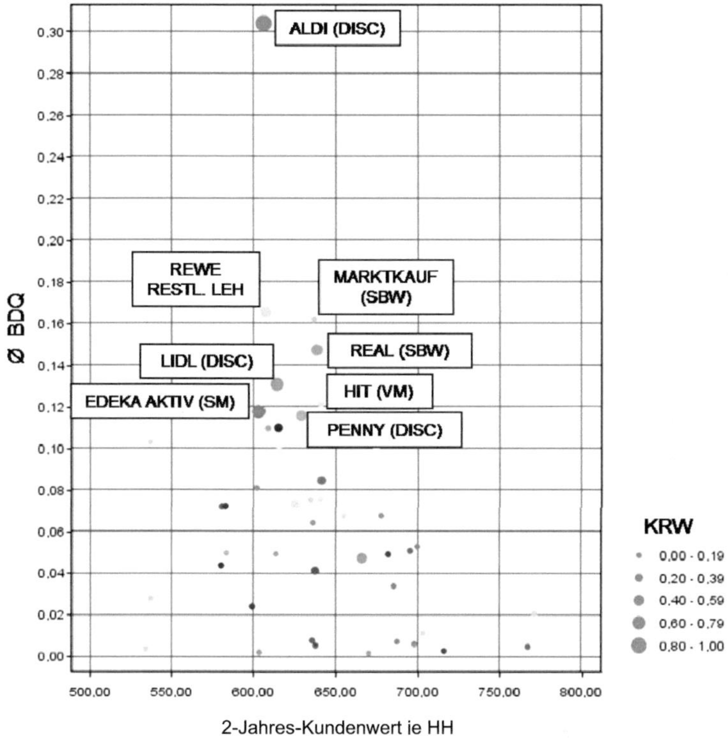

Abb. 6-77: Durchschnittliche BDQ, Käuferreichweiten und 2-Jahres-Kundenwerte in der Warengruppe Molkereiprodukte in NRW

Die **Überschneidungen** der Käuferreichweiten von mindestens 30,46 % der Haushalte in Abb. 6-78 und in Abb. 6-79 weisen darauf hin, dass die **Konkurrenz** zwischen den dargestellten Vertriebslinien in der Warengruppe Mopro in NRW relativ gleichmäßig verteilt ist. Besonders ausgeprägt ist der Wettbewerb zwischen den **drei stärksten Discountern**. Die Käuferreichweiten von Rewe, real,- und Edeka überschneiden sich stark mit denen dieser Discounter. Daraus lässt sich schließen, dass Molkereiprodukte üblicherweise bei den genannten Vollversorgern und wahrscheinlich weniger im Rahmen von gezielten **Ergänzungskäufen** erworben werden.

Vertriebslinie A	gemeinsame KRW	Vertriebslinie B
ALDI (DISC)	71,52 %	LIDL (DISC)
ALDI (DISC)	61,16 %	PLUS (DISC)
ALDI (DISC)	56,83 %	REWE RESTL. LEH
ALDI (DISC)	54,27 %	REAL (SBW)
LIDL (DISC)	51,10 %	PLUS (DISC)
ALDI (DISC)	47,50 %	EDEKA AKTIV (SM)
REWE RESTL. LEH	46,52 %	LIDL (DISC)
REAL (SBW)	45,49 %	LIDL (DISC)
REWE RESTL. LEH	40,49 %	PLUS (DISC)
EDEKA AKTIV (SM)	39,63 %	LIDL (DISC)
REAL (SBW)	39,45 %	PLUS (DISC)
REAL (SBW)	34,39 %	REWE RESTL. LEH
EDEKA AKTIV (SM)	33,78 %	PLUS (DISC)
ALDI (DISC)	32,20 %	PENNY (DISC)
REAL (SBW)	32,07 %	EDEKA AKTIV (SM)
REWE RESTL. LEH	30,73 %	EDEKA AKTIV (SM)

Abb. 6-78: Anteil gemeinsamer Kunden je Vertriebslinienkombination in der Warengruppe Molkereiprodukte in NRW

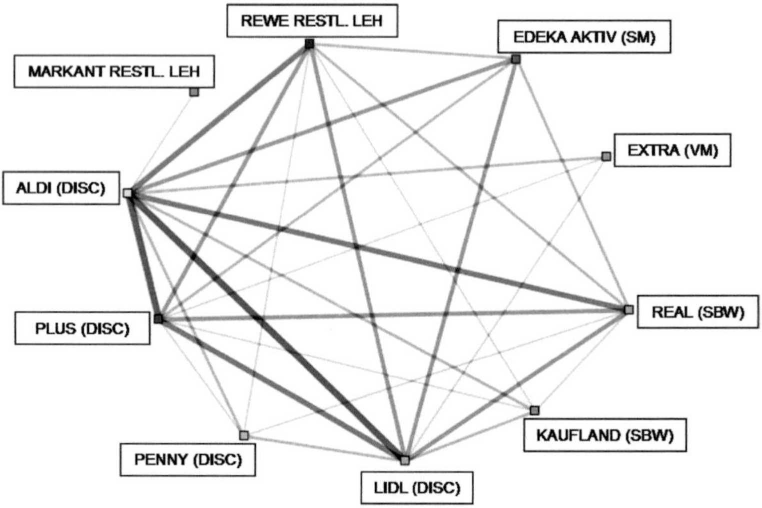

Abb. 6-79: Überschneidung der Käuferreichweiten in der Warengruppe Molkereiprodukte in NRW

6.2.6.7 Gegenüberstellung der verschiedenen 2-Jahres-Händleranalysen

Die Analysen des Kap. 6.2.6 beleuchten den 2-Jahres-Kundenwert und die Kennzahlen Bedarfsdeckungsquote und Käuferreichweite aus verschiedenen Richtungen. Dabei lässt die isolierte Betrachtung in den einzelnen Kapiteln die **Interdependenzen der Kenngrößen** außer Acht. Vergleicht man z.B. die BDQ für Molkereiprodukte von Aldi-Kunden in NRW mit der BDQ der Aldi-Kunden in allen Bundesländern, so liegt sie um 6,6 % höher. Da aber auch der Gesamtdurchschnitt der BDQ aller Kunden aller Vertriebslinien in NRW höher ist, sollte dieses Ergebnis in Relation zur gesamten durchschnittlichen BDQ der Warengruppe Mopro in NRW gesetzt werden.

Abb. 6-80 stellt daher die in den letzten Kapiteln vorgestellten Werte der **Käuferreichweite, BDQ und 2-Jahres-Kundenwert** auf den unterschiedlichen **Aggregationsstufen** – „Deutschland alle WG“, „Deutschland Mopro“, „NRW alle WG“ und „NRW Mopro“ – gegenüber. Der Übersichtlichkeit halber geschieht dies lediglich für drei ausgewählte Händler: Aldi, Kaufland und Marktkauf.

In der Spalte [Ø BDQ / Ø BDQ_{ges}] zeigt Abb. 6-80 um das Wievielfache die drei ausgewählten Händler Aldi, Kaufland und Marktkauf von der **durchschnittlichen BDQ abweichen**. Diese Relation ist wie eine Indexzahl zu lesen: [Werte = 1] sind also durchschnittlich, [Werte > 1] überdurchschnittlich und [Werte < 1] sind unterdurchschnittlich.

Aldi-Kunden haben z.B. über **alle Warengruppen** in Deutschland mit 16,20 % eine 2,47-mal höhere BDQ als der Durchschnitt mit 6,55 %. Bei **Mopro bundesweit** ist die BDQ von Aldi-Kunden mit dem **Faktor 1,97 doppelt so hoch** wie der Durchschnitt. Aldi ist also in der Warengruppe Mopro nicht ganz so überlegen wie im Durchschnitt aller Warengruppen.

In **NRW** liegt die BDQ von Aldi-Kunden für alle Warengruppen mehr als dreimal höher als der Durchschnitt, für Mopro 2,45-mal höher. Verglichen mit den Werten aus ganz Deutschland ist das ein zu erwartender Wert und kein Grund für

Aldi, den Mopro-Umsatz in NRW zu hinterfragen, zumal eine BDQ von über 30 % an sich schon ein guter Wert ist.

Bei **Kaufland-Kunden** liegt die BDQ bundesweit über alle Warengruppen 2,14-mal höher und bei **Mopro** 1,52-mal höher als der Durchschnitt. Also schafft auch Kaufland es nicht, die allgemeine Überlegenheit in der Warengruppe Mopro zu halten. In **NRW** liegt die BDQ für alle Warengruppen im Durchschnitt, die Kaufland-BDQ für Molkereiprodukte in NRW schafft allerdings mit 9,88 % nur 80 % des Durchschnitts.

Deutschland alle WG	**Anzahl HH**	**KRW**	**Ø BDQ**	**Ø BDQ/ ØBDQ$_{ges}$**	**Ø 2-Jahres-Kundenwert • Ø BDQ**	**Ø 2-Jahres-Kundenwert**
ALDI	15.887	93,46 %	16,20 %	2,47	852,08 €	5.259,75 €
KAUFLAND	8.707	51,22 %	14,01 %	2,14	730,79 €	5.216,18 €
MARKTKAUF	4.426	26,03 %	7,92 %	1,21	419,52 €	5.296,98 €
gewichteter Ø			*6,55 %*	*1,00*	*352,23 €*	*5.377,63 €*
Deutschland Mopro	**Anzahl HH**	**KRW**	**Ø BDQ**	**Ø BDQ / ØBDQ$_{ges}$**	**Ø 2-Jahres-Kundenwert • Ø BDQ**	**Ø 2-Jahres-Kundenwert**
ALDI	15.003	88,28 %	23,78 %	1,97	138,81 €	583,71 €
KAUFLAND	7.249	42,65 %	18,36 %	1,52	105,49 €	574,55 €
MARKTKAUF	3.088	18,17 %	12,26 %	1,02	74,79 €	610,73 €
gewichteter Ø			*12,06 %*	*1,00*	*71,87 €*	*595,95 €*
NRW alle WG	**Anzahl HH**	**KRW**	**Ø BDQ**	**Ø BDQ / ØBDQ$_{ges}$**	**Ø 2-Jahres-Kundenwert • Ø BDQ**	**Ø 2-Jahres-Kundenwert**
ALDI	3.571	96,19 %	20,87 %	3,13	1.121,99 €	5.376,11 €
KAUFLAND	1.438	38,74 %	7,14 %	1,07	386,17 €	5.408,52 €
MARKTKAUF	857	23,09 %	10,12 %	1,52	529,33 €	5.230,54 €
gewichteter Ø			*6,66 %*	*1,00*	*366,24 €*	*5.499,12 €*
NRW Mopro	**Anzahl HH**	**KRW**	**Ø BDQ**	**Ø BDQ / ØBDQ$_{ges}$**	**Ø 2-Jahres-Kundenwert • Ø BDQ**	**Ø 2-Jahres-Kundenwert**
ALDI	3.451	93,07 %	30,42 %	2,45	184,40 €	606,17 €
KAUFLAND	1.105	29,80 %	9,88 %	0,80	60,79 €	615,32 €
MARKTKAUF	579	15,61 %	16,21 %	1,31	103,19 €	636,58 €
gewichteter Ø			*12,40 %*	*1,00*	*77,24 €*	*622,92 €*

Abb. 6-80: Vergleich ausgewählter händlerbezogener Kennzahlen aus den verschiedenen 2-Jahres-Händleranalysen

Marktkauf hat unter den drei Anbietern die geringste Käuferreichweite und ist auch in NRW nicht stark vertreten. Interessant ist aber, dass Marktkauf eine gute Wettbewerbsposition in NRW erreicht. Die BDQ ist überdurchschnittlich und vor allem höher als die bundesweite Marktkauf-BDQ. Derartige Analysen könnten einem Händler also Anhaltspunkte zur **Standortpolitik** geben. In diesem Fall wäre die Analyse über alle Bundesländer auszuweiten, um die Ursachen von Stärken und Schwächen zu erforschen und in erfolgreichen, wenig erschlossenen Regionen wie NRW weiter zu expandieren.

Die Analysen zeigen die Schwäche des Haushaltspanels, wenn es um **regionale oder warengruppenspezifische Eingrenzungen** geht. Demgegenüber schlagen sich die Vorteile des Haushaltspanels in solchen Ergebnissen nieder, die keine andere Datenquelle ermöglicht. So kann der **2-Jahres-Kundenwert** – gemessen in den Haushaltsausgaben[349] – auch mit geringeren Fallzahlen ermittelt werden. Um einem Anbieter das Gesamtpotenzial der eigenen Kunden zu zeigen, müssen die Käufe bei allen Händlern erfasst werden. In Kombination mit der BDQ errechnet sich der statische Kundenwert für den jeweiligen Händler.[350] In Abb. 6-80 zeigt sich z.B. dem Händler Marktkauf, dass er über hohe 2-Jahres-Kundenwerte und vielversprechende BDQ verfügt, während die Wettbewerber geringere Kundenwerte und höhere Käuferreichweiten haben, was eine weitere Verbesserung der **Marktposition** erschwert.

6.2.7 Customer-Lifetime-Value-Berechnung für Warengruppen und Betriebstypen

Die Analysen mit Hilfe der Customer Lifetime Valuation verfahren nach dem gleichen Prinzip wie Kap. 6.2.6. Die Kenngrößen **Käuferreichweite** und **BDQ** kommen auch hier zum Einsatz. Der 2-Jahres-Kundenwert wird allerdings durch den **CLV** ersetzt, womit die bislang statische Messung zu einer **dynamischen Potenzialanalyse** wird. Das Prinzip entspricht der in Kap. 6.2.2 vorgestellten **Fortschreibung der Kundenwerte**. Hierfür werden – sofern keine konkreten Eingrenzungen erfolgen – die in Kap. 6.2.5 aufgeführten Parameter des CLV auf ihre **Standardwerte** gesetzt. Je nach Fragestellung ist die Variation der Parameter möglich, um z.B. verschiedene Szenarien zu simulieren oder neue Marktgegebenheiten zu prüfen.

---

[349] Siehe Spalte [Ø 2-Jahres-Kundenwert] in Abb. 6-80.
[350] Siehe Spalte [Ø 2-Jahres-Kundenwert • Ø BDQ] in Abb. 6-80.

Um die Möglichkeiten der Potenzialanalyse zu zeigen, werden lediglich die in Kap. 6.2.5.7 beschriebenen Parameter „Warengruppe“ und „Geschäftstyp“ variiert, um das Wettbewerbsumfeld – wie schon im vorhergehenden Kapitel – einzuschränken.

Ein wesentliches Anliegen dieses Kapitels ist es, die bislang allgemeinen CLV auf einzelne Händler zu beziehen und somit zu dem Ergebnis zu kommen, **wie viel ein Kunde unter den gegebenen Umständen für einen Händler wert ist**. Durch Anreicherung der Analysen z.B. in bestimmten Warengruppen lässt sich analysieren, wie viel vom **Gesamtwert** eines Kunden, z.B. durch Verbesserung in bestimmten Warengruppen, noch zu erschließen ist.

Im Folgenden wird zuerst der CLV über **alle Warengruppen** (Kap. 6.2.7.1) betrachtet. Anschließend werden Untersuchungen in der **Warengruppe Mopro** (Kap. 6.2.7.2) durchgeführt, die schließlich zusätzlich auf den **Geschäftstyp Discounter** (Kap. 6.2.7.3) beschränkt werden.

6.2.7.1 Customer-Lifetime-Value-Analysen über alle Warengruppen

Analog zu den 2-Jahres-Analysen des Kap. 6.2.6 werden in Abb. 6-81 die **CLV** der Haushalte den jeweiligen **durchschnittlichen BDQ** über alle Vertriebslinien gegenübergestellt. Dies geschieht in diesem Fall differenziert nach den in Kap. 6.2.3.3 vorgestellten Pfaden, basierend auf dem Modell der Familien-Lebenswelten.

Die Pfade 1 und 2 stellen die **Alleinlebenden** dar, die Pfade 3 und 4 die **kinderlosen Familien** und die Pfade 5 und 6 die **Familien mit Kindern**. Auf der Abszisse werden die CLV aller Haushalte der jeweiligen Familien-Lebenswelt abgetragen. Die Punkte stehen für die **CLV-BDQ-Kombination** eines Haushaltes. Je weiter rechts auf der Abszisse ein Haushalt erscheint, desto größer ist sein CLV. Es ist deutlich zu erkennen, dass der Anteil **hoher CLV** mit zunehmender **Haushaltsgröße** ansteigt.

Je weiter oben auf der Ordinate ein Haushalt positioniert ist, desto höher seine durchschnittliche BDQ. Die für einen Händler besonders **attraktiven Haushalte** befinden sich also „oben rechts“ in der Darstellung.

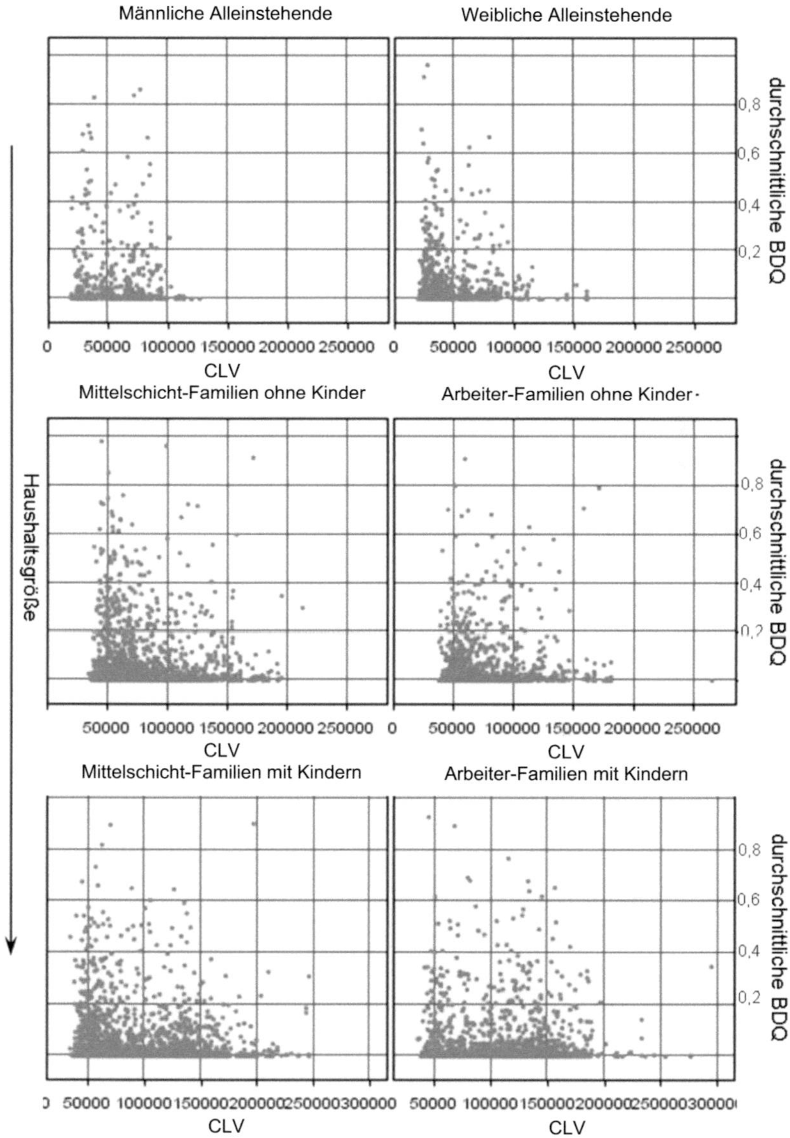

Abb. 6-81: Durchschnittliche BDQ und CLV der einzelnen Familien-Lebenswelten

Diese Analyse ist interessant zur **Beurteilung einzelner Haushalte**, hilft aber noch nicht zur Beurteilung des Kundenportfolios einzelner Händler, weil die durchschnittliche BDQ über alle Händler abgetragen wird. Daher werden zur Bewertung der **Kunden aus Händlersicht** in einem nächsten Schritt alle Haushalte, die im Untersuchungszeitraum mindestens einmal bei dem entsprechenden Händler eingekauft haben, zusammengefasst. Hiermit zeigt sich, welche CLV die Kunden der einzelnen Händler insgesamt erzielen.

Abb. 6-82 zeigt neben den Käuferreichweiten und den durchschnittlichen BDQ sowohl die durchschnittlichen CLV als auch die durchschnittlichen statischen Kundenwerte. Wie in Kap. 6.2.6.2 handelt es sich im Falle der Ausgaben und des CLV um die Gesamtausgaben in **allen Vertriebslinien**, die die Haushalte aufgesucht haben. Entsprechend beziehen sich die durchschnittlichen CLV auf alle Vertriebslinien. So wird das gesamte Potenzial eines Kunden gemessen und dem ebenfalls in dieser Tabelle angegebenen „**CLV in der Vertriebslinie**" gegenübergestellt.

Vertriebslinie	KRW	Ø BDQ	2-Jahres-Kundenwert	Ø CLV	Ø 2-Jahres-Kundenwert • Ø BDQ	CLV in der Vertriebslinie
ALDI	93,46 %	16,20 %	5.259,75 €	84.504,13 €	852,08 €	13.689,67 €
KAUFLAND	51,22 %	14,01 %	5.216,18 €	85.578,97 €	730,79 €	11.989,61 €
GLOBUS ST. WENDEL	11,47 %	11,62 %	5.575,27 €	92.668,42 €	647,85 €	10.768,07 €
REAL	58,65 %	10,62 %	5.407,64 €	86.040,10 €	574,29 €	9.137,46 €
LIDL	83,24 %	9,83 %	5.285,20 €	85.949,97 €	519,54 €	8.448,88 €
NETTO	31,18 %	9,48 %	5.204,24 €	87.250,56 €	493,36 €	8.271,35 €
HIT	9,20 %	8,82 %	5.321,94 €	87.804,15 €	469,40 €	7.744,33 €
PENNY	52,03 %	8,23 %	5.259,87 €	87.135,60 €	432,89 €	7.171,26 €
MARKTKAUF	26,03 %	7,92 %	5.296,98 €	85.897,28 €	419,52 €	6.803,06 €
TOOM	14,41 %	7,24 %	5.506,64 €	85.488,98 €	398,68 €	6.189,40 €
WAL-MART	21,83 %	6,78 %	5.367,72 €	89.495,32 €	363,93 €	6.067,78 €
EDEKA AKTIV	58,05 %	6,70 %	5.404,59 €	85.351,55 €	362,11 €	5.718,55 €
FAMILA	12,00 %	6,52 %	5.657,64 €	87.238,68 €	368,88 €	5.687,96 €
PLUS	59,40 %	6,48 %	5.197,21 €	85.082,62 €	336,78 €	5.513,35 €
REWE RESTL. LEH	48,20 %	6,39 %	5.360,95 €	84.117,63 €	342,56 €	5.375,12 €
Ø gesamt		**9,12 %**	**5.354,79 €**	**86.640,26 €**	**487,51 €**	**7.905,06 €**

Abb. 6-82: Käuferreichweite, durchschnittliche BDQ, 2-Jahres-Kundenwert und CLV je Vertriebslinie (Top 15 nach BDQ)

Die Spalte [Ø CLV] in Abb. 6-82 zeigt, dass **Globus-Kunden** mit einem **CLV von 92.668,42 €** das höchste Potenzial haben und damit um ca. 6.000 € über dem Gesamtdurchschnitt von 86.640,26 € liegen. Bei der aktuellen BDQ eines

Globus-Kunden würden von diesem Gesamtpotenzial 10.768,02 € pro Kunde auf Globus entfallen. Im Vergleich stellt sich damit die Frage, ob der CLV in der **Beurteilung des Kundenstamms** eines Händlers zu einem anderen Ergebnis kommt als der 2-Jahres-Kundenwert.

Zu diesem Zweck vergleicht Abb. 6-83 die Händler in ihrer **Rangfolge** nach durchschnittlichen Ausgaben und dem CLV. Die Ränge **korrelieren nicht**. Am deutlichsten fällt die Unabhängigkeit bei dem Vergleich zwischen Netto und toom auf. Netto steigt in der dynamischen Bewertung vom 14. auf den 4. Rang, toom fällt dagegen vom 3. auf den 11. Rang. Daraus kann man schließen, dass die CLV nicht in erster Linie von den aktuellen Ausgaben abhängen, sondern von anderen Einflussfaktoren wie Pfadzugehörigkeit und dem restlichen Lebensalter.

Vertriebslinie	**Rang nach 2-Jahres-Kundenwerten**	**Rang nach Ø CLV**
FAMILA (SBW)	1	5
GLOBUS ST. WENDEL (SBW)	2	1
TOOM (SBW)	3	11
REAL (SBW)	4	7
EDEKA AKTIV (SM)	5	12
WAL-MART (SBW)	6	2
REWE RESTL. LEH	7	15
HIT (VM)	8	3
MARKTKAUF (SBW)	9	9
LIDL (DISC)	10	8
PENNY (DISC)	11	6
ALDI (DISC)	12	14
KAUFLAND (SBW)	13	10
NETTO (DISC)	14	4
PLUS (DISC)	15	13

Abb. 6-83 Rangfolge der durchschnittlichen 2-Jahres-Kundenwerte und CLV der Vertriebslinien

Bei den Schlussfolgerungen muss man sich immer wieder vor Augen halten, dass der CLV das **Potenzial der aktuellen Kunden** darstellt, welches Händler wie z.B. Netto heben könnten, wenn die Kunden auch weiter die **Treue** hielten. Abb. 6-84 zeigt die Gegenüberstellung der BDQ und der CLV grafisch. Jeder Punkt steht für eine Vertriebslinie, die Größe der Punkte zeigt die Intensität der Käuferreichweite an.

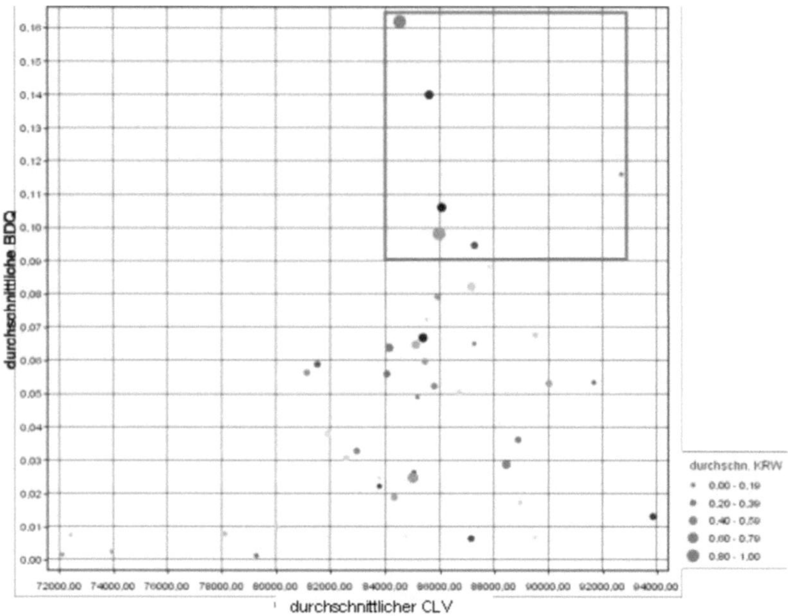

Abb. 6-84: Gegenüberstellung der durchschnittlichen BDQ, Käuferreichweite und CLV

Der Rahmen markiert die Vertriebslinien mit einer Ø BDQ über 9 % und einem **hohen CLV** von über 84.000 €. Die Kunden dieser Händler sind also überdurchschnittlich wertvoll und gleichzeitig mit der hohen durchschnittlichen BDQ besonders **einkaufsstättentreu**. Es ist davon auszugehen, dass diese Kunden leichter an einen Händler gebunden werden können als Kunden, die per se eine höhere Anzahl von Händlern aufsuchen.

Abb. 6-85 vergrößert den markierten Ausschnitt aus Abb. 6-84. Ähnlich wie in Abb. 6-55 haben Kunden von Globus St. Wendel nicht nur sehr hohe aktuelle Ausgaben, sondern auch sehr hohe CLV. Dies kann natürlich mit einem etwas höheren **Preisniveau** bei Globus einhergehen, allerdings hätten die Kunden in der Regel die Chance, eine **andere Einkaufsstätte** aufzusuchen. Die Annahme, dass Globus-Kunden ausgabefreudiger sind als der Durchschnitt, liegt somit nahe.

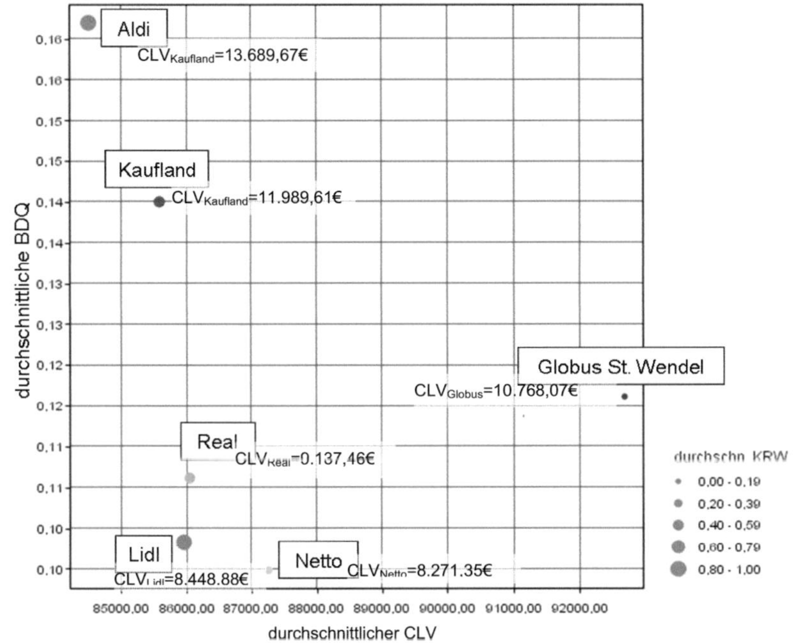

Abb. 6-85: Gegenüberstellung der durchschnittlichen BDQ, Käuferreichweite und CLV der Händler mit einer BDQ > 9 %

Aufgrund der **niedrigen Käuferreichweite** ist die Vertriebslinie bei einer Betrachtung aller Haushalte in Deutschland relativ unbedeutend. Aus diesem Grunde bietet sich für Globus St. Wendel und ähnlich gelagerte Fälle eine genauere **regionale Untersuchung** an. Auch der zukünftig höhere Wert von Netto-Kunden zeigt sich in Abb. 6-85, verglichen mit dem statischen Wert in Abb. 6-55. Im Gegensatz dazu haben Aldi und real,- in Zukunft weniger von ihren aktuellen Kunden zu erwarten.

6.2.7.2 Customer-Lifetime-Value-Analysen in der Warengruppe Molkereiprodukte

Geht man nun von der Gesamtsicht aller Warengruppen exemplarisch in die Analyse der **Warengruppe Molkereiprodukte**, so ist in Abb. 6-86 bei der Gegenüberstellung der CLV und der BDQ für jeden Pfad erkennbar, dass der CLV mit zunehmender Haushaltsgröße ansteigt.

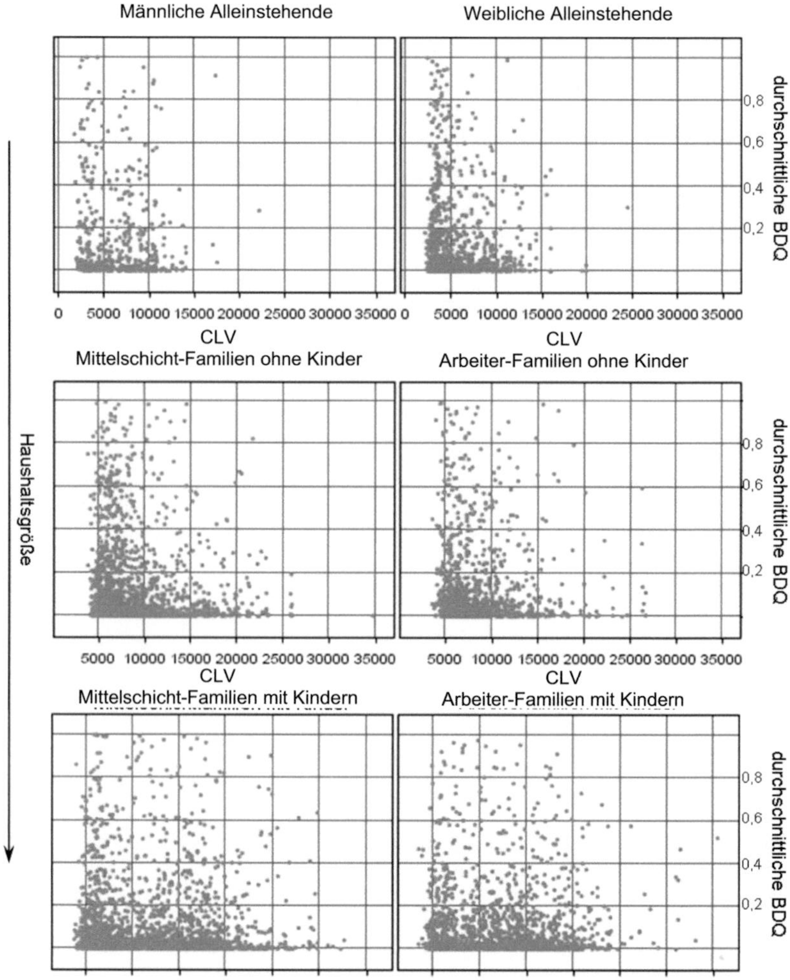

Abb. 6-86: Durchschnittliche BDQ und CLV der einzelnen Familien-Lebenswelten für die Warengruppe Molkereiprodukte

Abb. 6-87 zeigt die Käuferreichweite, die durchschnittlichen BDQ, Ausgaben und CLV der Kunden jeder Vertriebslinie. Im Vergleich zu der vorangegangenen Untersuchung über alle Warengruppen ändert sich bei der Sortierung nach BDQ die Reihenfolge kaum.

Vertriebslinie	KRW	Ø BDQ	Ø 2-Jahres-Kundenwert	Ø CLV	Ø 2-Jahres-Kundenwert • Ø BDQ	CLV in der V-Linie
ALDI	88,28 %	23,78 %	583,71 €	9.924,48 €	138,81 €	2.360,04 €
KAUFLAND	42,65 %	18,36 %	574,55 €	10.123,68 €	105,49 €	1.858,71 €
GLOBUS ST. WENDEL	8,82 %	15,88 %	623,17 €	10.814,80 €	98,96 €	1.717,39 €
NETTO	25,59 %	15,07 %	560,69 €	10.186,58 €	84,50 €	1.535,12 €
REAL	44,70 %	14,59 %	610,73 €	10.395,12 €	89,11 €	1.516,65 €
LIDL	73,50 %	13,54 %	589,50 €	10.234,75 €	79,82 €	1.385,79 €
PENNY	42,66 %	13,49 %	582,38 €	10.340,77 €	78,56 €	1.394,97 €
HIT	7,12 %	13,00 %	609,52 €	10.674,43 €	79,24 €	1.387,68 €
TOOM	8,67 %	12,73 %	622,51 €	10.267,09 €	79,25 €	1.307,00 €
REWE RESTL. LEH	30,94 %	12,57 %	596,47 €	9.881,43 €	74,98 €	1.242,10 €
MARKTKAUF	18,17 %	12,26 %	610,06 €	10.508,91 €	74,79 €	1.288,39 €
EDEKA AKTIV	42,36 %	11,09 %	603,73 €	10.013,28 €	66,95 €	1.110,47 €
PLUS	48,48 %	10,85 %	577,99 €	10.039,54 €	62,71 €	1.089,29 €
MARKANT RESTL. LEH	19,42 %	10,77 %	614,83 €	9.753,56 €	66,22 €	1.050,46 €
EDEKA NEUKAUF	19,24 %	10,24 %	605,63 €	9.967,49 €	62,02 €	1.020,67 €
Ø gesamt		**13,88 %**	**597,70 €**	**10.208,39 €**	**82,76 €**	**1.417,65 €**

Abb. 6-87: Käuferreichweite, durchschnittliche BDQ, 2-Jahres-Kundenwert und CLV je Vertriebslinie in der Warengruppe Molkereiprodukte (Top 15 nach BDQ)

Abb. 6-88 zeigt die durchschnittlichen CLV und BDQ der Haushalte, die in den jeweiligen Vertriebslinien eingekauft haben. Im markierten Bereich befinden sich die Vertriebslinien, deren Kunden eine durchschnittliche BDQ ≥ 13 % aufweisen.

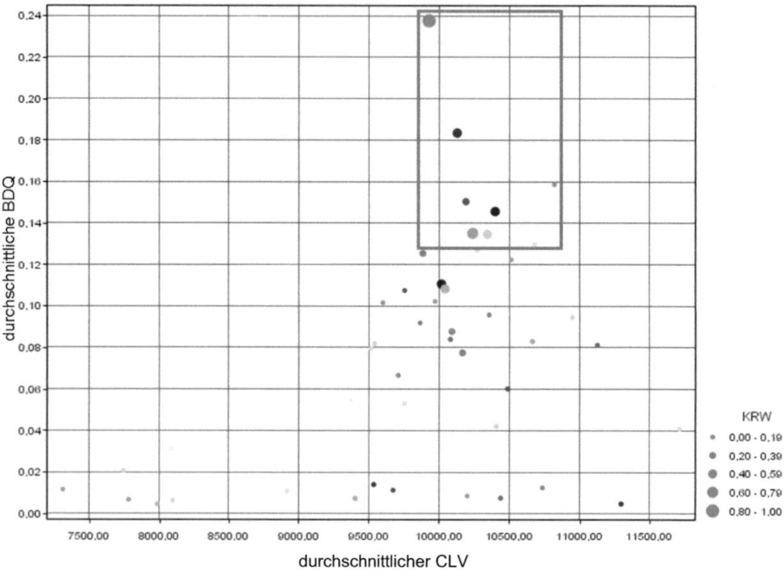

Abb. 6-88: Gegenüberstellung der durchschnittlichen BDQ, Käuferreichweite und CLV für die Warengruppe Molkereiprodukte

Genau wie bei der Untersuchung über alle Warengruppen sind die **CLV** der Kunden der Vertriebslinien mit **hohen durchschnittlichen BDQ** ebenfalls relativ hoch. Abb. 6-89 vergrößert den markierten Bereich. Im Vergleich zu den durchschnittlichen CLV über alle Warengruppen ist *real,-* in der Warengruppe Molkereiprodukte deutlich stärker. Für *Netto*-Kunden ist der Gesamt-CLV im Verhältnis zum Rest der Spitzengruppe gesunken und liegt mit 10.186,58 € sogar knapp unter dem Durchschnitt von 10.208,39 €.

Die möglichen Gründe für relativ geringe CLV bestimmter Händler können anhand der **Treiber des CLV** analysiert werden.[351] So ist es möglich, dass *Netto*-Kunden etwas älter sind als der Durchschnitt oder die Haushalte weniger Mitglieder haben. Demgegenüber ist zu beachten, dass die durchschnittliche BDQ gestiegen ist, womit der allein auf *Netto* bezogene CLV ebenfalls überdurchschnittlich ausfällt.

[351] Vgl. Kap. 6.2.3.1.

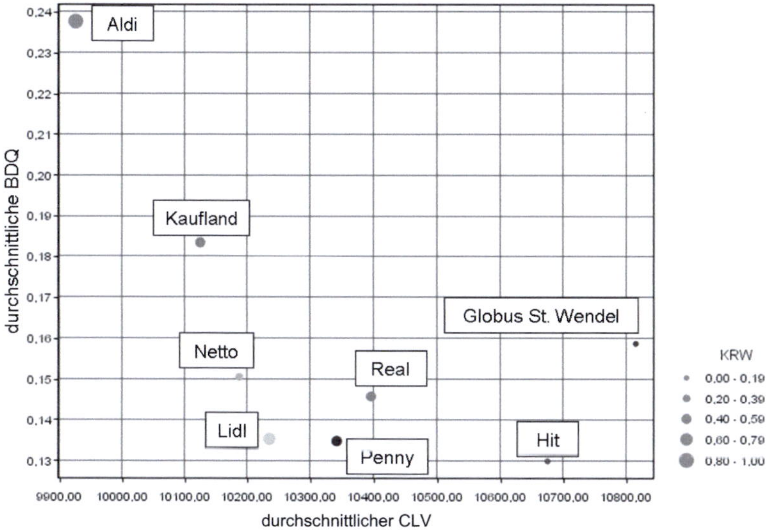

Abb. 6-89: Gegenüberstellung der durchschnittlichen BDQ, Käuferreichweite und CLV in der Warengruppe Molkereiprodukte der Händler mit einer BDQ > 9 %

Mit *Penny* ist neben *Aldi*, *Netto* und *Lidl* ein vierter Discounter zur Spitzengruppe dazugekommen. Kunden von Discountern geben für Mopro tendenziell mehr aus als Kunden anderer Geschäftstypen. Um diese Kunden näher zu untersuchen, werden die Analysen weiter auf Vertriebslinien des Betriebstyps Discounter eingegrenzt.

6.2.7.3 Customer-Lifetime-Value-Analysen in der Warengruppe Molkereiprodukte bei Discountern

Für die weiter eingegrenzte Berechnung des CLV werden jetzt ausschließlich Ausgaben bei Discountern für Produkte aus der Warengruppe Molkereiprodukte berücksichtigt. Abb. 6-90 zeigt die CLV und die BDQ der Haushalte verschiedener Lebenswelten an. Wie schon in den zuvor gezeigten Analysen erhöht sich der CLV mit zunehmender Haushaltsgröße.

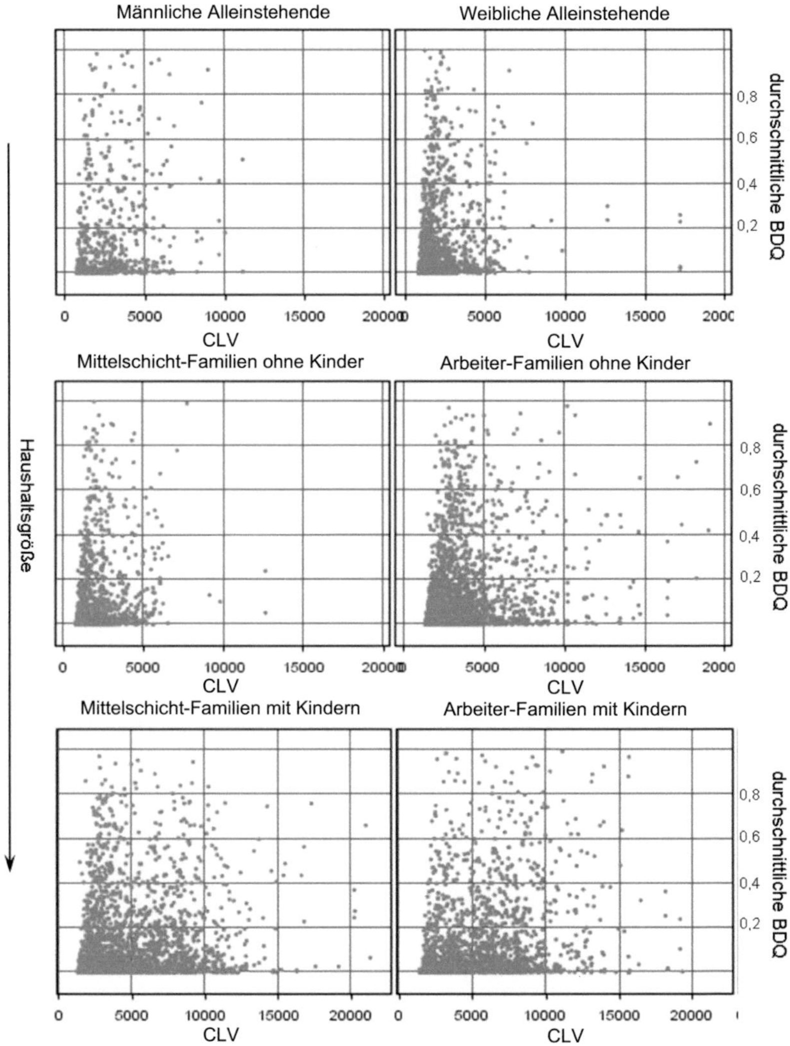

Abb. 6-90: Durchschnittliche BDQ und CLV der einzelnen Familien-Lebenswelten für die Warengruppe Molkereiprodukte bei Discountern

In Abb. 6-91 sind die Käuferreichweiten, die durchschnittlichen BDQ von Kunden der jeweiligen Händler und deren durchschnittliche CLV aufgeführt. In die Käuferreichweite und die BDQ fließen weiterhin alle Geschäftstypen ein, wogegen sich der CLV ausschließlich auf Ausgaben bei Discountern für Mopro bezieht. Die durchschnittliche BDQ über alle Geschäftstypen kann als allgemeines **Treuemaß** eines Haushaltes interpretiert werden. Den höchsten CLV in der Warengruppe Mopro hat Penny, gefolgt von Netto.

Vertriebslinie	KRW	Ø BDQ	Ø CLV
ALDI (DISC)	88,28 %	23,78 %	4.352,19 €
NETTO (DISC)	25,59 %	15,07 %	4.645,57 €
LIDL (DISC)	73,50 %	13,54 %	4.553,58 €
PENNY (DISC)	42,66 %	13,49 %	4.717,59 €
PLUS (DISC)	48,48 %	10,85 %	4.506,60 €
EDEKA DISCOUNTER (DISC)	8,67 %	9,21 %	4.314,40 €
NORMA (DISC)	23,51 %	7,78 %	4.554,79 €

Abb. 6-91: Käuferreichweite, durchschnittliche BDQ und durchschnittlicher CLV je Discounter in der Warengruppe Mopro

In Abb. 6-92 wird die durchschnittliche BDQ dem durchschnittlichen CLV der einzelnen Händler gegenübergestellt. Die Kunden von *Netto* und *Penny* haben den höchsten durchschnittlichen CLV unter den Discountern.

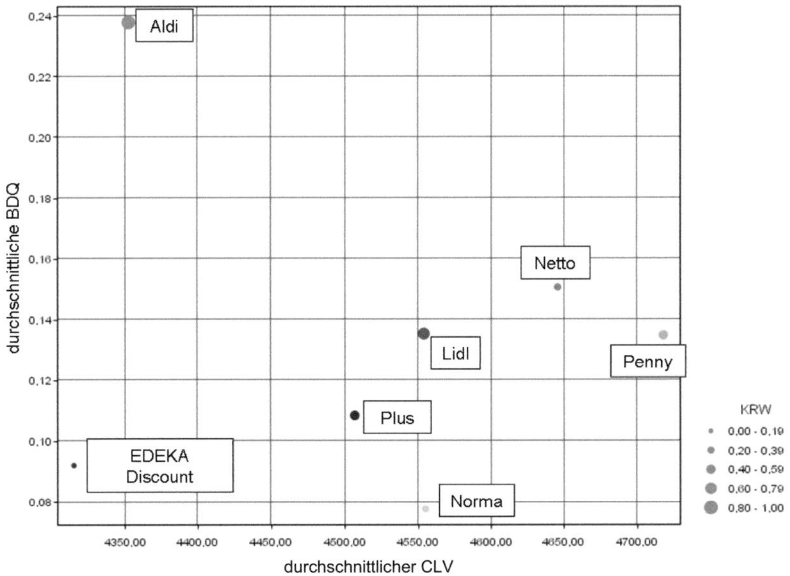

Abb. 6-92: Gegenüberstellung der durchschnittlichen BDQ, Käuferreichweite und CLV einzelner Discounter in der Warengruppe Molkereiprodukte

Im Vergleich zu anderen Discountern steigt der CLV von *Netto* gegenüber dem in Abb. 6-89 gezeigten CLV, der auf alle Geschäftstypen bezogen ist. Das bedeutet zunächst, dass *Netto*-Kunden einen größeren Anteil ihrer zukünftigen Mopro-Käufe bei Discountern tätigen, jedoch **nicht zwingend bei *Netto* selbst**. *Netto* erreicht diese Kunden allerdings auf jeden Fall und hat daher die Möglichkeit, dieses **Potenzial** abzuschöpfen. Verglichen mit anderen Discounter-Kunden haben **Aldi-Kunden** einen geringen CLV, wobei Aldi allerdings **88,28 % aller Mopro-Kunden** erreicht. Da bisher noch keine Eingrenzung auf diesen Betriebstyp erfolgt ist, stellt Abb. 6-93 die Überschneidungen der Käuferreichweite der Discounter dar. Es ist zu erkennen, dass viele Aldi-Kunden auch andere Discounter besuchen.

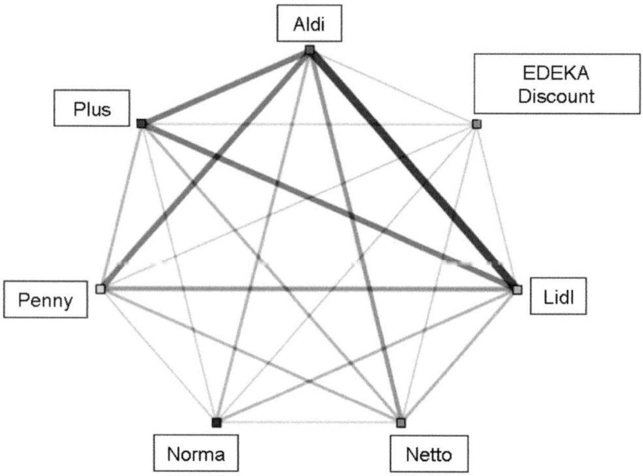

Abb. 6-93: Überschneidung der Käuferreichweiten von Discountern in der Warengruppe Molkereiprodukte

Die sich **überschneidenden Käuferreichweiten** in Betracht ziehend, zeigt Abb. 6-94 die CLV der Haushalte, die sowohl bei **Aldi** als auch bei **anderen Discountern** in der Warengruppe Mopro kaufen. Die 77,62 % der ***Aldi*-Kunden, die auch bei Lidl** kaufen, haben einen durchschnittlichen CLV von 4.638,59 €, während alle Lidl-Kunden inklusive der Kunden, die nicht bei *Aldi* kaufen, nur einen CLV von 4553,58 € haben. Der **CLV steigt also um 85,01 €,** wenn Haushalte Kunden in der Warengruppe Mopro bei beiden Discountern sind.

Die Spalte „Differenz“ zeigt dementsprechend die Veränderung der CLV jedes einzelnen Händlers, wenn nur Kunden betrachtet werden, die auch bei Aldi kaufen. Es zeigt sich, dass die **CLV bei allen Discountern steigen**, wenn die Kunden **auch bei Aldi** einkaufen. Da diese Kunden also bei mindestens zwei verschiedenen Discount-Anbietern kaufen, kann festgehalten werden, dass eine starke Discount-Affinität nicht zu einem **geringeren CLV**, bedingt durch die niedrigeren Preise der Discounter, führen muss.

Vertriebslinie	gemeinsame KRW	CLV: Aldi-Kunden	CLV: alle Kunden	Differenz
Aldi	100,00 %	4.352,19 €	4.352,19 €	0 €
Lidl	77,62 %	4.638,59 €	4.553,58 €	85,01 €
Plus	49,46 %	4.593,86 €	4.506,60 €	87,26 €
Penny	43,79 %	4.833,06 €	4.717,59 €	115,47 €
Netto	29,32 %	4.762,19 €	4.645,57 €	116,62 €
Norma	25,40 %	4.649,90 €	4.554,79 €	95,11 €
Edeka Discounter	10,11 %	4.398,19 €	4.314,40 €	83,79 €

Abb. 6-94: CLV der Aldi-Kunden bei anderen Discountern

6.3 Der Nutzen der Kundenbewertung für den Einzelhandel

Obwohl der CLV Unternehmensbefragungen zufolge als sinnvolle Größe angesehen wird[352], hat sich der **Einsatz von Kundenbewertungsmodellen** in der Praxis noch nicht durchgesetzt[353]. HELM/GÜNTER mutmaßen, dass Unternehmungen sich der Kundenbewertung nicht widmen, weil sie möglicherweise auch unangenehme **Desinvestitionsentscheidungen** zu treffen hätten.[354] Schließlich ist bei solch drastischen Maßnahmen zu bedenken, dass „rausgeworfene“ Kunden auch nicht weiter zur Deckung fixer Gemeinkosten beitragen und durch Abwanderung zur Konkurrenz die eigene Marktposition schwächen.[355] Zudem dürften auch die Messung von Kundenwerten und der Transfer in konkrete Entscheidungsoptionen – zu denen auch die Verabschiedung von bestimmten Kunden gehören kann – Hinderungsgründe des Einsatzes sein.

---

[352] Vgl. Rudolf-Sipötz (2001), S. 71; Schröder/Feller/Rödl (2004), S. 529.
[353] Vgl. Eberling (2002), S. 228; Rudolf-Sipötz/Tomczak (2001), S. 63; Schroeder (2006), S. 5.
[354] Vgl. Helm/Günter (2006), S. 5.
[355] Vgl. Karle (2008), S. 110.

Die meisten Autoren weisen in Arbeiten zum Thema Bewertung oder Segmentierung von Kunden auf den Umstand hin, dass in der Praxis Kundensegmentierungen nicht auf der Basis von Kundenwerten (i.S.d. CLV) durchgeführt werden, sondern **simplere Methoden zur Segmentierung** Anwendung finden.[356] Ansätze wie die RFMR-Methode, Kundendeckungsbeitragsrechnungen und Scoring-Portfolios[357] zeichnen sich dadurch aus, dass der Daten- oder Informationsbedarf leichter zu decken ist. Insbesondere der prospektive Teil eines CLV unterliege erheblichen **Schätzungenauigkeiten**, weshalb sich dieser Ansatz noch nicht durchgesetzt habe.[358]

WAYLAND/COLE kommen zu dem Schluss, dass sich die Berechnung des CLV dennoch lohnt: *„[...] the effort to nail down workable estimates of the value of these variables is amply repaid in the form of better focus in the search for shareholder value."*[359] Welchen Nutzen die Kundenbewertung stiften kann, ist Gegenstand der folgenden Kapitel. Dabei kommen die verschiedenen **Bewertungsmethoden** des Kap. 6.2 zum Einsatz:

- 2-Jahres-Kundenwert und CLV,
- Kundentreue nach dem Anteilskonzept (BDQ) und
- Käuferreichweite.

Die **Ansatzpunkte** von kundenwertbezogenen Maßnahmen orientieren sich zum einen an den kaufverhaltensbezogenen **Bestandteilen des Kundenwertes**, die, wie in Kap. 4.3 beschrieben, jeweils weiter detailliert werden:[360]

- Haushalt (u.a. Alter, HH-Größe, Lebenswelt)
- Einkaufszeitpunkt (u.a. Monat, Tag, Uhrzeit)
- Einkaufsstätte (u.a. Betriebstyp, Händler, Standort)
- Ware (u.a. Warengruppe, Marke)
- Positionen (u.a. Artikelpreis, Artikelmenge)

---

[356] Vgl. Kap. 3.6.4.1; Krafft/Albers (1999), S. 4.
[357] Vgl. Kap. 3.2, 3.3, 3.5; Krafft/Albers (1999), S. 2 ff.
[358] Vgl. Krafft (1997), S. 9.
[359] Wayland/Cole (1997), S. 104.
[360] Siehe auch Abb. 4-3 in Kap. 4.3.

Zum anderen ergeben sich Ansatzpunkte aus den in Kap. 6.2.3 ermittelten **Treibern des Kundenwertes**:

- Familien-Lebenswelten,
- Alter der haushaltsführenden Person,
- Haushaltsgröße und
- soziale Stellung (Ausbildung des Hauptverdieners).

Die abzuleitenden **Maßnahmen** haben das Ziel, die Kundenausgaben bei der analysierenden Unternehmung zu steigern. Zur Verfügung stehen die Instrumente der Marktbearbeitung, die standardisiert oder differenziert eingesetzt werden. Im Rahmen der Kundenbewertung bieten sich kunden- oder kundengruppengenau differenzierte Maßnahmen an.[361] Sie lassen sich aus den **Marketinginstrumenten des Einzelhandels** herleiten:[362]

- Standortpolitik
- Sortimentspolitik
- Preispolitik
- Politik der Verkaufsraumgestaltung und der Warenplatzierung
- Kommunikationspolitik außerhalb der Einkaufsstätte
- Kommunikationspolitik innerhalb der Einkaufsstätte
- Kundendienstpolitik
- Handelsmarkenpolitik

Übergeordnete Ziele, wie z.B. die **Gewinnung** neuer, profitabler Kunden bzw. Kundengruppen oder die **Verabschiedung** unprofitabler Kunden bzw. Kundengruppen, werden in **nicht vertraglich geregelten** Geschäftsbeziehungen indirekt durch den Einsatz der Marketinginstrumente erreicht. So ist im Falle des stationären Lebensmitteleinzelhandels kaum denkbar, dass bestimmte Kunden mangels Profitabilität am Zugang zur Einkaufsstätte gehindert werden. Jedoch können Standort, Sortiment, Preis oder Kommunikation so gewählt werden, dass unerwünschte Kundengruppen weniger Interesse am Einkauf haben oder

---

[361] Vgl. Hohm/Hansen/Geisler (2006), S. 808 f.

[362] Vgl. Schröder (2002), S. 42. Zur Diskussion unterschiedlicher Vorschläge zur Strukturierung der Instrumente des Einzelhandelsmarketings siehe Schröder (2002), S. 40 ff.

eine Kundschaft für die als besonders wertbringend identifizierten Kunden attraktiver wird.

In Abhängigkeit von den in Kap. 6.2.6 und 6.2.7 vorgenommenen Kundenbewertungen werden Kundenwertkonstellationen gezeigt, entsprechend derer Maßnahmen vorgeschlagen werden. Ziel ist es, aus der Analyse der Kundenwerte, der Bestandteile und der Treiber Maßnahmen abzuleiten, die den Kundenwert für den Anbieter positiv beeinflussen. Somit ergibt sich der in Abb. 6-95 gezeigte **Kreislauf der Kundenbewertung**.

Das Kaufverhalten resultiert in Kaufakten, deren Bonsumme den 2-Jahres-Kundenwert und schließlich den CLV ergibt. Die daraufhin ermittelten Treiber des CLV bieten – wie auch die Determinanten des Kaufverhaltens – Anhaltspunkte für Marketingmaßnahmen, um das Kaufverhalten so zu beeinflussen, dass der Kundenwert steigt.

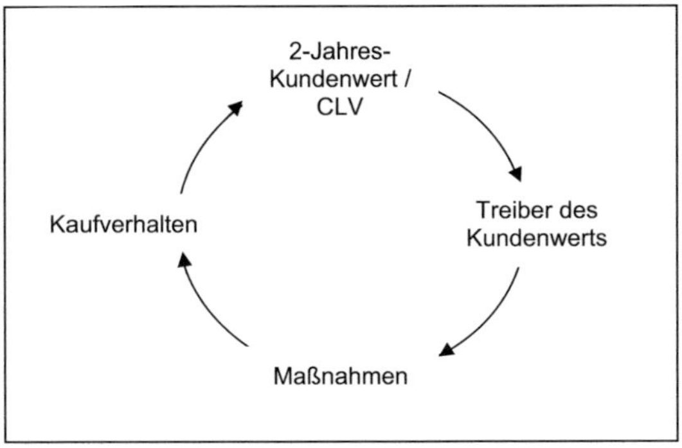

Abb. 6-95: Kreislauf der Kundenbewertung und des Kundenwertmanagements

6.3.1 Analyse und Ausschöpfung des 2-Jahres-Kundenpotenzials über alle Warengruppen

Das aktuelle Kundenpotenzial wird als 2-Jahres-Kundenwert auf der Basis der vorliegenden Transaktionsdaten gemessen. Gemäß dem Kreislauf der Kundenbewertung wurden in Kap. 6.2.6 anhand der Daten aus dem GfK Haushaltspanel 2-Jahres-Kundenwerte berechnet. Über alle Warengruppen und Händler ergibt sich aus Abb. 6-53, dass der **durchschnittliche 2-Jahres-Kundenwert** bezogen auf einzelne Händler **5.377,63 €** beträgt. Hier sticht famila heraus, weil **famila-Kunden** insgesamt **5.657,64 €** in zwei Jahren bei allen Händlern ausgegeben haben. Damit hat famila in zwei Jahren ein um fast **400 €** höheres **Umsatzpotenzial** pro Kunde als Aldi.

Dabei weist famila eine **Bedarfsdeckungsquote** (BDQ) von nur 6,52 % auf. Daraus resultierend liegt famila mit einem Anteil von 368,88 € weit hinter Aldi, die mit 852,08 € in den zwei gemessenen Jahren mehr als doppelt so viel Kundenpotenzial abschöpfen. Die mangelnde **Käuferreichweite** (KRW) ist keine Erklärung, da es noch weitere Händler gibt, wie z.B. Kaufland, die eine sehr hohe BDQ und damit einen hohen eigenen 2-Jahres-Kundenwert erzielen, in der KRW aber weit hinter Aldi zurückliegen.

Grafisch lässt sich dieser Zusammenhang wie in der aus Kap. 6.2.6.2 bekannten Abb. 6-96 darstellen, indem **BDQ und Kundenwert** einander gegenübergestellt werden.

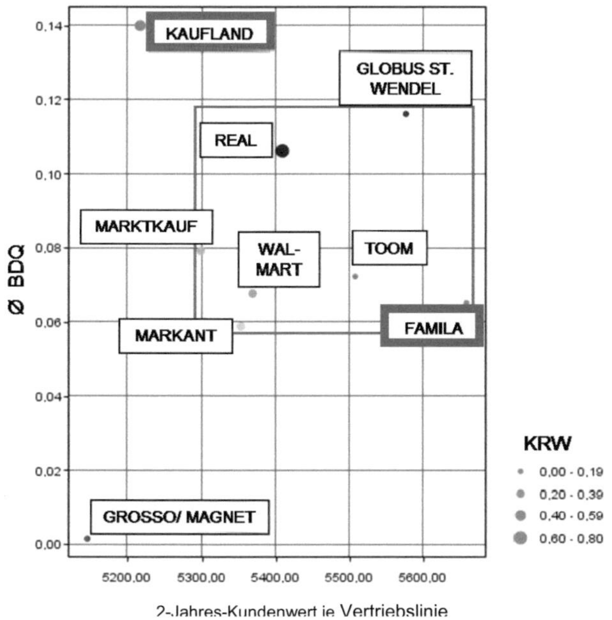

Abb. 6-96: Durchschnittliche BDQ, KRW und 2-Jahres-Kundenwerte bei SB-Warenhäusern über alle Warengruppen in Deutschland

Hier gilt die Regel: Je weiter oben rechts ein Händler liegt, desto besser. Wichtig ist zu beachten, dass hier der Wert der Kunden eines Händlers, gemessen über alle Händler, auf der Abszisse abgetragen wird. Der bei dem jeweiligen Händler verbleibende Anteil diese Gesamtwertes oder auch Potenzials der Kunden ergibt sich durch die Multiplikation mit der BDQ.[363] Der Vorteil ist, dass man hier direkt erkennen kann, wo die **Stärke oder Schwäche** liegt: im Kundenpotenzial oder in der Ausschöpfung.

famila steht im Kundenwert, gemessen über alle Händler, die von den famila-Kunden aufgesucht wurden, am weitesten rechts. Durch die unterdurchschnittliche BDQ realisiert famila allerdings einen relativ schwachen **eigenen Kundenwert**. Das Problem liegt in der Kundentreue: famila-Kunden geben zwar viel aus, verteilen das Budget aber auf viele Händler. Allein bezogen auf **SB-Warenhäuser** liegen sie mit einer BDQ von 6,52 % hinter sechs Wettbewerbern. Den besten Wert unter den SB-Warenhäusern erzielt Kaufland mit einer BDQ von 14,01 % und liegt hiermit – trotz eines über alle Einkaufsstätten geringeren 2-Jahres-Kundenwertes – bei einem Kundenwert von 730,79 €.

Dabei ist zu bemerken, dass sich die in den Daten vorliegende **Betriebstypeneinteilung** nicht mit der Konsumentenwahrnehmung decken muss.[364] Da aber keine Untersuchungen dieses Phänomens vorliegen, wurde im Rahmen der vorliegenden Arbeit auf die vorhandenen Betriebstypen zurückgegriffen. Generell sind die zu vergleichenden Wettbewerber für die zu analysierende Unternehmung frei auswählbar.

Die **Zielgröße** für famila könnte eine mit **Kaufland** vergleichbare **BDQ** sein. Beim vorhandenen Kundenpotenzial von 5.657,64 € könnte man einen 2-Jahres-Kundenwert von 792,64 € erzielen und würde damit durchschnittlich 31 € mehr pro Jahr und Haushalt einnehmen als Kaufland. Den eigenen 2-Jahres-Kundenwert würde famila mit einem **Zuwachs von 423,76 €** sogar verdoppeln, was gleichsam eine Verdoppelung des Jahresumsatzes bedeuten würde. Ein so großer Sprung ist unwahrscheinlich.

---

[363] Vgl. Kap. 6.2.6.1.

[364] Vgl. Weinberg/Purper (2004), S. 56.

Doch schon eine Verbesserung der BDQ um nur einen Prozentpunkt würde den 2-Jahres-Kundenwert von famila um 56,58 € und den 1-Jahres-Kundenwert um 28,29 € pro Kunden erhöhen.

Der mögliche Gesamteinfluss der Kundentreue wird deutlich, wenn man auch die **Käuferreichweite** berücksichtigt. Man könnte wie folgt rechnen (siehe Abb. 6-98): Bei einer KRW von 12 %, gerechnet auf ca. 39 Mio. Haushalte,[365] erreicht famila ca. 4,68 Mio. Haushalte in Deutschland. Mit einer Erhöhung der famila-BDQ um einen Prozentpunkt (s.o.) könnte famila seinen **Jahresumsatz** um über **132 Mio. € steigern**. Würde man als Zielgröße von einer mit Kaufland vergleichbaren BDQ ausgehen, so läge das BDQ-Potenzial bei 7,49 % und damit das jährliche Umsatzpotenzial ca. 8-mal höher. Könnte der Händler famila Kaufland in puncto BDQ einholen, so würde er seinen Umsatz um fast 992 Mio. € pro Jahr steigern.

Das Potenzial wird in dem in Abb. 6-98 gezeigten Beispiel ausschließlich aus der BDQ des stärksten Wettbewerbers Kaufland hergeleitet. Daher ist das BDQ bedingte Umsatzpotenzial von Kaufland gleich null.

	famila	Kaufland
BDQ	6,52 %	14,01 %
BDQ-Potenzial[366]	14,01 % - 6,52 % = 7,49 %	14,01 % - 14,01 % = 0 %
2-Jahres-Kundenwert des Händlers	5.657,64 € • 6,52 % = 368,88 €	5.216,18 € • 14,01 % = 730,79 €
2-Jahres-Kundenwert Potenzial	5.657,64 € • 7,49 % = 423,76 €	5.216,18 € • 0 % = 0 €
1-Jahres-Kundenwert Potenzial	423,76 € / 2 = 211,88 €	
KRW	12,00 %	51,22 %
Haushalte	39.000.000	39.000.000
Kunden	12,00 % • 39.000.000 = 4.680.000	51,22 % • 39.000.000 = 19.975.800
Umsatzpotenzial	4.680.000 • 211,88 € = **991.598.400 €**	

Abb. 6-97: Berechnung des Umsatzpotenzials für famila bundesweit

[365] Anzahl der Haushalte in Deutschland 2004 (vgl. Statistisches Bundesamt (2007), S. 46).
[366] Gemessen am stärksten Wettbewerber des gleichen Betriebstyps.

Obwohl die Daten mit dem Continuous Mass Weight gerechnet und damit auf die deutsche Gesamtbevölkerung hochgerechnet sind, ist eine Eins-zu-eins-Schätzung des Umsatzpotenzials, wie in Abb. 6-98 gezeigt, mit Vorsicht zu genießen. Schließlich sind die Händler in Deutschland bis auf wenige Discounter **nicht flächendeckend** vertreten, sondern regional tätig. Durch die **regionale Häufung** bestimmter Händler und die nicht bekannte regionale Verteilung der Panelhaushalte lassen sich Messfehler nicht ausschließen. Zudem ist eine Verdopplung der BDQ unwahrscheinlich.

Da famila aktuell offenbar die richtigen Kunden hat, stellt sich die Frage, **welche Maßnahmen** geeignet sind, um die BDQ zu steigern. Zur Ableitung genereller Marketingmaßnahmen bietet es sich an zu untersuchen, warum Kunden bei anderen Anbietern kaufen und wie man Schritte in die entsprechende Richtung gehen kann. Neben Primärforschungsmethoden wie Befragungen ist es sinnvoll, die Ausgestaltung der **Marketinginstrumente** abzugleichen. Fragestellungen können z.B. folgendermaßen lauten:

- „Welche zeitpunkt- und zeitraumbezogenen **Preisstrategien** verfolgt ein erfolgreicher Wettbewerber?“
- „Welches **Rahmen- und Detailsortiment** bietet er an?“
- „Wie sind **Dienstleistungen** und **Kassenzone** organisiert?“

Entsprechend den Ergebnissen der Ausgestaltung der Marketingmaßnahmen und der Wichtigkeit für die Kunden ist das eigene Vorgehen anzupassen. So wäre ein Ergebnis, von der Sonderangebotspolitik abzurücken und auf eine **Dauerniedrigpreisstrategie** zu wechseln, um zum „One-Stop-Shop“ der Kunden zu werden und damit eine höhere BDQ zu erzielen. Vielleicht ist auch die **Sortimentsgestaltung** durch Ein- oder Auslisten von Artikeln oder Warengruppen ein Ansatzpunkt, der Kunden zur Deckung eines höheren Bedarfs bewegt. In diesem Fall ist auch die tiefere Analyse des Kundenpotenzials einzelner Warengruppen sinnvoll.

6.3.2 Analyse und Ausschöpfung des 2-Jahres-Kundenpotenzials in der Warengruppe Molkereiprodukte

Durch **Potenzialanalysen auf der Warengruppenebene** werden die Stärken und Schwächen in den Sortimentsbereichen differenziert. Das Beispiel Molkereiprodukte in Kap. 6.2.6.3 zeigt, dass die 2-Jahres-Kundenwerte in dieser Warengruppe des täglichen Bedarfs relativ einheitlich über die Gruppe der „echten" Lebensmitteleinzelhändler verteilt sind. Ein Wachstum in dieser Kategorie geht also weniger von wertvolleren Kunden als vielmehr von einer höheren **Abschöpfung** des vorhandenen Potenzials aus. Insgesamt scheint eine BDQ von 23,78 % (Aldi) möglich zu sein, das stärkste SB-Warenhaus liegt bei 18,36 %. Voraussetzung für diese Annahme ist, dass die gleichen Kundengruppen bei Aldi und in SB-Warenhäusern kaufen, was nach Abb. 6-62 bei 41 % der Aldi-Kunden der Fall ist, die auch bei den SB-Warenhäusern Kaufland und real,- kaufen.[367]

Von der **Sortimentsbreite** und den vorhandenen **Marken** dürfte die BDQ nicht abhängen, da Aldi mit einem im Vergleich zu SB-Warenhäusern schmalen Sortiment und Eigenmarken vorne liegt. Möglicherweise sind Aspekte wie **Preisvertrauen** und **Frische** die Gründe für die Kunden, beim Discounter zu kaufen. Gerade Warengruppen des täglichen Bedarfs werden allerdings auch in Abhängigkeit von den Alternativen gekauft. Hat man es also mit einem lokalen Platzhirsch zu tun oder gibt es in ländlichen Gegenden wenig Wettbewerb, so dürfte die BDQ steigen. Aus diesem Grunde sind neben den tieferen Sortimentsanalysen regionale Unterschiede zu beachten.

6.3.3 Benchmarking auf Basis des 2-Jahres-Kundenpotenzials in der Warengruppe Molkereiprodukte in NRW

Die Analyse der Warengruppe **Molkereiprodukte in NRW** zeigt eine noch größere Dominanz des Anbieters Aldi. Zwar haben auch hier die SB-Waren-

[367] Siehe Kap. 6.2.6.3.

häuser die wertvollsten Kunden – gemessen im 2-Jahres-Kundenwert –, doch allein die durchschnittliche Aldi-BDQ von 30,42 % ist fast doppelt so hoch wie die BDQ des ersten Verfolgers. Der Platzhirsch in NRW ist laut Abb. 6-76 also Aldi. Aufgrund der regionalen KRW von 93,07 % kann als Zusammenhang vermutet werden, dass Aldi für die meisten Haushalte in NRW die Haupteinkaufsstätte für Güter des regelmäßigen Bedarfs ist und daher Molkereiprodukte – als typische Frischwaren – im Rahmen der Grundversorgung eingekauft werden.[368]

Interessant wäre es, hier die These zu verfolgen, ob die durchschnittliche BDQ einer Warengruppe wie Molkereiprodukte auf die durchschnittliche **Grundversorgungsfunktion** des jeweiligen Anbieters schließen lässt. Bei einer KRW von 93,07 % des Anbieters Aldi in NRW liegt die BDQ für Molkereiprodukte um 10 % über der allgemeinen BDQ von 20,87 % (siehe Abb. 6-98). Man könnte annehmen, dass Aldi das Potenzial hat, bis zu 30 % des täglichen Gesamtbedarfs in NRW zu decken. Erhärten lässt sich diese These nur über qualitative Forschungsmethoden, die Anlässe oder Motive für die hohe Bedarfsdeckung in der Warengruppe Molkereiprodukte bei den Kunden erfragen.

Solange diese These nicht widerlegt ist, kann zumindest das Potenzial errechnet werden für den Fall, dass ein Händler es schafft, die hohe Bedarfsdeckungsquote einer Warengruppe des täglichen Bedarfs **bei allen weiteren Warengruppen** zu erzielen. Neben Aldi soll diese Möglichkeit auch für den nach KRW vergleichsweise kleinen Anbieter Marktkauf berechnet werden, der immerhin eine BDQ von 16,21 % bei Molkereiprodukten in NRW erzielt und damit ebenfalls über der eigenen durchschnittlichen BDQ liegt (siehe Abb. 6-98).

Die genaue Berechnung der BDQ der beiden Händler in den **Warengruppen ohne Mopro** zeigt Abb. 6-98:[369] Aldi erzielt in NRW über alle Warengruppen eine durchschnittliche BDQ von 20,87 %, Marktkauf dagegen nur 10,12 %. Die BDQ für Mopro liegt jeweils deutlich höher bei 30,42 % (Aldi) und 16,21 % (Marktkauf). Um das **Steigerungspotenzial** über alle weiteren Warengruppen

---

[368] Anhang F zeigt die zu den Oberwarengruppen „Mopro gelb" und „Mopro weiß" gehörenden Subwarengruppen (z.B. „Hart-/Schnittkäse", „Milch", „Quark" etc.).

[369] Für den Ursprung der jeweiligen Werte siehe Kap. 6.2.6.5 und 6.2.6.6.

zu berechnen, muss der Mopro-Anteil aus der Gesamt-BDQ herausgerechnet werden, da die ca. 30 % stärkere Durchdringung der beiden Händler in dieser Warengruppe einen erheblichen Einfluss auf die BDQ über alle Warengruppen hat.

	Aldi	Marktkauf
$BDQ_{NRW(gesamt)}$	20,87 %	10,12 %
$BDQ_{NRW(Mopro)}$	30,42 %	16,21 %
$BDQ_{NRW(ohne\ Mopro)}$	19,66 %	9,28 %
$BDQ\text{-}Potenzial_{NRW}$	30,46 % - 19,66 % = 10,76 %	16,21 % - 9,28 % = 6,93 %
2-Jahres-Kundenwert ohne Mopro	5.376,11 € - 606,17 € = 4.769,94 €	5.230,54 € - 636,58 € = 4.593,96 €
1-Jahres-Kundenwert Potenzial	10,76 % • 4.769,94 € = 513,25 € / 2 = **256,63 €**	6,93 % • 4.593,96 € = 318,36 € / 2 = **159,18 €**
KRW_{NRW}	96,19 %	23,09 %
$Haushalte_{NRW}$	8.400.000	8.400.000
$Kunden_{NRW}$	96,19 % • 8.400.000 = 8.079.960	23,09 % • 8.400.000 = 1.939.560
$Umsatzpotenzial_{NRW}$	8.079.960 • 256,63 € = **2.073.560.135,00 €**	1.939.560 • 159,18 € = **308.739.160,08 €**

Abb. 6-98: Berechnung des Umsatzpotenzials für Aldi und Marktkauf in NRW auf Basis der Benchmark der Warengruppe Molkereiprodukte

Mit 19,66 % für Aldi und 9,28 % für Marktkauf haben beide Händler eine um ca. einen Prozentpunkt niedrigere BDQ über alle Warengruppen exklusive Mopro in NRW. Die Differenz zwischen der [$BDQ_{NRW(Mopro)}$] und der [$BDQ_{NRW(ohne\ Mopro)}$] bildet das von uns angenommene [$BDQ\text{-}Potenzial_{NRW}$] von 10,76 % für Aldi und 6,93 % für den Fall, dass jeder Kauf in den eigenen Einkaufsstätten analog zur Warengruppe Mopro ausgeschöpft würde.

Die 2-Jahres-Kundenwerte ohne Mopro ließen sich also um 10,76 % (Aldi) und 6,93 % (Marktkauf) steigern, was einem Wertpotenzial pro Jahr von 256,63 € pro Kunde für Aldi und 159,18 € für Marktkauf entspricht. Hochgerechnet mit der KRW ergibt sich das Umsatzpotenzial der beiden Händler in NRW. Abb. 6-98 zeigt, dass sich durch 8,4 Mio. Haushalte in NRW[370] für **Aldi** – bei einer Umsatzsteigerung von 256,63 € pro Haushalt pro Jahr und einer KRW von

[370] Vgl. Statistisches Bundesamt (2007), S. 29.

96,19 % – ein **Kundenwertpotenzial von 2,07 Mrd. € pro Jahr** ergibt, während **Marktkauf** u.a. aufgrund einer deutlich niedrigeren KRW ein **Potenzial von 308 Mio. €** sieht.[371]

Dabei ist zu beachten, dass eine über alle Warengruppen gleichmäßige BDQ unwahrscheinlich ist. Ein sinnvoller Ansatz ist daher, solche Potenzialanalysen über alle Warengruppen des täglichen Bedarfs durchzuführen und damit Bereiche zu identifizieren, in denen die **Bedarfsdeckungsquote von der stärksten Warengruppe** abweicht oder sogar unter dem Durchschnitt liegt.[372] In diesen Fällen gilt es zu analysieren, warum die Kunden andere Einkaufsstätten bevorzugen, und die Angebotsgestaltung entsprechend anzupassen.

6.3.4 Analyse der Customer-Lifetime-Value-Potenziale anhand der Familien-Lebenswelten über alle Warengruppen

Bei Entscheidungen zur kurzfristigen Ausschöpfung des Potenzials auf Basis des 2-Jahres-Kundenwertes sollte die langfristige Sicht des CLV einbezogen werden. Dabei ist die Annahme zu berücksichtigen, dass sich die in Kap. 6.2.7 ermittelten CLV ergeben, wenn sich die **Rahmenbedingungen und Einflussfaktoren** der Bewertung nicht ändern. Somit haben die Marketingmaßnahmen auf Basis der 2-Jahres-Kundenwerte auch Einfluss auf den CLV.

Vergleicht man zunächst die 2-Jahres-Kundenwerte der bereits in Kap. 6.3.1 betrachteten Unternehmungen mit den entsprechenden CLV, so ergibt sich z.B., dass das **Gesamtpotenzial** der famila-Kunden gegenüber dem kurzfristigen Wert abfällt. Im Folgenden werden drei Händler exemplarisch betrachtet:

- **Aldi** wegen der Top-Werte in der Bedarfsdeckungsquote und der Käuferreichweite,
- **famila** wegen des höchsten durchschnittlichen 2-Jahres-Kundenwertes und
- **Globus St. Wendel** wegen des höchsten durchschnittlichen CLV.

---

[371] Einen anderen Ansatz zur Schätzung des Umsatzpotenzials einer Warengruppe zeigt SCHRÖDER, indem er die Pro-Kopf-Ausgaben für die Warengruppe Obst & Gemüse in verschiedenen europäischen Ländern als Benchmark heranzieht (vgl. Schröder (2009), S. 12 f.).

[372] Ein vergleichbares Vorgehen schlägt POLLMÜLLER zur Identifikation von Umsatzpotenzialen auf Basis des Fair Share vor (vgl. Pollmüller (2008), S. 14 ff.).

Abb. 6-99 zeigt die **2-Jahres-Kundenwerte** der drei genannten Händler für die einzelnen **Familien-Lebenswelten** im Vergleich. **famila** hat im Vergleich mit Aldi und Globus St. Wendel die Kunden mit dem höchsten 2-Jahres-Kundenwert in den meisten Familien-Lebenswelten. Dies fällt besonders auf, weil die Mittelschicht-Familien mit Kindern bei famila als einzige Gruppe überhaupt auf mehr als 7.000 € in zwei Jahren kommen.

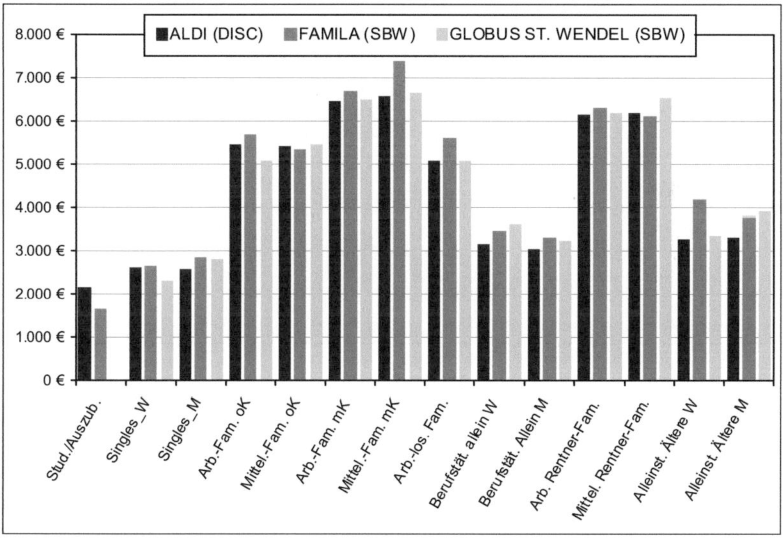

Abb. 6-99: Die durchschnittlichen 2-Jahres-Kundenwerte von Kunden der Händler Aldi, famila und Globus St. Wendel pro Familien-Lebenswelt

Hält man in Abb. 6-100 die gleiche Darstellung mit dem CLV dagegen, so zeigt sich, dass der Händler famila genau in den Bereichen, wo er aktuell stark ist, ein **geringeres Potenzial** aufweist als Globus St. Wendel.

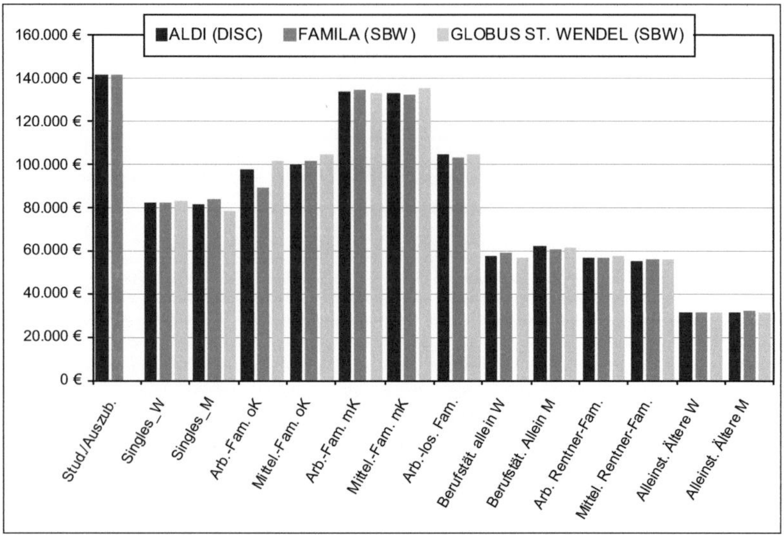

Abb. 6-100: Die durchschnittlichen CLV der Kunden der Händler Aldi, famila und Globus St. Wendel pro Familien-Lebenswelt

Hier zeigt sich die Stärke des CLV als Bewertungsmethode: Während der 2-Jahres-Kundenwert Vergangenheitsdaten misst und zur Ermittlung des kurzfristigen Potenzials herangezogen wurde, bewertet der CLV das **langfristige Potenzial der Kunden** und kann – wie dieses Beispiel belegt – zu anderen Ergebnissen und damit zu anderen Schlussfolgerungen für den Einsatz von Marketinginstrumenten kommen.

Ein **Vergleich der 2-Jahres-Kundenwerte** in Abb. 6-99 mit den **CLV** in Abb. 6-100 zeigt, dass famila auf lange Sicht lediglich bei männlichen Singles, weiblichen berufstätigen Alleinstehenden und männlichen alleinstehenden Älteren höhere Werte als die Wettbewerber erzielt, während Globus St. Wendel bei Arbeiter- und Mittelschicht-Familien mit und ohne Kinder vorne liegt. famila verliert gegenüber den 2-Jahres-Kundenwerten besonders bei den **Familien mit Kindern**, also bei den wertvollsten Lebenswelten. Der kurzfristig eher „Singles“ bedienende Wettbewerber Globus St. Wendel hat bei eben diesen Familien das größere Potenzial.

Die CLV einer Familien-Lebenswelt in Abb. 6-100 liegen nah beieinander. Dies ist u.a. darin begründet, dass hier die **durchschnittlichen CLV der Familien-Lebenswelten von Kunden des jeweiligen Händlers** über alle Händler gemessen werden. Dabei kann es vorkommen, dass dieselben Haushalte bei verschiedenen Händlern Kunden sind und somit dort mit denselben CLV einfließen. Zudem stellen die Familien-Lebenswelten in sich homogene Cluster dar, womit ähnliche CLV nicht unwahrscheinlich sind.[373]

Eine erste Vermutung zur Ursache für die Verschiebung des kurz- und langfristigen Potenzials ist, dass die Kunden von Globus St. Wendel sich in **„früheren" Lebensphasen** befinden als die famila-Kunden. Ein Blick in die 2-Jahres-Kundenwerte der Abb. 6-99 kann diese Vermutung allerdings nicht erhärten, weil famila auch bei **Single-Haushalten** kurzfristig stark ist und die Single-Haushalte in den in Kap. 6.2.3.3 skizzierten Lebenspfaden direkt an zweiter Stelle kommen.

Die **Balkenhöhe** in Abb. 6-99 und Abb. 6-100 zeigt, welche Familien-Lebenswelten mehr oder weniger wertvoll sind. Neben den Unterschieden in den Werten der einzelnen Gruppen wird mit Hilfe der Käuferreichweiten der Händler in Abb. 6-101 analysiert, **wie viele Haushalte** in den jeweiligen Klassen überhaupt erreicht werden.

---

[373] Vgl. Kap. 6.2.3.

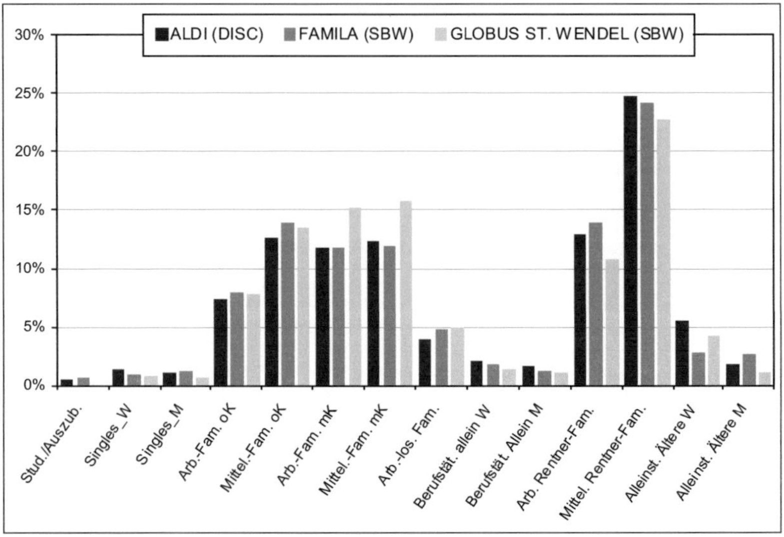

Abb. 6-101: Die Käuferreichweiten der Händler Aldi, famila und Globus St. Wendel in den Familien-Lebenswelten

Die **Lebenswelten „mit Kindern"** sind wertvoller als die ohne Kinder. Abb. 6-100 hat gezeigt, dass Globus St. Wendel innerhalb dieser Lebenswelten im Durchschnitt mehr Potenzial hat als famila. Zudem erreicht Globus St. Wendel laut Abb. 6-101 deutlich mehr Haushalte in den Familien-Lebenswelten Arbeiter- und Mittelschicht-Familien mit Kindern. famila hingegen ist auch in der Käuferreichweite eher bei den weniger wertvollen Lebenswelten stark.

Aus den Abb. 6-99, Abb. 6-100 und Abb. 6-101 lässt sich zusammenfassend Folgendes festhalten:

- **Aldi** hat lediglich in der Familien-Lebenswelt **„Studierende/Auszubildende"** den höchsten durchschnittlichen **2-Jahres-Kundenwert**. Gemessen in Käuferreichweite macht diese Lebenswelt allerdings nicht einmal 0,5 % der aktuellen Kundschaft aus. Den verglichen mit den Wettbewerbern höchsten **CLV** hat Aldi bei **„Arbeiter-Familien ohne Kinder"**, erreicht hier mit 7,3 % aber eher unterdurchschnittlich viele Haushalte. Besonders hohe Käuferreichweiten erzielt Aldi bei **„Mittelschicht-Rentner-Familien"**, die kurzfristig einen hohen 2-Jahres-Kundenwert, aber ein geringes Potenzial im Sinne des CLV versprechen.

- **famila** hat den mit Abstand höchsten 2-Jahres-Kundenwert bei **„Mittelschicht-Familien mit Kindern"**, die aber nur 11,9 % der famila-Kundschaft ausmachen. Einen überdurchschnittlichen CLV erzielt famila lediglich bei **„Arbeiter-Familien mit Kindern"**, einer der wertvolleren Lebenswelten, bedient dort allerdings eher wenige Haushalte. Überdurchschnittlich stark bei famila vertreten sind **„Mittelschicht-Familien ohne Kinder"** und **„Arbeiter-Rentner-Familien"**. Diese beiden Lebenswelten sind allgemein mittelmäßig wertvoll und auch famila erzielt dort keinen überdurchschnittlichen CLV.
- **Globus St. Wendel** hat in der Lebenswelt **„Mittelschicht-Rentner-Familien"** einen überdurchschnittlichen 2-Jahres-Kundenwert und dabei zwar eine hohe KRW, die verglichen mit den Wettbewerbern allerdings unterdurchschnittlich ist. Globus hat das höchste Kundenwertpotenzial mit besonders hohen CLV bei **„Arbeiterschicht-Familien ohne Kinder"** und **„Mittelschicht-Familien mit Kindern"**, wobei gerade die letztgenannten besonders wertvoll sind und bei Globus mit 15,8 % einen überdurchschnittlich großen Anteil der Gesamtkundschaft ausmachen.

Die Zusammenfassung macht deutlich, dass sich der Umsatzwert aus dem Kundenwert **nur unter Berücksichtigung aller Faktoren** ableiten lässt. Jeder der drei exemplarisch betrachteten Händler hat seine Stärken und Schwächen. So ist z.B. der für **famila** kurzfristig hohe 2-Jahres-Kundenwert der „Mittelschicht-Familien mit Kindern" zu relativieren, weil famila letztlich nicht besonders viele dieser Haushalte erreicht. Stark ist famila bei anderen Lebenswelten vertreten, die wiederum weniger wertvoll sind. **Aldi** hat vor allem **kurzfristig wertvolle Kundschaft**. Langfristig sind die besonders starken Lebenswelten bei Aldi weniger wertvoll, weil vor allem **spätere Lebenswelten** bedient werden.

Dem Thema **Alter** wird im folgenden Kapitel weiter nachgegangen. **Globus** hat Kunden mit hohen CLV, deren KRW unternehmensintern auch vergleichsweise hoch ist. Allerdings erreicht Globus als regionaler Anbieter verglichen mit anderen Händlern wenige Haushalte.

6.3.5 Analyse der Customer-Lifetime-Value-Potenziale anhand der Altersstruktur über alle Warengruppen bundesweit

Die Ursachenanalyse zeigt, dass die famila-Haushalte im Vergleich zu den Haushalten anderer Händler aktuell stark in besonders **wertvollen Lebensphasen** sind. Sofern es famila gelingt, weiterhin **Anlaufstelle für wertvolle Familien** zu sein, sind keine Maßnahmen zur Gewinnung wertvollerer Kunden erforderlich. Falls es allerdings z.B. Globus St. Wendel gelingt, seine Kunden so zu binden, dass sie – anders als in diesem Modell angenommen – nicht in späteren Lebensphasen zu famila wechseln, so muss famila Maßnahmen zur **Kundengewinnung** einleiten.

Für famila gilt es also nicht nur die skizzierten kurzfristigen Maßnahmen zur Steigerung der BDQ anzugehen,[374] sondern auch den zukünftig sinkenden Kundenwerten gegenzusteuern. Hierzu muss im Detail analysiert werden, **warum** und **wo** genau das Potenzial, gemessen durch den CLV, geringer ist als die aktuellen Ausgaben.

Dafür werden zunächst die **Altersstrukturen** der drei Händler analysiert. Da das Alter der haushaltsführenden Person einer der Haupttreiber des CLV ist, lassen sich die vorliegenden Daten nicht nur – wie im vorigen Kapitel – nach Familien-Lebenswelten, sondern auch nach dem **Alter der haushaltsführenden Person** aufgliedern. Die Altersstrukturanalyse der Kunden von Aldi, famila und Globus St. Wendel in Abb. 6-102 geht der Frage nach, aus welchen Altersklassen die Panelhaushalte stammen, die bei dem jeweiligen Händler kaufen, um zu prüfen, ob das Alter die Ursache für die Potenzialverschiebung zwischen famila und Globus ist. Die Werte in Abb. 6-102 entsprechen den **Käuferreichweiten** der Händler pro Altersklasse.

---

[374] Vgl. Kap. 6.3.1.

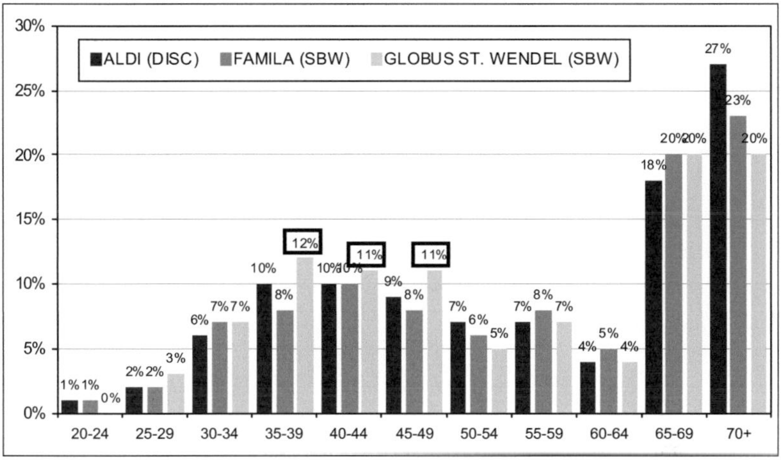

Abb. 6-102: Die Altersstruktur der Händler Aldi, famila und Globus St. Wendel im Vergleich

Hier ist das insgesamt hohe Durchschnittsalter – bedingt durch das relativ **hohe Alter der Panelhaushalte** – offensichtlich. Das Ergebnis einer solchen Strukturanalyse gilt daher nur für das Haushaltspanel. Da aber lediglich das Ziel verfolgt wird, die Händler zu **vergleichen**, reichen die Daten aus, um zu zeigen, dass Globus St. Wendel in fast allen Altersklassen bis 50 Jahre eine höhere Käuferreichweite als die Wettbewerber hat (siehe Abb. 6-102). Das **Durchschnittsalter der Globus-Kunden** ist mit 54,4 Jahren niedriger als bei famila mit 56,4 Jahren und Aldi mit 56,6 Jahren.

Fragen zur Bindung von Kunden bestimmter Altersklassen müssten generell mit Hilfe **längerer Datenreihen** analysiert werden. Die Paneldaten sind hierfür nicht die beste Datengrundlage. So werden zur Wahrung der Repräsentativität der Stichprobe z.B. Haushalte aus dem Panel entfernt, deren Adresse oder Haushaltsgröße sich ändert.[375] Doch gerade solche Fälle sind es, an denen die **Einkaufsstättentreue** oder zumindest **Händlertreue** interessant zu beobachten wäre.

Von dieser **methodischen Besonderheit** des Haushaltspanels abgesehen zeigt Abb. 6-102, dass Globus St. Wendel in den Altersklassen 35-39, 40-44

[375] Vgl. Kap. 6.1.

und 45-49 zum Teil deutlich stärker vertreten ist als famila. Somit weist Globus schon heute in der Einkaufsstätte die Haushalte mit dem rein **altersbedingt größten Potenzial** auf. Da allerdings vergleichsweise wenige ältere Haushalte dort einkaufen, stellt sich die Frage, ob Globus St. Wendel in der Lage ist, die Kunden lange genug **zu binden**, um vom hohen CLV zu profitieren. Dabei ist nicht davon auszugehen, dass es sich um gewollte Positionierungen handelt, also Globus St. Wendel für die jüngeren und famila für die älteren Familien. Weder einschlägige Fachorgane noch Unternehmensinformationen weisen auf solche Strategien hin.[376]

Analog gilt für famila, dass sich das durch eine **im Durchschnitt ältere Kundschaft** bedingte geringere Potenzial nicht negativ auswirken muss. famila könnte sich einen gewissen Status in der Zielgruppe erarbeitet haben und somit die „nachwachsenden" älteren Haushalte weiter versorgen. Ursachen könnten ein auf die ältere Zielgruppe zugeschnittenes **Sortiment** und **Dienstleistungen** sowie günstig zu erreichende **Standorte** sein.

Die Betrachtung der **2-Jahres-Kundenwerte pro Altersklasse** in Abb. 6-103 zeigt allerdings, dass Globus durchaus auch in älteren Klassen wie 55-59 und 70+ schon heute höhere kurzfristige Kundenwerte erzielt als famila. Nach Abb. 6-102 hat Globus zwar nicht viele ältere Kunden, kann aber in einigen Altersklassen gute Werte erzielen. Ansonsten liegt famila in dieser Analyse vorn.

---

[376] Vgl. Bünting (2009), o.S.; famila (2009), o.S.; Globus (2009), o.S.; Lattmann/Krost (2007), o.S.; o.V. (2009a), o.S.; o.V. (2009b), o.S.; o.V. (2009c), o.S.

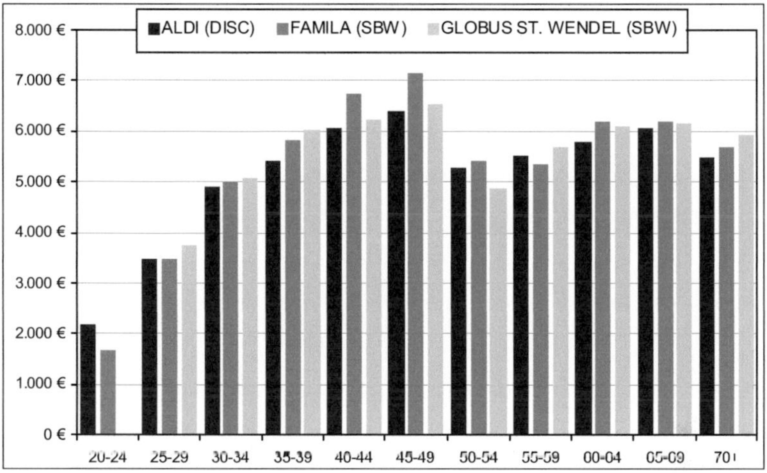

Abb. 6-103: Die durchschnittlichen 2-Jahres-Kundenwerte der Kunden der Händler Aldi, famila und Globus St. Wendel pro Altersklasse

Der Vergleich der gleichen Darstellung mit den durchschnittlichen **CLV** in den jeweiligen **Altersklassen** in Abb. 6-104 zeigt wiederum, dass die famila-Kunden in den meisten 5-Jahres-Intervallen weniger Potenzial haben als die Kunden von Globus St. Wendel.

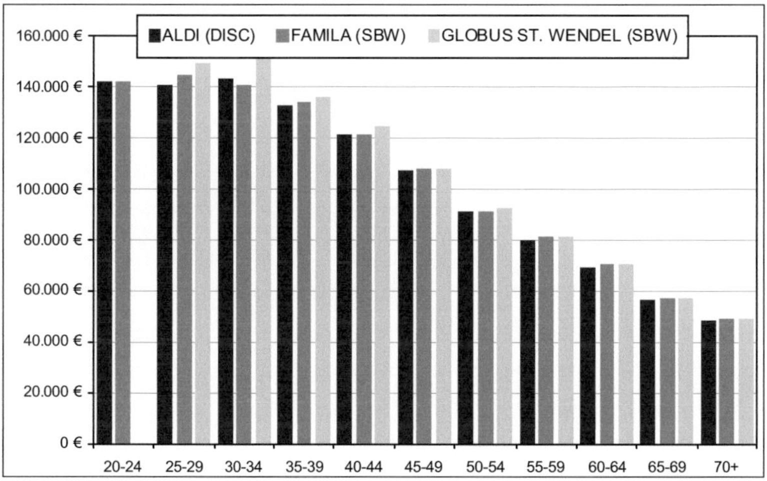

Abb. 6-104: Die durchschnittlichen CLV der Kunden der Händler Aldi, famila und Globus St. Wendel pro Altersklasse

Dabei ist zu beachten, dass Abb. 6-104 den Durchschnittswert einer Altersklasse **unabhängig von der Fallzahl** abbildet. Wie auch in Abb. 6-102 ist es also unerheblich, ob ein Händler deutlich mehr oder weniger Kunden erreicht hat. Eine Verzerrung könnte aus der Tatsache folgen, dass eventuelle Ausreißer bei geringen Fallzahlen stärker ins Gewicht fallen. Da die Werte aber nicht allzu weit auseinander liegen, dürfte dies hier nicht der Fall sein.

Man kann also schließen, dass nicht nur das **geringere Alter** der Globus-Kunden für das hohe Potenzial verantwortlich ist, sondern auch bei gleichem Alter einfach der **Wert innerhalb der Alterklassen** höher ist.

Jeder Händler hat eine **individuelle Kundenstruktur**, die von dem in Kap. 6.2.3.3 gezeigten Durchschnitt abweicht. Die Strukturen unterscheiden sich im Hinblick auf das Alter, die Familienlebenswelten und die Ausgaben der Kunden womit sich die durchschnittlichen CLV der jeweiligen Händler ergeben. Abb. 6–105 zeigt die Struktur der Globus-Kundschaft anhand der CLV der Lebenspfade. Die wertvollsten Kundengruppen sind die Familien mit Kindern, Mittelschicht und Arbeiterschicht in etwa mit dem gleichen noch zu erwartenden CLV von ca. 137.000 €. Im Durchschnitt über die Lebenswelten und die Anzahl der Globus-Kunden ergibt sich der CLV von 92.688,42 €.

Vergleicht man diese **Kundenstruktur von Globus** mit dem Gesamtdurchschnitt des Panels in Abb. 6-31, so fällt auf, dass die Kurven – im Gegensatz zum Durchschnitt über alle Haushalte – nicht nur verschieden hoch sind, sondern auch unterschiedlich früh bzw. spät enden. Der Grund hierfür liegt darin, dass das Gesamtmodell aus Kap. 6.2.3.3 das **durchschnittliche Kaufvolumen** der Haushalte des jeweiligen Lebenspfades ab dem zwanzigsten Lebensjahr über das gesamte Panel zeigt. Dadurch lassen sich die verschiedenen Haushaltstypen unter gleichen Umständen vergleichen, die Lebensdauern sind damit allerdings identisch. Die Lebenspfade der **Globus-Kunden** hingegen „beginnen“ in Abb. 6–105 mit dem Durchschnittsalter eines jeweiligen Pfades, das durchgehend höher ist als 20 Jahre. So sind z.B. die alleinstehenden Kundinnen relativ alt und lassen nur eine Kundendauer von 30-34 Jahren erwarten. Die Familien mit Kindern sind im Globus-Durchschnitt jünger und können somit noch bis zu 44 Jahre lang als Kunden erwartet werden.

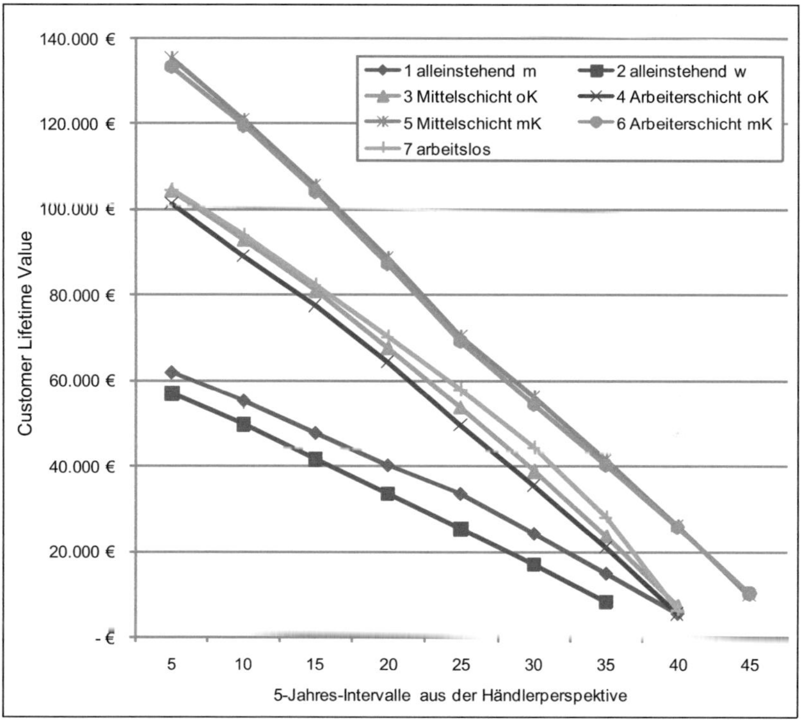

Abb. 6-105: Die Entwicklung der durchschnittlichen CLV von Kunden des Händlers Globus St. Wendel

Nimmt man an, dass sich an der **Kundenstruktur** in den kommenden Jahren nicht ändert, also die selben Familien weiterhin bei Globus einkaufen und keine neuen hinzukommen, so kann man die Graphen in Abb. 6–105 weiter verfolgen und den CLV der zukünftigen Zeitpunkte ablesen.

Als weitere Information benötigt man die **Anzahl der Haushalte jeder Lebenswelt**, um in Kombination mit dem jeweiligen Wert das Potenzial und die strategische Stoßrichtung von Marketingmaßnahmen zu bestimmen. Damit ergeben sich Anhaltspunkte dafür, bis zu welcher Höhe sich die **Investition in einen Kunden** der entsprechenden Gruppe lohnt. Denn die prognostizierten Einnahmen der Kunden(gruppe) und ein entsprechender Kalkulationszinsfuß (z.B. aus dem Zinsfuß für die Anlage von Eigenkapital auf dem Kapitalmarkt oder aus dem Zinsfuß für die Aufnahme von Fremdkapital abgeleitet) sind die

Basis, um zu ermitteln, bis zu welcher Höhe sich Investitionen in diesen Kunden bzw. diese Kundengruppe lohnen.

So kann ein Händler in bestimmten Abständen analysieren, welche Kundengruppe sich wie in ihrem Wert für ihn entwickelt und in welche Kundengruppe wieviel investiert werden soll. Der CLV wird damit zu einem Steuerungsinstrument für strategische Entscheidungen.

6.3.6 Benchmarking auf Basis der Customer-Lifetime-Value-Potenziale über alle Warengruppen bundesweit

Als Resultat der vorgestellten Analysen sind viele sozioökonomische Eigenschaften der für die analysierende Unternehmung **wertvollen Kunden** bekannt. Ebenfalls bekannt sind die **Produkte, Marken und Warengruppen**, die von den aktuell wertvollen Kunden gekauft werden. Zudem kann man absehen, welche Kunden heranwachsen und in Zukunft die wertvollen Segmente bilden werden.

Für die **Sortimentsgestaltung** ist zu empfehlen, die Warengruppenbedürfnisse der aktuellen Kunden mit den kommenden Kunden abzugleichen. So können z.B. Markenpräferenzen den Ausschlag dafür geben, die zukünftig wertvollen Kunden zu erreichen. **Mikrogeografische Analysen** über Kundenwerttreiber wie Alter, Haushaltsgröße und soziale Stellung können zeigen, ob ein Händler die Zielkunden mit einem hohen CLV durch die aktuellen Standorte seiner Filialen überhaupt erreicht. Der Vergleich mit erfolgreichen Wettbewerbern kann Aufschluss über zukünftig anzubietende Dienstleistungen geben.

Wie bereits in Kap. 6.3.1 beschrieben, sollten die **Kundenbedürfnisse** vor allem durch qualitative Marktforschung weiter erkundet werden, um das zur **Gewinnung wertvoller Kunden** notwendige Programm anzubieten. Die Kundenbewertung liefert hierfür durch die Einbeziehung sozioökonomischer Daten sowie des Kaufverhaltens die Basis der weiteren Untersuchungen.

Die Ermittlung der durchschnittlichen CLV der Kunden einzelner Händler ermöglicht analog zur kurzfristigen Potenzialanalyse aus Kap. 6.3.1 eine konkrete Berechnung des **langfristigen Potenzials** über die Lebensdauer der aktuellen

Kunden. Diese Analyse unterliegt den gleichen Annahmen wie die bereits beschriebenen Kundenbewertungen und lässt u.a. die **Marktdynamik** und Veränderungen innerhalb der analysierten Unternehmungen außer Acht, da eine Prognose dieser Daten über Jahrzehnte nicht Schwerpunkt der vorliegenden Arbeit ist.[377]

Die Ergebnisse der **CLV einzelner Händler** in Abb. 6-106 zeigen, dass Aldi insgesamt den höchsten CLV realisiert. Obwohl die Aldi-Kunden an sich mit einem CLV von 84.504,13 € – gemessen über alle Händler – beinahe die am wenigsten wertvollen Kunden sind, schöpft Aldi mit der **höchsten BDQ** mehr Wert als alle anderen Händler. Multipliziert ergibt sich für Aldi pro Kunde im Durchschnitt ein **CLV von 13.689,67 €**.

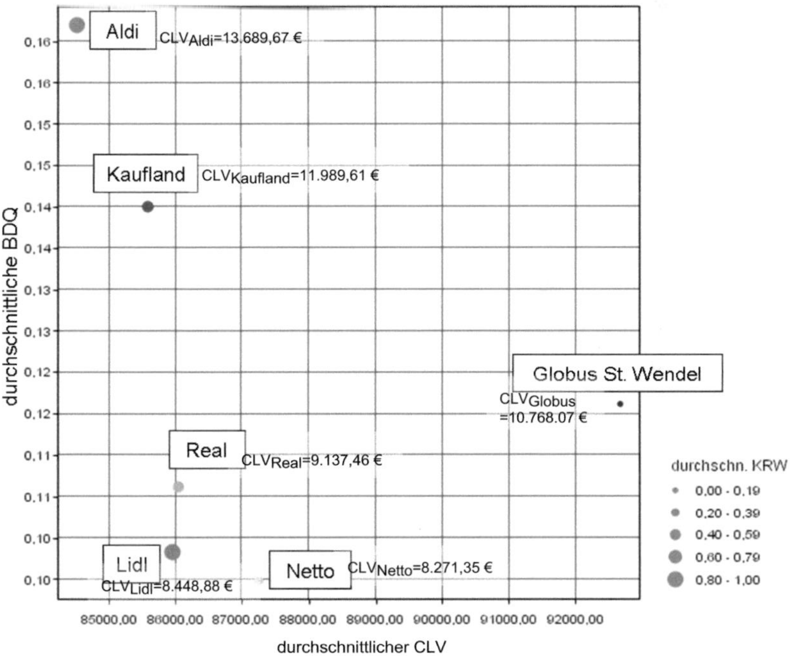

Abb. 6-106: Gegenüberstellung der durchschnittlichen BDQ, Käuferreichweite und CLV der Händler mit einer BDQ > 9 %

[377] Siehe u.a. Kap. 6.2.2

Die insgesamt wertvollsten Kunden hat **Globus St. Wendel.**[378] Von dem durchschnittlichen CLV dieser Kunden von 92.668,42 € realisiert Globus St. Wendel allerdings nur einen Anteil von 11,62 % und schöpft damit 10.768,07 € pro Kunde ab. Globus liegt mit dieser BDQ auf Platz 3 hinter Aldi und um 2,5 Prozentpunkte hinter dem – vom Konzept her mit Globus mehr oder weniger vergleichbaren[379] – SB-Warenhaus **Kaufland**. Rechnet man bundesweit hoch, wie viel Potenzial Globus unter der Annahme hätte, dass eine **mit Kaufland vergleichbare BDQ** zu erzielen wäre, so kommt man auf einen durchschnittlichen CLV von 12.982,85 €, was einem **Potenzial von 2.214,78 €** pro Kunde entspricht.

Unter der Annahme, dass alle weiteren **Rahmenbedingungen konstant** bleiben, erreicht Globus St. Wendel mit einer KRW von 11,47 %, gerechnet auf 39 Mio. Haushalte,[380] ca. 4,47 Mio. Haushalte in Deutschland. Eine Erhöhung der BDQ auf das Kaufland-Niveau würde somit in der Summe ein **Potenzial von 9,9 Mrd. €** bei allen aktuellen Kaufland-Kunden über deren **komplette Dauer der Kundschaft** erschließen. Die Dauer der Kundschaft kann in diesem Modell bis zu 60 Jahre umfassen,[381] auf die sich die hier errechneten 9,9 Mrd. € verteilen würden.

Bei der Schätzung der erreichten Haushalte ist – wie bereits in Kap. 6.3.1 beschrieben – die Gefahr von **Messfehlern** bei der bundesweiten Hochrechnung von regional verstreuten Einkaufsstätten und Panelhaushalten zu beachten. Zur Plausibilitätsprüfung wurden die **Umsatzzahlen des Geschäftsjahres 2005/2006** der Globus-Gruppe herangezogen.[382]

Die Globus-SB-Warenhäuser erzielten im Zeitraum Juli 2005 bis Juni 2006 einen Umsatz von 2,8 Mrd. €, der sich gegenüber dem Vorjahr um 2,2 % gesteigert haben soll. Rechnet man also einen Jahresumsatz 2004/2005 von ca. 2,73 Mrd. € auf 4,47 Mio. Haushalte, so kommt man auf einen 1-Jahres-Kundenwert von **ca. 613 € pro Haushalt**. Zum Vergleich: Unsere Analysen in Kap. 6.2.6.2 haben einen 2-Jahres-Kundenwert für Globus von 647,85 € pro

---

[378] Vgl. Abb. 6-83 in Kap. 6.2.7.1.
[379] Vgl. Weinberg/Purper (2004), S. 56.
[380] Anzahl der Haushalte in Deutschland 2004 (vgl. Statistisches Bundesamt (2007), S. 46).
[381] Vgl. Kap. 6.2.4.1.
[382] Vgl. o.V. (2007), o.S.

Haushalt ergeben. 613 € pro Haushalt pro Jahr erscheinen also eher hoch. Da das Haushaltspanel **nicht alle Warengruppen** misst, die in einem Globus-SB-Warenhaus verkauft werden, ist ein Kundenumfang von mindestens 4,47 Mio. Haushalten somit nicht unwahrscheinlich.

Obwohl die Daten mit dem Continuous Mass Weight gerechnet und damit auf die deutsche Gesamtbevölkerung hochgerechnet sind, ist eine Eins-zu-eins-Schätzung des Umsatzpotenzials, wie in Abb. 6-98 gezeigt, mit Vorsicht zu genießen. Schließlich sind die Händler in Deutschland bis auf wenige Discounter **nicht flächendeckend** vertreten, sondern regional tätig. Durch die **regionale Häufung** bestimmter Händler[383] und die nicht bekannte regionale Verteilung der Panelhaushalte lassen sich Messfehler nicht ausschließen. Zudem ist eine Verdopplung der BDQ unwahrscheinlich.

Ein solches **Benchmarking** mit einem erfolgreichen Händler des gleichen Betriebstyps, wie hier zwischen Globus St. Wendel und Kaufland, unterliegt Annahmen, die die Vergleichbarkeit in Frage stellen. Zum einen wurde bereits mehrfach auf die offene Frage hingewiesen, ob Konsumenten die einem **Betriebstyp** zugehörigen Händler wirklich als gleichartig wahrnehmen.[384] Weiterhin müssen Händler eines gleichen Betriebstyps nicht das gleiche **Sortiment** führen. Mit einer Abweichung in der Verfügbarkeit bestimmter Warengruppen oder Marken wären die BDQ zweier Händler nicht mehr vergleichbar. Ähnliches gilt für **Standorte**, wenn das Wettbewerbsumfeld zweier Händler nicht vergleichbar ist.

6.3.7 Benchmarking auf Basis der Customer-Lifetime-Value-Potenziale in der Warengruppe Molkereiprodukte

Für die Warengruppe Molkereiprodukte wird untersucht, wie groß das **Potenzial** von Käufern für **Warengruppen des täglichen Bedarfs** ist. Der Vorteil gegenüber der Potenzialermittlung durch Benchmarking mit Wettbewerbern ist die **Vergleichbarkeit**. Kunden der Warengruppe Molkereiprodukte sind bereits

[383] Vgl. die regional fokussierten Analysen des Kap. 6.2.6.5.
[384] Vgl. Weinberg/Purper (2004), S. 56.

Kunden des analysierten Händlers. Die Einschränkungen durch verschiedene Standorte, direkte Wettbewerber und Kaufkraft gelten also nicht.

Abb. 6-107 zeigt, dass sowohl Aldi als auch Globus St. Wendel in der Warengruppe Molkereiprodukte mit Bedarfsdeckungsquoten von 23,78 % (Aldi) bzw. 15,88 % (Globus St. Wendel) um 7,87 (Aldi) bzw. 4,82 (Globus St. Wendel) Prozentpunkte erfolgreicher sind als im Durchschnitt über alle Warengruppen. Würde man annehmen, dass die beiden Händler mit diesen Mopro-Kunden die gleiche BDQ über alle Warengruppen erzielen könnten, so ergäbe sich ein **CLV-Potenzial von 5.869,42 € pro Aldi-Kunde** und von **3.945,34 € pro Globus St. Wendel-Kunde**.

	Aldi	Globus St. Wendel
$BDQ_{D(gesamt)}$	16,20 %	11,62 %
$BDQ_{D(Mopro)}$	23,78 %	15,88 %
$BDQ_{D(ohne\ Mopro)}$	15,91 %	11,06 %
$BDQ\text{-}Potenzial_D$	23,78 % - 15,91 % = 7,87 %	15,88 % - 11,06 % = 4,82 %
CLV ohne Mopro	84.504,13 € - 9.924,48 € = **74.579,65 €**	92.668,42 € - 10.814,80 € = **81.853,62 €**
CLV-Potenzial	7,87 % * 74.579,65 € = **5.869,42 €**	4,82 % * 81.853,62 € = **3.945,34 €**
KRW_D	93,46 %	11,47 %
$Haushalte_D$	39.000.000	39.000.000
$Anzahl\ Kunden_D$	93,46 % * 39.000.000 = 36.449.400	11,47 % * 39.000.000 = 4.473.300
$Umsatzpotenzial_D$	36.449.400 * 5.869,42 € = **213.936.837.348,00 €**	4.473.300 * 3.945,34 € = **17.648.689.422,00 €**

Abb. 6-107: Herleitung des langfristigen Umsatzpotenzials für Aldi und Globus St. Wendel

Mit den jeweiligen **KRW** hochgerechnet ergeben sich **sehr hohe Werte**. Aldi kann mit seinen vorhandenen Kunden den Umsatz über die **gesamte Dauer** der jeweiligen Kundschaft um 214 Mrd. € steigern, Globus St. Wendel sieht sich aufgrund eines etwas geringeren Potenzials und einer deutlich geringeren KRW einer Steigerung von 18 Mrd. € gegenüber. Wohlgemerkt: Diese Werte gelten für die **Dauer der Kundschaft aller aktuellen Kunden**, ohne dass diese ihr Einkaufsstätten-Wahlverhalten verändern. Dies ist besonders zu berücksichtigen, da bei der Ermittlung der CLV durchaus bis zu 60 Jahre Kundschaft in der

Zukunft liegen, es sich also um eine **Entwicklungsprognose** handelt und nicht um ein jährliches Potenzial.

6.3.8 Zusammenfassende Beurteilung der Kundenbewertung für den Einzelhandel

Die vorgestellten Methoden zu Analyse und Ausschöpfung des Kundenpotenzials basieren auf Marktforschungsdaten. Ein mit **Haushaltspaneldaten** berechneter CLV eröffnet einem Händler die Möglichkeit, sich mit anderen Händlern zu vergleichen und das insgesamt **im Markt vorhandene Potenzial** zu analysieren. Die Kundenbewertung mit Haushaltspaneldaten zeichnet ein Gesamtbild durch:

1. **Bestandsaufnahme** des **aktuellen Kundenpotenzials** mit dem 2-Jahres-Kundenwert
2. **Aktuelle Marktabschöpfung** durch BDQ und KRW
3. Berechnung des **zukünftigen Kundenpotenzials** mit dem CLV

Das Haushaltspanel bietet als einzige Datenquelle diese **Gesamtsicht** auf den Kunden. Damit nimmt der Nutzer allerdings die bereits skizzierten Schwächen wie Panelschiefe, Panelsterblichkeit und geringe Fallzahl in Kauf.[385] Der CLV bietet sich für Händler und Hersteller als stetige **Erfolgskontrolle einer Partnerschaft** an. Gerade Hersteller können ihre verkaufsfördernden Bemühungen auf Händler **konzentrieren**, bei denen das Kundenpotenzial besonders vielversprechend ist. Paneldaten sind oft die einzigen Marktdaten, auf die ein Hersteller zugreifen kann. Die Ermittlung des monetären Potenzials einzelner Händler, Regionen oder Warengruppen ist somit für die Allokation von Marketingbudgets auf Händler von besonderer Bedeutung.

Ein weiterer Vorteil des CLV **Konzeptes** ist die Möglichkeit zur Ermittlung des CLV auf Basis **unternehmungsinterner Abverkaufsdaten**. Die interne Variante wurde in der vorliegenden Arbeit nicht demonstriert. Das Vorgehen ähnelt der hier gezeigten Methode. Da allerdings nur die Daten der eigenen Handelsunternehmung vorliegen, steht im Ergebnis nicht der branchenbezogene Gesamtwert

---

[385] Vgl. Kap. 5.2.2.2.

der Kunden, sondern der Wert für den **einzelnen Händler**. Unternehmungsinterne Daten zeigen dabei nicht die von Paneldaten bekannten Schwächen der Aktualität und Fallzahl und ermöglichen – die Zurechenbarkeit zu einzelnen Kunden vorausgesetzt[386] – ebenfalls die Berechnung der kurzfristigen Kundenwerte sowie der CLV.

Der Nachteil des ausschließlich unternehmungsinternen CLV ist der fehlende Vergleichsmaßstab. Wo in den vorhergehenden Kapiteln verschiedene Möglichkeiten des externen Benchmarkings gezeigt wurden, erlaubt ein „interner CLV" nur eingeschränkte Vergleiche wie z.B. Filialvergleiche. Handelssysteme können **erfolgreiche Filialen** identifizieren und als **Benchmark** für die Gestaltung der Marktbearbeitung anderer Filialen heranziehen. Die gleiche Möglichkeit haben Hersteller, die ersehen können, welchen Beitrag verschiedene Händler oder Filialen zum **Kundenwert eines Produktes** oder einer Marke leisten.

Darüber hinaus hat die Kundenbewertung auf Basis **personalisierter Daten** den Vorteil, dass die Kunden persönlich bekannt sind. Somit können die in diesem Kapitel skizzierten **Maßnahmen kundenspezifisch** angewandt werden (z.B. zur Streuung von Coupons). Der CLV ist eine **zukunftsorientierte Kennzahl**. Somit ist er besser zur Planung und Kontrolle geeignet als statische Kennzahlen.

Das kundenindividuelle Potenzial des CLV gibt einen guten Anhaltspunkt für die Höhe von Marketingbudgets für einzelne Kunden oder Kundengruppen.[387] Dabei ist vor allem die über den Rahmen der vorliegenden Arbeit hinausgehende Berücksichtigung von **Auszahlungen für Kunden** zur Ermittlung des zur Verfügung stehenden Einzahlungsüberschusses wichtig.

Als **dynamische Größe** bietet der CLV die Möglichkeit der Anpassung an **veränderte Bedingungen**. Je nach gängiger Praxis sind grundsätzlich zwei Möglichkeiten denkbar: Durch zunehmende Erfahrung mit dieser Kennzahl können die Bestandteile des CLV variiert werden, wenn sich bestehende Komponenten als wenig hilfreich oder noch nicht einbezogene Daten als vielversprechend

---

[386] Vgl. Kap. 5.2.2.3.
[387] Vgl. ähnlich Berger/Nasr (1998), S. 20.

erweisen. Man entdeckt und entwickelt sukzessive die **relevanten Determinanten** eines CLV.

Des Weiteren kann der CLV im Sinne einer **rollierenden Planung** stetig fortgeschrieben werden und nähert sich von seinem Wert her – durch die wachsende historische Datenbasis – dem „echten" Kundenlebenswert an. Frühe Messungen liefern dann einen **Plan-Wert**, der sich mit zunehmendem Alter der Haushalte einem **Ist-Wert** nähert. Dieser Umstand hilft der analysierenden Unternehmung auch bei der **Verbesserung der Annahmen** des Messapparates.

Mögliche Einwände gegen die mit der Kundenbewertung einhergehende Differenzierung der Marktbearbeitung werden von HOHM/HANSEN/GEISLER in einem Beitrag zu den **marketingethisch moralischen Problemen** der Ungleichbehandlung von Kundensegmenten aufgegriffen.[388] Sie kommen zu dem Schluss, dass eine mit unterschiedlichen Werten für die Unternehmung einhergehende ungleiche Behandlung von Kunden gerecht sein kann, wenn damit Leistung belohnt wird. Vor dem Hintergrund der unterschiedlichen Wahrnehmung von Leistung und Gerechtigkeit sei allerdings auf Transparenz und Nachvollziehbarkeit zu achten.[389]

Laut BRUHN löst die individuelle Behandlung **Neid unter den Kunden** aus.[390] Insofern sollte im Einzelhandel transparent gemacht werden, was ohnehin **offensichtlich** ist. **„Verdeckte" Maßnahmen** hingegen, wie das Einräumen von kundenindividuell verschiedenen Zahlungsarten oder Versandkosten im e-Commerce oder die Ausgabe von individuellen Coupons an bestimmte Kunden, müssen anderen Kunden oder sogar den bedachten Kunden gar nicht auffallen und somit auch nicht kommuniziert werden. Anders sieht es aus, wenn das **Ziel** ist, den Kunden zu zeigen, welche **Voraussetzungen** sie erfüllen sollten, um ebenfalls **gefördert** zu werden. Dann allerdings ist das Herstellen der Transparenz eher als Mittel zum Zweck denn als moralisches Zugeständnis zu verstehen.

---

[388] Vgl. Hohm/Hansen/Geisler (2006), S. 803 ff.
[389] Vgl. Hohm/Hansen/Geisler (2006), S. 820 f.
[390] Vgl. Bruhn (2004), S. 42.

7 Fazit

Angaben und Schätzungen von Kundenwerten im Einzelhandel auf der einen Seite und eine Vielzahl konzeptioneller Arbeiten zum Thema Kundenbewertung auf der anderen Seite waren die Ausgangspunkte dieser Arbeit. Denn um Nutzen aus Kundenwerten zu ziehen, ist es nötig zu verstehen, mit welchen Daten unter welchen Annahmen und mit welcher Methodik die Werte zustande kommen. Ziel war es somit, den Wert von Kunden des Lebensmitteleinzelhandels nachvollziehbar zu messen und auf deren Gesamtpotenzial zu schließen. Die **Fragestellungen** gliederten sich in die vier Bereiche Methode, Daten, Messung und Umsetzung.

Zur Beantwortung der **methodenbezogenen Fragestellungen** wurden zunächst Modelle der Kundenbewertung beschrieben. Der Fokus lag dabei auf dem **Customer Lifetime Value**, dessen Prinzip der Messung und Prognose von Werten über die Dauer der gesamten Kundschaft der Zielsetzung, den monetären Wert von Kunden im Lebensmitteleinzelhandel zu berechnen, am besten entspricht. Das Grundgerüst des CLV wurde an die Besonderheiten der Einzahlungs- und Auszahlungsstruktur von Lebensmitteleinzelhändlern angepasst. Offen blieb auf dieser theoretischen Ebene die Frage, wie die Fortschreibung der Kundenwerte über die gesamte Dauer der Kundschaft zu erfolgen hätte, da sie letztlich auch von der Beschaffenheit der Analysedaten abhängt.

Im Hinblick auf die **datenbezogenen Fragestellungen** wurden zunächst die gängigen Datenquellen im Lebensmitteleinzelhandel beschrieben und ihre Eignung zur Kundenbewertung beurteilt. Besonders gut geeignet sind **Haushaltspanels**, weil diese Datenquelle als einzige die Käufe einzelner Haushalte bei allen Lebensmittelhändlern erhebt. Die Daten erlauben somit Messungen des Gesamtpotenzials von Haushalten, gehen dabei bis auf die Detailtiefe einzelner Bon-Positionen herunter und liefern soziodemografische Informationen über die berichtenden Haushalte. Die soziodemografischen und -ökonomischen Daten des Haushaltspanels bieten gute Ansatzpunkte zur Fortschreibung der gemessenen Kundenwerte. Diese Datentiefe kostet allerdings den Preis einer geringen Fallzahl.

Die **messungsbezogenen Fragestellungen** wurden im Rahmen des empirischen Teils beantwortet. Auf der Basis der aufbereiteten Daten des GfK Haushaltspanels der Jahre 2003 und 2004 wurden die 2-Jahres-Kundenwerte aller Panelhaushalte berechnet. Damit stand als erstes Ergebnis fest, dass die im Panel erfassten Haushalte einen durchschnittlichen 2-Jahres-Kundenwert von 5.377,63 € aufweisen und damit **2.688,82 € pro Jahr** und 224,07 € pro Monat im Lebensmitteleinzelhandel ausgeben.

Um von den 2-Jahres-Kundenwerten auf die CLV zu schließen, wurden die Zusammenhänge zwischen der Höhe der Werte und den soziodemografischen Faktoren ermittelt. Mit Hilfe dieser Kenntnis wurden Annahmen zur weiteren Entwicklung von Haushalten getroffen, die sich zum einen aus den Lebensumständen der Haushalte und zum anderen aus den Erhebungen des Statistischen Bundesamtes ergaben. Die Daten des GfK Haushaltspanels erlaubten die Bewertung der zukünftigen Lebensphasen und damit die **Ermittlung der CLV**.

Die **wertvollsten Haushalte** mit einem durchschnittlichen CLV von **155.693,44 €** finden sich in der Familien-Lebenswelt „Mittelschicht-Familien mit Kindern“, deren Haushaltsvorstand zwischen 20 bis einschließlich 24 Jahre alt ist. Es wurde gezeigt, dass die CLV im Laufe des Lebens abnehmen, weil weniger Jahre des Konsums vor einer Familie liegen. Somit weisen junge Haushalte in der Regel höhere CLV auf als ältere. Ein weiterer wichtiger Faktor für die Höhe des CLV ist die Haushaltsgröße: Die maximalen durchschnittlichen CLV der „Alleinstehenden“ liegen bei 81.772,19 € für weibliche Haushalte und 82.781,38 € für männliche Haushalte.

Sowohl die 2-Jahres-Kundenwerte als auch die CLV wurden nach Betriebstypen, Händlern, Warengruppen und Regionen getrennt analysiert, um mit Hilfe der Kennzahlen Bedarfsdeckungsquote und Käuferreichweite die Kundenpotenziale zu berechnen. Der Händler mit dem höchsten 2-Jahres-Kundenwert von 5.657,64 € ist famila, aufgrund der überragenden Bedarfsdeckungsquote ist es aber Aldi, das mit 852,08 € am besten das vorhandene Potenzial über zwei Jahre abschöpft. Den **höchsten durchschnittlichen CLV** von 92.668,42 € haben die Kunden von Globus St. Wendel, wobei auch bezogen auf den

Lebenswert Aldi mit 13.689,67 € durch die hohe Bedarfsdeckungsquote die beste Abschöpfung erzielt.

Zur Beantwortung der **Umsetzungsfragestellungen** wurde aufgezeigt, welches Potenzial ein Händler in welchem Kundensegment, differenziert nach Familien-Lebenswelt und Alter, erwarten darf. Die Kombination von 2-Jahres-Kundenwerten, BDQ und KRW einzelner Händler zeigte kurzfristige Kundenpotenziale. So könnte z.B. famila mit einer Verbesserung seiner BDQ auf das Niveau von Kaufland seinen eigenen 2-Jahres-Kundenwert durch einen Zuwachs von 423,76 € verdoppeln. Die Kombination mit der KRW zeigte das gesamte Umsatzpotenzial eines Händlers, erreichte dabei allerdings Dimensionen, die kurzfristig als unrealistisch zu bezeichnen sind.

Noch höhere Werte ergaben die **Potenzialanalysen für die gesamte Dauer der Kundschaft** auf Basis der CLV. Aus den Werten der BDQ einer Warengruppe des täglichen Bedarfs wurde – im Sinne eines Fair Share – auf eine maximal mögliche BDQ des jeweiligen Händlers geschlossen. Multipliziert mit den CLV und hochgerechnet auf die Anzahl der Kunden ergaben sich Werte von 214 Mrd. € für Aldi und 18 Mrd. € für Globus St. Wendel als zusätzliches Potenzial der Kunden über die gesamte Dauer der Kundschaft. Diese auf Annahmen basierenden Werte liegen vollständig in der Zukunft und sind daher mit Vorsicht zu genießen.

Die Betrachtung der CLV ließ im Vergleich zu den 2-Jahres-Kundenwerten **Ursachenanalysen** zu. Im Falle negativer Entwicklungen kurzfristig wertvoller Kunden konnten die CLV-Treiber Aufschluss darüber geben, ob das Alter, die Familien-Lebenswelt oder andere Umstände ausschlaggebend sind. In diesen Fällen kann frühzeitig gegengesteuert werden. In Fällen einer positiven Entwicklung der CLV gegenüber den kurzfristigen Werten können Maßnahmen geplant werden, um der Unternehmung die Kunden zu sichern.

Händler erhalten somit ein Werkzeug, das – mit den aktuellen Daten gefüttert – in zukünftigen Analysen zeigen kann, wie sich die kurzfristigen Werte entwickeln und wie es um den eigenen CLV sowie den der Wettbewerber steht. Somit haben sie die Möglichkeit zum Benchmarking der eigenen Kundenwerte mit denen vergleichbarer Wettbewerber. Die Ergebnisse des Benchmarkings zeigen, welchen monetären Nutzen **kundenwertsteigernde Marketingmaßnahmen** insgesamt haben können, und helfen somit bei der Auswahl der geeigneten Instrumente.

Dabei gilt die Einschränkung, dass die entsprechenden Maßnahmen wiederum **Einfluss auf die Kundenbewertung** haben. Schließlich ist der hier errechnete CLV direkt vom Umsatz der Händler abhängig. Leiten also mehrere Händler marktbezogene Maßnahmen ein, so können sich die Gesamteinnahmen und deren Verteilung auf die Marktteilnehmer ändern. Die hier vorgestellten Analysen erfolgten unter der Ceteris-paribus-Prämisse. Dieser Umstand ist bei der Ableitung von Maßnahmen zu berücksichtigen.

Bei der Ermittlung des CLV ging die vorliegende Arbeit weiterhin von der Annahme aus, dass sich die Rahmenbedingungen des deutschen Lebensmitteleinzelhandels und damit die **Einflussfaktoren der Kundenbewertung** nicht ändern. Diese Annahme dürfte kaum der Realität entsprechen. Es ist die Aufgabe der zukünftigen Kundenwertforschung, die Marktdynamik in der Berechnung des CLV zu berücksichtigen. Die Problemstellung liegt dann weniger in der Fortschreibung des zukünftigen Kaufverhaltens als vielmehr in der Ermittlung des Zusammenspiels und der Prognose der (makro-)ökonomischen Einflussfaktoren des Kundenwertes.

Neben dieser Verfeinerung der Prognosekomponente ist die Berücksichtigung der Auszahlungen ein Ansatzpunkt für zukünftige Arbeiten zur Kundenbewertung. Die den Kunden oder Kundengruppen zurechenbaren **Auszahlungen eines Händlers** wurden in die vorliegenden Analysen nicht einbezogen, obwohl das theoretische Kundenbewertungskonstrukt sie berücksichtigt hat. Ursache für diesen Missstand ist lediglich die fehlende Datenbasis. Die Haushaltspanels liefern Daten zu den Ausgaben der Haushalte – und damit zu den **Einzahlungen der Händler** –, nicht jedoch zu den Auszahlungen für die Kunden.

Die Ergebnisse der hier vorgestellten Customer Lifetime Values zeigen lediglich die von den Kunden eines Händlers zu erwartenden **„Lebenseinzahlungen"** und damit keinen „Kundenüberschuss" im Sinne des Customer Lifetime Profit. Lägen die Daten zu den Auszahlungen der Händler vor – die diese Dritten kaum zur Verfügung stellen werden –, so wäre es rechentechnisch kein

Problem, zu einem überschussbezogenen CLV zu gelangen. Die Probleme der kundenbezogenen Verrechnung von Kosten im Einzelhandel wurden erläutert. Dennoch sollte die Wissenschaft bei der weiteren Entwicklung **empirischer Messapparate** des Customer Lifetime Value Möglichkeiten erarbeiten, die Auszahlungen zu messen und zu berücksichtigen.

Literaturverzeichnis

ACNielsen (2005): Universen 2005 – Handel und Verbraucher in Deutschland, Frankfurt am Main.

Andon, P., Baxter, J., Bradley, G. (2001): Calculating Customer Lifetime Value (CLV): Theory and Practice, in: Günter, B., Helm, S. (Hrsg.): Kundenwert – Grundlagen – Innovative Konzepte – Praktische Umsetzungen, Wiesbaden, S. 259-274.

Ausschuss für Definitionen zu Handel und Distribution (Hrsg.) (2006): Katalog E, Definitionen zu Handel und Distribution, 5. Ausgabe, Köln.

Bacuvier, G., Peladeau, P., Trichet, A., Zerbib, P. (1999): Customer Lifetime Value, in: Insights – Communications, Media & Technology Group, Nr. 6 (1999), Booz Allen & Hamilton, S. 1-6.

Badner, J. (1994): Clusteranalyse: Eine anwendungsorientierte Einführung, München.

Barth, K., Marzian, S. H., Wille, K. (2000): Customer Equity: Die Rechnung mit dem Kunden, in: absatzwirtschaft, Sonderausgabe Oktober (2000), S. 170-178.

Bayon, T., Gutsche, J., Bauer, H. H. (2001): Equity Marketing – Gegenstand, Konzept, Methoden, Working Paper 01/2001, International University, Bruchsal.

Berger, P. D., Nasr, N. I. (1998): Customer Lifetime Value: Marketing Models and Applications, in: Journal of Interactive Marketing, Nr. 12 (1998), S. 17-30.

Blattberg, R. C., Deighton, J. (1993): Die neue Dimension: Immer enger, mein Kunde, mit Dir, in: Harvard Business Manager, Nr. 1 (1993), S. 96-107.

Blattberg, R. C., Deighton, J. (1996): Manage Marketing by the Customer Equity Test, in: Harvard Business Review, Nr. 4 (1996), S. 136-144.

Blattberg, R. C., Deighton, J. (1997): Aus rentablen Kunden vollen Nutzen ziehen, in: Harvard Business Manager, Nr. 1 (1997), S. 24-32.

Blattberg, R. C., Thomas, J. C. (2000): The Fundamentals of Customer Equity Management, in: Bruhn, M., Homburg, C. (Hrsg.): Handbuch Kundenbindungsmanagement – Grundlagen – Konzepte – Erfahrungen, 3. Aufl., Wiesbaden, S. 445-471.

Boersch, C., Elschen, R. (2007): Das Summa Summarum des Management, Wiesbaden.

Bohlmann, A. (2007): Multi-Channel-Retailing und Kaufbarrieren – Wie Kunden Kaufrisiken wahrnehmen und überwinden, Lohmar – Köln.

Bortz, J., Döring, N. (2002): Forschungsmethoden und Evaluation für Human- und Sozialwissenschaftler, 3. Aufl., Berlin u.a.

Boyce, G. (2000): Valuing Customers and Loyalty: The Rhetoric of Customer Focus versus the Reality of Alienation and Exclusion of (Devalued) Customers, in: Critical Perspectives on Accounting, Nr. 11 (2000), S. 649-689.

Brealey, R. A., Myers, S. C. (2003): Principles of Corporate Finance, 7. Aufl., New York.

Bruhn, M. (2001): Relationship Marketing: Das Management von Kundenbeziehungen, München.

Bruhn, M. (2002): Controlling von Kundenbeziehungen, in: Böhler, H. (Hrsg.): Marketing-Management und Unternehmensführung, Stuttgart, S. 185-208.

Bruhn, M. (2004): Kundenwertmanagement bei Dienstleistern – Steigern Sie nur den Umsatz oder auch den Wert Ihrer Kunden?, in: io new management, Nr. 10 (2004), S. 38-42.

Bruhn, M., Georgi, D., Treyer, M., Leumann, S. (2000): Wertorientiertes Relationship Marketing: Vom Kundenwert zum Customer Lifetime Value, in: Die Unternehmung, Nr. 3 (2000), S. 167-187.

Bünting (2009): famila Verbrauchermarkt Einkaufsstätte, Fundort: http://www.buenting.de/index3.html, Abrufdatum: 19.04.2009.

Campbell, N. C. G., Cunningham, M. T. (1983): Customer Analysis for Strategy Development in Industrial Markets, in: Strategic Management Journal, Vol. 4, Nr. 2 (1983), S. 369-380.

Canning Jr., G. (1982): Do a Value Analysis of Your Customer Base, in: Industrial Marketing Management, Nr. 11 (1982), S. 89-93.

Chiwitt, U. (2000): Wirtschaft und Leben, Essen.

Coenenberg, A. G. (2003): Kostenrechnung und Kostenanalyse, 5. Aufl., Stuttgart.

Coenenberg, A. G., Fischer, T. M. (1991): Prozesskostenrechnung – Strategische Neuorientierung in der Kostenrechnung, in: Die Betriebswirtschaft, Jg. 51, S. 21-38.

Cooper, R., Kaplan, R. S. (1991): Activity-Based Costing: Ressourcenmanagement at its best, in: HARVARDmanager, Nr. 4 (1991), S. 87-94.

Cornelsen, J. (1996): Kundenwert – Begriff und Bestimmungsfaktoren, Arbeitspapier Nr. 43, Lehrstuhl für Marketing, Universität Erlangen-Nürnberg.

Cornelsen, J. (2000): Kundenwertanalysen im Beziehungsmarketing – Theoretische Grundlegung und Ergebnisse einer empirischen Studie im Automobilbereich, Nürnberg.

Cornelsen, J. (2006): Kundenbewertung mit Referenzwerten, in: Günter, B., Helm, S. (Hrsg.) (2006): Kundenwert – Grundlagen – Innovative Konzepte – Praktische Umsetzungen, 3. Aufl., Wiesbaden, S. 155-187.

Cornelsen, J., Schober, K. (1997): Mundwerbung – Begriffsbestimmung und Ergebnisse einer empirischen Studie, Arbeitspapier Nr. 48, Lehrstuhl für Marketing, Universität Erlangen-Nürnberg.

Decker, R., Schimmelpfennig, H.: Alternative Ansätze zur datengestützten Verbundmessung im Electronic Retailing, in: Ahlert, D., Olbrich, R., Schröder, H. (Hrsg.): Jahrbuch zum Handelsmanagement 2002 – Electronic Retailing, Frankfurt am Main, S. 193-212.

Deighton, J., Peppers, D., Rogers, M. (1994): Consumer Transaction Databases: Present Status and Prospects, in: Blattberg, R. C., Glazer, R., Little,

J. D. C. (Hrsg.): The marketing information revolution, Harvard College, S. 58-79.

DeSarbo, W. S., Jedidi, K., Sinha, I. (2001): Customer Value Analysis In A Heterogeneous Market, in: Strategic Management Journal, Nr. 22 (2001), S. 845-857.

Diller, H. (2002): Probleme des Kundenwerts als Steuerungsgröße im Kundenmanagement, in: Böhler, H. (Hrsg.) (2002): Marketing-Management und Unternehmensführung, Stuttgart, S. 297-327.

Diller, H., Bauer, T., Bonakdar, A. (2008): Customer Lifetime Value (CLV)-Modelle für den Einzelhandel – ein empirischer Vergleich konkurrierender Modelle, Arbeitspapier Nr. 162, Lehrstuhl für Marketing, Universität Erlangen-Nürnberg.

Diller, H., Cornelsen, J., Ambrosius, T. (1997): Kundenerfolgsrechnung in der Investitionsgüterindustrie – Theorie und Ergebnisse einer empirischen Studie, Arbeitspapier Nr. 61, Lehrstuhl für Marketing, Universität Erlangen-Nürnberg.

Dittmar, M. (2000): Profitabilität durch das Management von Kundentreue: theoretische Diskussion, Methodik und empirische Ergebnisse am Beispiel der Automobilindustrie, Wiesbaden.

Dorsch, M. J., Carlson, L. (1996): A Transaction Approach to Understanding and Managing Customer Equity, in: Journal of Business Research, Nr. 35 (1996), S. 253-264.

Dowling, G. R., Uncles, M. (1997): Do Customer Loyalty Programs Really Work?, in: Sloan Management Review, Summer (1997), S. 71-82.

Dwyer, F. R. (1989): Customer Lifetime Valuation to Support Marketing Decision Making, in: Journal of Direct Marketing, Vol. 3 (1989), No. 4, S. 8-15.

Ebbers, D.: Welche Daten können was im Category Management-Prozess?, in: Schröder, H. (Hrsg.) (2003): Category Management: Aus der Praxis für die Praxis – Konzepte – Kooperationen – Erfahrungen, Frankfurt am Main 2003, S. 141-156.

Eberling, G. (2002): Kundenwertmanagement – Konzept zur wertorientierten Analyse und Gestaltung von Kundenbeziehungen, Darmstadt.

Eggert, A. (2006): Die zwei Perspektiven des Kundenwerts, in: Günther, B., Helm, S. (Hrsg.) (2006): Kundenwert: Grundlagen – Innovative Konzepte – Praktische Umsetzung, 3. Aufl., Wiesbaden, S. 41-59.

Eick, K.-G. (2005): Eva setzt den Maßstab für Wertsteigerung, in: Handelsblatt, Nr. 96 (2005), S. 14.

Esselmann, F., Peill, E., Ullmann, T (2004): Kundenwertmanagement der Zukunft heißt: Erkenne den Wert des Kunden, in: Database Marketing, Nr. 1 (2004), S. 14-16.

Ester, M., Sander, J. (2000). Knowledge Discovery in Databases – Techniken und Anwendungen, Berlin, Heidelberg, New York.

famila (2009): Unternehmen – Wir handeln in der Region für die Menschen in der Region, Fundort: http://www.famila-nordwest.de/Unternehmen.html, Abrufdatum: 19.04.2009.

Fischer, M., Herrmann, A., Huber, F. (2000): Lohnen sich zufriedene Kunden? Lösungen für ein wertorientiertes Management, in: absatzwirtschaft, Nr. 10 (2000), S. 88-91.

Foscht, T. (2002): Kundenloyalität – Integrative Konzeption und Analyse der Verhaltens- und Profitabilitätswirkungen, Wiesbaden.

Foster, G., Gupta, M., Sjoblom, L. (1996): Customer Profitability Analysis: Challenges and New Directions, in: Journal of Cost Management, Nr. 10 (1996), S. 5-17.

Fox, E. J., Hoch, S. J. (2003): Cherry Picking, Wharton School University of Pennsylvania.

Friedrichs-Schmidt, S. (2003): Wertorientierte Kundensegmentierung – State of the Art und Praxisbeispiele, Arbeitspapier zur Schriftenreihe Schwerpunkt Marketing, Bd. 140, FGM e.V. an der Ludwig-Maximilians-Universität München, München.

Gale, B. T. (1994): Managing Customer Value, New York u.a. 1994.

Gelbrich, K. (2001): Kundenwert – Wertorientierte Akquisition von Kunden im Automobilbereich, Göttingen.

Georgi, D. (2000): Kundenbindungsmanagement im Kundenbeziehungslebenszyklus, in: Bruhn, M., Homburg, C. (Hrsg.) (2000): Handbuch Kundenbindungsmanagement – Grundlagen – Konzepte – Erfahrungen, 3. Aufl., Wiesbaden, S. 227-247.

GfK (2002): Lebenswelten – Positionierung und Argumente (unternehmensinterne PowerPoint-Präsentation), Nürnberg.

Gierl, H., Kurbel, T. M. (1997): Möglichkeiten zur Ermittlung des Kundenwertes, in: Link, J., Brändli, D., Schleuning, C., Hehl, R. E. (Hrsg.): Handbuch Database Marketing, 2. Aufl., Ettlingen, S. 175-189.

Globus (2009): Unser Erfolgskonzept. Unternehmensinformationen, Fundort: http://www.globus.net/de/rg_erfolgskonzept.htm, Abrufdatum: 19.4.2009.

Götz, P., Diller, H. (1991): Die Kundenportfolio-Analyse – Ein Instrument zur Steuerung von Kundenbeziehungen, Arbeitspapier Nr. 1, Lehrstuhl für Marketing, Universität Erlangen-Nürnberg.

Grandinger, A. (2007): Die Douglas-Gruppe – Lifestyle und Wertorientierung im Handel, Gastvortrag an der Universität Duisburg-Essen, 22.06.2007.

Günter, B. (2006): Kundenwert – mehr als nur Erlös, in: Günter, B., Helm, S. (Hrsg.) (2006): Kundenwert – Grundlagen – Innovative Konzepte – Praktische Umsetzungen, 3. Aufl., Wiesbaden, S. 241-265.

Günther, M., Vossebein, U., Wildner, R. (1998): Marktforschung mit Panels, Wiesbaden.

Guolla, M. A. (1992): Creating Customer Value through Functional Integration: The Effects of Organisational Marketing, Ann Arbor.

Gupta, S., Hanssens, D., Hardie, B., Kahn, W., Kumar, V., Lin, N., Ravishanker, N., Sriram, S. (2006): Modeling Customer Lifetime Value, in: Journal of Service Research, Vol. 9, Nr. 2, S. 139-155.

Gust, E.-M. (2001): Customer Value Management in Franchisesystemen – Konzeptionelle Grundlagen der Franchisenehmer-Bewertung, Münster.

Haag, J. (1992): Kundendeckungsbeitragsrechnungen – Ein Prüfstein des Key-Account-Managements, in: DBW, Nr. 1 (1992), S. 25-39.

Haberstock, L. (2008): Kostenrechnung I, 13. Aufl., Berlin.

Hansen, H. R., Neumann, G. (2001): Wirtschaftsinformatik I, 8. Aufl., Stuttgart.

Hansotia, B. J., Wang, P. (1997): Analytical Challenges in Customer Acquisition, in: Journal of Direct Marketing, Vol. 11, Nr. 2 (1997), S. 7-19.

Heinhold, M. (2007): Kosten- und Erfolgsrechnung in Fallbeispielen, 4. Aufl., Stuttgart.

Helm, S., Günter, B. (2006): Kundenwert – eine Einführung in die theoretischen und praktischen Herausforderungen der Bewertung von Kundenbeziehungen, in: Günter, B., Helm, S. (Hrsg.) (2006): Kundenwert – Grundlagen – Innovative Konzepte – Praktische Umsetzungen, 3. Aufl., Wiesbaden, S. 3-38.

Hennig-Thurau, T. (1999): Die Klassifikation von Geschäftsbeziehungen mittels Kundenportfolios, in: Payne, A., Rapp, R. (Hrsg.) (1999): Handbuch Relationship Marketing – Konzeption und erfolgreiche Umsetzung, S. 91-112.

Hermann, J. (1997): Maschinelles Lernen und Wissensbasierte Systeme, Berlin, Heidelberg, New York.

Hill, T., Lewicki, P. (2006): Statistics: Methods and Applications.

Hoekstra, J. C., Huizingh, E. K. (1999): The Lifetime Value Concept in Customer-Based Marketing, in: Journal of Market-Focused Management, Vol. 3, No. 3-4, S. 257-274.

Höppner, F., Klawonn, F., Kruse, R. (1997): Fuzzy-Clusteranalyse – Verfahren für die Bilderkennung, Klassifikation und Datenanalyse, Wiesbaden.

Hohm, D., Hansen, U., Geisler, S. (2006): Ethische Implikationen einer kundenwertorientierten Marktbearbeitung, in: Günter, B., Helm, S. (Hrsg.) (2006): Kundenwert – Grundlagen – Innovative Konzepte – Praktische Umsetzungen, 3. Aufl., Wiesbaden, S. 801-824.

Homburg, C., Daum, D. (1997a): Marktorientiertes Kostenmanagement – Kosteneffizienz und Kundennähe verbinden, Frankfurt am Main.

Homburg, C., Daum, D. (1997b): Die Kundenstruktur als Controlling-Herausforderung, in: Controlling, Nr. 6 (1997), S. 394-405.

Homburg, C., Schnurr, P. (1999): Was ist Kundenwert?, erschienen in der Reihe Management Know-how Nr. M41, Institut für Marktorientierte Unternehmensführung, Universität Mannheim.

Homburg, C., Werner, H. (1998): Kundenorientierung mit System: mit Customer Orientation Management zu profitablem Wachstum, Frankfurt am Main.

Honecker, M. (1993): Wert, Werte, Werturteilsfreiheit, in: Enderle et al. (Hrsg.): Lexikon der Wirtschaftsethik, Freiburg u.a., S. 1256-1265.

Höschel, H.-P. (2000): Glasklar analysieren: Scoringmodelle zur Kundenbewertung, in: Direkt Marketing, Nr. 7 (2000), S. 14-16.

Inmon, W. H. (1996): Building the Data Warehouse, 2. Aufl., New York.

Johnson, M. D., Selnes, F. (2004): Customer Portfolio Management: Toward a Dynamic Theory of Exchange Relationships, in: Journal of Marketing, Vol. 68, Nr. 4 (2004), S. 1-17.

Kaas, K. P. (1982): Zeitbezogene Untersuchungspläne – Neue Analysemethoden der Marktforschung, in: Marketing ZFP, Nr. 4 (1982), S. 237-245.

Kalyta, U. (2004): Ein Data Warehouse ist unverzichtbar, in: Praxis des Customer Relationship Management, Branchenlösungen und Erfahrungsberichte, 2. Aufl., Wiesbaden, S. 55-72.

Karle, R. (2008): Stürmen oder türmen?, in: absatzwirtschaft, Sonderausgabe zum Deutschen Marketing-Tag 2008, S. 106-111.

Keane, T. J., Wang, P. (1995): Applications for the Lifetime Value Model in Modern Newspaper Publishing, in: Journal of Direct Marketing, Nr. 9 (1995), S. 59-66.

Kirchner, J. (2003): Wertorientierte Ausrichtung der Neukundengewinnung, in: Helmke, S., Uebel, M. F., Dangelmaier, W. (Hrsg.): Effektives Customer

Relationship Management – Instrumente – Einführungskonzepte – Organisation, 3. Aufl., Wiesbaden, S. 267-289.

Kleining, G. (1995): Lebenswelten und Sozialstruktur – zur Kritik der Lebensstilforschung und ihrer Verwendung für die Theorie der Moderne, in: Angewandte Sozialforschung, Nr. 19, S. 119-128.

Kleining, G., Prester, H.-G. (1998): Individuelle und Familien-Lebenswelten: Eine neue Marktsegmentation, in: Planung und Analyse, Nr. 6, S. 58-63.

Kleining, G., Prester, H.-G. (1999): Familien-Lebenswelten. Eine neue Marktsegmentation von Haushalten, in: Jahrbuch für Absatz und Verbrauchsforschung, Nr. 45, S. 4-25.

Knöbel, U. (1995): Was kostet ein Kunde? Kundenorientiertes Prozessmanagement, in: krp, Nr. 1 (1995), S. 7-13.

Knobloch, B. (2000): Der Data-Mining-Ansatz zur Analyse betriebswirtschaftlicher Daten, Bamberger Beiträge zur Wirtschaftsinformatik, Nr. 58, Bamberg.

Köhler, R. (1998): Kundenorientiertes Rechnungswesen als Voraussetzung des Kundenbindungsmanagements, in: Bruhn, M., Homburg, C. (Hrsg.): Handbuch Kundenbindungsmanagement: Grundlagen – Konzepte – Erfahrungen, Wiesbaden, S. 331-357.

Köhler, R. (2000): Kundenorientiertes Rechnungswesen als Voraussetzung des Kundenbindungsmanagements, in: Bruhn, M., Homburg, C. (Hrsg.): Handbuch Kundenbindungsmanagement – Grundlagen – Konzepte – Erfahrungen, 3. Aufl., Wiesbaden, S. 415-444.

Kohonen, T. (2001): Self-Organizing Maps, Berlin, Heidelberg, New York.

Krafft, M. (1997): Kundenzufriedenheit und Kundenwert – Ergebnisse der gleichnamigen Studie der VDI-Gesellschaft Entwicklung Konstruktion Vertrieb (VDI-EKV) und von CEO, Krefeld/Düsseldorf.

Krafft, M. (1999): Der Kunde im Fokus: Kundennähe, Kundenzufriedenheit, Kundenbindung – und Kundenwert?, in: DBW, Nr. 4 (1999), S. 511-530.

Krafft, M. (2002): Kundenbindung und Kundenwert, Heidelberg.

Krafft, M. (2007): Kundenbindung und Kundenwert, 2. Aufl., Heidelberg.

Krafft, M., Albers, S. (1999): Ansätze zur Segmentierung von Kunden – Wie geeignet sind herkömmliche Konzepte?, Arbeitspapier Nr. 14, Wissenschaftliche Schriftenreihe des Zentrums für Marktorientierte Unternehmensführung (ZMU), WHU Koblenz.

Krafft, M., Albers, S. (2000): Ansätze zur Segmentierung von Kunden – Wie geeignet sind herkömmliche Konzepte?, in: zfbf, Nr. 52 (September 2000), S. 515-536.

Krafft, M., Bromberger, J. (2001): Kundenwert und Kundenbindung, in: Albers, S., Clement, M., Peters, K., Skiera, B. (Hrsg.): Marketing mit Interaktiven Medien, 3. Aufl., Frankfurt am Main.

Krahl, D., Windheuser, U., Zick, F. (1998): Data Mining-Einsatz in der Praxis, Bonn.

Krotz, F. (1990): Lebenswelten in der Bundesrepublik Deutschland. Eine EDV-gestützte qualitative Analyse quantitativer Daten, Opladen.

Krüger-Stromayer, S. (2000): Profitabilitätsorientierte Kundenbindung durch Zufriedenheitsmanagement: Kundenzufriedenheit und Kundenwert als Steuerungsgröße für die Kundenbindung in marktorientierten Dienstleistungsunternehmen, Schriftenreihe Schwerpunkt Marketing, Bd. 47, FGM e.V., München.

Kumar, V., Ramani, G., Bohling, T. (2004): Customer Lifetime Value – Approaches and Best Practice Applications, in: Journal of Interactive Marketing, Vol. 18, Nr. 3 (2004), S. 60-72.

Kuß, A. (1987): Information und Kaufentscheidung: Methoden und Ergebnisse empirischer Konsumentenforschung, Berlin, New York.

Lattmann, C., Krost, H. (2007): famila: Im Land der Leuchttürme, in: Lebensmittel Zeitung, 16.03.2007, o.S.

Lichtblau, K. (2004): Stichwort Wert/Preis, in: Ritter, J., Gründer, K., Gabriel, G. (Hrsg.): Historisches Wörterbuch der Philosophie, Bd. 12, Basel, S. 586-591.

Liening, B. (2005): Neue Daten-Qualität, in: Lebensmittel Praxis, Nr. 12 (2005), S. 65-66.

Link, J., Hildebrand, V. G. (1997): Ausgewählte Konzepte der Kundenbewertung im Rahmen des Database Marketing, in: Link, J., Brändli, D., Schleuning, C., Hehl, R. E. (Hrsg.): Handbuch Database Marketing, 2. Aufl., Ettlingen, S. 159-173.

Linoff, G. S., Berry, M. J. S. (2001): Mining the Web – Transforming Customer Data into Customer Value, New York u.a.

Lottenbach, D. C. (2002): Das wertschaffende Geschäftsmodell als Grundlage des E-CRM-Erfolges, in: Schögel, M., Schmidt, I. (Hrsg.): eCRM – mit Informationstechnologien Kundenpotenziale nutzen, Düsseldorf, S. 183-201.

Lube, M.-M. (1997): Kundenmanagement – Die Kundenbeziehung als neue Bezugsgröße des Controlling, in: Controller Magazin, Nr. 3 (1997), S. 183-189.

Maas, P. (2001): Von <P> zu <C>: Customer Value als strategischer Fokus für das Management von Dienstleistungsunternehmen, in: Maas, P. (Hrsg.): Integriertes Dienstleistungs-Management: auf dem Weg zum Customer Value, St. Gallen.

Maurer, R. (1993): Marketingforschung im Handel: Aufgaben und Instrumente; Managementinformationssystem; strategische und technologische Trends, Wien.

Meffert, H. (1992): Marketingforschung und Käuferverhalten, 2. Aufl., Wiesbaden 1992.

Meffert, H. (2000): Marketing – Grundlagen marktorientierter Unternehmensführung, 9. Aufl., Wiesbaden.

Meyer, A., Kantsperger, R. (2004): Kundenwertmanagement im Handel, in: Trommsdorff, V. (Hrsg.): Handelsforschung 2004, Köln, S. 5-24.

Meyer, A., Kantsperger, R., Schaffer, M. (2006): Die Kundenbeziehung als ein zentraler Unternehmenswert – Kundenorientierung als Werttreiber der

Kundenbeziehung, in: Günter, B., Helm, S. (Hrsg.): Kundenwert – Grundlagen – Innovative Konzepte – Praktische Umsetzungen, 3. Aufl., Wiesbaden, S. 61-81.

Michman, R. D. (1991): Lifestyle Market Segmentation, New York.

Mihr, R. (2002): Was Verbraucher wirklich wollen, in: Lebensmittel Praxis, Nr. 9 (2002), S. 10-14.

Mucksch, H., Behme, W. (2000): Das Data Warehouse-Konzept, Wiesbaden.

Mulhern, F. J. (1999): Customer Profitability Analysis: Measurement, Concentration, and Research Directions, in: Journal of Interactive Marketing, No. 13 (1999), S. 25-40.

Naumann, E. (1994): Creating customer Value – The path to sustainable competitive advantage, Cincinnati.

Ness, J. A., Schroeck, M. J., Letendre, R. A., Douglas, W. J. (2001a): The role of ABM in measuring customer value – Part one, in: Strategic Finance, Nr. 3 (2001), S. 32-37.

Ness, J. A., Schroeck, M. J., Letendre, R. A., Douglas, W. J. (2001b): The role of ABM in measuring customer value – Part two, in: Strategic Finance, Nr. 4 (2001), S. 44-49.

Neubürger, H.-J. (2000): Wertorientierte Unternehmensführung bei Siemens, in: zfbf, März 2000, S. 188-196.

Nicklisch, H. (1920): Der Weg aufwärts! Organisation. Versuch einer Grundlegung, Stuttgart.

o.V. (1999): Jetzt wird es eng, in: manager-magazin, Nr. 10 (1999), S. 71-83.

o.V. (2007): Geschäftsjahr 2006 – Globus Gruppe St. Wendel, Fundort: http://www.lz-net.de/news/marktnews/pages/protected/showmsg.prl?id=60023, Abrufdatum: 25.04.2009

o.V. (2008): Payback – Hinweise zum Datenschutz, Fundort: http://www.payback.de/pb/datenschutz/id/3018/index.html, Abrufdatum: 18.10.2008.

o.V. (2009a): Unternehmensportrait Bartels-Langness GmbH & Co. KG, Fundort: http://www.lz-net.de/unternehmen/handel/pages/protected/show.prl?id=247, Abrufdatum: 19.04.2009.

o.V. (2009b): Unternehmensportrait J. Bünting Beteiligungs AG, Fundort: http://www.lz-net.de/unternehmen/handel/pages/protected/show.prl?id=256, Abrufdatum: 19.04.2009.

o.V. (2009c): Unternehmensportrait Globus Holding GmbH & Co. KG, Fundort: http://www.lz-net.de/unternehmen/handel/pages/protected/show.prl?id=243, Abrufdatum: 19.04.2009.

Osbahr, W. (1923): Die Bilanz als Standpunkt der Unternehmung, 3. Aufl., Berlin.

Parfitt, J. H., Collins, B. J. K. (1968): Use of Consumer Panels for Brand-Share Prediction, in: Journal of Marketing Research, Vol. V, May 1968, S. 131-145.

Pels, L., Jaconelli, L. (1990): Identification and Management of Key Clients, in: Fiocca, R., Snehta, I. (Hrsg.): Research Developments in International Industrial Marketing and Purchasing, Proceedings of the 6th IMP Conference, Vol. II, 1990, S. 860-889.

Pepels, W. (2003): Darstellung und Bedeutung des Kundenlebenszeitwerts im Business to Business-Marketing, in: Helmke, S., Uebel, M. F., Dangelmaier, W. (Hrsg.) (2003): Effektives Customer Relationship Management – Instrumente – Einführungskonzepte – Organisation, 3. Aufl., Wiesbaden, S. 233-268.

Pernul, G., Unland, R. (2001): Datenbanken in Unternehmen, München.

Perridon, L., Steiner, M.; Rathgeber, A. (2009): Finanzwirtschaft der Unternehmung, 15. Aufl., München.

Peter, S. I. (2001): Kundenbindung als Marketingziel: Identifikation und Analyse zentraler Determinanten, 2. Aufl., Wiesbaden.

Pettit, J., Dower, J., Pichler, K., Perez, J. (2001): EVA & Corporate Portfolio Strategy, in: Stern Stewart Research: EVAluation, Vol. 3, Issue 9, December 2001, S. 1-8.

Plinke, W. (1989): Die Geschäftsbeziehung als Investition, in: Specht, G., Silberer, G., Engelhardt, W. H. (Hrsg.): Marketing – Schnittstellen – Herausforderungen für das Management, Stuttgart, S. 305-326.

Plinke, W. (1997): Bedeutende Kunden, in: Kleinaltenkamp, M., Plinke, W. (Hrsg.): Geschäftsbeziehungsmanagement, Berlin, Heidelberg, S. 113-158.

Ploss, D., Augustinov, A. (2001): Kosten und Nutzen steigender Kundenbindung – Loyalität als Wachstumsbeschleuniger, Hamburg.

Pollmüller, T. (2008): Vortragsreihe Category Management – Kategorie Bewertung, Präsentationsunterlagen, 07.11.2008, Essen.

Poppelbaum, J. (2006): Seehofers Preisjagd, in: Lebensmittel Zeitung, Nr. 5 vom 03.02.2006, S. 44.

Povh, G. (2004): Schlüssel zum Erfolg – Kundenwertmanagement mit System, in: Database Marketing, Nr. 1 (2004), S. 11-13.

Rappaport, A. (1986): Creating Shareholder Value, New York.

Reckenfelderbäumer, M., Welling, M. (2006): Der Beitrag einer Einzel- und Prozesskosten- und Deckungsbeitragsrechnung zur Ermittlung von Kundenwerten – konzeptionelle Überlegungen und Gestaltungsempfehlungen, in: Günter, B., Helm, S. (Hrsg.): Kundenwert – Grundlagen – Innovative Konzepte – Praktische Umsetzungen, 3. Aufl., Wiesbaden, S. 335-368.

Rehbach, S. (2003): Kundenwert und Unternehmenswert, Wiesbaden.

Reichheld, F. F. (1993): Treue Kunden müssen auch rentabel sein, in: Harvard Business Manager, Nr. 3 (1993), S. 106-114.

Reichheld, F. F. (1996): The loyalty effect: the hidden force behind growth, profit and lasting value, Boston.

Reichheld, F. F., Sasser, E. W. (1991): Zero-Migration: Dienstleister im Sog der Qualitätsrevolution, in: HARVARDmanager, Nr. 4 (1991), S. 108-116.

Reinartz, W. J., Krafft, M. (2001): Überprüfung des Zusammenhangs von Kundenbindungsdauer und Kundenertragswert, in: Zeitschrift für Betriebswirtschaft, Nr. 11 (2001), S. 1262-1281.

Reinartz, W. J., Kumar, V. (2000): On the Profitability of Long-Life Customers in a Noncontractual Setting: An Empirical Investigation and Implications for Marketing, in: Journal of Marketing, Nr. 10 (2000), S. 17-35.

Reuband, K.-H. (1980): Life Histories: Prospects and Problems of Longitudinal Designs, in: Chubb, J. M., Scheuch, E. K. (Hrsg.): Historical Social Research, Stuttgart, S. 135-163.

Rieker, S. A. (1995): Bedeutende Kunden: Analyse und Gestaltung von langfristigen Anbieter-Nachfrager-Beziehungen auf industriellen Märkten, Wiesbaden.

Rödl, A. (2003): Der Customer Lifetime Value von Kunden des Lebensmittel-Einzelhandels als Steuerungsgröße im Category Management, in: Schröder, H. (Hrsg.): Category Management: Aus der Praxis für die Praxis – Konzepte – Kooperationen – Erfahrungen, Frankfurt am Main, S. 197-217.

Rödl, H. (2009): Zwischen Konjunktur und Konkurs - zur wirtschaftlichen und finanziellen Lage des Mittelstandes in Deutschland, Fundort: http://www.wirtschaftsrat.de/data/landesverbaende/HH/vortrag_roedl_14.07.09.pdf, Abrufdatum: 17.08.2009.

Rudolf-Sipötz, E. (2001): Kundenwert: Konzeption – Determinanten – Management, St. Gallen.

Rudolf-Sipötz, E., Tomczak, T. (2001): Kundenwert in Forschung und Praxis, St. Gallen.

RuleQuest Research (2006): http://www.rulequest.com/see5-info.html, Abrufdatum: 21.10.2006.

Rust, R. T., Lemon, K. N., Zeithaml, V. A. (2004): Return on Marketing: Using Customer Equity to Focus Marketing Strategy, in: Journal of Marketing, Vol. 68, Nr. 1 (2004), S. 109-127.

Schäfer, A. (2002): Resources of Information – Information Resources GfK GmbH, unveröffentlichte Schulungsunterlagen, o.O.

Scheiter, S., Binder, C. (1992): Kennen Sie Ihre rentablen Kunden?, in: HARVARDmanager, Nr. 2 (1992), S. 17-22.

Schierenbeck, H. (2003): Grundzüge der Betriebswirtschaftslehre, 16. Aufl., München, Wien.

Schirmeister, R., Kreuz, C. (2006): Der investitionsrechnerische Kundenwert, in: Günter, B., Helm, S. (Hrsg.): Kundenwert – Grundlagen – Innovative Konzepte – Praktische Umsetzungen, 3. Aufl., Wiesbaden, S. 313-333.

Schmöller, P. (2001): Kunden-Controlling – Theoretische Fundierung und empirische Erkenntnisse, Wiesbaden.

Schröder, H. (2002): Handelsmarketing: Methoden und Instrumente im Einzelhandel, München.

Schröder, H. (2005): Multichannel-Retailing – Marketing in Mehrkanalsystemen des Einzelhandels, Berlin, Heidelberg, New York.

Schröder, H. (2009): Profilierung durch Obst und Gemüse – Strategische Optionen für den klassischen Lebensmittel-Einzelhandel, Ein Diskussionspapier des Forschungszentrums für Category Management der Universität Duisburg-Essen.

Schröder, H., Bohlmann, A. (2009): Die Entstehung von wahrgenommenen Kaufrisiken bei Kunden in Mehrkanalsystemen des Einzelhandels, in: Schröder, H., Olbrich, H., Kenning, P., Evanschitzky, H. (Hrsg.): Distribution und Handel in Theorie und Praxis – Festschrift für Prof. Dr. Dieter Ahlert, Wiesbaden, S. 431-465.

Schröder, H., Feller, M. (1999): Wieviel Consumer Insight hat der Handel?, in: Dynamik im Handel, 11/1999, S. 46-48.

Schröder, H., Feller, M., Rödl, A. (2003): Leistungen des Controlling für eine kundenorientierte Sortimentsgestaltung im Lebensmittel-Einzelhandel, in: Krey, A. (Hrsg.): Handelscontrolling – Neue Ansätze aus Theorie und Praxis zur Steuerung von Handelsunternehmen, 2. Aufl., Hamburg, S. 145-199.

Schröder, H., Feller, M., Schuck, A. (2002): Wie erfolgreich ist CRM tatsächlich? – Ergebnisse einer empirischen Untersuchung, in: Ahlert, D., Becker, J., Knackstedt, R., Wunderlich, M. (Hrsg.): Customer Relationship Management im Handel, Berlin, Heidelberg, New York, S. 397-422.

Schröder, H., Rödl, A. (2004): Der Nutzen von Transaktionsdaten für das Handelsmarketing, in: Trommsdorf, V. (Hrsg.): Handelsforschung 2004, Köln, S. 519-538.

Schröder, H., Rödl, A. (2007): Wenn die Datenmine zur Goldgrube wird – Was uns Kundendaten über das Kaufverhalten verraten, in: Essener Unikate, S. 54-67.

Schröder, H., Schettgen, G. (2006): Multi-Channel-Retailing und kundenbezogene Erfolgsrechnung, in: Thexis, 4/2006, S. 43-47.

Schroeder, N. (2006): Kundenwert als zentrale Größe zur wertorientierten Unternehmenssteuerung, Hamburg.

Schulz, B. (1995): Kundenpotenzialanalyse im Kundenstamm von Unternehmen, Frankfurt am Main.

Sebastian, K.-H., Lauszus, D. (1994): Höherer Kundenwert und höhere Gewinne, in: Gablers Magazin, Nr. 2 (1994), S. 27-30.

Spahlinger, L. I., Herrmann, A., Huber, F. (2000): Vom Kundschafts- zum Kundenwertmanagement, in: absatzwirtschaft, Sonderausgabe Oktober (2000), S. 182-188.

SPSS Inc. (2003): Clementine 8.0 Algorithms Guide.

Srivastava, R. K., Shervani, T. A., Fahey, L. (1998): Market-Based Assets and Shareholder Value: A Framework for Analysis, in: Journal of Marketing, Vol. 62, 1998, S. 2-18.

Stahl, H. K., Hinterhuber, H. H., von den Eichen, S. A. F., Matzler, K. (2002): Kundenzufriedenheit und Kundenwert, in: Hinterhuber, H. H., Matzler, K. (Hrsg.): Kundenorientierte Unternehmensführung: Kundenorientierung – Kundenzufriedenheit – Kundenbindung, 3. Aufl., Wiesbaden, S. 193-211.

Statistisches Bundesamt (2006): Statistisches Jahrbuch 2006 – Für die Bundesrepublik Deutschland, Wiesbaden.

Statistisches Bundesamt (2007): Statistisches Jahrbuch 2007 – Für die Bundesrepublik Deutschland, Wiesbaden.

Stauss, B. (2000): Perspektivenwandel: Vom Produkt-Lebenszyklus zum Kundenbeziehungs-Lebenszyklus, in: Thexis, Nr. 2 (2000), S. 15-18.

Steinhausen, D., Langer, K. (1977): Clusteranalyse – Einführung in Methoden und Verfahren der automatischen Klassifikation, Berlin, New York.

Süchting, J. (1995): Finanzmanagement: Theorie und Politik der Unternehmensfinanzierung, 6. Aufl., Wiesbaden.

Taher, A., Leigh, T. W., French, W. A. (1996): Augmented Retail Services: The Lifetime Value of Affection, in: Journal of Business Research, Nr. 35 (1996), S. 217-228.

Tewes, M. (2003): Der Kundenwert im Marketing – Theoretische Hintergründe und Umsetzungsmöglichkeiten einer wert- und marktorientierten Unternehmensführung, Wiesbaden.

Tomczak, T., Rudolf-Sipötz, E. (2006): Bestimmungsfaktoren des Kundenwertes: Ergebnisse einer branchenübergreifenden Studie, in: Günter, B., Helm, S. (Hrsg.): Kundenwert – Grundlagen – Innovative Konzepte – Praktische Umsetzungen, 3. Aufl., Wiesbaden, S. 127-155.

Töpfer, A. (Hrsg.) (1999): Kundenzufriedenheit messen und steigern, 2. Aufl., Neuwied.

Vossen, G. (2000): Datenmodelle, Datenbanksprachen und Datenbankmanagementsysteme, 4. Aufl., München.

Vossen, M. (2000): Grosso Deal besiegelt, in: Lebensmittel Zeitung, 10.02.2000, o.S.

Wayland, R. E., Cole, P. M. (1997): Customer Connections: New Strategies for Growth, Boston.

Wedel, M., Kamakura, W. A. (2001): Market segmentation: conceptual and methodological foundations, 2. Aufl., Boston, Dordrecht, London.

Weiber, R., Weber, M. R. (2000): Customer Lifetime Value als Entscheidungsgröße im Customer Relationship Management, in: Weiber, R. (Hrsg.): Handbuch Electronic Business – Informationstechnologien – Electronic Commerce – Geschäftsprozesse, S. 473-504.

Weinberg, P., Purper, G. (2004): Die Merkmale der Betriebsformen des Einzelhandels aus Sicht der Konsumenten, in: Trommsdorff, V. (Hrsg.): Handelsforschung 2004, Köln, S. 43-64.

Wiedmann, K.-P., Buckler, F., Buxel, H. (2001): Data Mining – ein einführender Überblick, in: Wiedmann, K.-P., Buckler, F. (Hrsg.): Neuronale Netze im Marketing-Management, Wiesbaden, S. 15-33.

Wittmann, W. (1956): Der Wertbegriff in der Betriebswirtschaftslehre, Köln, Opladen.

Yorke, D. A., Droussiotis, G. (1994): The Use of Customer Portfolio Theory – An Empirical Survey, in: Journal of Business & Industrial Marketing, Vol. 9, Nr. 3 (1994), S. 6-18.

Zell, A. (2000): Simulation neuronaler Netze, München.

Zezelj, G. (2000): Das CLV-Management Konzept, in: Hofmann, M., Mertiens, M. (Hrsg.): Customer-Lifetime-Value-Management – Kundenwert schaffen und erhöhen: Konzepte, Strategien, Praxisbeispiele, Wiesbaden, S. 9-30.

Zimmermann, G. (2001): Grundzüge der Kostenrechnung, 8. Aufl., München, Wien.

Zinsler, G. (2000): Bewertung von Nichtkunden, in: Direkt Marketing, Nr. 9 (2000), S. 14-17.

Anhang

Anhang A: Produktbezogene Merkmale des GfK Haushaltspanels 2003/2004

Merkmal	Merkmalsausprägung	Beschreibung	selbst erstellt
ProduktID[391]	[1, 199.986][392]	199.896, Ganzzahl (Integer)	ja
ARTIKEL-SCHLUESSEL	0000040097053, ..., YRH0000089956[393]	197.504, Zeichenkette (String), z.T. nicht vorhanden[394]	nein
FOOD_NON-FOOD	FOOD, NON-/NEAR-FOOD	2	nein
WAREN-BEREICH	BHC, BHC Ergänzung, FOOD, FRISCHE, GETRÄNKE, SONST. NON-FOOD, SÜSSWAREN Basis, SÜSSWARENERGÄNZUNG	8	nein
OBERWARENGRUPPE	Alkoholfreie Getränke, Alkoholhaltige Getränke, Babynahrung, BHC, BHC Ergänzung, Brot/Backwaren, Fleisch/Wurst/Geflügel, Heißgetränke, Mopro Gelb, Mopro Weiß, Nahrungsmittel, Obst/Gemüse, Papierwaren, sonst. Non-Food, sonstige Frische, Süßwaren Basis, Süßwaren Ergänzung, Tiefkühlkost/Eis, Tierbedarf, WPR	20	nein
WAREN-GRUPPE	andere AhG, Babynahrung, Bier, Brot/Backwaren, Damenhygiene, Dauerbackwaren, Eis, Erfrischungsgetränke mit CO_2, Feinkost/Würzen, Fertigg./Fixprod./Soßen, Fleisch SB/lose Ware, Fruchthaltige Getränke ...	48	nein
SUBWAREN-GRUPPE	BABY-CEREALIEN, BABYKOST/-GETRAENKE, BABY-SAEUGLINGSMILCHNAHRUNG, BABYTEE/KINDERTEE INSTANT, FERTIGDESSERT, JOGHURT FEST, MILCH, MILCHGETRAENKE, MILCHRAHMERZEUGNISSE, QUARK ...[395]	294	nein
HERSTEL-LER	ALNATURA, BIOLAND, DE VAU GE, HIPP, HOLLE, HUMANA MU, MILUPA, NESTLE, RESTLICHE HERSTELLER, ROSSMANN, SUNVAL, TOEPFER, UNILEVER BESTFOODS, DOHRN&TIMM, DR.STEINBERGER, EVERS NATURKOST, KRINGS, REWE, SISI, MEAD JOHNSON, WELEDA, ALDI ...	5003	nein

[391] Schlüsselattribute sind fett gedruckt.
[392] Intervall (Range).
[393] Menge (Set).
[394] Angaben zu fehlenden Ausprägungen sind in den anderen Feldern enthalten, werden aber im Folgenden nicht weiter aufgeführt.
[395] Aus Platzgründen werden nicht alle Ausprägungen aufgeführt.

Merkmal	Merkmalsausprägung	Beschreibung	selbst erstellt
HANDELS-MARKE	KEINE HANDELSMARKE, HANDELSMARKE	2	nein
MARKE	ALNATURA, BIOLAND, GRANOVITA, BEBIVITA, HIPP, HOLLE, HUMANA, LASANA, MILANA, MILUBREI, MILUPA, MILUPINO, MILUVIT, ALETE, MILASAN, RESTLICHE MARKEN, PRIVATE LABEL, SUNVAL, LACTANA, LACTOPRIV ...	9103	nein
SUBMARKE	BOM ALNATURA, SCH ALNATURA, MFB BIOLAND, MFB GRANOVITA, SCH GRANOVITA, MFB BEBIVITA, BOM HIPP, BOM HIPP BIO GETREIDE, HIPP, MFB HIPP, MFB HOLLE, SCH HOLLE, BOM HUMANA, MFB HUMANA, MFB LASANA, SCH MILANA, MFB MILUBREI HA, MFB MILUBREI MILCHBREI, BOM MILUPA GETREIDEBREI ...	19.076	nein
PRODUKT-NAME	BOM ALNATURA 4 KORNBREI, BOM ALNATURA BABY MUESLI, BOM ALNATURA DINKELBREI, BOM ALNATURA GRIESSBREI, BOM ALNATURA HAFERFLOCKEN, BOM ALNATURA HIRSEBREI, SCH ALNATURA NATURREISSCHLEIM, MFB BIOLAND BABYBREI ...	62.120	nein
PACKUNGS-INHALT	[1, 80.000]	Ausprägung abhängig von Mengeneinheit	nein
MENGEN-EINHEIT	GR, ML, ST, PA, RL, TU, M	GR: Gewicht, ML (M): Volumen, sonst Stückzahlen	nein

Anhang B: Positionsbezogene Merkmale des GfK Haushaltspanels 2003/2004

Merkmal	Merkmalsausprägung	Beschreibung	selbst erstellt
PositionsID	[1, 34.870.792]	34.870.792, Ganzzahl (Integer)	ja
ProduktID[396]	[1, 199.986]	199.986, Ganzzahl (Integer)	ja
BonID	[1, 5.439.395]	5.439.395, Ganzzahl (Integer)	ja
Brand_Factor	[1.0]	in allen Datensätzen gleich	nein
Preisart	ARTIKEL MIT ZUGABE, COUPON, FREIPACKS, NORMALPREIS, SONDERPREIS, ZUGABEARTIKEL CODIERT		nein
Menge	[1, 1.335.554]	Packungsinhalt x Anzahl	nein
Anzahl	[1, 1.089]	Anzahl der Packungen	nein
Wert	[0, 9.875,06]	Verkaufspreis der Position	nein
Stueckpreis	[0, 2.701,73]	Verkaufspreis / Anzahl	ja
Mehrfachkaeufe	[1, 25]	Anzahl identischer Positionen auf einem Bon (Zahl dient er Unterscheidung, falls Anzahl nicht im Feld „Anzahl" festgehalten wurde)	ja

[396] Fremdschlüssel sind kursiv gesetzt.

Anhang C: Bonbezogene Merkmale des GfK Haushaltspanels 2003/2004

Merkmal	Merkmalsausprägung	Beschreibung	selbst erstellt
BonID	[1, 5.439.395]	5.439.395, Ganzzahl (Integer)	ja
HHID	[72, 627.411]	8.347, Ganzzahl (Integer)	ja
EksID	[1, 34.360]	34.360, Ganzzahl (Integer)	ja
Datum	[2003-01-01 00:00:00, 2004-12-31 00:00:00]	01.01.2003 bis 31.12.2004	nein
Bonsumme	[0, 9.899,15]	Wert aller Positionen in Euro	ja
Positionen_Anz	[1, 145]	Anzahl aller Positionen (Summe von Anzahl)	ja
Artikel_Anz	[0, 1096]	Anzahl der Artikel (Zeilen eines Bons)	ja
Kundenkartennutzung	[KEINE KUNDENKARTE, KUNDENKARTE BENUTZT]		nein

Anhang D: Einkaufsstättenbezogene Merkmale des GfK Haushaltspanels 2003/2004

Merkmal	Merkmalsausprägung	Beschreibung	selbst erstellt
EksID	[1, 34.360]	34.360, Ganzzahl (Integer)	ja
Geschaefte-code	627930LWAL-MART, 627931LLIDL MARKT, 627931LMINIMAL ...	34.345, Zeichenkette (String), überwiegend Zahlen, Buchstaben und Vertriebslinien-namen	nein
GeschäftsID	[100, 929]	270, Ganzzahl (Integer)	nein
Geschaefts-name	TABAKWARENGESCH. / BLUMENSTAND, TCHIBO WWW, TEGUT, TENGELMANN, TENGELMANN WWW, TENGELMANN-MARKT, TESTA, TEVI, TIER-/FUTTER-/ZOOGESCHAEFT, TOOM ...	257, Zeichenkette (String), Geschäftsnamen und -typen	nein
Vertriebslinie	ALDI (DISC), BUDNIKOWSKI (DM), CASH & CARRY RESTL. (C&C), DM (DM), DROGERIEMAERKTE RESTL., DROSPA (DM), EDEKA AKTIV (SM), EDEKA DISCOUNTER (DISC), EDEKA E-CENTER (VM), EDEKA NEUKAUF (VM), EDEKA RESTL. LEH, EXTRA (VM), FAMILA (SBW), GETRAENKEABHOLMAERKTE (GAM), GLOBUS ST. WENDEL (SBW) ...	50, Zeichenkette (String)	nein
Geschaefts-typ	CASH & CARRY (C&C), DISCOUNTER (DISC), DROGERIEMAERKTE (DM), GETRAENKEABHOLMAERKTE (GAM), HEIMDIENST, INTERNET (WWW), KAUF-/WARENHAEUSER (KWH), RESTL. FACHGESCHAEFTE, SB WARENHAEUSER (SBW), SUPERMAERKTE / KLEIN. LEH (SM), VERBRAUCHERMAERKTE (VM), VERSANDHANDEL	12, Zeichenkette (String)	nein

Anhang E: Kundenbezogene Merkmale des GfK Haushaltspanels 2003/2004

Merkmal	Merkmalsausprägung	Beschreibung	selbst erstellt
HHID	[72, 627.411]	8.347, Ganzzahl (Integer)	ja
continuous_mass _weight	[0,582, 22,864]	2.676, Fließkomma-zahl (real), Gewichtungs-faktor	nein
Brand-Shopper_2004	Premium-Shopper, Promotion-Shopper		nein
Alter_des_Haupt-verdieners	20-24 Jahre, 25-29 Jahre, 30-34 Jahre, 35-39 Jahre, 40-44 Jahre, 45-49 Jahre, 50-54 Jahre, 55-59 Jahre, 60-64 Jahre, 65-69 Jahre, 70 Jahre und älter	Klassen	nein
Alter_HH_fuehr-ende_Person	[s. Alter_des_Hauptverdieners)	Klassen	nein
Anzahl_der_Kinder _unter_14_J	ohne Kind, 1 Kind, 2 Kinder, 3 Kinder, 4 Kinder, 5 Kinder, 6 Kinder		nein
Anzahl_der_Kinder _unter_18J	ohne Kind, 1 Kind, 2 Kinder, 3 Kinder, 4 Kinder, 5 Kinder, 6 Kinder		nein
Avantgardisten	Traditionalisten, Konformisten, Avantgardisten		nein
Ballungscentren	Raum Bremen, Raum Hamburg, Raum Hannover, Raum Mannh.-Ludwigsh., Raum München, Raum Nürnberg/Fürth, Raum Rhein/Main, Raum Rhein/Ruhr A, Raum Rhein/Ruhr B, Raum Stuttgart		nein
Ballungs-centren_neu	Raum Berlin, Raum Bremen, Raum Chemnitz/Zwickau, Raum Dresden, Raum Halle/Leipzig, Raum Hamburg, Raum Hannover, Raum München, Raum Nürnberg, Raum Rhein-Main, Raum Rhein-Neckar, Raum Rhein-Ruhr, Raum Stuttgart		nein

Merkmal	Merkmalsausprägung	Beschreibung	selbst erstellt
Beruf_des_Haupt-verdieners	angelernte Arbeiter, ausführende Angestellte, derzeit berufslos, Erziehungsurlaub, Facharbeiter, freiberuflich Tätige, gehobene Beamte, Hausfrau, höhere Beamte, Landwirt, Lehrling, leitende Angestellte, nicht berufstätige Witwe, qualifizierte Facharbeiter, qualifizierte Angestellte, Rentner (ab 2001 inkl. Pension), Schüler, Selbständige, untere/mittlere Beamte		nein
Berufsgruppe_d _Hauptverdieners	Angestellte, Arbeiter, Beamte, selbständige Berufslose, selbständige Gewerbetreibende, freie Berufe, „Landwirte, Selbständige“		nein
Berufst_d_HH _fuehrenden _Person	ganztags berufstätig, halbtags berufstätig, in Ausbildung, nicht berufstätig, stundenweise berufstätig		nein
Bundeslaender	15 Bundesländer, Berlin-Ost, Berlin-West		nein
Convenience-Orientierung	sehr gering, gering, mittel, hoch, sehr hoch		nein
Enkel_Anzahl _gesamt	[0, 19]	als String	nein
Entdeckerfreude	sehr gering, gering, mittel, hoch, sehr hoch		nein
Erlebnisorientierung	sehr gering, gering, mittel, hoch, sehr hoch		nein
Familien-Lebens-welten	Arbeiterschicht-Rentner-Famil., Arbeiter-Familien ohne Kinder, Arbeiter-Familien mit Kindern, Mittelschicht-Rentner-Familien, Arbeitslosen-Familien, Alleinstehende Ältere, Mittelschicht-Familien m. Kind, Aufsteiger/Singles/DINKS, Berufstätige Alleinlebende, Mittelschicht-Famil. ohneKind., Studierende/Auszubildende (eigener HH)		nein

Merkmal	Merkmalsausprägung	Beschreibung	selbst erstellt
Familienstruktur	alleinst. Frauen o. Kinder, alleinst. Männer o. Kinder, m.K.6-14J.oh.K.andere Altersgr, m.K.6-14J+15-19J nicht K.u.6J., m.K.u.6J oh.K.versch.Altersgr., m.K.u.6J u.K.versch.Altersgr., m.Kind(ern) zwischen 15und19 J, o.K.-20J.,Hausfrau -49J., o.K.-20J.,Hausfrau 50J.+		nein
Frische-Orientierung	sehr gering, gering, mittel, hoch, sehr hoch		nein
Gebiet	BaWue, Bayern, Berlin, Mitte, Nord, Nordost, NRW, Suedost		nein
Haushaltsgroesse	1-Personen-Haushalt (männlich), 1-Personen-Haushalt (weiblich), 2-Personen-Haushalt, 3-Personen-Haushalt, 4-Personen-Haushalt, 5-Personen-Haushalt, 6-Personen-Haushalt, 7-Personen-Haushalt, 8-Personen-Haushalt		nein
HHGR_numerisch	[1, 8]	Integer	nein
HHnettoeink _monatl_ab_2002	bis 499 €, 500 € - 749 €, 750 € - 999 €, 1000 € - 1249 €, 1250 € - 1499 €, 1500 € - 1749 €, 1750 € - 1999 €, 2000 € - 2249 €, 2250 € - 2499 €, 2500 € - 2749 €, 2750 € - 2999 €, 3000 € - 3249 €, 3250 € - 3499 €, 3500 € - 3749 €, 3750 € - 3999 €, 4000 € und mehr	Klassen-einteilung	nein
Innovationsneigung	sehr gering, gering, mittel, hoch, sehr hoch		nein
Kinder_Alters gruppen	ohne Kinder, Jüngstes Kind 00-02 Jahre alt, Jüngstes Kind 03-06 Jahre alt, Jüngstes Kind 07-10 Jahre alt, Jüngstes Kind 11-14 Jahre alt, Jüngstes Kind 15-18 Jahre alt		nein
Kreise_ab_2002	"AACHEN,LA", "AACHEN,STADT", AHRWEILER, AICHACH-FR., ALB-DONAU, ALTENBURGER LAND, ALTENKIRCH., ALTMARKKREIS SALZWEDEL, ALTOETTING, ALZEY WORMS, AMBERG ST., AMBERG SULZ., AMMERLAND, ANHALT-ZERBST, ANNABERG, ANSBACH LA, ANSBACH ST, ASCHAFFEN.LA, ASCHERSLEBEN-STRASSFURT, ASCHFFBG.ST, AUE-SCHWARZENBERG, AUGSBURG LA, AUGSBURG ST, AURICH ...	441	nein
Lebenszyklus	Alleinstehende Senioren, Ält.Famil.oh.Kind./HV berufst., Ält.Famil.oh.Kind./HV n.beruf., Ältere Familien mit Kindern, Famil.m.Kind.im jugendl.Alter, Famil.mittl.Alters ohne Kinder, Junge Famil./Paare ohne Kinder, Junge Singles, Jüngere Famil.mit Kleinkindern, Jüngere Famil.mit Schulkindern		nein

Merkmal	Merkmalsausprägung	Beschreibung	selbst erstellt
Nettoeinkommen _pro_Kopf_1_2002	bis 499 €, 500 € - 624 €, 625 € - 749 €, 750 € - 874 €, 875 € - 999 €, 1000 € - 1124 €, 1125 € - 1249 €, 1250 € - 1374 €, 1375 € - 1499 €, 1500 € - 1749 €, 1750 € - 1999 €, 2000 € und mehr	ungewichtet	nein
Nettoeinkommen _pro_Kopf_2_2002	(s. Nettoeinkommen_pro_Kopf_1_2002)	gewichtet	nein
Ortsgroesse	bis 1.999 Einw., 2.000 Einw. bis 2.999 Einw., 3.000 Einw. bis 4.999 Einw., 5.000 Einw. bis 9.999 Einw., 10.000 Einw. bis 19.999 Einw., 20.000 Einw. bis 49.999 Einw., 50.000 Einw. bis 99.999 Einw., 100.000 Einw. bis 199.999 Einw., 200.000 Einw. bis 299.999 Einw., 300.000 Einw. bis 499.999 Einw., 500.000 Einw. bis 999.999 Einw., 1.000.000 Einw. u. mehr		nein
PKW_Besitz	mehr als zwei Pkw, Pkw nicht vorhanden, Pkw vorhanden, Pkw Zweitwagen vorhanden		nein
Preisbewusstsein	nicht preisbewusst, wenig preisbewusst, überwiegend preisbewusst, sehr preisbewusst		nein
PLZ	(Postleitzahlen)	Integer, PLZ fehlen die führenden Nullen	nein
Qualitaets-orientierung	sehr gering, gering, mittel, hoch, sehr hoch		nein
Regierungs-bezirke_ab_2002	Arnsberg, Berlin West, Berlin-Ost, Brandenburg, Braunschweig, Bremen, Chemnitz, Darmstadt, Dessau, Detmold, Dresden, Düsseldorf ...	41	nein
Schulbildung _d_Hauptverdieners	Hauptschule ohne Berufsausb., Hauptschule mit Berufsausb., MittlereReife o.Berufsausbild., MittlereReife m.Berufsausbild., Fach- od. Berufsfachschule, Abitur o. Berufsausbild., Abitur mit Berufsausbild., Fachhochschule/ Staatsexamen		nein
Shoppertypen_2004	HM-Haushalt, Marken-Haushalt, Multioptionaler Haushalt, Promotion-Haushalt		nein
Soziale_Schicht	Schicht A, Schicht B, Schicht C, Schicht D, Schicht E		nein
Traditionelle _Lebensführung	sehr gering, gering, mittel, hoch, sehr hoch		nein

Merkmal	Merkmalsausprägung	Beschreibung	selbst erstellt
Umweltcluster	Indifferente, Nicht-Umwelt-erweit.Gruppe, Nicht-Umwelt-Kerngruppe, Umwelt-erweiterte Gruppe, Umwelt-Kerngruppe		nein
ZZINNO19_Medien-Involvement	gering, mittel, hoch		nein
Zeitknappheit_2004	zeitknapp, zeitbefriedigt, zeitreich		nein
Gesamtausgaben	[58,24, 27.140,01]	in Euro	ja
Positionen_Anz	[533, 9070]	in Stück	ja

Anhang F: Warengruppenhierarchie des GfK Haushaltspanels 2003/2004

FOOD/ NONFOOD	OBERWAREN-GRUPPE	WARENGRUPPE	SUBWARENGRUPPE
FOOD	Alkoholfreie Getränke	Erfrischungsgetränke mit CO_2	BITTERGETRANKE / CHININHALTIGE
FOOD	Alkoholfreie Getränke	Erfrischungsgetränke mit CO_2	COLA / COLAHALT. ERFRISCH.GETR
FOOD	Alkoholfreie Getränke	Erfrischungsgetränke mit CO_2	LIMONADEN MIT KOHLENSAEURE
FOOD	Alkoholfreie Getränke	Fruchthaltige Getränke	FRUCHTNEKTARE
FOOD	Alkoholfreie Getränke	Fruchthaltige Getränke	FRUCHTSAEFTE
FOOD	Alkoholfreie Getränke	Fruchthaltige Getränke	FRUCHTSAFT-GETRAENKE
FOOD	Alkoholfreie Getränke	Fruchthaltige Getränke	WELLNESSGETRAENKE
FOOD	Alkoholfreie Getränke	sonstige Getränke	EXTRAKTKAFFEE FLUESSIG
FOOD	Alkoholfreie Getränke	sonstige Getränke	SPORTGETRAENKE FLUESSIG
FOOD	Alkoholfreie Getränke	sonstige Getränke	TEEGETRAENKE FLUESSIG
FOOD	Alkoholfreie Getränke	sonstige Getränke	WASSER MIT ZUSATZ
FOOD	Alkoholfreie Getränke	Wasser	HEIL-/ TAFEL-/ MINERALWASSER
FOOD	Alkoholhaltige Getränke	andere AhG	ALKOHOL-MISCHGETRAENKE
FOOD	Alkoholhaltige Getränke	andere AhG	BEEREN-/ FRUCHTSCHAUMWEIN
FOOD	Alkoholhaltige Getränke	andere AhG	BEERENWEINE / FRUCHTWEINE
FOOD	Alkoholhaltige Getränke	andere AhG	SHERRY / PORTWEIN
FOOD	Alkoholhaltige Getränke	andere AhG	WEINHALTIGE GETRAENKE
FOOD	Alkoholhaltige Getränke	andere AhG	WERMUT
FOOD	Alkoholhaltige Getränke	Bier	BIER
FOOD	Alkoholhaltige Getränke	Bier	BIERMISCHGETRAENKE
FOOD	Alkoholhaltige Getränke	Spirituosen	KLARE SPIRITUOSEN
FOOD	Alkoholhaltige Getränke	Spirituosen	LIKOERE
FOOD	Alkoholhaltige Getränke	Spirituosen	RUM / RUMVERSCHNITT
FOOD	Alkoholhaltige Getränke	Spirituosen	SOFTSPIRITUOSEN

FOOD/ NONFOOD	OBERWAREN-GRUPPE	WARENGRUPPE	SUBWARENGRUPPE
FOOD	Alkoholhaltige Getränke	Spirituosen	WEINBRAND / COGNAC
FOOD	Alkoholhaltige Getränke	Spirituosen	WHISKY
FOOD	Alkoholhaltige Getränke	Wein/Sekt	SEKT / CHAMPAGNER
FOOD	Alkoholhaltige Getränke	Wein/Sekt	WEIN
FOOD	Babynahrung	Babynahrung	BABY-CEREALIEN
FOOD	Babynahrung	Babynahrung	BABYKOST /-GETRAENKE
FOOD	Babynahrung	Babynahrung	BABY-SAEUGLINGSMILCH-NAHRUNG
FOOD	Babynahrung	Babynahrung	BABYTEE / KINDERTEE INSTANT
FOOD	Brot/Backwaren	Brot/Backwaren	BACKWAREN FRISCHWARE
FOOD	Brot/Backwaren	Brot/Backwaren	BROT
FOOD	Fleisch/Wurst/Geflüg el	Fleisch SB/lose Ware	FLEISCH FRISCHWARE
FOOD	Fleisch/Wurst/Geflüg el	Geflügel SB/lose Ware	GEFLUEGEL FRISCH / KONSERVEN
FOOD	Fleisch/Wurst/Geflüg el	Geflügel SB/lose Ware	GEFLUEGEL NATUR (****)
FOOD	Fleisch/Wurst/Geflüg el	Wurst SB/lose Ware	WURST FRISCH / SB-WARE
FOOD	Heißgetränke	Kaffee	EXTRAKTKAFFEE INSTANT
FOOD	Heißgetränke	Kaffee	KAFFEEERSATZ
FOOD	Heißgetränke	Kaffee	KONDENSMILCH / KAFFEESAHNE
FOOD	Heißgetränke	Kaffee	ROESTKAFFEE
FOOD	Heißgetränke	Kakao	KAKAO/FRUCHT/MALZ-GETR.PULVER
FOOD	Heißgetränke	Tee	ECHTER TEE
FOOD	Heißgetränke	Tee	HEIL-/ KRAEUTER-/ FRUECHTETEE
FOOD	Heißgetränke	Tee	TEEGETRAENKE INSTANT
FOOD	Mopro Gelb	Mopro Gelb SB/lose Ware	FRISCHKAESE /-ZUBEREITUNG
FOOD	Mopro Gelb	Mopro Gelb SB/lose Ware	HART-/ SCHNITTKAESE
FOOD	Mopro Gelb	Mopro Gelb SB/lose Ware	SCHMELZKAESE
FOOD	Mopro Gelb	Mopro Gelb SB/lose Ware	WEICHKAESE
FOOD	Mopro Weiß	Mopro Weiß	FERTIGDESSERT

FOOD/ NONFOOD	OBERWAREN-GRUPPE	WARENGRUPPE	SUBWARENGRUPPE
FOOD	Mopro Weiß	Mopro Weiß	JOGHURT FEST
FOOD	Mopro Weiß	Mopro Weiß	MILCH
FOOD	Mopro Weiß	Mopro Weiß	MILCHGETRAENKE
FOOD	Mopro Weiß	Mopro Weiß	MILCHRAHMERZEUG-NISSE
FOOD	Mopro Weiß	Mopro Weiß	QUARK
FOOD	Mopro Weiß	Mopro Weiß	ZAZIKI
FOOD	Nahrungsmittel	Feinkost/Würzen	FEINKOSTSALATE
FOOD	Nahrungsmittel	Feinkost/Würzen	FLUESSIGWUERZEN
FOOD	Nahrungsmittel	Feinkost/Würzen	GEMUESEKONZEN-TRATE /-PASTEN
FOOD	Nahrungsmittel	Feinkost/Würzen	GEWUERZE / KRAEUTER EINGELEGT
FOOD	Nahrungsmittel	Feinkost/Würzen	GEWUERZE / KRAEUTER TROCKEN
FOOD	Nahrungsmittel	Feinkost/Würzen	KETCHUP
FOOD	Nahrungsmittel	Feinkost/Würzen	KRAEUTERLINGE
FOOD	Nahrungsmittel	Feinkost/Würzen	MAYONAISE / REMOULADE
FOOD	Nahrungsmittel	Feinkost/Würzen	MEERRETTICH
FOOD	Nahrungsmittel	Feinkost/Würzen	PILZE GETROCKNET
FOOD	Nahrungsmittel	Feinkost/Würzen	SALATSOSSEN FLUESSIG
FOOD	Nahrungsmittel	Feinkost/Würzen	SALATSOSSEN TROCKEN
FOOD	Nahrungsmittel	Feinkost/Würzen	SENF
FOOD	Nahrungsmittel	Feinkost/Würzen	SUPPENEINLAGEN / CROUTONS
FOOD	Nahrungsmittel	Feinkost/Würzen	TOMATENMARK
FOOD	Nahrungsmittel	Feinkost/Würzen	WUERZSOSSEN / COCKTAILSAUCEN
FOOD	Nahrungsmittel	Feinkost/Würzen	ZITRONENWUERZE / ZITRONENSAFT
FOOD	Nahrungsmittel	Fertigg./Fixprod./Soßen	BOUILLONS / BRUEHEN
FOOD	Nahrungsmittel	Fertigg./Fixprod./Soßen	FERTIG-/ INSTANTSOSSEN
FOOD	Nahrungsmittel	Fertigg./Fixprod./Soßen	FERTIGGERICHTE IN DOSEN
FOOD	Nahrungsmittel	Fertigg./Fixprod./Soßen	FERTIGGERICHTE IN SCHALEN/BECHERN
FOOD	Nahrungsmittel	Fertigg./Fixprod./Soßen	FIXPRODUKTE
FOOD	Nahrungsmittel	Fertigg./Fixprod./Soßen	INSTANTBECHER
FOOD	Nahrungsmittel	Fertigg./Fixprod./Soßen	SPEISESTAERKE / SOSSENBINDER
FOOD	Nahrungsmittel	Fertigg./Fixprod./Soßen	SUESSE GERICHTE

FOOD/ NONFOOD	OBERWAREN-GRUPPE	WARENGRUPPE	SUBWARENGRUPPE
FOOD	Nahrungsmittel	Fertigg./Fixprod./Soßen	SUPPEN / EINTOEPFE FLUESSIG
FOOD	Nahrungsmittel	Fertigg./Fixprod./Soßen	TROCKENDESSERT
FOOD	Nahrungsmittel	Fertigg./Fixprod./Soßen	TROCKENFERTIG-GERICHTE
FOOD	Nahrungsmittel	Fertigg./Fixprod./Soßen	TROCKENSUPPEN /-EINTOEPFE
FOOD	Nahrungsmittel	Frühstücksprodukte	CEREALIEN / MUESLI
FOOD	Nahrungsmittel	Frühstücksprodukte	GETREIDEFLOCKEN
FOOD	Nahrungsmittel	Frühstücksprodukte	HONIG / HONIGERSATZ
FOOD	Nahrungsmittel	Frühstücksprodukte	KONFITUERE / MARMELADE / GELEE
FOOD	Nahrungsmittel	Frühstücksprodukte	NUSS-NOUGAT/ SCHOKO/MILCHCREME
FOOD	Nahrungsmittel	Frühstücksprodukte	SUESSE BROTAUF-STRICHE RESTL.
FOOD	Nahrungsmittel	Grundnahrungsmittel	ESSIG
FOOD	Nahrungsmittel	Grundnahrungsmittel	GETREIDEMEHL
FOOD	Nahrungsmittel	Grundnahrungsmittel	KARTOFFELNASS-PRODUKTE
FOOD	Nahrungsmittel	Grundnahrungsmittel	KARTOFFELPROD. / KNOEDEL GEK.
FOOD	Nahrungsmittel	Grundnahrungsmittel	KARTOFFELTROCKENP RODUKTE
FOOD	Nahrungsmittel	Grundnahrungsmittel	KLOSS-/ KNOEDEL-TROCKENPRODUKTE
FOOD	Nahrungsmittel	Grundnahrungsmittel	METRO-GRIESS
FOOD	Nahrungsmittel	Grundnahrungsmittel	METRO-HUELSENFRUECHTE
FOOD	Nahrungsmittel	Grundnahrungsmittel	METRO-PANIERMEHL
FOOD	Nahrungsmittel	Grundnahrungsmittel	REIS
FOOD	Nahrungsmittel	Grundnahrungsmittel	SALZ
FOOD	Nahrungsmittel	Grundnahrungsmittel	SUESSSTOFF
FOOD	Nahrungsmittel	Grundnahrungsmittel	TEIGWAREN
FOOD	Nahrungsmittel	Grundnahrungsmittel	ZUCKER
FOOD	Nahrungsmittel	Konserven	ANTIPASTI
FOOD	Nahrungsmittel	Konserven	ESSIGKONSERVEN
FOOD	Nahrungsmittel	Konserven	FISCH KONSERVEN
FOOD	Nahrungsmittel	Konserven	GEMUESE KONSERVEN
FOOD	Nahrungsmittel	Konserven	GURKEN KONSERVEN
FOOD	Nahrungsmittel	Konserven	OBST KONSERVEN
FOOD	Nahrungsmittel	Konserven	PILZE KONSERVEN
FOOD	Nahrungsmittel	Konserven	ROTKOHL KONSERVEN

FOOD/ NONFOOD	OBERWAREN-GRUPPE	WARENGRUPPE	SUBWARENGRUPPE
FOOD	Nahrungsmittel	Konserven	SAUERKRAUT KONSERVEN
FOOD	Nahrungsmittel	Nahrungsfette/Öle	BUTTER / BUTTER-ZUBEREITUNGEN
FOOD	Nahrungsmittel	Nahrungsfette/Öle	BUTTERSCHMALZ / BUTTERFETT
FOOD	Nahrungsmittel	Nahrungsfette/Öle	MARGARINE
FOOD	Nahrungsmittel	Nahrungsfette/Öle	MISCHFETTE / MELANGE
FOOD	Nahrungsmittel	Nahrungsfette/Öle	PFLANZEN-/ SPEISE-FETTERZEUGNIS
FOOD	Nahrungsmittel	Nahrungsfette/Öle	SCHMALZ
FOOD	Nahrungsmittel	Nahrungsfette/Öle	SPEISEOEL / TAFELOEL
FOOD	Nahrungsmittel	Nahrungsfette/Öle	STREICHRAHM
FOOD	Nahrungsmittel	Nahrungsmittel restliche	BACKMISCHUNGEN / GRUNDTEIGE
FOOD	Nahrungsmittel	Nahrungsmittel restliche	BACKTREIBMITTEL
FOOD	Nahrungsmittel	Nahrungsmittel restliche	BACKZUTATEN / BACKHILFEN
FOOD	Nahrungsmittel	Nahrungsmittel restliche	CROISSANTS
FOOD	Nahrungsmittel	Nahrungsmittel restliche	FISCH RAEUCHER/ MARINIERT/SONST
FOOD	Nahrungsmittel	Nahrungsmittel restliche	FRISCHTEIGE GEKUEHLT
FOOD	Nahrungsmittel	Nahrungsmittel restliche	GEMUESESAEFTE / GEMUESETRUNKE
FOOD	Nahrungsmittel	Nahrungsmittel restliche	KNAECKE-/ KNUSPERBROT
FOOD	Nahrungsmittel	Nahrungsmittel restliche	KNUSPERREIS-SCHEIBEN
FOOD	Nahrungsmittel	Nahrungsmittel restliche	METRO-GELANTINE
FOOD	Nahrungsmittel	Nahrungsmittel restliche	METRO-OLIVEN
FOOD	Nahrungsmittel	Nahrungsmittel restliche	METRO-TROCKENFRUECHTE
FOOD	Nahrungsmittel	Nahrungsmittel restliche	PFLANZLICHE BROTAUFSTRICHE PIK
FOOD	Nahrungsmittel	Nahrungsmittel restliche	PIKANTE SNACKS
FOOD	Nahrungsmittel	Nahrungsmittel restliche	PIZZA BAGUET. PIK.KUCHEN GEK.
FOOD	Nahrungsmittel	Nahrungsmittel restliche	SIRUPE
FOOD	Nahrungsmittel	Nahrungsmittel restliche	SONSTIGE PRODUKTE SLIM FAST
FOOD	Nahrungsmittel	Nahrungsmittel restliche	ZWIEBACK/BROETCHEN /BROTSNACKS
FOOD	Obst/Gemüse	Gemüse	GEMUESE FRISCHWARE

FOOD/ NONFOOD	OBERWAREN-GRUPPE	WARENGRUPPE	SUBWARENGRUPPE
FOOD	Obst/Gemüse	Gemüse	KARTOFFELN FRISCHWARE
FOOD	Obst/Gemüse	Obst	OBST FRISCHWARE
FOOD	sonstige Frische	sonstige Frische (Eier, Fisch ...)	EIER
FOOD	sonstige Frische	sonstige Frische (Eier, Fisch ...)	FISCH FRISCHWARE
FOOD	Süßwaren Basis	Dauerbackwaren	KARTOFFEL-KNABBERGEBAECK
FOOD	Süßwaren Basis	Dauerbackwaren	KLEINKUCHEN
FOOD	Süßwaren Basis	Dauerbackwaren	KRABBEN-/ REISGEB./ FRUCHTCHIPS
FOOD	Süßwaren Basis	Dauerbackwaren	LAUGEN-/ COCKTAILGEBAECK
FOOD	Süßwaren Basis	Dauerbackwaren	MAIS-KNABBERGEBAECK
FOOD	Süßwaren Basis	Dauerbackwaren	NUESSE/KERNE/ STUDENTENFUTTER
FOOD	Süßwaren Basis	Dauerbackwaren	SAISON WEIHNACHTS-BACKWAREN
FOOD	Süßwaren Basis	Dauerbackwaren	SUESSE KUCHEN TORTEN STRUDEL
FOOD	Süßwaren Basis	Dauerbackwaren	SUESSGEBAECK
FOOD	Süßwaren Basis	Dauerbackwaren	TORTENBOEDEN / TORTELETTS
FOOD	Süßwaren Basis	Schokowaren Basis	JAHRESPRODUKTE
FOOD	Süßwaren Basis	Schokowaren Basis	KATZENZUNGEN
FOOD	Süßwaren Basis	Schokowaren Basis	MUESLIRIEGEL / GETREIDERIEGEL
FOOD	Süßwaren Basis	Schokowaren Basis	PRALINEN / KONFEKT
FOOD	Süßwaren Basis	Schokowaren Basis	SCHOKOLADEN-TAEFELCHEN
FOOD	Süßwaren Basis	Schokowaren Basis	SCHOKOLINSEN /-DRAGEES
FOOD	Süßwaren Basis	Schokowaren Basis	SCHOKORIEGEL / NUSSRIEGEL
FOOD	Süßwaren Basis	Schokowaren Basis	TAFELSCHOKOLADE
FOOD	Süßwaren Basis	Schokowaren Basis	UEBERRASCHUNGS-EIER
FOOD	Süßwaren Basis	Zuckerwaren Basis	BONBONS
FOOD	Süßwaren Basis	Zuckerwaren Basis	BRAUSE
FOOD	Süßwaren Basis	Zuckerwaren Basis	FG/FG-SZ/LAKRITZ/ HALSGUMMI
FOOD	Süßwaren Basis	Zuckerwaren Basis	KAUGUMMI/KAUBON-BON/KAUSTREIFEN
FOOD	Süßwaren Basis	Zuckerwaren Basis	TRAUBENZUCKER

FOOD/ NONFOOD	OBERWAREN-GRUPPE	WARENGRUPPE	SUBWARENGRUPPE
FOOD	Süßwaren Ergänzung	Schokowaren Ergänzung	EISKONFEKT
FOOD	Süßwaren Ergänzung	Schokowaren Ergänzung	MARZIPAN
FOOD	Süßwaren Ergänzung	Schokowaren Ergänzung	PUFFREIS
FOOD	Süßwaren Ergänzung	Schokowaren Ergänzung	SAISONPRODUKTE
FOOD	Süßwaren Ergänzung	Zuckerwaren Ergänzung	NEGERKUESSE
FOOD	Tiefkühlkost/Eis	Eis	SPEISEEIS FAMILIENPACK
FOOD	Tiefkühlkost/Eis	Eis	SPEISEEIS MULTIPACK
FOOD	Tiefkühlkost/Eis	Tiefkühlkost	TIEFKUEHLKOST (****)
FOOD	Tierbedarf	Tierbedarf	FRISCHFUTTER
FOOD	Tierbedarf	Tierbedarf	FRISCHFUTTER (****)
FOOD	Tierbedarf	Tierbedarf	HUNDEFUTTER NASS
FOOD	Tierbedarf	Tierbedarf	HUNDEFUTTER TROCKEN
FOOD	Tierbedarf	Tierbedarf	KATZENFUTTER NASS
FOOD	Tierbedarf	Tierbedarf	KATZENFUTTER TROCKEN
FOOD	Tierbedarf	Tierbedarf	KATZENGETRAENKE/ WELPENMILCH
FOOD	Tierbedarf	Tierbedarf	KATZENSTREU
FOOD	Tierbedarf	Tierbedarf	VOGELFUTTER
NON-/NEAR-FOOD	BHC	Damenhygiene	DAMENBINDEN / SLIPEINLAGEN
NON-/NEAR-FOOD	BHC	Damenhygiene	TAMPONS
NON-/NEAR-FOOD	BHC	Haarpflege Basis	COLORATIONEN
NON-/NEAR-FOOD	BHC	Haarpflege Basis	HAARFESTIGER / GELE / WACHSE
NON-/NEAR-FOOD	BHC	Haarpflege Basis	HAARKUREN / HAARMASKEN
NON-/NEAR-FOOD	BHC	Haarpflege Basis	HAARSPRAY / HAARLACKE
NON-/NEAR-FOOD	BHC	Haarpflege Basis	HAARSPUELUNGEN
NON-/NEAR-FOOD	BHC	Haarpflege Basis	HAARWASCHMITTEL
NON-/NEAR-FOOD	BHC	Haarpflege Basis	HAARWASSER
NON-/NEAR-FOOD	BHC	Körperpflege Basis	BABY-REINIGUNGSTUECHER
NON-/NEAR-FOOD	BHC	Körperpflege Basis	BADEZUSAETZE
NON-/NEAR-FOOD	BHC	Körperpflege Basis	DEOMITTEL

FOOD/ NONFOOD	OBERWAREN-GRUPPE	WARENGRUPPE	SUBWARENGRUPPE
NON-/NEAR-FOOD	BHC	Körperpflege Basis	DUSCHBAEDER
NON-/NEAR-FOOD	BHC	Körperpflege Basis	FUSSPFLEGEMITTEL
NON-/NEAR-FOOD	BHC	Körperpflege Basis	GESICHTSPFLEGE
NON-/NEAR-FOOD	BHC	Körperpflege Basis	GESICHTSREINIGUNG/-SEIFE
NON-/NEAR-FOOD	BHC	Körperpflege Basis	GESICHTSWASSER
NON-/NEAR-FOOD	BHC	Körperpflege Basis	HAND-/ NAGELCREME -LOTION -GEL
NON-/NEAR-FOOD	BHC	Körperpflege Basis	KOERPERCREME /-LOTION /-GEL
NON-/NEAR-FOOD	BHC	Körperpflege Basis	KOERPERPUDER
NON-/NEAR-FOOD	BHC	Körperpflege Basis	LIPPENPFLEGE
NON-/NEAR-FOOD	BHC	Körperpflege Basis	RASIERER / RASIERKLINGEN
NON-/NEAR-FOOD	BHC	Körperpflege Basis	RASIERSCHAUM /-CREME /-SEIFE
NON-/NEAR-FOOD	BHC	Körperpflege Basis	RASIERWASSER
NON-/NEAR-FOOD	BHC	Körperpflege Basis	SEIFE FEST / FLUESSIG
NON-/NEAR-FOOD	BHC	Körperpflege Basis	SYNDET / WASCHLOTION
NON-/NEAR-FOOD	BHC	Körperpflege Basis	WATTE
NON-/NEAR-FOOD	BHC	Kosmetik Basis	AUGENSCHMINKE
NON-/NEAR-FOOD	BHC	Kosmetik Basis	GESICHTSMASKEN
NON-/NEAR-FOOD	BHC	Kosmetik Basis	GESICHTSSCHMINKE
NON-/NEAR-FOOD	BHC	Kosmetik Basis	LIPPENSCHMINKE
NON-/NEAR-FOOD	BHC	Kosmetik Basis	MAKE-UP ENTFERNER
NON-/NEAR-FOOD	BHC	Kosmetik Basis	NAGELPFLEGE /-KOSMETIK
NON-/NEAR-FOOD	BHC	Kosmetik Basis	PEELING
NON-/NEAR-FOOD	BHC Ergänzung	Haarpflege Ergänzung	HEIMDAUERWELLEN O. WICKLER
NON-/NEAR-FOOD	BHC Ergänzung	Körperpflege Ergänzung	ENTHAARUNG / NACHBEHANDLUNG

FOOD/ NONFOOD	OBERWAREN-GRUPPE	WARENGRUPPE	SUBWARENGRUPPE
NON-/NEAR-FOOD	BHC Ergänzung	Körperpflege Ergänzung	INKONTINENZARTIKEL
NON-/NEAR-FOOD	BHC Ergänzung	Kosmetik Ergänzung	DAMENDUFT
NON-/NEAR-FOOD	BHC Ergänzung	Kosmetik Ergänzung	HERRENDUFT
NON-/NEAR-FOOD	BHC Ergänzung	Kosmetik Ergänzung	SELBSTBRAEUNER
NON-/NEAR-FOOD	BHC Ergänzung	Kosmetik Ergänzung	SONNENSCHUTZ / PFLEGEMITTEL
NON-/NEAR-FOOD	Papierwaren	Papierwaren	BABY-WINDELN
NON-/NEAR-FOOD	Papierwaren	Papierwaren	HAUSHALTSTUECHER
NON-/NEAR-FOOD	Papierwaren	Papierwaren	KAFFEEFILTERTUETEN
NON-/NEAR-FOOD	Papierwaren	Papierwaren	KOSMETIKTUECHER TROCKEN/FEUCHT
NON-/NEAR-FOOD	Papierwaren	Papierwaren	KUECHENROLLEN
NON-/NEAR-FOOD	Papierwaren	Papierwaren	PAPIERSERVIETTEN
NON-/NEAR-FOOD	Papierwaren	Papierwaren	PAPIERTASCHENTUEC HER
NON-/NEAR-FOOD	Papierwaren	Papierwaren	STAUBFILTERBEUTEL
NON-/NEAR-FOOD	Papierwaren	Papierwaren	TEEFILTER
NON-/NEAR-FOOD	Papierwaren	Papierwaren	TOILETTENPAPIER FEUCHT
NON-/NEAR-FOOD	Papierwaren	Papierwaren	TOILETTENPAPIER TROCKEN
NON-/NEAR-FOOD	sonst. Non-Food	Mundpflege	INTERDENTALS
NON-/NEAR-FOOD	sonst. Non-Food	Mundpflege	MUNDWASSER /-SPRAY /-SPUELUNG
NON-/NEAR-FOOD	sonst. Non-Food	Mundpflege	SPANGEN-/ ZAHNERSATZREINIGER
NON-/NEAR-FOOD	sonst. Non-Food	Mundpflege	ZAHNAUFHELLENDE SYSTEME
NON-/NEAR-FOOD	sonst. Non-Food	Mundpflege	ZAHNBUERSTEN
NON-/NEAR-FOOD	sonst. Non-Food	Mundpflege	ZAHNCREME
NON-/NEAR-FOOD	sonst. Non-Food	Mundpflege	ZAHNERSATZHAFT-MITTEL
NON-/NEAR-FOOD	sonst. Non-Food	Mundpflege	ZAHNSEIDE

FOOD/ NONFOOD	OBERWAREN-GRUPPE	WARENGRUPPE	SUBWARENGRUPPE
NON-/NEAR-FOOD	sonst. Non-Food	restl. Non-Food	DUENGER
NON-/NEAR-FOOD	sonst. Non-Food	restl. Non-Food	ELEKTRISCHE ZAHNBUERSTEN
NON-/NEAR-FOOD	sonst. Non-Food	restl. Non-Food	ELEKTRISCHE ZAHNBUERSTEN NFP
NON-/NEAR-FOOD	sonst. Non-Food	restl. Non-Food	ERDEN / PFLANZGRANULATE
NON-/NEAR-FOOD	sonst. Non-Food	restl. Non-Food	FEUCHTIGKEITSANZEIGER
NON-/NEAR-FOOD	sonst. Non-Food	restl. Non-Food	FOLIEN / ROLLEN HAUSHALTSBED.
NON-/NEAR-FOOD	sonst. Non-Food	restl. Non-Food	FRANZB./SPORTFLUID/ MELISSENG.
NON-/NEAR-FOOD	sonst. Non-Food	restl. Non-Food	HAUSHALTSBEUTEL
NON-/NEAR-FOOD	sonst. Non-Food	restl. Non-Food	LUFTVERBESSERER
NON-/NEAR-FOOD	sonst. Non-Food	restl. Non-Food	METRO-MOEBELPFLEGE
NON-/NEAR-FOOD	sonst. Non-Food	restl. Non-Food	SPRUDLER-PATRONEN
NON-/NEAR-FOOD	sonst. Non-Food	restl. Non-Food	STILLEINLAGEN
NON-/NEAR-FOOD	WPR	Putz- und Reinigung	ALLZWECKREINIGER
NON-/NEAR-FOOD	WPR	Putz- und Reinigung	BAD-/ WANNENREINIGER
NON-/NEAR-FOOD	WPR	Putz- und Reinigung	BLEICHEN
NON-/NEAR-FOOD	WPR	Putz- und Reinigung	BODENPFLEGE / STEINPFLEGE
NON-/NEAR-FOOD	WPR	Putz- und Reinigung	ESSIGREINIGER
NON-/NEAR-FOOD	WPR	Putz- und Reinigung	FENSTER-/ GLASREINIGER
NON-/NEAR-FOOD	WPR	Putz- und Reinigung	FEUCHTREINIGUNGSTUECHER
NON-/NEAR-FOOD	WPR	Putz- und Reinigung	FLECKENMITTEL
NON-/NEAR-FOOD	WPR	Putz- und Reinigung	GLASKERAMIKREINIGER
NON-/NEAR-FOOD	WPR	Putz- und Reinigung	HANDGESCHIRRSPUELMITTEL
NON-/NEAR-FOOD	WPR	Putz- und Reinigung	HERD-/ GRILL-/ MIKROW.REINIGER
NON-/NEAR-FOOD	WPR	Putz- und Reinigung	HYGIENE-/ SANITAERREINIGER

FOOD/ NONFOOD	OBERWAREN-GRUPPE	WARENGRUPPE	SUBWARENGRUPPE
NON-/NEAR-FOOD	WPR	Putz- und Reinigung	KALK-/BELAGREINIGER/ ENTKALKER
NON-/NEAR-FOOD	WPR	Putz- und Reinigung	KUECHENREINIGER
NON-/NEAR-FOOD	WPR	Putz- und Reinigung	KUNSTSTOFFREINIGER
NON-/NEAR-FOOD	WPR	Putz- und Reinigung	MASCHINENGESCHIRR SPUELMITTEL
NON-/NEAR-FOOD	WPR	Putz- und Reinigung	METALLREINIGER
NON-/NEAR-FOOD	WPR	Putz- und Reinigung	ROHRREINIGER
NON-/NEAR-FOOD	WPR	Putz- und Reinigung	SCHEUERREINIGER
NON-/NEAR-FOOD	WPR	Putz- und Reinigung	SCHUH-/ LEDERPFLEGE
NON-/NEAR-FOOD	WPR	Putz- und Reinigung	SEIFEN-/ NEUTRALREINIGER
NON-/NEAR-FOOD	WPR	Putz- und Reinigung	TEPPICHPFLEGE / POLSTERPFLEGE
NON-/NEAR-FOOD	WPR	Putz- und Reinigung	TEXTILERFRISCHER
NON-/NEAR-FOOD	WPR	Putz- und Reinigung	TOPFREINIGER HAUSH.SCHWAEMME
NON-/NEAR-FOOD	WPR	Putz- und Reinigung	TROCKENREINIGUNG
NON-/NEAR-FOOD	WPR	Putz- und Reinigung	WASSERENTHAERTER
NON-/NEAR-FOOD	WPR	Putz- und Reinigung	WC-REINIGER
NON-/NEAR-FOOD	WPR	Putz- und Reinigung	WC-STEINE
NON-/NEAR-FOOD	WPR	Waschmittel	FEINWASCHMITTEL
NON-/NEAR-FOOD	WPR	Waschmittel	GARDINENPFLEGE
NON-/NEAR-FOOD	WPR	Waschmittel	VOLLWASCHMITTEL
NON-/NEAR-FOOD	WPR	Waschmittel	VORWASCH-/ EINWEICHMITTEL
NON-/NEAR-FOOD	WPR	Waschmittel	WAESCHEPFLEGE
NON-/NEAR-FOOD	WPR	Waschmittel	WAESCHEWEICH-SPUELMITTEL
xx_nA	xx_nA	xx_nA	not available
xx_nA	xx_nA	xx_nA	SONSTIGE PRODUKTE

Anhang G: Warenkorbdefinitionen

Mopro Weiß	Milch, Milchgetränke, Butter/ Butterzubereitungen, Joghurt fest, Streichrahm, Quark, Milchrahmerzeugnisse
Mopro Gelb	Frischkäse/-zubereitung, Hart-/Schnittkäse, Schmelzkäse, Weichkäse
Tiefkühlkost/Eis	Tiefkühlkost, Speiseeis Multi- und Familienpack
Heißgetränke	Röstkaffee, Extraktkaffee Instant, Echter Tee, Heil-/Kräuter-/Früchtetee, Kakao/ Frucht/ Malz-Getr.Pulver, Kondensmilch/ Kaffeesahne, Kaffeeersatz, Teegetränke Instant, Kaffeefiltertüten, Teefilter
Grundnahrungsmittel	Essig, Getreidemehl, Kartoffelnassprodukte, Kartoffeltrockenprodukte, Kartoffelprod./ Knödel gek., Kloß-/ Knödel-Trockenprodukte, Teigwaren, Reis, Salz, Zucker
Fertig-/Fixprodukte	Bouillons/Brühen, Fertig-/Instantsoßen, Fixprodukte, Flüssigwürzen, Instantbecher, Fertiggerichte in Schalen, Fertigdessert, Suppen/Eintöpfe flüssig, Trockendessert, Trockenfertiggerichte, Trockensuppen/Eintöpfe, Süße Gerichte
Gebäck	Croissants, Süße Kuchen, Torten, Strudel, Laugen-/Cocktailgebäck, Knabberwaren (Krabben-Reisgeb./Fruchtchips, Mais-Knabbergebäck, Kartoffel-Knabbergebäck, Nüsse/Studentenfutter), Süßgebäck, Knäcke-/Knusperbrot, Saison Weihnachtsbackwaren, Zwieback/ Brotsnacks, Tortenböden, Kleinkuchen
Feinkost	Feinkostsalate, Ketchup, Mayonnaise/Remoulade, Meerrettich, Salatsaucen flüssig, Salatsaucen trocken, Senf, Tomatenmark, Würz-/Cocktailsaucen, Gewürze/Kräuter trocken, Gewürze/Kräuter eingelegt, Kräuterlinge, Gemüsekonzentrate/-pasten, Zaziki, Suppeneinlagen/Croutons
Speisefette	Butterschmalz/Butterfett, Margarine, Mischfett/Melange, Pflanzen/ Speisefett/ Erzeugnis, Speiseöl/Tafelöl, Schmalz, Cerealien/Körner, Cerealien/Müsli, Getreideflocken, Müsliriegel/ Getreideriegel

Brotaufstriche	Honig/Honigersatz, Konfitüre/ Marmelade/ Gelee, Pflanzliche Brotaufstriche, Nuss-/Nougat-/Schoko-/Milchcreme, Süße Brotaufstriche restliche
Konserven	Fertiggerichte in Dosen, Gemüse Konserven, Gurken Konserven, Rotkohlkonserven, Sauerkrautkonserven, Obst Konserven, Pilze Konserven, Essig Konserven, Thunfischkonserven
Restliche Nahrungsmittel	Backmischungen/Grundteige, Backtreibmittel, Frischteige gekühlt, Knusperreisscheiben, Pizza/ Baguette/ Pikante Kuchen gekühlt, Backzutaten/ Backhilfen, Speisestärke/Sossenbinder, Pikante Snacks, Sirupe, Süßstoff, Zitronenwürze/Zitronensaft
Mundpflege gesamt	Mundwasser/-Spray/-Spülung, Zahnbürsten, Zahncreme,
	Zahnersatzhaftmittel, Spangen-/Zahnersatzreiniger, Interdentals, Zahnseide, elektrische Zahnbürsten (+NFP)
AfG ohne Co2	Extraktkaffee flüssig, Fruchthaltige Getränke,Gemüsesäfte/Gemüsetrunke, Sportgetränke, Teegetränk flüssig, Wellnessgetränke
AfG mit Co2	Bittergetränke/Chininhaltige Getränke, Cola/ Colahaltige Erfrischungsgetränke, Heil-/Tafel-/Mineralwasser, Limonaden mit Kohlensäure, Wasser mit Zusatz
Bier	
Champagner/Sekt	
Wein	
Spirituosen	Liköre, Rum/Rumverschnitt, klare Spirituosen, Softspirituosen, Weinbrand/Cognac, Wermut, Whisky
Restliche AhG	Alkohol-Mischgetränke, Beeren-/Fruchtschaumwein, Beerenweine/ Fruchtweine, Biermischgetränke, Sherry/ Portwein, Weinhaltige Getränke
Waschmittel	Bleichen, Feinwaschmittel, Fleckenmittel, Gardinenpflege, Textilerfrischer, Trockenreinigung, Vollwaschmittel, Vorwasch-/Einweichmittel, Wäschepflege, Wäscheweichspülmittel, Wasserenthärter

Putz-und Reinigungsmittel	Allzweckreiniger, Bad-/Wannenreiniger, Bodenpflege/ Steinpflege, Essigreiniger, Fenster-/Glasreiniger, Feuchtreinigungstücher, Glaskeramikreiniger, Handgeschirrspülmittel, Herd-/Grill-/Mikrowellenreiniger, Hygiene-/ Sanitärreiniger, Kalk-/Belagreiniger/Entkalker, Küchenreiniger, Kunststoffreiniger, Luftverbesserer, Maschinengeschirrspülmittel, Metallreiniger, Scheuerreiniger, Schuh-/Lederpflege, Seifen-/Neutralreiniger, Teppich-/Polsterpflege, Topfreiniger, WC-Reiniger, WC-Steine
Hygienepapiere	Toilettenpapier feucht, Toilettenpapier trocken, Papiertaschentücher Papierservietten, Haushaltstücher, Küchenrollen, Kosmetiktücher
Körperpflege	Augenschminke, Badezusätze, Colorationen, Damenbinden/Slipeinlagen,Deomittel, Duschbäder, Fußpflegemittel, Gesichtsmasken, Gesichtspflege, Gesichtsreinigung, Gesichtsschminke, Gesichtswasser, Haarfestiger/-gele/-wachse, Haarkuren/- masken, Haarspülungen, Haarwaschmittel, Hand-/Nagelcreme/-lotion/-gel, Inkontinenzartikel, Körpercreme/-lotion/-gel, Körperpuder, Lippenpflege, Lippenschminke, Make-up-Entferner, Nagelpflege/-kosmetik, Peeling, Rasierer/Rasierklingen, Rasierschaum/-creme/-seife, Rasierwasser, Seife, Syndet/ Waschlotionen, Tampons, Watte
Süßwaren	Bonbons, Brause, Kaugummi/ Kaubonbons/ Kaustreifen, Katzenzungen, Pralinen/ Konfekt, Schokoladentäfelchen, Schokolinsen/-dragees, Schokoriegel/ Nussriegel, Tafelschokolade, Traubenzucker, Überraschungseier FG/FG-SZ/Lakritz/Halsgummi
Baby	Babycerealien, Babykost/-getränke, Baby-Reinigungstücher, Baby-Säuglingsmilchnahrung, Babytee/Kindertee instant, Baby-Windeln
Tierbedarf	Frischfutter, Frischfutter (****), Hundefutter naß, Hundefutter trocken, Katzenfutter naß, Katzenfutter trocken, Katzengetränke/ Welpenmilch, Katzenstreu, Vogelfutter
Nicht zugeordnete Warengruppen:	Dünger, Erden/Pflanzengranulate, Feuchtigkeitsanzeiger, Folien/Rollen Haushaltsbedarf, Franzb./Sportfluid, Geflügel Frisch/Konserven, Geflügel Natur (****), Haushaltsbeutel, Sonstige Produkte Slim Fast, Sprudler Patronen

Anhang H: Sterbetafeln 2002/2004, männlich Alter

Vollendetes Alter	Sterbe-	Überlebens-	Überlebende im Alter x	Gestorbene im Alter x bis unter x+1	Von den Überlebenden im Alter x bis zum Alter x+1 durchlebte	insgesamt noch zu durchlebende	Durchschnittliche Lebenserwartung im Alter x in Jahren
	wahrscheinlichkeit vom Alter x bis x+1				Jahre		
x	q_x	p_x	l_x	d_x	L_x	$e_x l_x$	e_x
0 ...	**0,00456230**	0,99543770	100 000	456	**99 617**	7 589 431	75,89
1 ...	0,00040399	0,99959601	99 544	40	99 524	7 489 814	75,24
2 ...	0,00020133	0,99979867	99 504	20	99 494	7 390 290	74,27
3 ...	0,00018242	0,99981758	99 484	18	99 474	7 290 797	73,29
4 ...	0,00013410	0,99986590	99 465	13	99 459	7 191 323	72,30
5 ...	0,00013694	0,99986306	99 452	14	99 445	7 091 864	71,31
6 ...	0,00011655	0,99988345	99 438	12	99 433	6 992 419	70,32
7 ...	0,00012348	0,99987652	99 427	12	99 421	6 892 986	69,33
8 ...	0,00011890	0,99988110	99 415	12	99 409	6 793 565	68,34
9 ...	0,00009358	0,99990642	99 403	9	99 398	6 694 157	67,34
10 ...	0,00009397	0,99990603	99 393	9	99 389	6 594 759	66,35
11 ...	0,00014447	0,99985553	99 384	14	99 377	6 495 370	65,36
12 ...	0,00013059	0,99986941	99 370	13	99 363	6 395 993	64,37
13 ...	0,00012966	0,99987034	99 357	13	99 350	6 296 630	63,37
14 ...	0,00018449	0,99981551	99 344	18	99 335	6 197 279	62,38
15 ...	0,00023589	0,99976411	99 326	23	99 314	6 097 945	61,39
16 ...	0,00038302	0,99961698	99 302	38	99 283	5 998 631	60,41
17 ...	0,00050686	0,99949314	99 264	50	99 239	5 899 348	59,43
18 ...	0,00075850	0,99924150	99 214	75	99 176	5 800 109	58,46
19 ...	0,00080541	0,99919459	99 139	80	99 099	5 700 933	57,50
20 ...	0,00076026	0,99923974	99 059	75	99 021	5 601 834	56,55
21 ...	0,00078409	0,99921591	98 983	78	98 945	5 502 813	55,59
22 ...	0,00075396	0,99924604	98 906	75	98 868	5 403 869	54,64
23 ...	0,00074121	0,99925879	98 831	73	98 795	5 305 000	53,68
24 ...	0,00072558	0,99927442	98 758	72	98 722	5 206 206	52,72
25 ...	0,00073146	0,99926854	98 686	72	98 650	5 107 483	51,75
26 ...	0,00071517	0,99928483	98 614	71	98 579	5 008 833	50,79
27 ...	0,00071515	0,99928485	98 544	70	98 508	4 910 254	49,83
28 ...	0,00073504	0,99926496	98 473	72	98 437	4 811 746	48,86
29 ...	0,00070334	0,99929666	98 401	69	98 366	4 713 309	47,90
30 ...	0,00073056	0,99926944	98 331	72	98 296	4 614 943	46,93
31 ...	0,00078968	0,99921032	98 260	78	98 221	4 516 648	45,97
32 ...	0,00081925	0,99918075	98 182	80	98 142	4 418 427	45,00
33 ...	0,00087721	0,99912279	98 102	86	98 059	4 320 285	44,04
34 ...	0,00095509	0,99904491	98 016	94	97 969	4 222 226	43,08
35 ...	0,00104649	0,99895351	97 922	102	97 871	4 124 258	42,12
36 ...	0,00112884	0,99887116	97 819	110	97 764	4 026 387	41,16
37 ...	0,00120814	0,99879186	97 709	118	97 650	3 928 623	40,21
38 ...	0,00137796	0,99862204	97 591	134	97 524	3 830 973	39,26
39 ...	0,00154128	0,99845872	97 457	150	97 381	3 733 449	38,31
40 ...	0,00172219	0,99827781	97 306	168	97 223	3 636 067	37,37
41 ...	0,00189968	0,99810032	97 139	185	97 046	3 538 845	36,43
42 ...	0,00220554	0,99779446	96 954	214	96 847	3 441 798	35,50
43 ...	0,00247553	0,99752447	96 740	239	96 621	3 344 951	34,58
44 ...	0,00268284	0,99731716	96 501	259	96 371	3 248 330	33,66
45 ...	0,00307706	0,99692294	96 242	296	96 094	3 151 959	32,75
46 ...	0,00339426	0,99660574	95 946	326	95 783	3 055 865	31,85
47 ...	0,00374801	0,99625199	95 620	358	95 441	2 960 082	30,96
48 ...	0,00408247	0,99591753	95 262	389	95 067	2 864 641	30,07
49 ...	0,00448834	0,99551166	94 873	426	94 660	2 769 574	29,19
50 ...	0,00495533	0,99504467	94 447	468	94 213	2 674 914	28,32

Vollendetes Alter	Sterbe- wahrscheinlichkeit vom Alter x bis x+1	Überlebens- wahrscheinlichkeit vom Alter x bis x+1	Überlebende im Alter x	Gestorbene im Alter x bis unter x+1	Von den Überlebenden im Alter x bis zum Alter x+1 durchlebte Jahre	insgesamt noch zu durchlebende Jahre	Durchschnittliche Lebenserwartung im Alter x in Jahren
x	q_x	p_x	l_x	d_x	L_x	$e_x l_x$	e_x
51 ...	0,00518080	0,99481920	93 979	487	93 736	2 580 701	27,46
52 ...	0,00586486	0,99413514	93 492	548	93 218	2 486 965	26,60
53 ...	0,00628560	0,99371440	92 944	584	92 652	2 393 747	25,75
54 ...	0,00679005	0,99320995	92 360	627	92 046	2 301 095	24,91
55 ...	0,00748540	0,99251460	91 733	687	91 389	2 209 049	24,08
56 ...	0,00783134	0,99216866	91 046	713	90 689	2 117 660	23,26
57 ...	0,00865280	0,99134720	90 333	782	89 942	2 026 971	22,44
58 ...	0,00953004	0,99046996	89 551	853	89 125	1 937 029	21,63
59 ...	0,01051117	0,98948883	88 698	932	88 232	1 847 904	20,83
60 ...	0,01125835	0,98874165	87 765	988	87 271	1 759 673	20,05
61 ...	0,01201121	0,98798879	86 777	1 042	86 256	1 672 401	19,27
62 ...	0,01346978	0,98653022	85 735	1 155	85 158	1 586 145	18,50
63 ...	0,01445092	0,98554908	84 580	1 222	83 969	1 500 987	17,75
64 ...	0,01578176	0,98421824	83 358	1 316	82 700	1 417 018	17,00
65 ...	0,01751311	0,98248689	82 042	1 437	81 324	1 334 318	16,26
66 ...	0,01913461	0,98086539	80 606	1 542	79 834	1 252 994	15,54
67 ...	0,02142009	0,97857991	79 063	1 694	78 217	1 173 159	14,84
68 ...	0,02363984	0,97636016	77 370	1 829	76 455	1 094 943	14,15
69 ...	0,02575185	0,97424815	75 541	1 945	74 568	1 018 488	13,48
70 ...	0,02851814	0,97148186	73 595	2 099	72 546	943 920	12,83
71 ...	0,03149067	0,96850933	71 497	2 251	70 371	871 374	12,19
72 ...	0,03520509	0,96479491	69 245	2 438	68 026	801 003	11,57
73 ...	0,03878444	0,96121556	66 807	2 591	65 512	732 977	10,97
74 ...	0,04245583	0,95754417	64 216	2 726	62 853	667 465	10,39
75 ...	0,04623541	0,95376459	61 490	2 843	60 068	604 612	9,83
76 ...	0,04988595	0,95011405	58 647	2 926	57 184	544 543	9,29
77 ...	0,05473617	0,94526383	55 721	3 050	54 196	487 359	8,75
78 ...	0,06070293	0,93929707	52 671	3 197	51 073	433 163	8,22
79 ...	0,06659321	0,93340679	49 474	3 295	47 827	382 090	7,72
80 ...	0,07431867	0,92568133	46 179	3 432	44 463	334 264	7,24
81 ...	0,08210466	0,91789534	42 747	3 510	40 992	289 800	6,78
82 ...	0,09386364	0,90613636	39 238	3 683	37 396	248 808	6,34
83 ...	0,10189520	0,89810480	35 555	3 623	33 743	211 412	5,95
84 ...	0,11026491	0,88973509	31 932	3 521	30 171	177 668	5,56
85 ...	0,11620563	0,88379437	28 411	3 301	26 760	147 497	5,19
86 ...	0,13246530	0,86753470	25 109	3 326	23 446	120 737	4,81
87 ...	0,15017327	0,84982673	21 783	3 271	20 148	97 291	4,47
88 ...	0,16550115	0,83449885	18 512	3 064	16 980	77 143	4,17
89 ...	0,17979672	0,82020328	15 448	2 778	14 059	60 163	3,89
90 ...	0,19401245	0,80598755	12 671	2 458	11 442	46 104	3,64
91 ...	0,21270167	0,78729833	10 212	2 172	9 126	34 662	3,39
92 ...	0,22991524	0,77008476	8 040	1 849	7 116	25 536	3,18
93 ...	0,24766199	0,75233801	6 192	1 533	5 425	18 420	2,97
94 ...	0,26588728	0,73411272	4 658	1 239	4 039	12 995	2,79
95 ...	0,28453604	0,71546396	3 420	973	2 933	8 956	2,62
96 ...	0,30355303	0,69644697	2 447	743	2 075	6 023	2,46
97 ...	0,32288316	0,67711684	1 704	550	1 429	3 948	2,32
98 ...	0,34247170	0,65752830	1 154	395	956	2 519	2,18
99 ...	0,36226456	0,63773544	759	275	621	1 563	2,06
100 ...	0,38220849	0,61779151	484	185	391	941	1,95

Anhang I: Sterbetafeln 2002/2004, weiblich

Vollendetes Alter	Sterbe- wahrscheinlichkeit vom Alter x bis x+1	Überlebens- wahrscheinlichkeit vom Alter x bis x+1	Überlebende im Alter x	Gestorbene im Alter x bis unter x+1	Von den Überlebenden im Alter x bis zum Alter x+1 durchlebte Jahre	insgesamt noch zu durchlebende Jahre	Durchschnittliche Lebenserwartung im Alter x in Jahren
x	q_x	p_x	l_x	d_x	L_x	$e_x l_x$	e_x
0 ...	**0,00379694**	0,99620306	100 000	380	**99 682**	8 154 694	81,55
1 ...	0,00035814	0,99964186	99 620	36	99 602	8 055 012	80,86
2 ...	0,00019771	0,99980229	99 585	20	99 575	7 955 410	79,89
3 ...	0,00017165	0,99982835	99 565	17	99 556	7 855 835	78,90
4 ...	0,00012916	0,99987084	99 548	13	99 541	7 756 279	77,92
5 ...	0,00013072	0,99986928	99 535	13	99 528	7 656 737	76,93
6 ...	0,00009215	0,99990785	99 522	9	99 517	7 557 209	75,94
7 ...	0,00008709	0,99991291	99 513	9	99 508	7 457 691	74,94
8 ...	0,00009599	0,99990401	99 504	10	99 499	7 358 183	73,95
9 ...	0,00006462	0,99993538	99 495	6	99 491	7 258 683	72,96
10 ...	0,00008409	0,99991591	99 488	8	99 484	7 159 192	71,96
11 ...	0,00009378	0,99990622	99 480	9	99 475	7 059 708	70,97
12 ...	0,00008493	0,99991507	99 470	8	99 466	6 960 233	69,97
13 ...	0,00009689	0,99990311	99 462	10	99 457	6 860 767	68,98
14 ...	0,00011652	0,99988348	99 452	12	99 447	6 761 310	67,99
15 ...	0,00017867	0,99982133	99 441	18	99 432	6 661 863	66,99
16 ...	0,00021177	0,99978823	99 423	21	99 412	6 562 431	66,01
17 ...	0,00022002	0,99977998	99 402	22	99 391	6 463 019	65,02
18 ...	0,00028759	0,99971241	99 380	29	99 366	6 363 628	64,03
19 ...	0,00027721	0,99972279	99 352	28	99 338	6 264 262	63,05
20 ...	0,00031586	0,99968414	99 324	31	99 308	6 164 924	62,07
21 ...	0,00024467	0,99975533	99 293	24	99 280	6 065 616	61,09
22 ...	0,00027074	0,99972926	99 268	27	99 255	5 966 335	60,10
23 ...	0,00026091	0,99973909	99 241	26	99 228	5 867 080	59,12
24 ...	0,00027168	0,99972832	99 216	27	99 202	5 767 852	58,13
25 ...	0,00024607	0,99975393	99 189	24	99 176	5 668 650	57,15
26 ...	0,00027996	0,99972004	99 164	28	99 150	5 569 473	56,16
27 ...	0,00029143	0,99970857	99 136	29	99 122	5 470 323	55,18
28 ...	0,00029682	0,99970318	99 108	29	99 093	5 371 201	54,20
29 ...	0,00029271	0,99970729	99 078	29	99 064	5 272 108	53,21
30 ...	0,00032742	0,99967258	99 049	32	99 033	5 173 045	52,23
31 ...	0,00035721	0,99964279	99 017	35	98 999	5 074 012	51,24
32 ...	0,00035558	0,99964442	98 981	35	98 964	4 975 013	50,26
33 ...	0,00039958	0,99960042	98 946	40	98 926	4 876 049	49,28
34 ...	0,00046882	0,99953118	98 907	46	98 883	4 777 123	48,30
35 ...	0,00051196	0,99948804	98 860	51	98 835	4 678 239	47,32
36 ...	0,00056546	0,99943454	98 810	56	98 782	4 579 404	46,35
37 ...	0,00061322	0,99938678	98 754	61	98 723	4 480 623	45,37
38 ...	0,00069951	0,99930049	98 693	69	98 659	4 381 899	44,40
39 ...	0,00080026	0,99919974	98 624	79	98 585	4 283 241	43,43
40 ...	0,00086998	0,99913002	98 545	86	98 502	4 184 656	42,46
41 ...	0,00098849	0,99901151	98 459	97	98 411	4 086 154	41,50
42 ...	0,00112467	0,99887533	98 362	111	98 307	3 987 743	40,54
43 ...	0,00129802	0,99870198	98 252	128	98 188	3 889 436	39,59
44 ...	0,00139201	0,99860799	98 124	137	98 056	3 791 248	38,64
45 ...	0,00158601	0,99841399	97 987	155	97 910	3 693 193	37,69
46 ...	0,00179598	0,99820402	97 832	176	97 744	3 595 283	36,75
47 ...	0,00194465	0,99805535	97 656	190	97 561	3 497 539	35,81
48 ...	0,00211993	0,99788007	97 466	207	97 363	3 399 977	34,88
49 ...	0,00240672	0,99759328	97 260	234	97 143	3 302 614	33,96
50 ...	0,00252663	0,99747337	97 026	245	96 903	3 205 472	33,04

Vollendetes Alter	Sterbe- wahrscheinlichkeit vom Alter x bis x+1	Überlebens- wahrscheinlichkeit vom Alter x bis x+1	Überlebende im Alter x	Gestorbene im Alter x bis unter x+1	Von den Überlebenden im Alter x bis zum Alter x+1 durchlebte Jahre	insgesamt noch zu durchlebende Jahre	Durchschnittliche Lebenserwartung im Alter x in Jahren
x	q_x	p_x	l_x	d_x	L_x	$e_x l_x$	e_x
51 ...	0,00277724	0,99722276	96 781	269	96 646	3 108 569	32,12
52 ...	0,00302321	0,99697679	96 512	292	96 366	3 011 922	31,21
53 ...	0,00315754	0,99684246	96 220	304	96 068	2 915 557	30,30
54 ...	0,00347824	0,99652176	95 916	334	95 749	2 819 488	29,40
55 ...	0,00378686	0,99621314	95 583	362	95 402	2 723 739	28,50
56 ...	0,00401472	0,99598528	95 221	382	95 029	2 628 338	27,60
57 ...	0,00446309	0,99553691	94 838	423	94 627	2 533 308	26,71
58 ...	0,00481563	0,99518437	94 415	455	94 188	2 438 681	25,83
59 ...	0,00508378	0,99491622	93 960	478	93 722	2 344 494	24,95
60 ...	0,00550425	0,99449575	93 483	515	93 225	2 250 772	24,08
61 ...	0,00562735	0,99437265	92 968	523	92 707	2 157 547	23,21
62 ...	0,00629290	0,99370710	92 445	582	92 154	2 064 840	22,34
63 ...	0,00680184	0,99319816	91 863	625	91 551	1 972 686	21,47
64 ...	0,00731282	0,99268718	91 238	667	90 905	1 881 135	20,62
65 ...	0,00816737	0,99183263	90 571	740	90 201	1 790 231	19,77
66 ...	0,00905658	0,99094342	89 831	814	89 425	1 700 029	18,92
67 ...	0,01016499	0,98983501	89 018	905	88 565	1 610 605	18,09
68 ...	0,01143757	0,98856243	88 113	1 008	87 609	1 522 039	17,27
69 ...	0,01275818	0,98724182	87 105	1 111	86 550	1 434 430	16,47
70 ...	0,01421353	0,98578647	85 994	1 222	85 383	1 347 881	15,67
71 ...	0,01621227	0,98378773	84 772	1 374	84 084	1 262 498	14,89
72 ...	0,01802911	0,98197089	83 397	1 504	82 645	1 178 413	14,13
73 ...	0,02037236	0,97962764	81 894	1 668	81 060	1 095 768	13,38
74 ...	0,02276171	0,97723829	80 225	1 826	79 312	1 014 708	12,65
75 ...	0,02592753	0,97407247	78 399	2 033	77 383	935 396	11,93
76 ...	0,02894834	0,97105166	76 367	2 211	75 261	858 013	11,24
77 ...	0,03253251	0,96746749	74 156	2 412	72 950	782 752	10,56
78 ...	0,03700211	0,06293789	71 743	2 659	70 414	709 802	9,89
79 ...	0,04206615	0,95793385	69 084	2 906	67 631	639 388	9,26
80 ...	0,04871436	0,95128564	66 178	3 224	64 566	571 757	0,61
81 ...	0,05574389	0,94425611	62 954	3 509	61 200	507 190	8,06
82 ...	0,06462412	0,93537588	59 445	3 842	57 524	445 991	7,50
83 ...	0,07165792	0,92834208	55 604	3 984	53 611	388 466	6,99
84 ...	0,08036154	0,91963846	51 619	4 148	49 545	334 855	6,49
85 ...	0,08682463	0,91317537	47 471	4 122	45 410	285 310	6,01
86 ...	0,10081441	0,89918559	43 349	4 370	41 164	239 900	5,53
87 ...	0,11787768	0,88212232	38 979	4 595	36 682	198 736	5,10
88 ...	0,13152703	0,86847297	34 384	4 522	32 123	162 054	4,71
89 ...	0,14822480	0,85177520	29 862	4 426	27 649	129 931	4,35
90 ...	0,16346191	0,83653809	25 436	4 158	23 357	102 282	4,02
91 ...	0,18739999	0,81260001	21 278	3 987	19 284	78 925	3,71
92 ...	0,20538996	0,79461004	17 290	3 551	15 515	59 641	3,45
93 ...	0,22399084	0,77600916	13 739	3 077	12 200	44 127	3,21
94 ...	0,24314056	0,75685944	10 662	2 592	9 366	31 926	2,99
95 ...	0,26277646	0,73722354	8 069	2 120	7 009	22 561	2,80
96 ...	0,28283557	0,71716443	5 949	1 683	5 108	15 551	2,61
97 ...	0,30325499	0,69674501	4 266	1 294	3 619	10 444	2,45
98 ...	0,32397218	0,67602782	2 973	963	2 491	6 824	2,30
99 ...	0,34492526	0,65507474	2 010	693	1 663	4 333	2,16
100 ...	0,36605334	0,63394666	1 316	482	1 075	2 670	2,03

Anhang J: Fortschreibung des Bevölkerungsstandes

GENESIS-Tabelle: 12411-0005 (Temporär), Bevölkerung: Deutschl
Fortschreibung des Bevölkerungsstandes
Deutschland
Bevölkerungsstand (Anzahl)

	Stichtag 31.12.2003		
unter 1 Jahr	706449	43-Jährige	1364641
1-Jährige	722845	44-Jährige	1321898
2-Jährige	741235	45-Jährige	1256051
3-Jährige	775035	46-Jährige	1232037
4-Jährige	778756	47-Jährige	1202886
5-Jährige	794971	48-Jährige	1169433
6-Jährige	819102	49-Jährige	1152162
7-Jährige	803783	50-Jährige	1117790
8-Jährige	778263	51-Jährige	1121792
9-Jährige	788064	52-Jährige	1100655
10-Jährige	820427	53-Jährige	1108775
11-Jährige	841560	54-Jährige	1071635
12-Jährige	874970	55-Jährige	986273
13-Jährige	963201	56-Jährige	929925
14-Jährige	953449	57-Jährige	816200
15-Jährige	981339	58-Jährige	723816
16-Jährige	962594	59-Jährige	960921
17-Jährige	948796	60-Jährige	976976
18-Jährige	921679	61-Jährige	951271
19-Jährige	927797	62-Jährige	1150029
20-Jährige	945735	63-Jährige	1211778
21-Jährige	980454	64-Jährige	1186400
22-Jährige	987005	65-Jährige	1104720
23-Jährige	1003813	66-Jährige	1028050
24-Jährige	962464	67-Jährige	995364
25-Jährige	956147	68-Jährige	954207
26-Jährige	951628	69-Jährige	880013
27-Jährige	940907	70-Jährige	703388
28-Jährige	919707	71-Jährige	693668
29-Jährige	935548	72-Jährige	697782
30-Jährige	949498	73-Jährige	725229
31-Jährige	1043319	74-Jährige	691416
32-Jährige	1154414	75-Jährige	673450
33-Jährige	1209537	76-Jährige	613167
34-Jährige	1300032	77-Jährige	586192
35-Jährige	1363600	78-Jährige	561897
36-Jährige	1398377	79-Jährige	503089
37-Jährige	1438447	80-Jährige	469764
38-Jährige	1448475	81-Jährige	462122
39-Jährige	1474533	82-Jährige	450653
40-Jährige	1466359	83-Jährige	408189
41-Jährige	1422470	84-Jährige	282744
42-Jährige	1401548	85 Jahre und mehr	1374891
		Insgesamt	82531671

Bis 1989: Früheres Bundesgebiet
(C)opyright Statistisches Bundesamt, Wiesbaden 2006
Stand: 27.08.2006 / 17:43:11